华为高校人才培养指定教材
华为ICT认证系列丛书

网络安全技术与应用

华为技术有限公司 组编
齐坤 余宜诚 主编
王隆杰 韦凯 副主编

NETWORK SECURITY TECHNOLOGY AND APPLICATION

人民邮电出版社
北京

图书在版编目（CIP）数据

网络安全技术与应用 / 华为技术有限公司组编 ; 齐坤，余宜诚主编. -- 北京 : 人民邮电出版社，2023.4
（华为ICT认证系列丛书）
ISBN 978-7-115-61220-5

Ⅰ. ①网… Ⅱ. ①华… ②齐… ③余… Ⅲ. ①计算机网络－网络安全 Ⅳ. ①TP393.08

中国国家版本馆CIP数据核字(2023)第032950号

内 容 提 要

本书以防火墙核心技术为线索，系统地讲解网络安全的相关知识。全书共 8 章，包括网络安全概述、防火墙技术、网络地址转换技术、双机热备技术、用户管理技术、入侵防御技术、数据加密技术和虚拟专用网络技术等内容。

本书强调理论和实践相结合，操作部分配有丰富的动手任务。本书每一章的末尾都设计了重点知识树、学思启示、练习题和拓展任务，读者可边学边练，巩固并拓展所学知识，提高动手能力，同时树立正确的价值观和职业观。

本书既可以作为高校信息安全专业及相关专业的教材，又可以作为 HCIA-Security 认证考试的考生或网络安全爱好者的参考用书。

◆ 组　　编　华为技术有限公司
主　　编　齐　坤　余宜诚
副 主 编　王隆杰　韦　凯
责任编辑　郭　雯
责任印制　王　郁　焦志炜

◆ 人民邮电出版社出版发行　　北京市丰台区成寿寺路 11 号
邮编　100164　　电子邮件　315@ptpress.com.cn
网址　https://www.ptpress.com.cn
天津千鹤文化传播有限公司印刷

◆ 开本：787×1092　1/16
印张：16　　2023 年 4 月第 1 版
字数：452 千字　　2025 年 3 月天津第 6 次印刷

定价：69.80 元

读者服务热线：(010) 81055256　印装质量热线：(010) 81055316
反盗版热线：(010) 81055315

前言 FOREWORD

随着互联网的普及和信息化建设的快速推进，人们对网络的依赖程度越来越高，网络已经成为社会和经济发展的强大推动力。但是，网络中存在的病毒、木马、窃听、信息泄露等不安全因素导致网络安全事件频发，对个人、企业乃至国家的网络安全构成了巨大威胁。党的二十大报告指出“推进国家安全体系和能力现代化，坚决维护国家安全和社会稳定”“加强全媒体传播体系建设，塑造主流舆论新格局。健全网络综合治理体系，推动形成良好网络生态”。没有网络安全就没有国家安全，就没有经济社会稳定运行。近十年，我国网络安全相关技术发展迅速，网络安全人才培养力度不断加大，国家网络安全保障能力大幅提升。因此，网络安全技术已成为当今的热点研究方向。

本书以华为防火墙设备为平台，以企业网络安全实际案例为依托，从行业的实际需求出发组织内容。本书的主要特点如下。

- 学思贯穿，知识传授与价值引领相结合。

本书将知识的人文价值，解决问题的思维方法，精益求精、追求卓越的职业品质，以及党的二十大精神等元素进行融合，在传授知识的同时实现思想引领。

- 产教融合，校企双元合作开发。

本书紧跟产业发展需要，充分利用企业和院校的不同教育资源，由华为技术有限公司和深圳职业技术学院校企双元合作开发，吸收借鉴能够提高技能水平、反映职业特色的内容，满足行业发展对人才培养的需求，提高教学质量。

- 形式创新，理论与实践相结合。

本书采用理论和实践相结合的编写方式，在介绍相关知识的同时，基于企业实际工作过程设计相关动手任务，实现技术讲解与实践训练合二为一，有助于“教、学、做一体化”的实施。同时，本书配有数字化教学资源，能够适应“互联网+”教育的发展需求，支持教学模式的创新，读者可登录人邮教育社区（www.ryjiaoyu.com）下载本书相关资源。

本书作为教学用书的参考学时为 64 学时，建议采用理论和实践相结合的教学模式，各章的参考学时见学时分配表。

学时分配表

章	参考学时	
	理论	实践
第 1 章　网络安全概述	4	2
第 2 章　防火墙技术	3	3
第 3 章　网络地址转换技术	4	4
第 4 章　双机热备技术	4	6

续表

<table>
<tr><th rowspan="2">章</th><th colspan="2">参考学时</th></tr>
<tr><th>理论</th><th>实践</th></tr>
<tr><td>第 5 章　用户管理技术</td><td>3</td><td>3</td></tr>
<tr><td>第 6 章　入侵防御技术</td><td>4</td><td>4</td></tr>
<tr><td>第 7 章　数据加密技术</td><td>4</td><td>2</td></tr>
<tr><td>第 8 章　虚拟专用网络技术</td><td>6</td><td>8</td></tr>
<tr><td rowspan="2">合计</td><td>32</td><td>32</td></tr>
<tr><td colspan="2">64</td></tr>
</table>

本书由华为技术有限公司组织编写，深圳职业技术学院的齐坤、余宜诚任主编，王隆杰、韦凯任副主编，齐坤负责统稿；华为技术有限公司的李学昭、魏彪、刘水、杨晓芬、张娜、席友缘、金珍、陈洁为本书的编写提供了素材和技术支持。在编写本书的过程中，编者参阅并引用了华为技术有限公司的相关技术文档，在此衷心感谢华为技术有限公司的研发工程师和培训讲师的大力支持及帮助。

由于编者水平有限，书中不妥及疏漏之处在所难免，恳请广大读者批评指正。读者也可加入人邮教师服务 QQ 群（群号：159528354），与作者进行联系。

编　者

2022 年 10 月

目录 CONTENTS

第 1 章 网络安全概述 …………… 1

引言 …… 1

学习目标 …… 1

1.1 网络安全简介 …… 2

1.1.1 网络安全的定义 …… 2

1.1.2 网络安全的发展历史 …… 2

1.1.3 网络安全的发展趋势 …… 3

1.1.4 网络安全的标准和规范 …… 5

1.2 网络基础 …… 11

1.2.1 网络体系结构 …… 11

1.2.2 常见的网络协议 …… 12

1.2.3 数据封装与解封装 …… 20

1.2.4 常见的网络设备 …… 21

1.3 常见网络安全威胁及防范 …… 24

1.3.1 通信网络架构防护 …… 24

1.3.2 边界区域防护 …… 25

1.3.3 计算环境防护 …… 28

1.3.4 管理中心防护 …… 29

动手任务 "永恒之蓝"病毒分析 …… 30

【本章总结】 …… 31

【重点知识树】 …… 32

【学思启示】 …… 33

【练习题】 …… 33

【拓展任务】 …… 33

第 2 章 防火墙技术 …………… 35

引言 …… 35

学习目标 …… 35

2.1 防火墙概述 …… 36

2.1.1 防火墙简介 …… 36

2.1.2 防火墙的功能 …… 37

2.1.3 防火墙的发展历史 …… 37

2.1.4 防火墙的分类 …… 38

2.1.5 防火墙的工作模式 …… 38

2.2 防火墙技术原理 …… 40

2.2.1 安全区域 …… 40

2.2.2 安全策略 …… 41

2.2.3 状态检测技术和会话表 …… 45

2.3 ASPF 技术 …… 46

2.3.1 ASPF 的实现原理 …… 47

2.3.2 Server-map 表 …… 48

动手任务 2.1 登录并管理防火墙设备 … 49

动手任务 2.2 配置防火墙安全策略，实现企业内网访问 Internet …… 57

【本章总结】 …… 61

【重点知识树】 …… 62

【学思启示】 …… 62

【练习题】 …… 63

【拓展任务】 …… 63

第 3 章 网络地址转换技术 …… 64

引言 …… 64

学习目标 …… 64

3.1 NAT 概述 …… 65

3.1.1 NAT 简介 …… 65

3.1.2 NAT 的分类 …… 65

3.1.3 NAT 的优缺点 …… 65

3.2 NAT 原理 …… 66

3.2.1 源 NAT …… 66

3.2.2 目的 NAT …… 70

3.2.3 双向 NAT …… 72

3.2.4 NAT Server······73
3.3 NAT ALG······74
3.3.1 NAT ALG 简介······74
3.3.2 NAT ALG 的实现原理······74
3.4 黑洞路由······75
3.4.1 源 NAT 场景······75
3.4.2 NAT Server 场景······76
动手任务 3.1 配置源 NAT，实现内网主机访问 Internet······76
动手任务 3.2 配置目的 NAT，实现 Internet 中的主机访问内网服务器······79
动手任务 3.3 配置双向 NAT，实现 Internet 中的主机访问内网服务器······81
【本章总结】······84
【重点知识树】······85
【学思启示】······86
【练习题】······86
【拓展任务】······87

第 4 章 双机热备技术······88

引言······88
学习目标······88
4.1 双机热备概述······89
4.1.1 双机热备简介······89
4.1.2 双机热备的工作模式······89
4.1.3 双机热备的系统要求······90
4.2 双机热备的技术原理······90
4.2.1 VRRP······90
4.2.2 VGMP······92
4.2.3 HRP······93
4.2.4 心跳线······94
4.3 双机热备的组网模型······95
4.3.1 基于 VRRP 的双机热备······95
4.3.2 基于动态路由的双机热备······99
4.4 故障监控和切换······102
4.4.1 故障切换的触发条件······102
4.4.2 故障切换行为······102
动手任务 4.1 部署防火墙主备备份双机热备，提高网络可靠性······102
动手任务 4.2 部署防火墙负载分担双机热备，提高网络可靠性······112
【本章总结】······118
【重点知识树】······119
【学思启示】······120
【练习题】······120
【拓展任务】······121

第 5 章 用户管理技术······122

引言······122
学习目标······122
5.1 AAA 技术······123
5.1.1 AAA 技术简介······123
5.1.2 AAA 常用技术······125
5.2 防火墙用户与认证······129
5.2.1 用户与认证简介······129
5.2.2 用户认证流程······130
5.2.3 用户认证触发······131
5.2.4 认证策略······133
动手任务 5.1 配置用户认证，对上网用户进行本地认证和管理······134
动手任务 5.2 配置用户认证，对高级管理者进行免认证······139
【本章总结】······142
【重点知识树】······143
【学思启示】······143
【练习题】······144
【拓展任务】······145

第 6 章 入侵防御技术 ………… 147

引言……147
学习目标……147
6.1 入侵概述……148
6.1.1 入侵简介……148
6.1.2 常见的入侵手段……148
6.2 入侵防御……149
6.2.1 入侵防御简介……149
6.2.2 入侵防御原理……150
6.3 反病毒……153
6.3.1 反病毒简介……153
6.3.2 反病毒原理……153
动手任务 6.1 配置入侵防御功能，保护内网用户的安全……155
动手任务 6.2 配置反病毒功能，保护内网用户和服务器的安全……159
【本章总结】……170
【重点知识树】……171
【学思启示】……172
【练习题】……172
【拓展任务】……172

第 7 章 数据加密技术 ………… 174

引言……174
学习目标……174
7.1 数据加密……175
7.1.1 数据加密简介……175
7.1.2 数据加密的原理……176
7.1.3 常见的加密算法……178
7.2 散列算法……180
7.2.1 散列算法简介……180
7.2.2 散列算法的应用……181
7.2.3 常见的散列算法……181
7.3 PKI 证书体系……182
7.3.1 数据安全通信技术……182
7.3.2 PKI 的体系架构……188
7.3.3 PKI 的工作机制……191
7.3.4 PKI 的应用场景……192
动手任务 结合 PKI 证书体系，分析 HTTPS 通信过程……193
【本章总结】……195
【重点知识树】……196
【学思启示】……196
【练习题】……197
【拓展任务】……197

第 8 章 虚拟专用网络技术 …… 198

引言……198
学习目标……198
8.1 VPN 概述……199
8.1.1 VPN 的定义……199
8.1.2 VPN 的封装原理……199
8.1.3 VPN 的分类……200
8.1.4 VPN 的关键技术……201
8.2 GRE VPN……202
8.2.1 GRE VPN 简介……202
8.2.2 GRE VPN 的工作原理……203
8.3 L2TP VPN……205
8.3.1 L2TP VPN 简介……205
8.3.2 Client-Initiated 场景下 L2TP VPN 的工作原理……206
8.4 IPSec VPN……209
8.4.1 IPSec VPN 简介……209
8.4.2 IPSec VPN 的体系架构……209
8.4.3 IKE 协议……214
8.4.4 IPSec VPN 扩展……217
8.5 SSL VPN……218
8.5.1 SSL VPN 简介……218
8.5.2 SSL VPN 的工作原理……218

8.5.3 SSL VPN 的业务流程……………220
动手任务 8.1 配置 GRE VPN，实现私网之间的隧道互访……………223
动手任务 8.2 配置 Client-Initiated 场景下的 L2TP VPN，实现移动办公用户访问企业内网资源……………226
动手任务 8.3 配置 IPSec VPN，实现私网之间的隧道互访…………231
动手任务 8.4 配置 GRE over IPSec VPN，实现私网之间通过隧道安全互访……………237
动手任务 8.5 配置 SSL VPN，实现移动办公用户通过 Web 代理访问企业 Web 服务器…………241
【本章总结】……………244
【重点知识树】……………245
【学思启示】……………246
【练习题】……………247
【拓展任务】……………247

01

第1章　网络安全概述

引言

随着互联网的普及，人们对网络的依赖程度越来越高，网络已经成为社会进步和经济发展的强大推动力。但是，网络中存在的诸多不安全因素会导致信息泄露、信息不完整和信息不可用等问题。如果这些问题得不到妥善解决，后果将不堪设想。因此，网络安全的保障显得愈发重要。

本章主要从网络安全简介、网络基础、常见网络安全威胁及防范等方面介绍网络安全的相关知识，为后续网络安全相关内容的学习作铺垫。

学习目标

【知识目标】

- 了解网络安全的定义。
- 了解网络安全的发展历史和发展趋势。
- 了解网络安全的标准和规范。
- 理解常见的网络协议。
- 熟悉常见的网络安全威胁及相应的防范方法。

【技能目标】

- 能够描述网络安全的发展历史。
- 能够描述常见网络安全威胁的防范方法。
- 熟练掌握 TCP/IP 参考模拟和 OSI 参考模型。
- 能够描述数据封装/解封装的过程。

【素养目标】

- 培养网络安全关乎你我的主人翁意识。
- 培养遵从标准、严守规则的规范意识。
- 培养敬畏法律、恪守底线的法律意识。
- 培养朝气蓬勃、充满活力的生活态度。

1.1 网络安全简介

随着互联网的迅猛发展和广泛应用，网络安全问题日益严峻，引起了全社会的广泛关注。了解网络安全的基本概念、发展历史、发展趋势、标准和规范，有助于解决网络安全建设相关问题。

1.1.1 网络安全的定义

网络安全问题随着网络和信息技术的发展，以及业务对网络和信息化依赖的不断加大而日益复杂。网络安全可以从广义和狭义两方面来定义。

- 广义的网络安全也就是网络空间安全。网络空间由独立且相互依存的信息基础设施和网络组成，包括互联网、电信网、计算机系统、嵌入式处理器和控制器系统等，是国家层面的，主要由国家从法律、制度、规章和流程等方面，对各级政府机构、组织、行业乃至个人进行指导，以共同构建国家层面的网络信息安全。
- 狭义的网络安全也就是我们常说的网络安全。它是指采取必要的措施，防范网络及网络中传递的信息遭到攻击、入侵、干扰、破坏、非法使用，以及发生意外事故，最终使网络处于稳定、可靠运行的状态，保障网络中信息及数据的保密性、完整性和可用性。

1.1.2 网络安全的发展历史

网络安全的发展历史大致可以归纳为 4 个时期，即通信安全时期、信息安全时期、信息保障时期和网络空间安全时期，如图 1-1 所示。

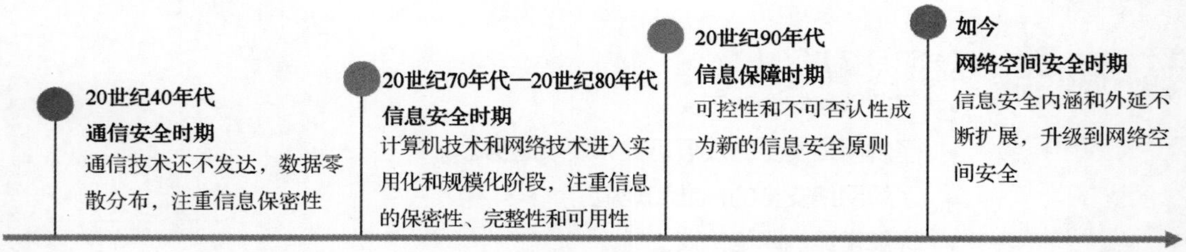

图 1-1 网络安全的发展历史

1. 通信安全时期

20 世纪 40 年代，通信技术还不发达，数据零散地分布于不同的地点，该时期的信息系统安全仅限于保证信息的物理安全以及通过密码（主要是序列密码）保证通信安全。例如，将信息安置在相对安全的地点，不许非授权用户接近，使用密码技术保障通话、收发电报和传真等信息交换过程的安全，确保数据的安全性。这一时期，信息安全的主要目标是保证数据在传输过程中的保密性。

2. 信息安全时期

20 世纪 70 年代—20 世纪 80 年代，计算机技术和网络技术进入实用化和规模化阶段，数据传输已经可以通过计算机网络完成。这一时期，信息安全的主要目标是确保信息的保密性、完整性和可用性。

- 保密性：确保信息只能由被授权的人员获取及使用，以及确保数据即使被攻击者窃取，也不能被正确读出。
- 完整性：确保信息在传输过程中不被篡改，且接收方能够识别信息是否被篡改。
- 可用性：确保被授权人员在需要时可以获取和使用相关的信息。

3. 信息保障时期

从 20 世纪 90 年代开始，互联网技术的飞速发展使信息安全问题跨越了时间和空间，可控性和不可否认性成为除传统的保密性、完整性和可用性外的新的信息安全原则。

- 可控性：对信息和信息系统实施安全监控与管理，防止信息和信息系统被非法利用。
- 不可否认性：防止信息源用户对其发送的信息不承认，或者用户接收到信息之后不认账。

企业以信息安全原则为基础，从业务、安全体系和管理 3 个方面入手，构建图 1-2 所示的企业信息安全保障体系。

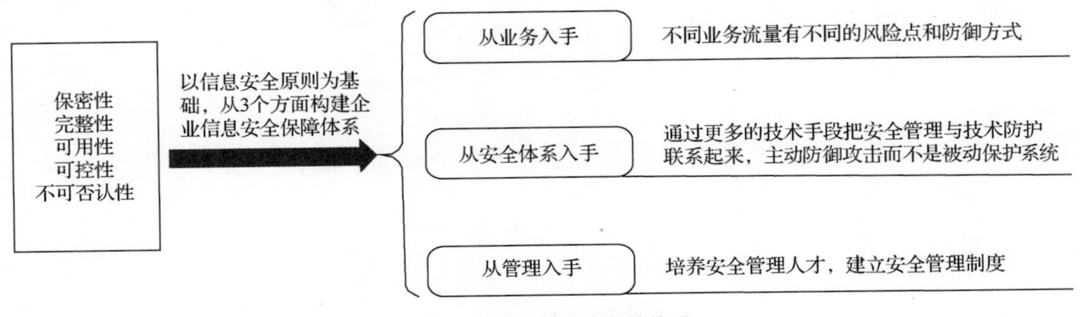

图 1-2　企业信息安全保障体系

4. 网络空间安全时期

这一时期，网络安全的内涵不断扩大，升级到网络空间安全，其目标是保证包含设施、数据、用户和操作在内的整个网络空间的系统安全。同时，国家出台网络安全等级保护等相关标准和规范，引导企业建立信息安全管理体系（Information Security Management System，ISMS）。

1.1.3　网络安全的发展趋势

随着互联网的发展和企业网络规模的扩大，网络安全架构日趋复杂，网络接入方式和接入终端逐渐多样化，用户业务和网络安全威胁都在不断变化。因此，安全设备厂商根据业界的发展趋势，也在持续推出不同的网络安全保障方案，如网络安全态势感知、零信任等，以适应持续演进的动态安全需求，应对客户网络中各类不断变化的安全威胁。

1. 网络安全态势感知

当前，企业网络环境中部署的各类安全设备主要使用单点检测，这种独立、分割的安全防护体系已经很难应对以高级持续性威胁（Advanced Persistent Threat，APT）为代表的新型网络威胁。

网络安全态势感知是指基于环境动态、整体地洞悉安全风险的能力。它利用数据融合、数据挖掘、智能分析和可视化等技术，直观显示网络环境中的实时安全状况，为网络安全保障提供技术支持。其主要功能包括安全要素采集、安全数据处理、安全数据分析和结果展示。

- 安全要素采集：采集各类安全设备中的海量数据，包括流量数据、各类日志、漏洞、木马和病毒样本等。
- 安全数据处理：对采集到的安全要素数据进行清洗、分类、标准化、关联补齐和添加标签等操作，将标准数据加载到存储的数据中。
- 安全数据分析和结果展示：利用数据挖掘及智能分析等技术，提取系统安全特征和指标，发现网络安全风险时，就将其汇总成有价值的情报，并将该情报通过可视化技术直观地展示出来。

企业网络中部署的网络安全态势感知系统通过流探针采集网络中的流量、设备日志等网络基础数据，结合大数据分析、机器学习、专家系统和情报驱动等技术，能有效地发现网络中的潜在威胁和高级威胁，实现企业内部的全网安全态势感知，并将分析结果集中进行可视化展示。图 1-3 所示的华为 HiSec Insight 系统就是一个典型的网络安全态势感知系统。

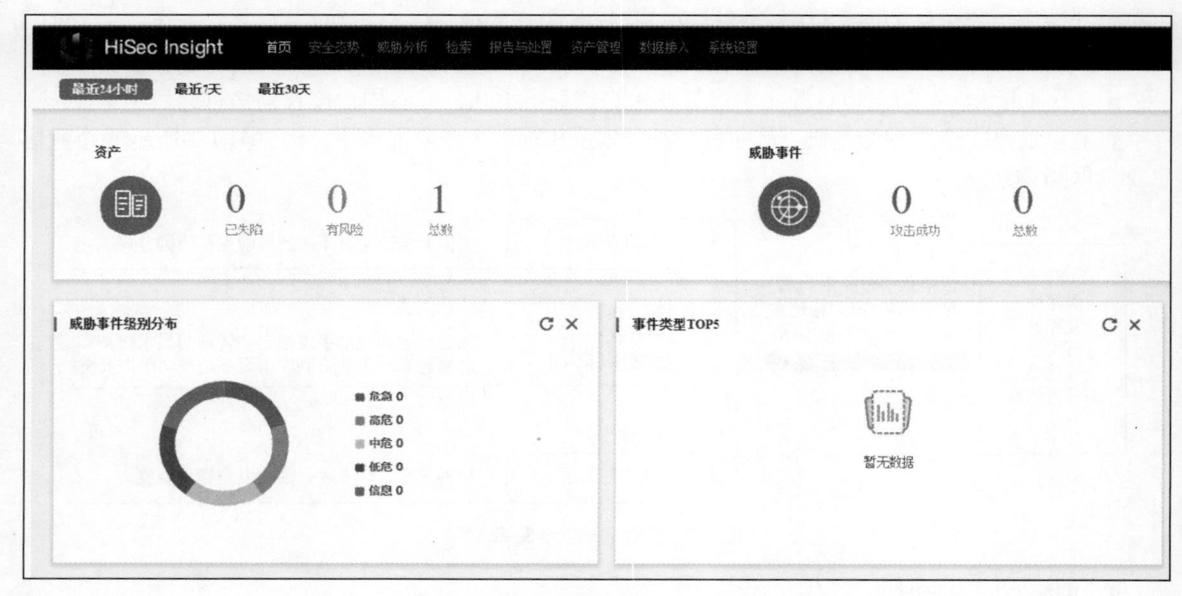

图 1-3　华为 HiSec Insight 系统

2. 零信任

传统网络安全架构是基于边界的安全架构，企业构建信息安全管理体系时，要先寻找安全边界，把网络划分为外网、内网、隔离区等不同的区域，再在边界上部署防火墙、入侵检测等安全产品。这种网络安全架构假设或默认内网比外网更安全，因此一旦攻击者潜入内网，或者攻击者本身受内网信任，那么安全边界就形同虚设。

不同于这种以网络为中心的防护思路，零信任的核心思想如下：默认情况下不信任网络内部和外部的任何用户、设备和系统，需要基于认证和授权重构访问控制的信任基础，即永不信任、始终验证。零信任建立的是以身份为中心，以识别、持续认证、动态访问控制、授权、审计和监测为链条，以多维信任算法为基础，以最小化实时授权为核心，认证可覆盖网络末端的动态安全架构。它的核心目标就是消除边界问题带来的安全风险。以网络为中心与以身份为中心的防护思路对比如图 1-4 所示。

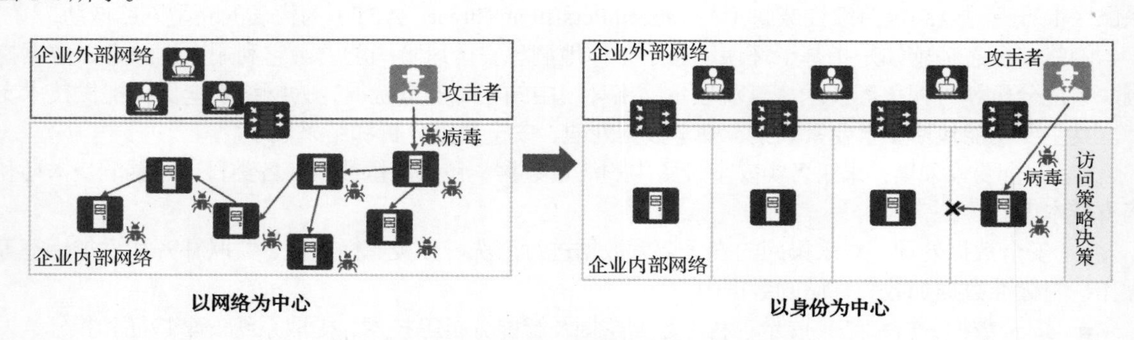

图 1-4　以网络为中心与以身份为中心的防护思路对比

相较而言，零信任的优点在于其动态综合纵深的安全防御能力，整个防护控制都基于身份，并对身份进行持续确认。在“网络可能或已经被攻陷、存在内部威胁”的环境下，把安全能力从边界扩展到主体、行为、客体资源，解决传统安全边界无法应对的难题。零信任的核心是网络环境从之前的“以网络为中心”变成“以身份为中心”，在这里，传统的边界防护模式逐渐“失灵”。

1.1.4　网络安全的标准和规范

网络安全是保护网络空间中的数据安全和信息安全，信息安全则是保护网络空间内、外的数据安全和信息安全。因此，信息安全包含网络安全，网络安全是信息安全的重要内容。

网络安全标准是为了在一定范围内获得网络安全的最佳秩序，于是经过多个相关组织协商一致后由公认机构批准制定的一种规范性文件。网络安全标准化是国家网络安全保障体系建设的重要组成部分。

1. 网络安全标准化组织

国际上的网络安全标准化工作兴起于 20 世纪 70 年代中期，20 世纪 80 年代有了较快的发展，到了 20 世纪 90 年代已引起了世界各国的普遍关注。目前，世界上有近 300 个国际或区域性组织制定了信息安全标准或技术规则。与网络安全标准化有关的组织如下。

（1）国外的网络安全标准化组织

国际标准化组织是一个全球性的非政府组织，也是国际标准化领域中一个十分重要的组织，它负责目前绝大部分行业（包括军工、石油等垄断行业）的标准化工作。

国际电工委员会（International Electrotechnical Commission，IEC）是世界上成立最早的国际性电工标准化组织，它负责电气工程及其相关领域的国际标准化工作。

（2）国内的网络安全标准化组织

全国信息安全标准化技术委员会（简称信息安全标委会或 TC260）是在信息安全技术专业领域内从事信息安全标准化工作的技术工作组织，于 2002 年 4 月 15 日在北京正式成立。信息安全标委会主要负责组织开展国内与信息安全有关的标准化技术工作，主要包括安全技术、安全机制、安全服务、安全管理、安全评估等领域的标准化技术工作。

中国通信标准化协会（China Communications Standards Association，CCSA）是国内企事业单位自发组织，经业务主管部门批准，并在国家社团登记管理机关登记的开展通信技术领域标准化活动的非营利性法人社会团体。该协会下辖 11 个技术工作委员会（Technical Committee，TC），负责开展相关技术工作，其中的信息安全技术工作委员会主要研究面向公众服务的互联网网络与信息安全标准，电信网与互联网结合的网络与信息安全标准，特殊通信领域的网络与信息安全标准等。

2. 常见网络安全标准与规范

在网络安全问题出现的初期，人们解决网络安全问题的主要途径是安装和使用网络安全产品，如防火墙、入侵检测设备等，这在一定程度上解决了网络安全中的隐患。但人们发现，仅靠这些产品仍然无法避免一些网络安全事件的发生，如与企业员工相关的信息安全，网络安全和效益的平衡，网络安全目标，业务连续性，网络安全法规的遵从等问题。因此，想有效解决网络安全问题，还是需要贯彻“三分技术、七分管理”的思想。

（1）信息安全管理体系

信息安全管理体系（Information Security Management Systems，ISMS）是组织在整体或特定范围内建立的信息安全方针和目标，以及完成这些目标所用方法的集合。它是直接管理活动的结果，表示成方针、原则、目标、方法、过程、核查表等要素的集合。ISMS 是管理体系中的思想和方法在信息安全领域的应用。近年来，随着 ISMS 国际标准的制定与修订，ISMS 迅速被全世界接受和认可，成为世界各国各种类型、各种规模的组织解决信息安全问题的一种有效方法。

ISMS 是组织机构按照相关标准的要求所制定的信息安全管理方针和策略，它采用风险管理的方法进行信息安全管理计划（Plan）、实施（Do）、检查（Check）、改进（Action），因此这一工作流程被称为 PDCA 流程，如图 1-5 所示。

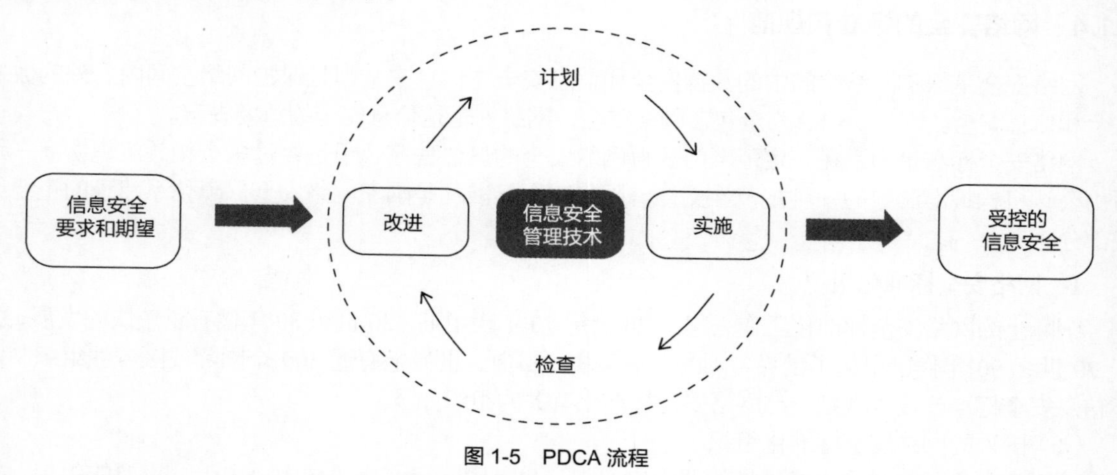

图 1-5　PDCA 流程

■ 计划：ISMS 的策划与准备。根据组织的整体方针和目标，建立安全策略和目标，以及与管理风险和改进信息安全相关的过程与程序，以获得结果。

■ 实施：ISMS 文件的编制。实施和运行安全策略、控制过程和程序。

■ 检查：运行 ISMS。根据安全策略、目标和已有经验评估并测量过程业绩，向管理层报告结果，进行评审。

■ 改进：ISMS 的审核、评审和持续改进。根据内部 ISMS 审核结果，采取纠正或预防措施，以实现 ISMS 的持续改进。

ISMS 是按照 ISO/IEC 27001 标准《信息安全管理体系要求》建立的。ISMS 一旦建立，组织就应按体系规定的要求运作，保持体系运作的有效性。ISMS 应以文件的形式体现，即组织应建立并保持一个文件化的 ISMS，其中应阐述被保护的资产、组织风险管理的方法、控制目标、控制方式和保证程度。

（2）ISO/IEC 27000 系列标准

任何公司都可以实施 ISMS，但是怎么实施呢？要达到哪些要求呢？ISO/IEC 27000 系列标准给出了详细的要求或标准，组织可以据此建立 ISMS。

① ISO/IEC 27001

ISO/IEC 27001 是 ISMS 的国际规范性标准，它要求通过一系列的过程，如确定 ISMS 的范围、制定信息安全管理的方针和策略、明确管理职责、以风险评估为基础选择控制目标和控制措施等，使组织取得动态的、系统的、全员参与的、制度化的和预防为主的信息安全管理效果。

② ISO/IEC 27002

ISO/IEC 27002 可以在实施时作为选择控制措施的参考，也可以作为组织实施信息安全控制措施的指南，其最新版本 ISO/IEC 27002：2022 于 2022 年发布。ISO/IEC 27002 中的控制主题如图 1-6 所示，根据这 4 个主题有 93 条控制措施被提出，这些控制措施是实施信息安全管理的有效方法。

③ 其他相关标准

除 ISO/IEC 27001 和 ISO/IEC 27002 外，ISO/IEC 27000 系列标准还包括其他要求及支持性指南、认证认可及审核指南，以及行业信息安全管理要求和医疗信息安全管理标准，如图 1-7 所示。整个 ISO/IEC 27000 系列标准致力于帮助不同类型、不同规模的企业和组织建立并运行 ISMS。

图 1-6　ISO/IEC 27002 中的控制主题

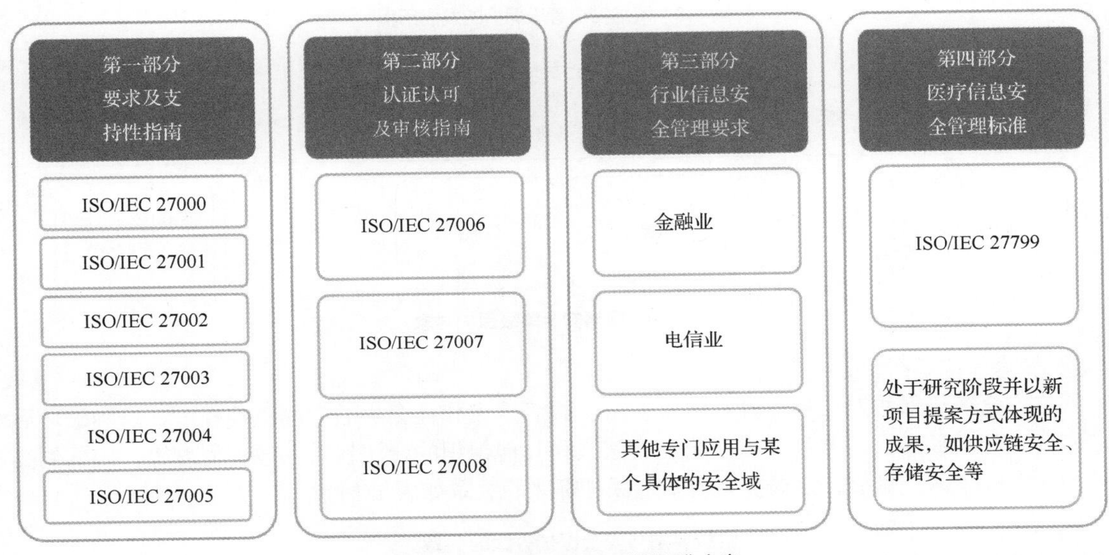

图 1-7　ISO/IEC 27000 系列标准内容

（3）网络安全等级保护制度

2017 年 6 月 1 日，《中华人民共和国网络安全法》（简称《网络安全法》）正式实施，其中第二十一条“国家实行网络安全等级保护制度”将网络安全等级保护写入了国家法规，成为强制性法律条文。网络安全等级保护制度是国家信息安全保障工作的基本制度、基本国策和基本方法，是促进信息化健康发展，维护国家安全、社会秩序和公共利益的根本保障。

① 基本概念

网络安全等级保护是指对网络（含信息系统、数据）进行分等级保护、分等级监管，对网络中使用的网络安全产品按等级管理，对网络中发生的安全事件分等级响应和处置。其中，“网络”是指由计算机或者其他信息终端及相关设备组成的按照一定的规则和程序对信息进行收集、存储、传输、交换、处理的系统，包括网络设施、信息系统、数据资源等。

② 发展历程

网络安全等级保护经历了 20 多年的发展，大概经历了 4 个阶段，网络安全等级保护制度也从 1.0 版本（简称等保 1.0）发展到了 2.0 版本（简称等保 2.0），其发展历程如图 1-8 所示。

③ 保护对象

网络安全等级保护对象是指网络安全等级保护工作中的对象，通常指由计算机或者其他信息终端及相关设备组成的，按照一定的规则和程序对信息进行收集、存储、传输、交换和处理的系统，主要包括基础信息平台、云计算平台、大数据平台、物联网、工业控制系统和采用移动互联技术的系统等，如图 1-9 所示。

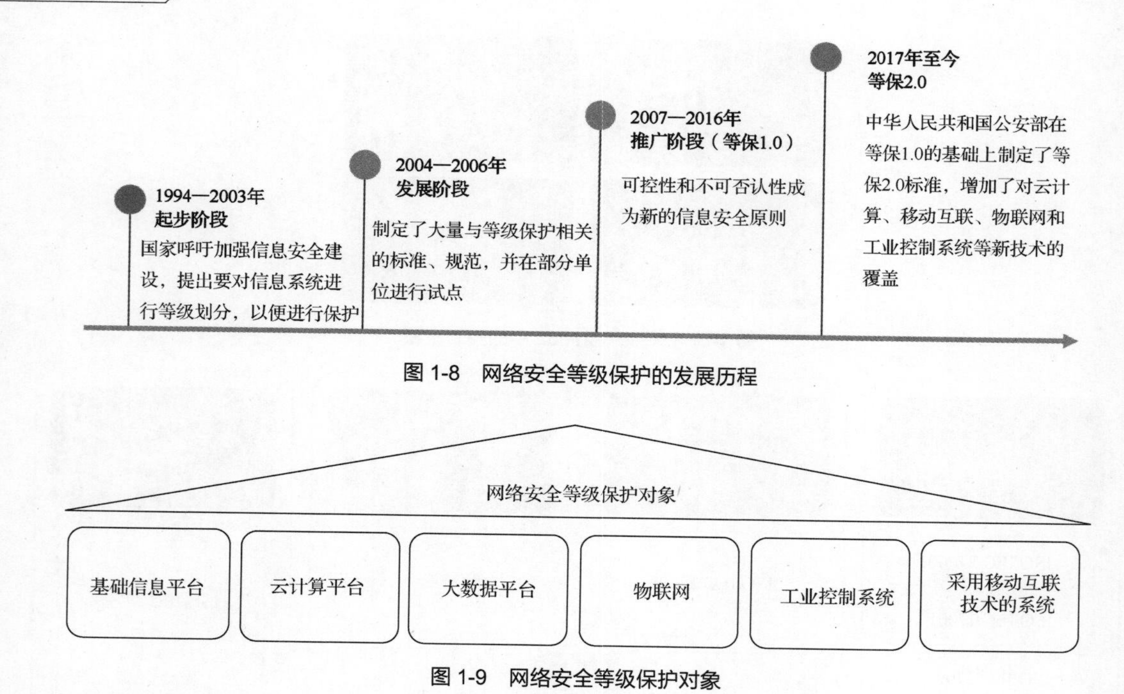

图 1-8　网络安全等级保护的发展历程

图 1-9　网络安全等级保护对象

④ 安全保护等级

网络安全等级保护对象根据其在国家安全、经济建设和社会生活中的重要程度，遭到破坏后对国家安全、社会秩序、公共利益以及公民、法人和其他组织的合法权益的危害程度等，由低到高被划分为 5 个安全保护等级，定级要素与安全保护等级的关系如表 1-1 所示。

表 1–1　定级要素与安全保护等级的关系

受侵害的客体	对客体的侵害程度		
	一般损害	严重损害	特别严重的损害
公民、法人和其他组织的合法权益	第一级	第二级	第三级
社会秩序和公共利益	第二级	第三级	第四级
国家安全	第三级	第四级	第五级

■ 第一级：用户自主保护级

信息系统受到破坏后，会对公民、法人和其他组织的合法权益造成一般损害，但不会损害国家安全、社会秩序和公共利益。

防护能力：应能够防护来自个人的或拥有很少资源的威胁源发起的恶意攻击，一般的自然灾难，以及其他危害程度相当的威胁所造成的关键资源损害，在自身遭到损害后，需要花费一些时间来恢复部分功能。

第一级安全保护等级一般适用于小型私营或个体企业、中小学、乡镇所属信息系统、县级单位中一般的信息系统。

■ 第二级：指导保护级

信息系统受到破坏后，会对公民、法人和其他组织的合法权益造成严重损害，或者对社会秩序和公共利益造成一般损害，但不会损害国家安全。

防护能力：能够防护来自外部小型组织的或拥有少量资源的威胁源发起的恶意攻击，一般的自然灾难，以及其他相当危害程度的威胁所造成的重要资源损害，能够发现重要的安全漏洞或处理安全事件，在自身遭到损害后，能够在一段时间内恢复部分功能。

第二级安全保护等级一般适用于县级某些单位中的重要信息系统；地市级以上国家机关、企事业单位内部一般的信息系统。

■　第三级：监督保护级

信息系统受到破坏后，会对公民、法人和其他组织的合法权益造成特别严重的损害，或者对社会秩序和公共利益造成严重损害，或者对国家安全造成一般损害。

防护能力：能够在统一的安全策略下防护来自外部有组织的团体或拥有较为丰富资源的威胁源发起的恶意攻击，较为严重的自然灾难，以及其他危害程度相当的威胁所造成的主要资源损害，能够及时发现与监测攻击行为和处理安全事件，在自身遭到损害后，能够较快恢复绝大部分功能。

第三级安全保护等级一般适用于地级市以上国家机关、企业、事业单位内部的重要信息系统。

■　第四级：强制保护级

信息系统受到破坏后，会对社会秩序和公共利益造成特别严重的损害，或者对国家安全造成严重损害。

防护能力：能够在统一的安全策略下防护来自国家级别的、敌对组织的、拥有丰富资源的威胁源发起的恶意攻击或严重的自然灾害，以及其他危害程度相当的威胁所造成的资源损害，能够及时发现与监测攻击行为并处理安全事件，在自身遭到损害后，能够迅速恢复所有功能。

第四级安全保护等级一般适用于国家重要领域、重要部门中的特别重要的系统，以及核心系统。

■　第五级：专控保护级

信息系统受到破坏后，会对国家安全造成特别严重的损害。

防护能力：能够在统一的安全策略下，在实施专用的安全保护的基础上，通过可验证设计增强系统的安全性，使其具有抗渗透能力，使数据信息免遭非授权的泄露和破坏，保证最高安全等级的系统服务。

第五级安全保护等级一般适用于国家重要领域、重要部门中的极端重要系统。

⑤ 安全要求

等保 2.0 安全要求分为安全通用要求和安全扩展要求，以实现对不同级别和不同形态等级保护对象的共性化和个性化保护，如图 1-10 所示。安全通用要求和安全扩展要求都分为技术要求和管理要求两方面，不同安全等级对应的要求的具体内容不同，安全等级越高，要求的内容越严格。

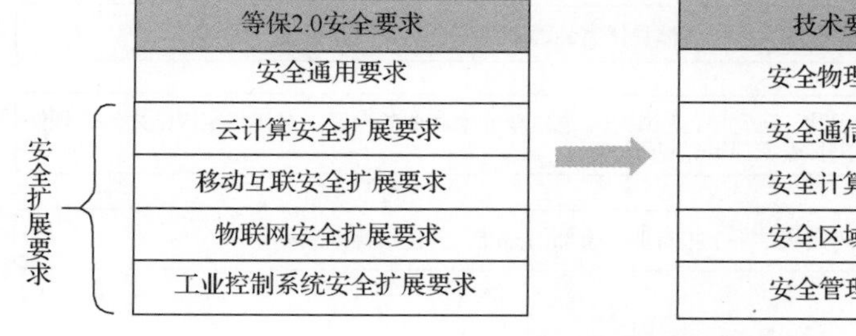

技术要求	管理要求
安全物理环境	安全管理制度
安全通信网络	安全管理机构
安全计算环境	安全管理人员
安全区域边界	安全建设管理
安全管理中心	安全运维管理

图 1-10　等保 2.0 安全要求

⑥ 标准体系

等保 2.0 标准体系除了有明确网络安全等级保护基本要求的 GB/T 22239—2019 外，还有其他一系列标准，用于指导等保 2.0 的定级、实施、测评等工作，如图 1-11 所示。

⑦ 工作流程

网络安全等级保护工作并不是单一的一项工作，而是由定级、备案、建设整改、等级测评、监督检查 5 个环节构成的一个完整的工作流程，如图 1-12 所示。

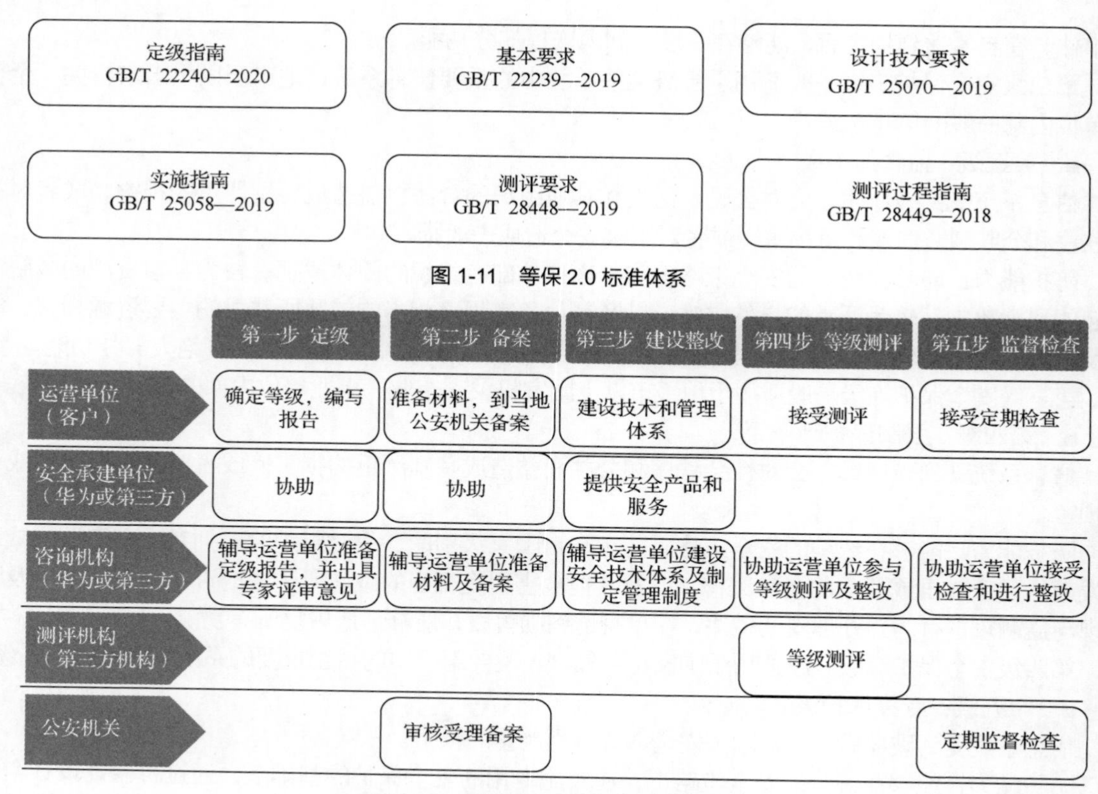

图 1-11 等保 2.0 标准体系

图 1-12 网络安全等级保护的工作流程

■ 第一步：定级

网络安全等级保护的定级流程如图 1-13 所示。网络运营单位确定定级后，根据等级保护管理办法和定级指南初步确定网络的安全保护等级，组织召开专家评审会，对初步定级结果的合理性进行评审，出具专家评审意见，将初步定级结果上报行业主管部门进行审核，并请主管部门出具核准意见。

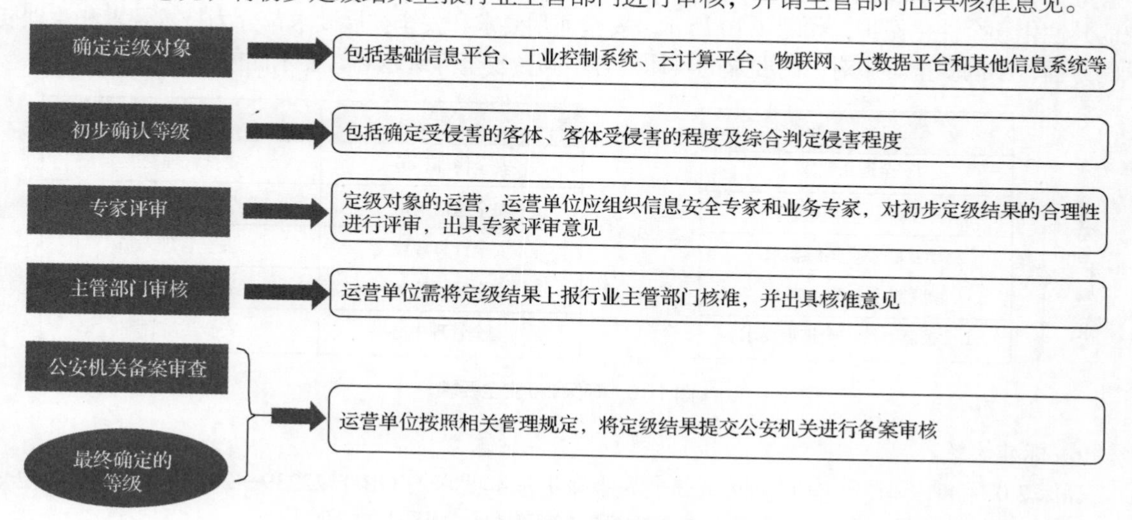

图 1-13 网络安全等级保护的定级流程

安全保护等级初步确定为第一级的等级保护对象，其网络运营单位可依据定级标准自行确定最终的安全保护等级，可不进行专家评审、主管部门审核和备案审查。

安全保护等级初步确定为第二级及以上的等级保护对象，其网络运营单位需依据定级标准，组织进行专家评审、主管部门审核和备案审查，最终确定其安全保护等级。

■　第二步：备案

系统级别确定之后，第二级及以上的信息系统需要将定级材料提交到公安机关的网络安全部门进行备案。备案成功后，网络安全部门颁发备案证明。

■　第三步：建设整改

备案成功后，运营单位按照管理规范和技术标准选择管理办法要求的信息安全产品，建设符合等级要求的信息安全设施，建立安全组织，制定并落实安全管理制度，完成系统整改。

■　第四步：等级测评

整改完成后，测评机构依据国家网络安全等级保护制度的规定与有关管理规范和制度标准，对系统进行测评，验证系统是否符合等级保护安全要求，并出具等级测评报告。

■　第五步：监督检查

等级测评完成后，运营单位将等级测评报告提交给公安机关。公安机关依据信息安全等级保护管理规范及《网络安全法》的相关条款，监督检查运营单位开展等级保护工作，定期对信息系统进行安全检查。运营单位应当接受公安机关的安全监督、检查和指导，如实向公安机关提供有关材料，并积极开展自查工作。

1.2　网络基础

随着互联网的发展，各种网络攻击不断出现，网络安全的重要性愈加凸显。安全技术应用于数据通信过程，是数据通信技术的延伸和扩展。在学习安全技术之前，了解网络的基本概念，有助于更好地理解各种安全技术的工作原理和应用场景。

1.2.1　网络体系结构

1. OSI 参考模型

开放式系统互联（Open System Interconnect，OSI）一般又被称为 OSI 参考模型，是由国际标准化组织（International Organization for Standardization，ISO）发布的网络互联模型。OSI 参考模型定义了开放系统的层次结构、层次之间的相互关系及各层可能包含的服务。OSI 参考模型并不是一个标准，而是一个在制定标准时使用的概念性框架，它被用来协调和组织各层协议。OSI 参考模型定义了网络互联的 7 层框架，包括应用层、表示层、会话层、传输层、网络层、数据链路层和物理层，各层的功能如表 1-2 所示。OSI 参考模型较为复杂，通常只是作为理论研究的模型，并没有实际应用。

表 1-2　　OSI 参考模型中各层的功能

层级	功能
应用层	为应用程序提供接口
表示层	进行数据格式的转换，以确保一个系统生成的应用层数据能够被另一个系统的应用层识别和理解
会话层	为通信双方建立、管理和终止会话
传输层	建立、维护和取消一次端到端的数据传输过程，控制传输节奏的快慢，调整数据的排序等
网络层	定义逻辑地址，实现数据从源地址到目的地址的转发
数据链路层	将分组数据封装成帧，在数据链路上实现数据的点到点、点到多点的直接通信及差错检测
物理层	在介质上传输比特流，提供机械的和电气的规约

2. TCP/IP 参考模型

传输控制协议/网际协议（Transmission Control Protocol/Internet Protocol，TCP/IP）参考模型一般被称为 TCP/IP 参考模型，是计算机网络的“祖父”ARPANET（阿帕网）和其后继的 Internet（因特网）使用的参考模型，是网络互联的标准协议。TCP/IP 参考模型具有开放性和易用性的特点，因此在实践中得到了广泛应用。

TCP/IP 参考模型在结构上与 OSI 参考模型类似，采用分层架构，同时层与层之间联系紧密。它们的不同点在于 TCP/IP 参考模型把表示层和会话层都归入应用层，并把数据链路层和物理层合并为网络接口层，所以 TCP/IP 参考模型从上至下分为 4 层，即应用层、传输层、网络互联层和网络接口层，各层的功能如表 1-3 所示。

表 1-3　TCP/IP 参考模型中各层的功能

层级	主要功能
应用层	为用户提供各类服务，TCP/IP 参考模型将所有与应用相关的工作都划分到这一层
传输层	建立、维护和终止端到端的数据传输过程，控制传输速率，调整数据的传输顺序等
网络互联层	将数据分为一定长度的分组，根据数据报文中的地址信息，在通信子网中选择传输路径，将数据从一个节点发送到另一个节点
网络接口层	定义了 TCP/IP 参考模型与各种通信子网之间的网络接口，其功能是传输经网络互联层处理过的消息

TCP/IP 参考模型将 OSI 参考模型中的数据链路层和物理层合并为网络接口层，但在实际应用中，往往将数据链路层和物理层分开处理，所以 TCP/IP 对等模型概念被提出。这 3 种模型的对比如图 1-14 所示。可以看出，TCP/IP 对等模型融合了 TCP/IP 参考模型和 OSI 参考模型。本书之后的内容也都基于 TCP/IP 对等模型。

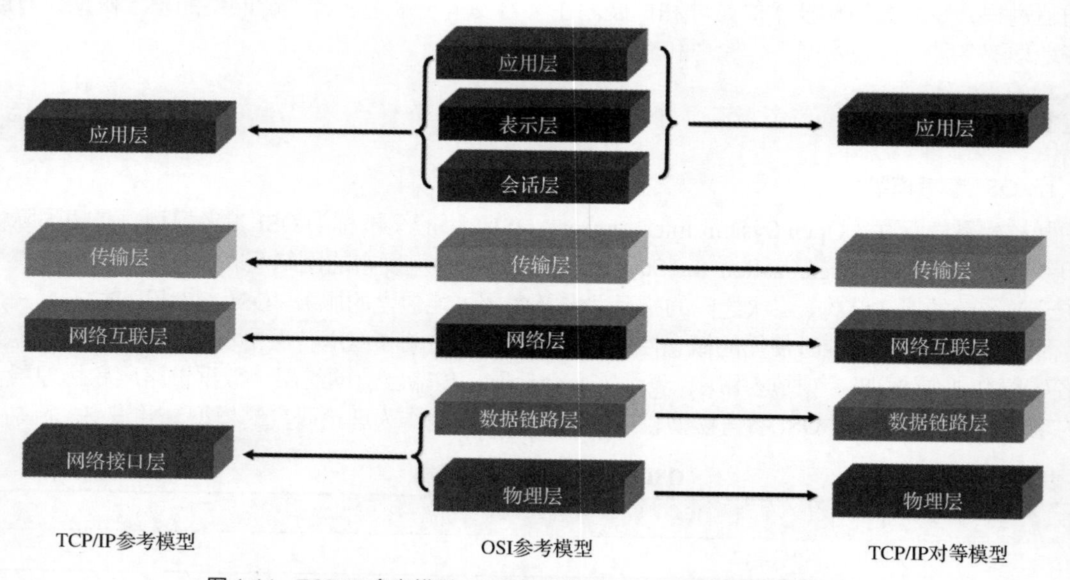

图 1-14　TCP/IP 参考模型、OSI 参考模型和 TCP/IP 对等模型的对比

1.2.2 常见的网络协议

1. 应用层协议

应用层为应用程序提供接口，使应用程序能够使用网络服务。应用层协议会使用某一种传输层协议，以及定义传输层所使用的端口。

（1）文件传输协议

文件传输协议（File Transfer Protocol，FTP）是一种用于从一台主机传输文件到另一台主机的协议，用于文件的“下载”和“上传”，采用客户端/服务器（Client/Server，C/S）结构。默认情况下，FTP 使用 TCP 端口中的 20 号端口和 21 号端口。使用 FTP 进行数据传输时，需要在 FTP 服务器和 FTP 客户端之间建立控制连接通道和数据连接通道。FTP 连接的建立分为主动模式（即 PORT 模式）和被动模式（即 PASV 模式），两者的区别在于数据连接是由服务器发起还是由客户端发起。

（2）安全文件传输协议

安全文件传输协议（Secure File Transfer Protocol，SFTP）是一种基于安全外壳协议（Secure Shell，SSH）的，提供文件安全传输功能的网络协议。

FTP 是用明文传输的，并不安全。而 SFTP 对传输的认证信息和数据进行加密，相对于 FTP 极大地提升了安全性。SFTP 是一种单通道协议，也采用 C/S 结构，通过客户端和服务器之间的 SSH 协议的安全连接来传输文件，其目的端口默认为 TCP 端口中的 22 号端口。

（3）远程登录协议

远程登录（Telnet）协议是数据网络中提供远程登录的标准协议，为用户提供了在本地计算机上完成远程设备管理的功能，其目的端口默认为 TCP 端口中的 23 号端口。

Telnet 是远程管理服务器和网络设备的常用协议。用户在计算机上使用 Telnet 程序连接到服务器以后，就可以在 Telnet 程序中输入命令，这些命令会在服务器上运行，就像直接在服务器的控制台上输入一样，从而实现在本地客户端上对服务器的远程控制。

（4）STelnet 协议

Telnet 协议虽然使用起来非常方便，但是数据用明文传输，并不安全，而使用安全的 Telnet（Secure Telnet，STelnet）协议可以极大地提升安全性。

STelnet 是一种更加安全的 Telnet 协议，所有交互数据均经过加密，用户可以从远端安全登录到设备，实现安全的会话连接。STelnet 协议通过安全外壳协议实现，目的端口默认为 TCP 端口中的 22 号端口。

（5）超文本传输协议

超文本传输协议（Hyper Text Transfer Protocol，HTTP）是互联网上应用最广泛的一种网络协议，目的端口默认为 TCP 端口中的 80 号端口。

HTTP 是一种简单的请求/响应协议，基于浏览器/服务器（Browser/Server，B/S）架构进行通信。它指定了客户端发送给服务器什么样的消息，以及得到什么样的响应，请求信息与响应消息的报头使用美国信息交换标准代码（American Standard Code for Information Interchange，ASCII）进行编码，而消息内容则具有类似多用途互联网邮件扩展（Multipurpose Internet Mail Extensions，MIME）的格式。

（6）超文本传输安全协议

虽然 HTTP 具有相当优秀和方便的一面，但 HTTP 报文使用明文方式发送，且通信不加密，所以在服务器与客户端的通信过程中，数据在通信线路上的各个节点（如网络设备、光缆、计算机、中转设备）都有可能遭受恶意窥视。

超文本传输安全协议（Hyper Text Transfer Protocol Secure，HTTPS）是以安全为目标的 HTTP 通道，目的端口默认为 TCP 端口中的 443 号端口。HTTPS 在 HTTP 的基础上加入传输层安全（Transport Layer Security，TLS）协议，为数据传输提供身份认证、信息加密及完整性校验，HTTP 与 HTTPS 的对比如图 1-15 所示。目前，大部分网站提供 HTTPS 安全传输。

（7）DNS 协议

在浏览网页时，人们通常会输入网址字符串（如 www.huawei.com），计算机访问该网址时，真正需要知道的是网址对应域名的 IP 地址，这时就需要由专门的域名系统（Domain Name System，DNS）

协议来完成转换。

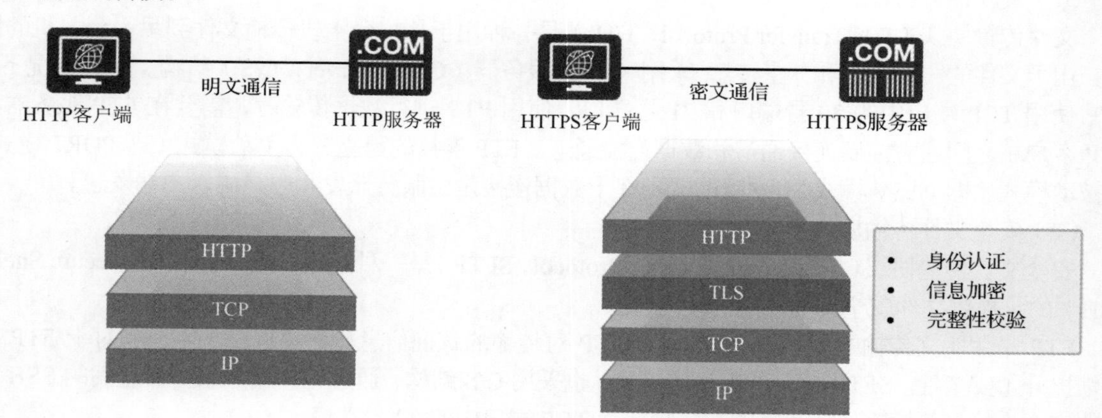

图 1-15 HTTP 与 HTTPS 的对比

DNS 协议提供的是一种主机名到 IP 地址的转换服务，即域名解析服务。域名解析分为动态域名解析和静态域名解析。在解析域名时，先采用静态域名解析的方法，如果解析不成功，再采用动态域名解析的方法。

IPv4 静态域名解析是通过静态域名解析表进行的，即手动建立域名和 IPv4 地址之间的对应关系表，该表的作用类似于 Windows 操作系统下的 Hosts 文件，可以将一些常用的域名放入表中。当 DNS 客户端需要域名所对应的 IPv4 地址时，可到静态域名解析表中去查找指定的域名，从而获得对应的 IP 地址，提高了域名解析的效率。

动态域名解析需要用专用的域名解析服务器，并运行域名解析服务器程序，提供从域名到 IP 地址的映射关系，负责处理客户端提出的域名解析请求。动态域名解析流程如图 1-16 所示。

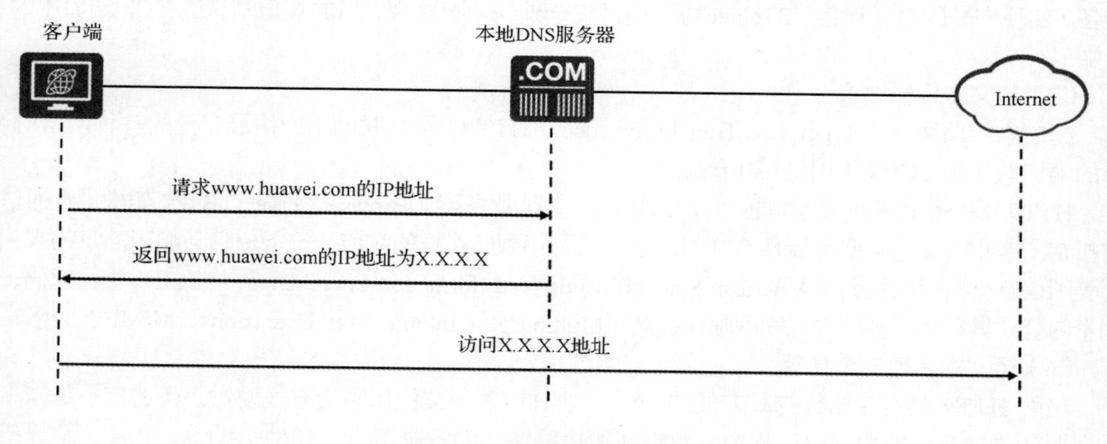

图 1-16 动态域名解析流程

2. 传输层协议

传输层协议接收来自应用层协议的数据，将其封装并加上相应的传输层报头，帮助其建立“端到端”的连接。

（1）传输控制协议

传输控制协议（Transmission Control Protocol，TCP）是一种面向连接的、可靠的传输层通信协议。

在端到端的通信中，TCP 从高层协议接收需要传输的字节流，将字节流分成段，并对分成段的字节流进行编号和排序以便传递。TCP 在 IP 数据报文中的封装主要包括 TCP 头部和 TCP 数据。

TCP 报文格式如图 1-17 所示。

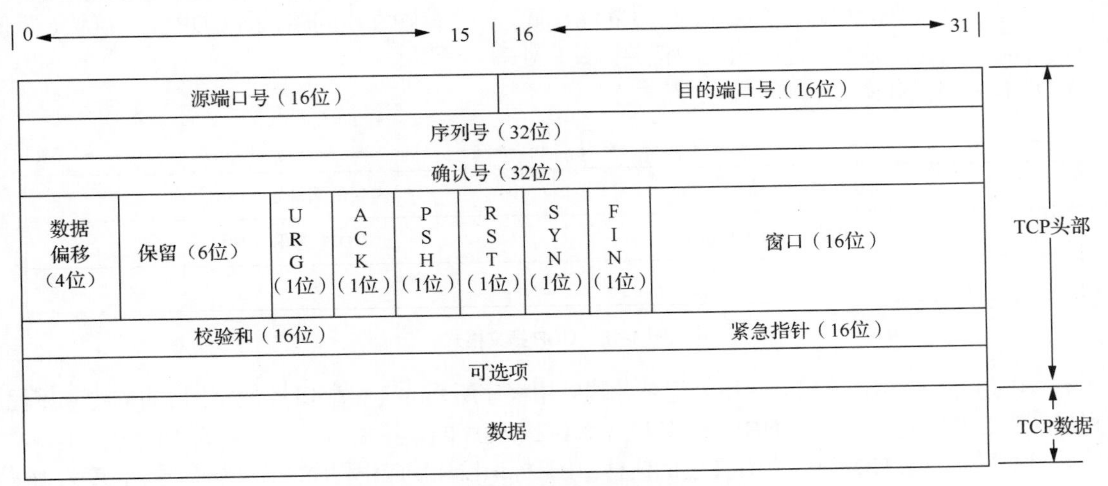

图 1-17 TCP 报文格式

- 源端口号：发送 TCP 进程对应的端口号，长度为 16 位。
- 目的端口号：接收 TCP 进程对应的端口号，长度为 16 位。
- 序列号：本报文段所发送数据的第一个字节的编号，长度为 32 位。在 TCP 连接中，所传输的字节流的每一个字节都会按顺序编号。当标志位字段 SYN 不为 1 时，序列号为当前数据段第一个字节的序列号；当 SYN 为 1 时，序列号为初始序列值（Initial Sequence Number，ISN），用于对序列号进行同步。
- 确认号：接收方期望收到发送方下一个报文段的第一个字节数据的编号，即上次已成功接收到的数据段的最后一个字节数据的序号加 1，长度为 32 位。只有 ACK 标志位为 1 时，此字段才有效。
- 数据偏移：指数据段中的数据部分起始处距离 TCP 数据段起始处的字节偏移量。其实，这里的“数据偏移”也是在确定 TCP 数据段报头的长度，告诉接收端的应用程序数据从何处开始。其长度为 4 位。
- 保留：保留字段，为 TCP 将来发展预留空间，一般置 0，长度为 6 位。
- 标志位字段：包含 URG、ACK、PSH、RST、SYN、FIN 标志位，代表不同状态下的 TCP 数据段，长度为 6 位。
- 窗口：TCP 的流量控制，这个值表明当前接收端可接受的最大的数据总数（以字节为单位），窗口大小最大为 65535 字节，长度为 16 位。
- 校验和：用于确认传输的数据是否有损坏，长度为 16 位。发送端基于数据内容校验生成一个数值，接收端根据接收的数据校验生成一个值，两个值相同才能证明数据是有效的。如果两个值不同，则丢掉这个数据包。在计算检验和时，是根据 TCP 报头、TCP 数据，以及在 TCP 报文段的前面加上 12 字节的伪报头进行计算的。
- 紧急指针：只有当 URG 标志位置 1 时紧急指针才有效，长度为 16 位。TCP 的紧急方式是发送端向另一端发送紧急数据的一种方式，紧急指针指出了在本报文段中紧急数据共有多少字节（紧急数据放在本报文段数据的最前面）。

（2）用户数据报协议

用户数据报协议（User Datagram Protocol，UDP）是一种无连接的传输层协议，提供面向事务的简单不可靠信息传输服务。

UDP 报文中包含源端口号和目的端口号，从而确保 UDP 报文能够正确地传输到目的地。UDP 的传输过程比较简单，传输效率较高，但可靠性较低，如果传输发生问题，则 UDP 无法确认、重传，以及进行流量控制，必须通过应用层的相关协议来处理。

UDP 报文格式如图 1-18 所示。

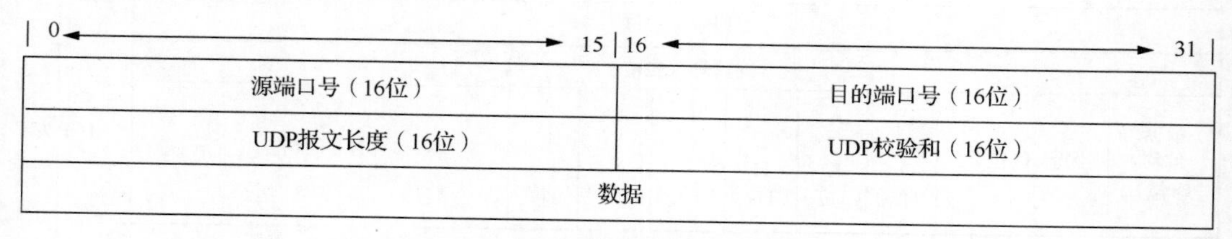

图 1-18　UDP 报文格式

- 源端口号：UDP 源端口号用来记录源端应用程序所用的连接端口号，如果目的端的应用程序收到报文后必须回复，那么由 UDP 源端口号标识应用程序的连接端口号，长度为 16 位。
- 目的端口号：UDP 报文中最重要的信息，用来标识目标端应用程序的连接端口号，长度为 16 位。
- UDP 报文长度：表示报文头部和数据的总长度，长度为 16 位，UDP 数据头部长度的最小值是 8 字节。
- UDP 校验和：用于差错控制，检测 UDP 数据报文在传输过程中是否有错，错误就丢弃，长度为 16 位。

3. 网络互联层协议

网络互联层协议负责将分组报文从源主机发送到目的主机，为网络中的设备提供逻辑地址，负责数据包的寻径和转发，常见协议有 IPv4、IPv6、因特网控制消息协议（Internet Control Message Protocol，ICMP）和互联网组管理协议（Internet Group Management Protocol，IGMP）等。

（1）IPv4

当采用 IP 作为网络互联层协议时，通信双方都会被分配一个独一无二的 IP 地址来标识自己。IPv4 地址可被写成 32 位的二进制整数值形式，但为了方便人们阅读和分析，它通常被写成点分十进制的形式，即 4 字节被隔开，各自都用十进制表示，中间用点间隔，如 192.168.1.1。图 1-19 所示为 IPv4 报文格式示意。

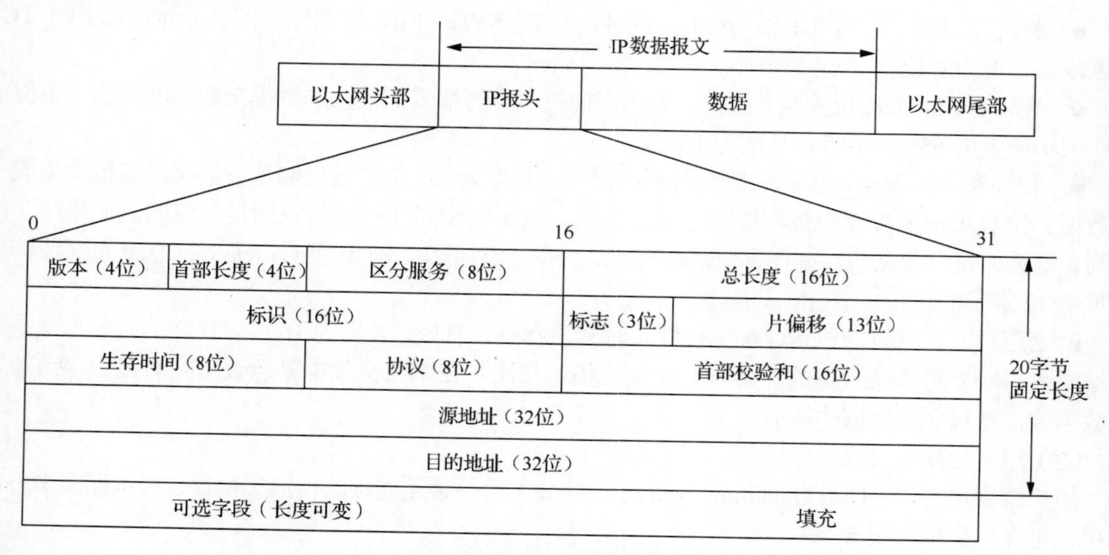

图 1-19　IPv4 报文格式示意

① 报文格式

IP 数据报文由 IP 报头和数据两部分组成。IP 报头的前一部分是固定长度的，共 20 字节，是所有 IP 数据报文必须具有的。在 IP 报头的固定部分之后是一些可选字段，其长度是可变的。

每个 IP 数据报文都以一个 IP 报头开始。源计算机构造这个 IP 报头，而目的计算机利用该 IP 报头中封装的信息处理数据。IP 报头中包含大量的信息，如版本、总长度、源地址、目的地址等。

- 版本：IP 协议的版本，长度为 4 位，版本号为 4 即表示 IPv4。
- 首部长度：IP 报头长度，长度为 4 位，可表示的最大十进制数值是 15。这个字段所表示数的单位是 32 位字长（4 字节）。因此，当 IP 的首部长度为 1111 时（即十进制的 15），首部长度就达到了 60 字节。当 IP 的首部长度不是 4 字节的整数倍时，必须利用最后的填充字段加以填充。
- 区分服务：也称为服务类型，长度为 8 位，用来获得更好的服务。
- 总长度：首部和数据之和，单位为字节，长度为 16 位，因此数据报文的最大长度为 2^16-1=65535 字节。
- 标识：用来标识数据报文，长度为 16 位。IP 协议在存储器中维持一个计数器，每产生一个数据报文，计数器就加 1，并将此值赋给标识字段。当数据报文的长度超过网络的最大传输单元（Maximum Transmission Unit，MTU），且必须分片时，这个标识字段的值就被复制到所有的数据报文的标识字段中。具有相同的标识字段值的分片报文会被重组成原来的数据报文。
- 标志：长度为 3 位。第一位未使用，其值为 0。第二位称为不分片（Don' t Fragment，DF），表示是否允许分片，取值为 0 时，表示允许分片；取值为 1 时，表示不允许分片。第三位称为更多分片（More Fragments，MF），表示是否还有分片正在传输或需要传输，设置为 0 时，表示没有更多分片需要发送，或数据报文中没有分片正在发送。
- 片偏移：当报文被分片后，标记该分片在原报文中的相对位置，长度为 13 位。片偏移以 8 字节为偏移单位，除了最后一个分片，其他分片的偏移值都是 8 字节（64 位）的整数倍。
- 生存时间：表示数据报文在网络中的使用寿命，长度为 8 位。该字段由发出数据报文的源主机设置，其目的是防止无法交付的数据报文无限制地在网络中传输，从而消耗网络资源。
- 协议：表示该数据报文所携带的数据所使用的协议类型，长度为 8 位。该字段用于使目的主机的网络层知道按照什么协议来处理数据部分。不同的协议有专门的协议号，如 TCP 的协议号为 6，UDP 的协议号为 17，ICMP 的协议号为 1。
- 首部检验和：用于校验数据报文的首部，长度为 16 位。
- 源地址：表示数据报文的源 IP 地址，长度为 32 位。
- 目的地址：表示数据报文的目的 IP 地址，长度为 32 位，用于校验发送是否正确。
- 可选字段：用于一些可选的报头设置，主要用于测试、调试等，长度可变。这些选项包括严格源路由（数据报文必须经过指定的路由）、网际时间戳（经过每个路由器时的时间戳记录）和安全限制。
- 填充：由于可选字段中的长度不是固定的，使用若干个 0 填充该字段，可以保证整个报头的长度是 32 位的整数倍。

② 报文转发

网络层在收到上层（如传输层）协议传来的数据时，会封装一个 IP 报头，并把源地址和目的地址字段添加到报头中，如图 1-20 所示。

中间经过的网络设备（如路由器）会维护一张指导 IP 数据报文转发的“地图”——路由表，通过读取数据包的目的地址来查找本地路由表并转发数据包。

数据包最终到达目的主机，目的主机通过读取目的地址确定是否接受并做下一步处理。

IP 工作时，需要静态路由、开放式最短路径优先（Open Shortest Path First，OSPF）、IS-IS 等路

由协议帮助路由器建立路由表，ICMP 帮忙进行网络的控制和状态诊断。

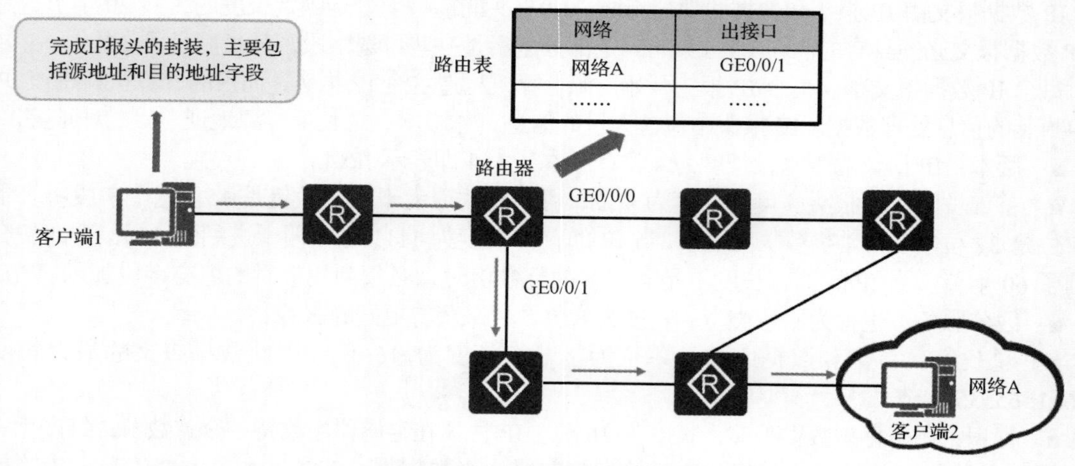

图 1-20　IP 数据报文转发示意

（2）ICMP

ICMP 是 IP 的辅助协议，可以提高 IP 数据报文交互成功的概率，从而更高效地转发 IP 数据报文，在收集各种网络信息，诊断和排除各种网络故障等方面起着至关重要的作用。

ICMP 消息封装在 IP 数据报文中，IP 报头中的协议字段为 1 时表示这是一个 ICMP 报文。ICMP 报文包含的字段有类型、代码、校验和，以及可变内容。ICMP 报文格式如图 1-21 所示。

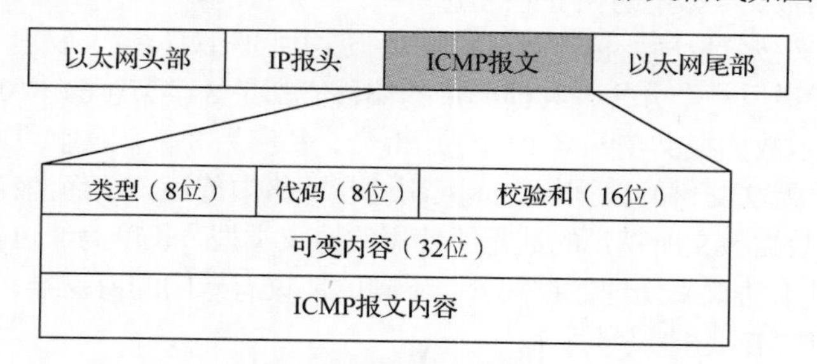

图 1-21　ICMP 报文格式

- 类型：消息类型，长度为 8 位。
- 代码：对类型的进一步说明，长度为 8 位。
- 校验和：用于检查消息是否完整，长度为 16 位。
- 可变内容：这个字段一般不使用，通常设置为 0，长度为 32 位。

ICMP 报文的格式取决于类型和代码字段，常用的 ICMP 报文类型和代码字段如表 1-4 所示。

表 1-4　常用的 ICMP 报文类型和代码字段

类型	代码字段	描述
0	0	回显应答（ping 应答）
3	0	网络不可达
3	1	主机不可达
3	2	协议不可达
3	3	端口不可达
5	0	重定向
8	0	回显请求（ping 请求）

4. 数据链路层协议

数据链路层位于网络互联层和物理层之间，可以向网络互联层的 IP 等协议提供服务。该层常见的协议有以太网（Ethernet）协议、地址解析协议（Address Resolution Protocol，ARP）等。

（1）Ethernet 协议

Ethernet 协议是最常见的数据链路层协议之一，用于实现链路层的数据传输和地址封装。以太网技术所使用的帧称为以太网帧（Ethernet Frame），以太网帧有 Ethernet II 格式和 IEEE 802.3 格式两种标准。

在以太网中，主机间通信通过 MAC 地址进行识别。MAC 地址由 48 位二进制数组成，通常分成 6 段，用十六进制表示，如 00-1E-10-DD-DD-02 在网络中唯一标识一个网卡。

① Ethernet II

Ethernet II 是由 DEC、Intel 与 Xerox（DIX）等公司在 1982 年共同制定的以太网标准帧格式，其帧格式如图 1-22 所示。

数据帧的总长度：64～1518字节

6字节	6字节	2字节	46～1500字节	4字节
目的MAC地址	源MAC地址	类型	数据	帧校验序列

图 1-22　Ethernet II 帧格式

帧格式中部分字段介绍如下。

- 目的 MAC 地址：该字段标识帧的接收者，长度为 6 字节。
- 源 MAC 地址：该字段标识帧的发送者，长度为 6 字节。
- 类型：协议类型，常见值包括 0x0800（表示 IPv4）、0x0806（表示 ARP），长度为 2 字节。

② IEEE 802.3

IEEE 802.3 是 IEEE 802 委员会在 1985 年公布的以太网标准封装结构，其帧格式如图 1-23 所示。

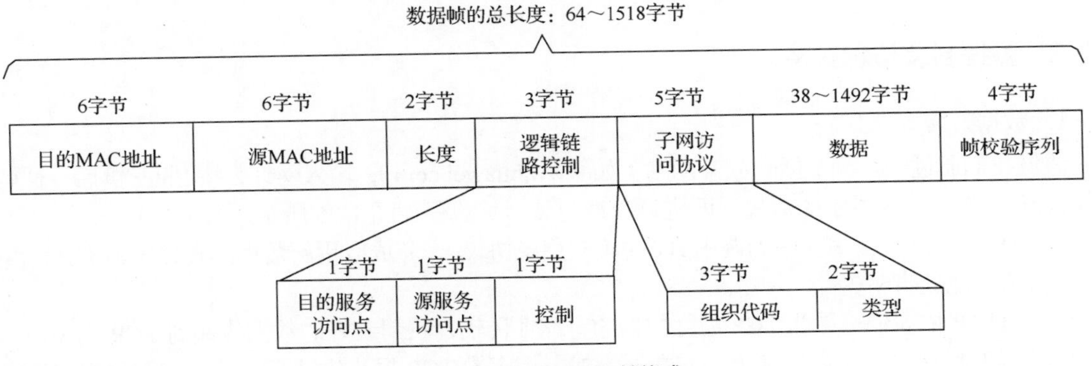

图 1-23　IEEE 802.3 帧格式

帧格式中部分字段介绍如下。

- 长度（Length）：定义了 Data 字段包含的字节数，长度为 2 字节。
- 逻辑链路控制（Logical Link Control，LLC）：由目的服务访问点（Destination Service Access Point，DSAP）、源服务访问点（Source Service Access Point，SSAP）和控制（Control）字段组成，长度为 3 字节。

a. DSAP：若类型字段为 IP，则该值设为 0x06，服务访问点的功能类似于 Ethernet II 帧中的类型字段或 TCP/UDP 传输协议中的端口号，长度为 1 字节。

b. SSAP：若类型字段为 IP，则该值设为 0x06，长度为 1 字节。

c. Control：该字段值通常设为 0x03，表示无连接服务的 IEEE 802.2 无编号数据格式，长度为 1 字节。

■ 子网访问协议（Sub-network Access Protocol，SNAP）：由组织代码（Org Code）和类型（Type）字段组成，长度为 5 字节。Org Code 字段的 3 字节都为 0。Type 字段用于标识数据（Data）字段中包含的不同协议，Type 字段取值为 0x0800 的帧代表 IPv4 协议帧，取值为 0x0806 的帧代表 ARP 协议帧。

■ 帧校验序列（Frame Check Sequence，FCS）：其为一个 32 位的循环冗余校验码，主要用于校验二层数据帧在传输过程中是否发生差错，长度为 4 字节。

（2）ARP

在主机通信的过程中，要使 IP 数据报文能够正常转发，还需要知道目的主机的 MAC 地址或网关的 MAC 地址，这时就需要用到 ARP，根据已知的 IP 地址解析获得对应的 MAC 地址。ARP 解析过程示意，如图 1-24 所示。

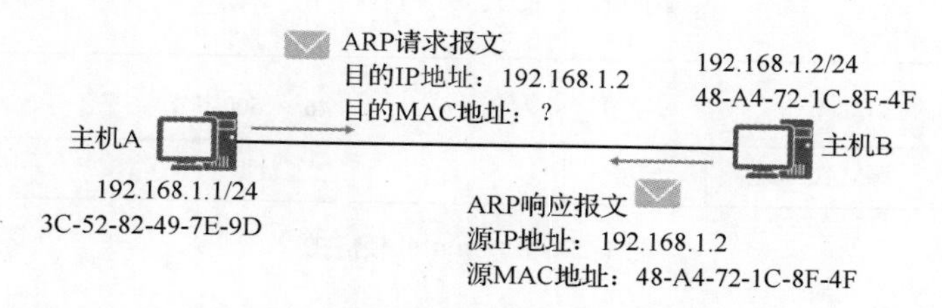

图 1-24 ARP 解析过程示意

ARP 是用于根据 IP 地址获取数据链路层地址的协议，是 TCP/IP 协议簇中的重要协议，也是 IPv4 中必不可少的一种协议，其主要功能有以下几个方面。

① 将 IP 地址解析为 MAC 地址。

② 维护 IP 地址与 MAC 地址映射关系的缓存，即 ARP 表项。

③ 实现网段内重复 IP 地址的检测。

1.2.3 数据封装与解封装

1. 数据封装

假设我们通过网页浏览器访问某网站（如 www.huawei.com），输入网址，按 Enter 键后，计算机内部会发生如图 1-25 所示的流程，即进行数据封装，其流程如图 1-25 所示。

（1）IE 浏览器（应用程序）调用 HTTP（应用层协议），完成应用层数据的封装（数据还应包括 HTTP 报头，此处省略）。

（2）HTTP 依靠传输层的 TCP 进行数据的可靠性传输，将封装好的数据传递到 TCP 模块。

（3）TCP 模块给应用层传递下来的数据添加上相应的 TCP 报头信息（源端口、目的端口等）。此时的协议数据单元（Protocol Data Unit，PDU）被称作段（Segment）。

（4）在 IPv4 网络中，TCP 模块会将封装好的段传递给网络互联层的 IPv4 模块（若在 IPv6 环境下，则会传递给 IPv6 模块）进行处理。

（5）IPv4 模块在收到 TCP 模块传递来的段之后，完成 IPv4 报头的封装。此时的 PDU 被称为包（Packet）。

（6）由于使用了 Ethernet 作为数据链路层协议，故在 IPv4 模块完成封装之后，会将包交由数据链路层的 Ethernet 模块（如以太网卡）进行处理。

（7）Ethernet 模块在收到 IPv4 模块传递来的包后，将相应的 Ethernet（Eth）报头信息和 FCS 帧尾添加至其上。此时的 PDU 被称为帧（Frame）。

（8）在 Ethernet 模块封装完毕后，会将数据传递到物理层。

（9）根据物理介质的不同，物理层负责将数字信号转换成电信号、光信号、电磁波（无线）信号等，转换完成的信号在网络中开始传递。

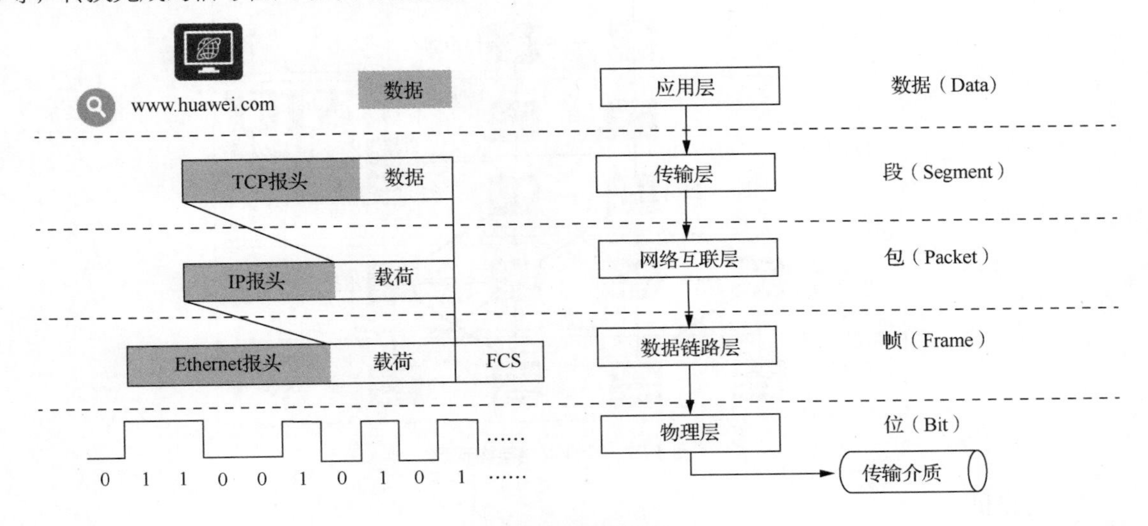

图 1-25　数据封装流程

2. 数据解封装

经过中间网络传递之后，数据最终到达目的服务器。根据不同的协议报头的信息，数据将被一层层地解封装、处理和传递，最终交由 Web 服务器上的应用程序进行处理，流程如图 1-26 所示。

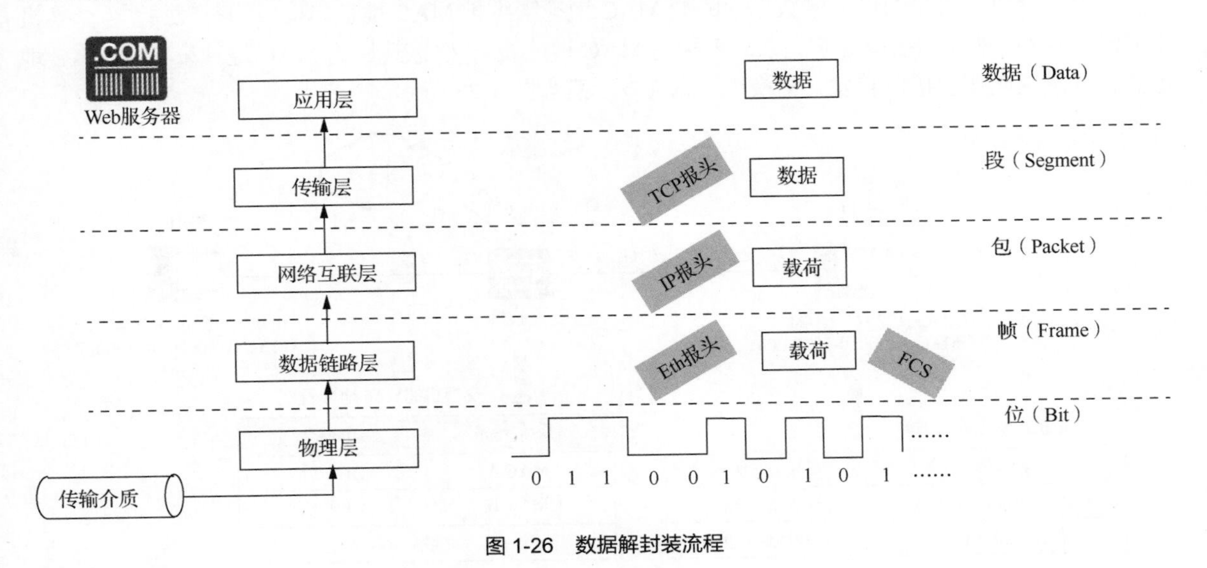

图 1-26　数据解封装流程

1.2.4　常见的网络设备

在互联网时代，无论是生活、工作，还是学习，都离不开网络。网络系统是通过多种网络设备共同构建的，这些设备各司其职、相互联系，组成一个安全可靠的网络环境。图 1-27 所示为企业网络架构示意，一个典型的企业网络由交换机、路由器、防火墙等设备构成，通常采用由接入层、汇聚层、核心层和出口层构成的多层架构。

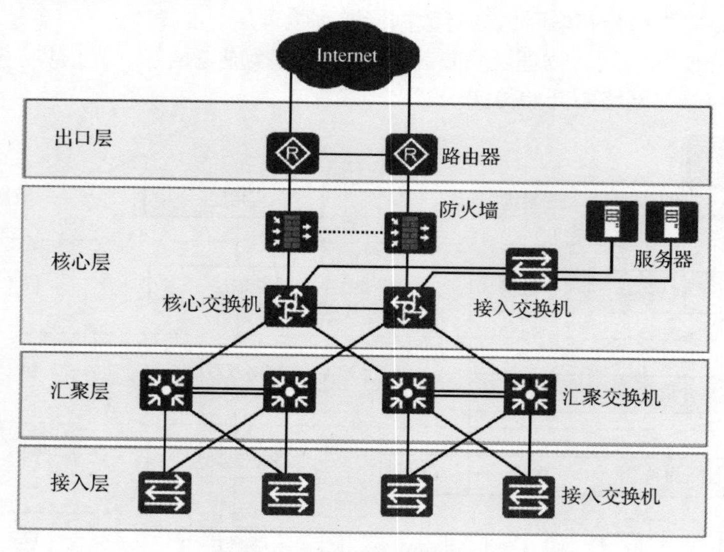

图 1-27　企业网络架构示意

1. 交换机

交换机是距离终端用户最近的设备，作为局域网的主要组网设备，主要用于终端接入网络，是应用最广泛的网络设备之一。

二层交换机工作在数据链路层，它对数据帧的转发是建立在 MAC 地址基础之上的。交换机的不同接口中，数据的发送和接收相互独立，各接口属于不同的冲突域，因此有效地隔离了网络中的冲突域。

二层交换机通过学习以太网数据帧的源 MAC 地址来维护 MAC 地址与接口的对应关系（交换机中，保存 MAC 地址与接口对应关系的表称为 MAC 地址表），通过其目的 MAC 地址来查找 MAC 地址表，并决定向哪个接口转发，交换机数据转发示意如图 1-28 所示。

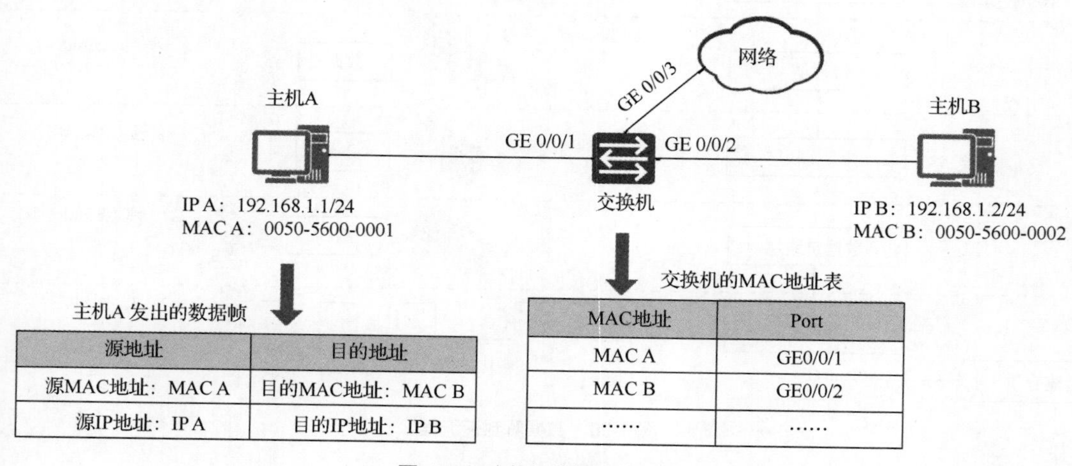

图 1-28　交换机数据转发示意

对于收到的单播数据帧，二层交换机会将帧头中的目的 MAC 地址与 MAC 地址表中的 MAC 地址列进行比对，如果找到匹配项，则数据帧将从 MAC 地址对应的端口转发出去。若该端口与数据帧接收端口一致，则数据将被丢弃。如果找不到匹配项，则数据将泛洪到交换机所有端口（除数据帧接收端口外）。

目前，三层交换机也广泛地应用在网络中，实际上三层交换机相当于二层交换机和路由器的组合。

2. 路由器

路由器工作在网络互联层，是网络的核心设备，其主要功能是实现报文在不同网络之间的转发。

图 1-29 所示为路由器数据转发示意，其中展示了位于不同网络（即不同链路）上的 Host A 和 Host B 之间的相互通信。当 Router A 接收到 Host A 发出的数据帧时，其数据链路层分析数据帧帧头（目的 MAC 地址），确定数据帧是发给自己的之后，发送给网络互联层处理；网络互联层根据 IP 报头（目的 IP 地址）确定目的地址所在的网段，查找路由表确定出接口，并将报文从相应的接口转发给下一跳（Router B），直到到达报文的目的地 Host B。

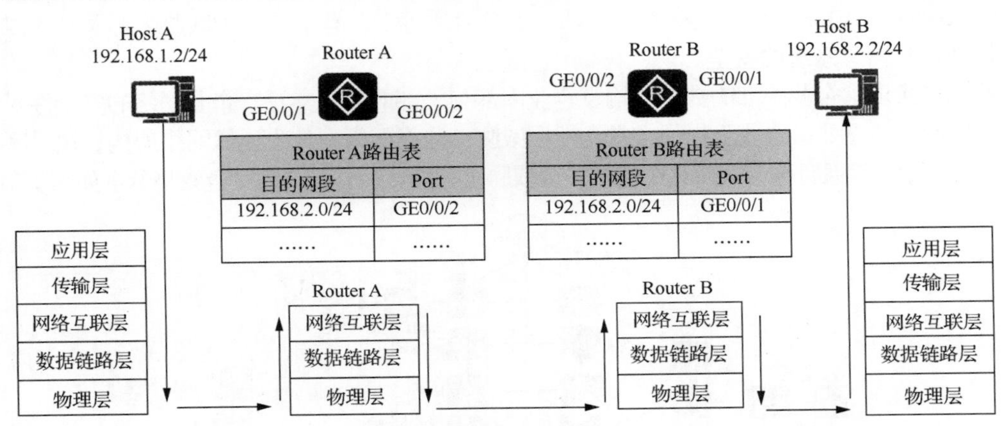

图 1-29　路由器数据转发示意

3. 防火墙

防火墙技术是计算机网络安全中十分重要的一种技术，能够为计算机网络安全提供有效保护，对于一些应用范围较大的网络使用环境，将防火墙技术运用到计算机网络系统中，能够对累积的数据进行有效保护。

交换机用来组建局域网，路由器用来连接不同的网络，而防火墙主要部署在网络边界，三者的对比如图 1-30 所示。路由器与交换机的本质是转发流量，防火墙的本质是控制流量。

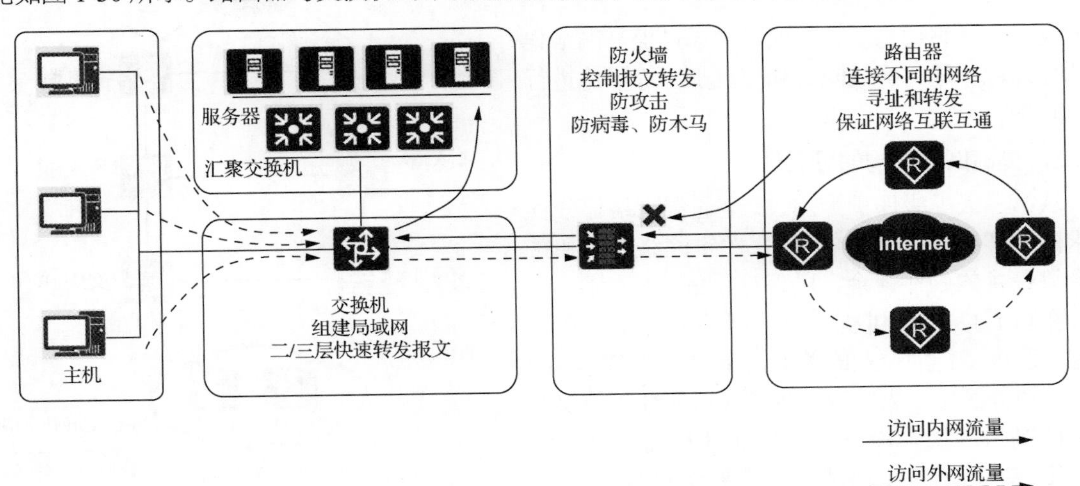

图 1-30　防火墙与交换机、路由器的对比

防火墙是对网络访问行为进行控制的设备，其核心特性是安全防护。同时，防火墙能够提供高效率的“过滤”，提供包括访问控制、身份认证、数据加密、虚拟专用网络（Virtual Private Network，VPN）技术、地址转换等安全特性，用户可以根据自己的网络环境需要来配置相应的安全策略，阻止一些非法的访问，保护自己的网络安全。

1.3 常见网络安全威胁及防范

随着互联网技术的发展，网络攻击种类与频率都在不断增加。信息及信息系统由于具有脆弱性、敏感性和机密性等多种特性，易受到来自不同手段的威胁或攻击，如分布式拒绝服务（Distributed Denial of Service，DDoS）攻击、病毒、木马、信息泄露等。只有了解各种威胁来源及其应对方式，才能更好地保障信息系统的安全。

企业网络实现了企业内部的数据传输及企业内部与外部的数据交互。企业网络的安全性对保证企业的安全生产至关重要。企业工程师常常会根据威胁来源将网络划分为通信网络架构、边界区域、计算环境和管理中心等几部分，以针对性地对安全威胁进行防范。企业网络安全威胁示意如图 1-31 所示。

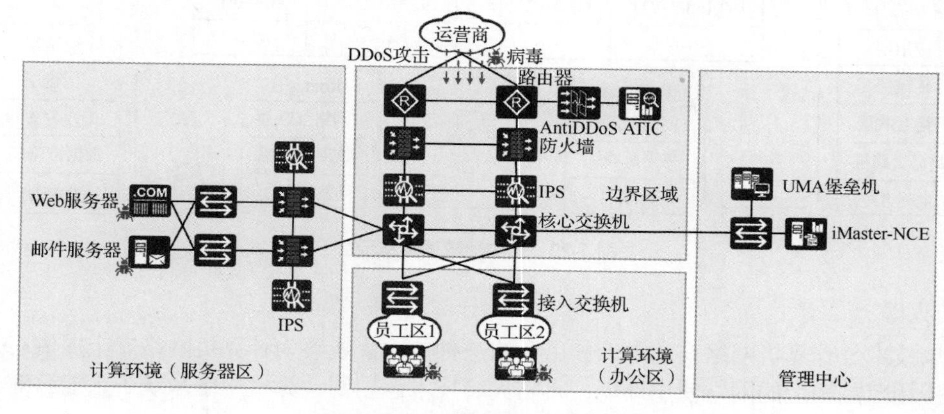

图 1-31 企业网络安全威胁示意

1.3.1 通信网络架构防护

在通信网络架构上，企业可以通过提高网络架构的可靠性、建立区域隔离和信息加密等措施进行安全防护。

1. 提高网络架构的可靠性

从第三级等级保护开始，安全通信网络部分就要求网络架构应提供通信线路、关键网络设备和关键计算设备的硬件冗余，以保证系统的可用性。

在图 1-32 所示的防火墙高可靠组网示意中可以看到，防火墙作为企业的关键设备，通常部署在网络出口边界区域，因此应该具备高可靠性（不仅是线路的高可靠性，设备的高可靠性也需要得到保障）。在实际工作中，通常采用防火墙双机热备技术实现高可靠组网。

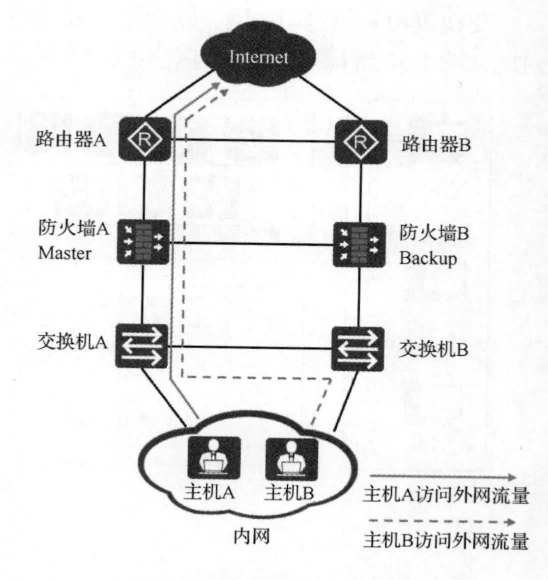

图 1-32 防火墙高可靠组网示意

2. 建立区域隔离

企业网络资源不能直接暴露在公网中，以免遭受来自互联网的猛烈攻击。此外，互联网中的不法分子可能通过 ping 扫描或其他方式探测企业网络，以便进行下一步的攻击。

通常在出口处部署防火墙，防火墙通过将所连接的不同网络分隔在不同安全区域来隔离内外网，而在防火墙上部署网络地址转换（Network Address Translation，NAT）技术可以在一定程度上隐藏内网 IP 地址，保护内部网。区域隔离防护组网示意如图 1-33 所示。

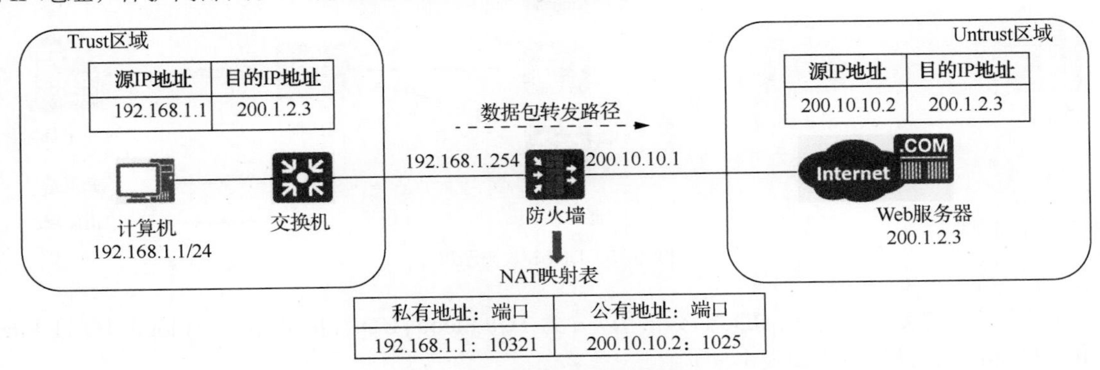

图 1-33　区域隔离防护组网示意

3. 信息加密

假设企业有出差员工，或者大型企业有多个分支机构，出差员工和企业总部、企业分支和企业总部之间在不安全的 Internet 上进行数据传输时，数据可能因为数据传输未加密、数据加密程度不够或者遭受中间人攻击等而存在被篡改或窃取的风险。

由于 Internet 的开放性，企业和其分支机构在 Internet 上传输数据的安全性无法得到保证。要解决这个问题，可以使用 VPN 技术在 Internet 上构建安全可靠的传输隧道。有经济实力和有高安全性、高可靠性要求的企业，还可以通过向运营商购买专线的方式，满足总部与分支机构之间的互联需求。出差员工可以使用 IPSec VPN、SSL VPN 等方式安全地接入企业网络。数据安全传输示意如图 1-34 所示。

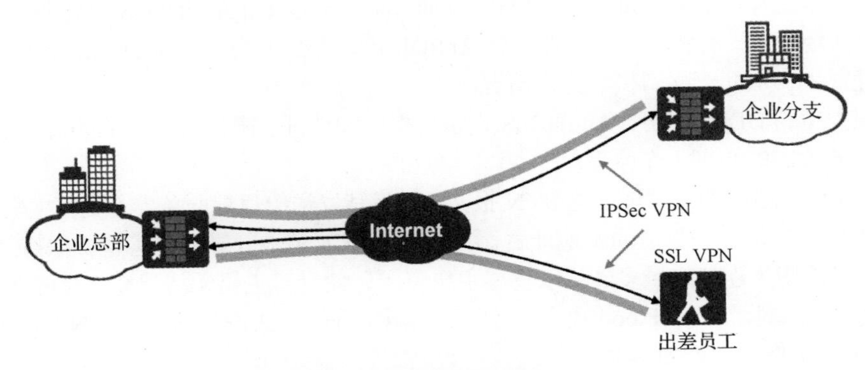

图 1-34　数据安全传输示意

1.3.2　边界区域防护

企业网络的边界区域常常会面临 DDoS 攻击、单包攻击、用户行为不受控和外部网络入侵行为（如病毒、SQL 注入）等威胁。

1. DDoS 攻击

DDoS 攻击指攻击者通过控制大量"僵尸"主机，向攻击目标发送大量攻击报文，导致攻击目标所在网络的链路拥塞，系统资源耗尽，从而无法正常向用户提供服务，DDoS 攻击示意如图 1-35 所示。DDoS 攻击通常会给企业造成较大的经济损失。

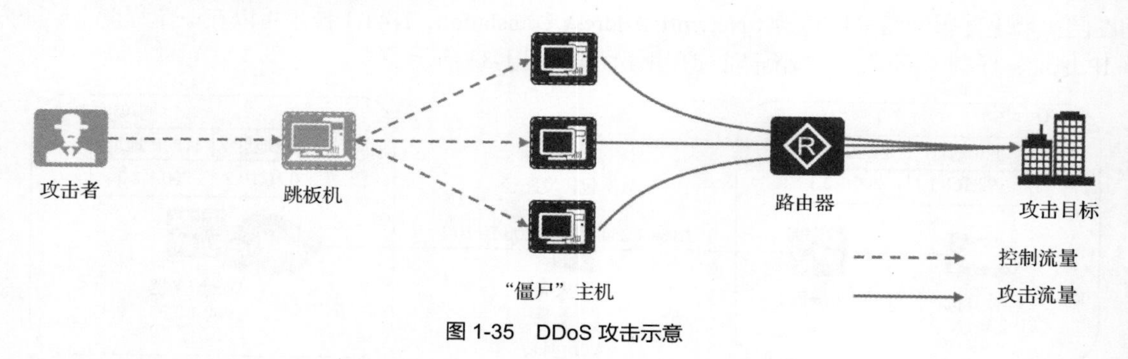

图 1-35 DDoS 攻击示意

根据攻击报文类型的不同，DDoS 攻击可以分为 TCP Flood、UDP Flood、ICMP Flood、HTTP Flood 和 GRE Flood 等，具体描述如表 1-5 所示。

表 1–5 DDos 攻击的类型及其描述

类型	描述
TCP Flood	利用 TCP 发起的 DDoS 攻击，常见的攻击有 SYN Flood、SYN+ACK Flood、ACK Flood、FIN/RST Flood 等
UDP Flood	利用 UDP 发起的 DDoS 攻击，常见的攻击有 UDP Flood、UDP 分片攻击等
ICMP Flood	利用 ICMP 在短时间内发送大量的 ICMP 报文导致网络瘫痪，或采用超大报文攻击导致网络链路拥塞
HTTP Flood	利用 HTTP 交互发起的 HTTP Flood 或 HTTP 慢速攻击等
GRE Flood	利用 GRE 报文发起的 DDoS 攻击，利用 GRE 报文的解封装消耗攻击目标的计算资源

在企业网络出口处部署防火墙，可以阻断来自外部的 DDoS 攻击。对于需要防范大流量 DDoS 攻击的场景，可以选择专业的 AntiDDoS 设备。同时部署防火墙和 AntiDDoS 设备时，AntiDDoS 设备要部署在防火墙之前，有些防火墙虽然具有 AntiDDoS 功能，但是大流量 DDoS 攻击有可能导致防火墙性能消耗很大，从而产生宕机等异常情况。

对于不同类型的 DDoS 攻击，AntiDDoS 设备可提供源认证、限流等不同的防御方式。下面简单介绍 SYN Flood 攻击的防御工作原理。

SYN Flood 攻击通过伪造源地址的 SYN 报文，并将其发送给目标服务器（受害主机），受害主机回复 SYN+ACK 报文给这些伪造的源地址后，不会收到 ACK 报文，导致受害主机保持了大量的半连接，直到超时。这些半连接的量多到足以耗尽主机资源，使受害主机无法建立正常的 TCP 连接，从而达到攻击的目的。对于 SYN Flood 攻击，可以采用源认证的方式进行防御。SYN Flood 攻击源认证（虚假源）防御的工作原理如图 1-36 所示。

2. 单包攻击

单包攻击不像 DDoS 攻击那样通过使网络拥塞或消耗系统资源的方式进行攻击，而是通过发送有缺陷的报文，使主机或服务器系统在处理这类报文时崩溃，或发送特殊控制报文、扫描类报文探测网络结构，为真正的攻击做准备。

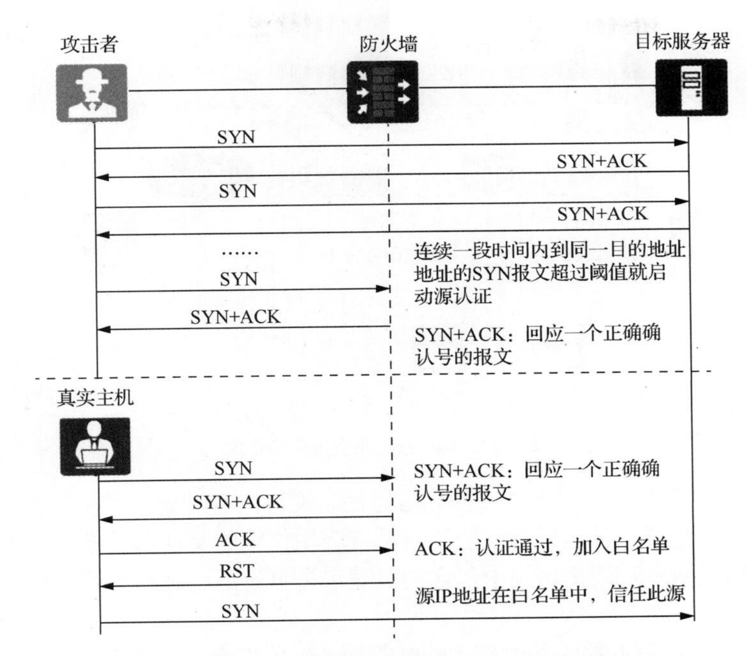

图 1-36　SYN Flood 攻击源认证（虚假源）防御的工作原理

单包攻击主要有扫描类攻击、畸形报文攻击和特殊报文控制类攻击等方式。

- 扫描类攻击。攻击者运用 ICMP 报文探测目的地址，以确定哪些目标系统确实存活着且连接在目标网络上。攻击者也有可能对端口进行扫描探测，探寻被攻击对象目前开放的端口，从而确定攻击方式。较典型的有 IP 地址扫描攻击、端口扫描攻击等。
- 畸形报文攻击。攻击者通过发送大量有缺陷的报文，使目标主机或服务器的系统在处理这类报文时崩溃。较典型的有 Teardrop 攻击、Smurf 攻击、Land 攻击等。
- 特殊报文控制类攻击。这是一种潜在的攻击行为，不具备直接的破坏力，攻击者通过发送特殊控制报文探测网络结构，为后续发起真正的攻击做准备。较典型的有超大 ICMP 报文控制攻击、IP 报文控制攻击、Tracert 报文控制攻击等。

防火墙具有防范单包攻击的功能，可以有效防范扫描类攻击、畸形报文攻击和特殊报文控制类攻击。不同的单包攻击，其原理是不同的，防火墙采用的防范原理也不同。

3. 用户行为不受控

70%的信息安全事件是由于内部员工误操作或安全意识不够引起的。在加强员工安全意识的同时，企业需要在技术层面管控员工访问外网的行为。例如，不允许访问非法网站，防止对企业带来不良影响；上班时间不能访问娱乐网站，以提高工作效率；通过技术手段防范员工无意泄露个人或公司重要信息的行为等。

对于用户行为不受控的防范，主要是通过防火墙的内容安全过滤功能管控用户的上网行为，用户行为不受控防范示意如图 1-37 所示。

① URL 过滤：可以对员工访问的统一资源定位符（Uniform Resource Locator，URL）进行控制，允许或禁止用户访问某些网页资源，达到规范上网的目的。

② DNS 过滤：在域名解析阶段进行控制，防止员工随意访问非法或恶意的网站，杜绝病毒、木马等威胁与攻击。

③ 文件过滤：通过阻断特定类型的文件传输，可以降低内部网络执行恶意代码和感染病毒的风险，还可以防止员工将公司机密文件泄露到互联网。

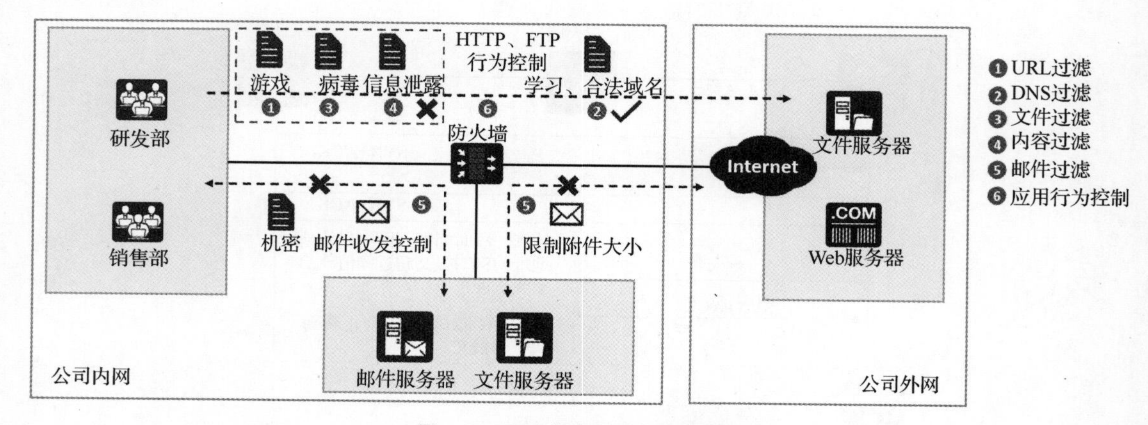

图 1-37 用户行为不受控防范示意

④ 内容过滤：包括文件内容过滤和应用内容过滤，文件内容过滤是对用户上传和下载的文件内容中包含的关键字进行过滤，管理员可以控制对哪些应用传输的文件以及哪种类型的文件进行文件内容过滤；应用内容过滤是对应用协议中包含的关键字进行过滤。针对不同应用，设备过滤的内容不同。

⑤ 邮件过滤：通过检查发件人和收件人的邮箱地址、附件大小和附件个数来实现过滤。

⑥ 应用行为控制：用来对用户的 HTTP 行为和 FTP 行为（如上传、下载）进行精确的控制。

4. 外部网络入侵

一般情况下，企业内网都与外部网络相连，因此企业内网有可能受到外部攻击者的入侵，如受到黑客攻击、病毒破坏、SQL 注入和 DDoS 攻击等。

针对外部网络入侵行为，企业可以在网络出口处部署防火墙或入侵防御系统（Intrusion Prevention System，IPS），外部网络入侵防御示意如图 1-38 所示。防火墙的入侵防御功能可以对所有通过的报文进行检测分析，并实时决定允许通过或进行阻断。

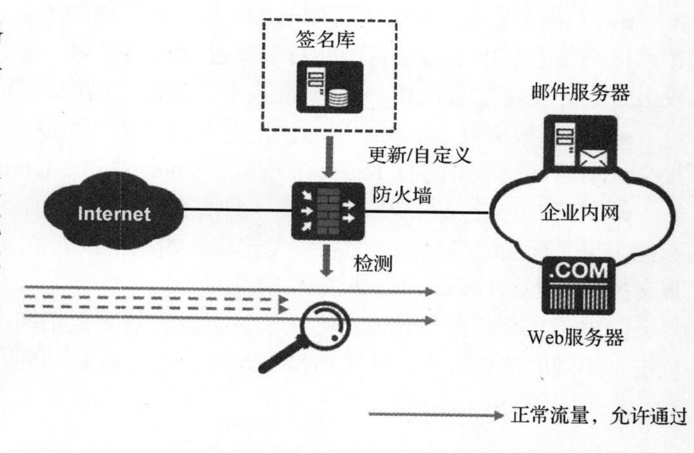

图 1-38 外部网络入侵防御示意

1.3.3 计算环境防护

企业内网终端的操作系统及应用软件可能存在漏洞（如虚拟机软件漏洞等），这往往给了攻击者可乘之机。不管是从外网还是内网进行的网络攻击，内网终端被攻击感染病毒后，病毒会借助内网设备之间的信任关系横向扩散，最终造成内网中大量终端设备被感染。针对计算环境下系统和软件的漏洞，可以采用以下方法进行防护。

（1）及时更新补丁修复漏洞，安装防病毒软件。

（2）使用网络准入控制（Network Access Control，NAC）方案，对企业网络自有的终端和外来接入的终端进行安全性检查，阻止不符合要求的终端接入网络。

（3）使用漏洞扫描工具扫描企业网络，检查存在的漏洞，对信息安全进行风险评估。

（4）指派专业人士对企业网络的系统安全性进行评估，并给出针对性的改进措施。

1.3.4　管理中心防护

1. 管理员权限管控

在某些情况下，企业员工可能会做出危害企业信息安全的行为，如盗取企业机密数据、破坏企业网络基础设施等。对于可能发生的这一类风险，可以从技术和管理两方面进行应对。

（1）技术方面

■ 更严密的权限管理：对不同级别的企业员工账号设置不同权限，特别是对运维的权限要遵循“最小授权”的原则，如使用统一运维审计（Unified Maintenance and Audit，UMA）对管理员的运维权限进行管控，并监控管理员的行为。

■ 更可靠的备份机制：在已经造成生产环境和数据破坏的情况下，备份可以使系统快速恢复，尽量减少损失。

（2）管理方面

在企业内部经常进行信息安全案例宣传，提高员工安全意识。对于高安全需求的区域，可以使用门禁系统。同时，关注员工的工作、生活状态，及时进行心理辅导，防止员工因心理问题而做出危害信息安全的行为。

2. 上网权限管控

除了企业外部网络带来的安全风险不断增加外，企业内网的安全隐患也日益增加。企业内可能会有外来人员，如果出现非法接入或非授权访问，也会存在业务系统遭受破坏、关键信息资产外泄的风险。例如，恶意人员接入网络进行破坏或盗取企业业务信息；接入网络的终端携带有病毒，导致病毒在企业内网传播等。针对此类威胁，可以从网络准入控制（Network Admission Control，NAC）及人员管理等方面进行防范。

（1）NAC

对于非法接入，华为提供了 NAC 方案。NAC 方案从用户角度考虑内部网络的安全，通过对接入用户进行安全控制，提供“端到端”的安全保证。借助 NAC 方案，可以实现“只有合法的用户，安全的终端才可以接入网络”，隔离非法、不安全的用户和终端，或者仅允许其访问受限的资源，以此提升整个网络的安全防护能力。

多学一招：NAC 方案

在传统的企业网络建设思路中，一般认为企业内部网络是安全的，安全威胁主要来自外界，因此各种安全措施基本上都围绕着如何抵御外部的攻击来部署，如部署防火墙等。但是，许多重大的安全漏洞往往出现在网络内部，如企业内部员工在浏览某些网站时，一些间谍软件、木马程序等会不知不觉地被植入计算机中，并在内网传播，造成严重的安全隐患。因此，在企业网络中，任何一台终端的安全状态（主要是指终端的防病毒能力、补丁级别和系统安全设置）都将直接影响到整个企业网络的安全。另外，企业网络涌入大量非法接入和非授权访问用户时，也会存在业务系统遭受破坏、关键信息资产被泄露的风险。

使用 NAC 方案能够有效地管理网络访问权限，及时地更新系统补丁，升级病毒库，让管理员更快捷地查找、隔离及修复不安全的终端，满足企业网络内部的安全需求。NAC 主要具有以下功能。

■ 身份认证：对接入网络的用户身份进行合法性认证，只有合法的用户才能接入企业网络。

■ 访问控制：根据用户身份、接入时间、接入地点、终端类型、接入方式，精细匹配用户，限制用户能够访问的资源。

■ 终端安全检查和控制：对终端进行安全性检查，只有“健康的、安全的”用户终端才可以接入网络。

■ 系统修复和升级：当系统存在安全隐患时，NAC 方案提供了系统自动和手动修复升级功能；可采取自动下载和升级系统补丁，触发病毒库的更新，自动“杀死”非法或违规进程等强制安全措施。

NAC 方案主要通过安全终端、网络准入设备和服务器系统来实现其功能，其组成示意如图 1-39 所示。

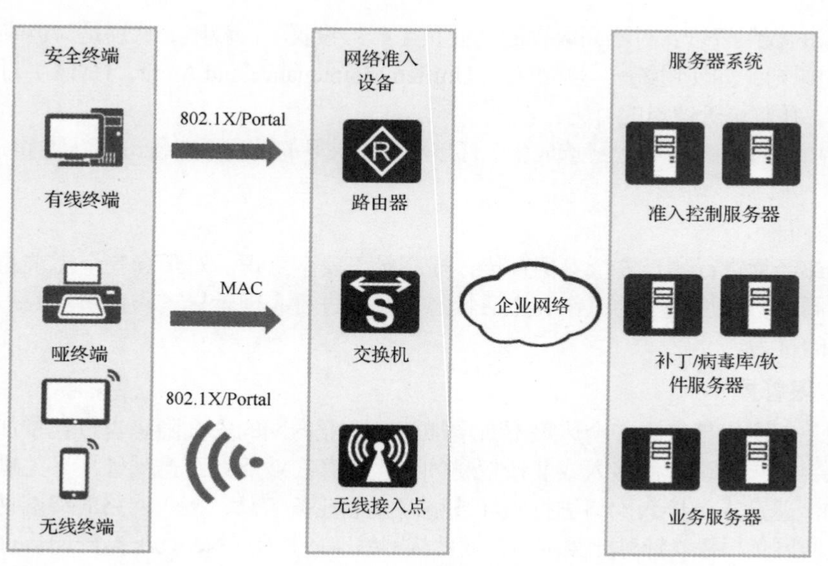

图 1-39　NAC 方案组成示意

■ 安全终端：安装在用户终端系统上的软件，是对用户终端进行身份认证、安全状态评估及安全策略实施的主体。

■ 网络准入设备：网络中安全策略的实施点，负责按照客户网络制定的安全策略，实施相应的准入控制（允许、拒绝、隔离或限制）。华为 NAC 方案支持 802.1X、MAC 和 Portal 等多种认证方式。

■ 服务器系统：包括准入控制服务器、补丁/病毒库/软件服务器和业务服务器。

（2）人员管理

人员管理是指通过管理手段严格控制外来人员进入企业内部，例如，外来访问人员必须提前登记，并出示有效证件才能进入；使用安保人员和设备控制外来人员及车辆的进入；对于企业内部的重要区域，可使用门禁系统，禁止没有权限的人员进入；禁止在计算机等设备上私自插入 U 盘等存储设备。

从技术上讲，可以创建访客网络供外来访问人员接入，从而实现与企业办公网络隔离，消除安全风险的目的，访客网络接入示意如图 1-40 所示。

Internet
访客网络与办公网络隔离
路由器
无线接入点
办公Wi-Fi Employee-XX
访客Wi-Fi Guest-XX
企业员工
访客

图 1-40　访客网络接入示意

动手任务　“永恒之蓝”病毒分析

2017 年 5 月 12 日，全球爆发多起大规模的蠕虫勒索病毒入侵事件，这是不法分子通过改造此前泄露的美国国家安全局开发的“永恒之蓝”攻击程序而发起的网络攻击事件。5 个小时内，包括英国、俄罗斯及我国等多个国家和地区的高校校园网、大型企业内网和政府机构专网被感染，不法分子要求先支付高额赎金才能恢复文件。该事件对重要数据造成了严重损害。

【任务内容】

分析“永恒之蓝”病毒，并给出防范建议。

【任务设备】

上网终端。

【任务思路】

（1）分析病毒原理。

（2）分析病毒的影响范围。

（3）分析病毒的防范方法。

【任务步骤】

步骤 1：病毒原理分析

“永恒之蓝”病毒利用 Windows 操作系统的服务信息块（Server Message Block，SMB）协议漏洞（MS17-010）获取系统的最高权限，以此控制被侵入的计算机，通过扫描开放了 445 文件共享端口的 Windows 计算机（甚至是电子信息屏）达到入侵目的。用户不需要进行任何操作，只要计算机开机联网，不法分子就能在计算机或服务器中植入勒索软件、远程控制木马等一系列恶意程序。

SMB 是一种客户端/服务器、请求/响应协议，通过 SMB 协议可以在计算机间共享文件、打印机、命名管道等资源，计算机上的“网上邻居”就是靠 SMB 协议实现的。SMB 协议工作在应用层和会话层，可以应用在 TCP/IP 之上，端口号为 139、445。

步骤 2：病毒影响范围分析

Windows XP、Windows Server 2003、Windows 7、Windows Server 2008 R2、Windows 8.1、Windows Server 2012、Windows 10、Windows Server 2016 操作系统都存在 SMB 协议漏洞，有可能遭受“永恒之蓝”病毒的攻击。

步骤 3：病毒防范方法分析

（1）修复漏洞。微软公司已于 2017 年发布 MS17-010 补丁，修复了“永恒之蓝”病毒攻击的系统漏洞，用户可以在终端上安装相应的补丁。

（2）关闭端口。无相应补丁的 Windows 操作系统可使用 Windows 高级防火墙或 IP 安全策略阻止 445 端口的连接，以阻止“永恒之蓝”病毒的传播。

（3）禁用 SMB 协议。由于“永恒之蓝”病毒是 Windows 操作系统的 SMB 请求发生时产生的漏洞，用户可以通过禁用 SMB 协议防范该病毒。

（4）安装杀毒软件，及时更新病毒库。在终端上安装杀毒软件，及时更新病毒库，对于不明邮件和下载的文件，应在扫描杀毒后使用。

【本章总结】

本章 1.1 节介绍了网络安全的定义及其经历的 4 个发展时期、网络安全态势感知、零信任等安全理念和方案，还介绍了各种网络安全的标准和规范，如 ISO/IEC 27000、等保 2.0 等；1.2 节简要介绍了 OSI 参考模型和 TCP/IP 参考模型、常见的网络协议，如 ARP、ICMP、FTP 及 HTTPS 等，还介绍了常见的网络设备；1.3 节介绍了常见网络安全威胁，以及不同威胁的应对方式或解决方案；动手任务中对“永恒之蓝”病毒进行了简要的分析。

通过对本章的学习，读者能够对网络安全有一定的了解，为下一步的深入学习打下基础。

【重点知识树】

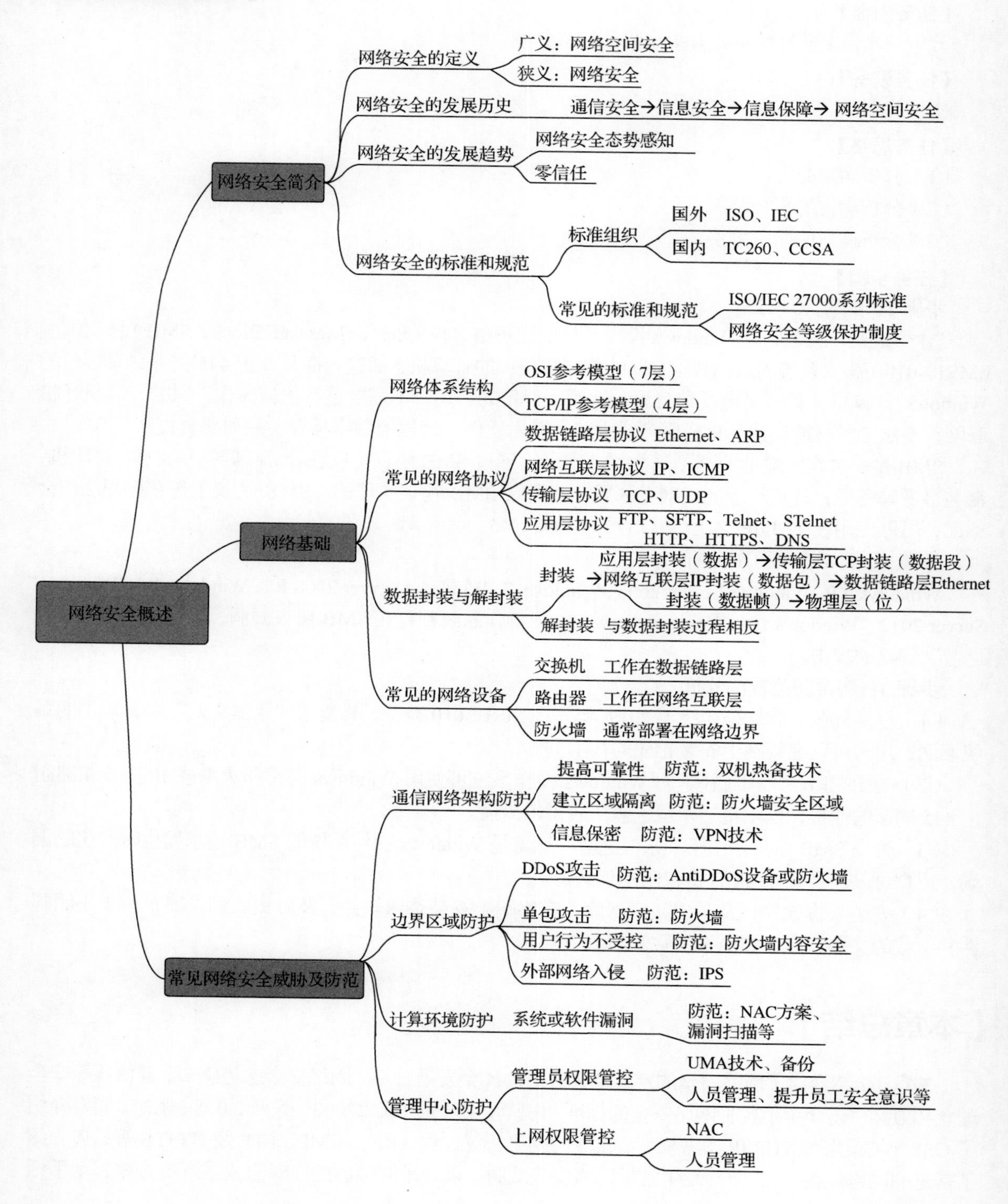

【学思启示】

合法上网，遵章守纪，共建网络强国

“没有网络安全就没有国家安全”。在信息时代，网络安全已经成为关系国家安全、关系广大人民群众切身利益的重大问题。网络已经深刻地融入人们生活的方方面面，网络安全威胁也随之向社会的各个层面渗透，网络安全的重要性也不断提高。

网络空间是亿万民众共同的精神家园。网络空间天朗气清、生态良好，符合人民的利益。网络空间乌烟瘴气、生态恶化，则有损人民的利益。在网络上的社交通信、交易消费、视听娱乐及创新创业等行为都必须遵守法律法规，不得侵害他人的权利，更不能损害公共利益，危害国家安全。要建立一个安全稳定的社会和一个风清气正的网络空间，需要明确各方的权利和义务。在法治的轨道上有序发展，既要尊重网民表达、交流的权利，也要维护良好的网络秩序，以保障广大网民的合法权益，促进数字社会的长治久安。

网络空间不是法外之地，在“人人都持麦克风、人人都是发言人”的这个信息爆炸的时代，我们在使用网络的过程中要为自己的一言一行负责，在享受网络带来的便捷的同时，也要遵纪守法，合理上网，给网络空间一份美好和清净，共建网络强国！

【练习题】

（1）若等保 2.0 中定级对象初步定级为（　　），则其网络运营者可依据定级标准自行确定最终安全保护等级。

A. 第一级　　B. 第二级

C. 第三级　　D. 第四级

（2）TCP/IP 参考模型中，（　　）定义了 TCP/IP 与各种通信子网之间的网络接口，其功能是传输经网络互联层处理过的消息。

A. 应用层　　B. 传输层

C. 网络互联层　　D. 网络接口层

（3）（多选）以下选项中属于应用层协议的有（　　）。

A. HTTP　　B. DNS

C. FTP　　D. IP

（4）工作在第二层的网络设备是（　　）。

A. IPS　　B. 二层交换机

C. 路由器　　D. 以上都不是

（5）（多选）以下选项中属于单包攻击的有（　　）。

A. ICMP 报文控制攻击　　B. Tracert 报文攻击

C. IP 地址扫描攻击　　D. Smurf 攻击

【拓展任务】

2003 年 7 月 21 日，Windows 操作系统的远程过程调用（Remote Procedure Call，RPC）漏洞被公布，同年 8 月，一种针对此漏洞的病毒爆发，即著名的“冲击波”病毒。该病毒运行时会不停地

利用 IP 扫描技术寻找网络上操作系统为 Windows 2000 或 Windows XP 的计算机，找到后利用 DCOM/RPC 缓冲区漏洞攻击该系统，一旦攻击成功，病毒就会被传输到该计算机中，使系统操作发生异常、机器不停重启，甚至导致系统崩溃。另外，该病毒还会对系统升级网站进行拒绝服务攻击，导致该网站堵塞，使用户无法通过该网站升级系统。

【任务内容】

分析“冲击波”病毒，并给出防范建议。

【任务设备】

上网终端。

02

第2章　防火墙技术

引言

信息技术的快速发展，特别是各类新技术、新业态、新应用的不断涌现，给社会发展、百姓生活带来了极大便利，但也给网络安全带来了新的挑战。作为网络安全的第一道防线，防火墙扮演着非常重要的角色。

本章主要从防火墙的功能、发展历史、分类、工作模式，以及相应的控制原理、ASPF 技术等方面介绍防火墙技术的相关知识，并通过动手任务演示华为防火墙的管理方法和安全策略的配置方法。

学习目标

【知识目标】

- 了解防火墙的功能和发展历史。
- 熟悉防火墙的分类和工作模式。
- 理解防火墙的安全区域。
- 理解状态检测技术。
- 理解防火墙的会话表。
- 了解防火墙的 ASPF 技术。

【技能目标】

- 熟练掌握防火墙的初始化方法。
- 熟练掌握配置防火墙远程管理的方法。
- 熟练掌握配置防火墙安全策略的方法。

【素养目标】

- 培养遵章守纪、规范操作的标准意识。
- 培养勇担当、敢作为的社会责任感。
- 培养刻苦学习、锐意创新的模范意识。
- 培养严谨细致、踏实耐心的职业素养。

2.1 防火墙概述

防火墙技术是保障计算机网络安全的一种非常重要的技术，能够为网络安全提供有效的防护，随着 Internet 的迅速发展，网络安全问题受到越来越多的重视，防火墙技术也引起了社会各方面的广泛关注。

2.1.1 防火墙简介

防火墙原本是指房屋之间修建的一道隔离墙，用于在火灾发生时，阻止火势从一个区域蔓延到另一个区域。在通信领域，防火墙形象化地体现了这一特点，它在网络中竖起一道安全屏障，阻断来自外部网络的威胁和入侵，保护内部网络的安全。

防火墙是一个由计算机硬件和软件组成的系统，通常部署于网络边界，位于两个信任程度不同的网络之间（如企业内部网络和 Internet 之间），防火墙部署位置示意如图 2-1 所示。它对两个网络之间的通信进行控制，通过强制实施统一的安全策略，防止对重要信息资源的非法存取和访问，以达到保护系统安全的目的。

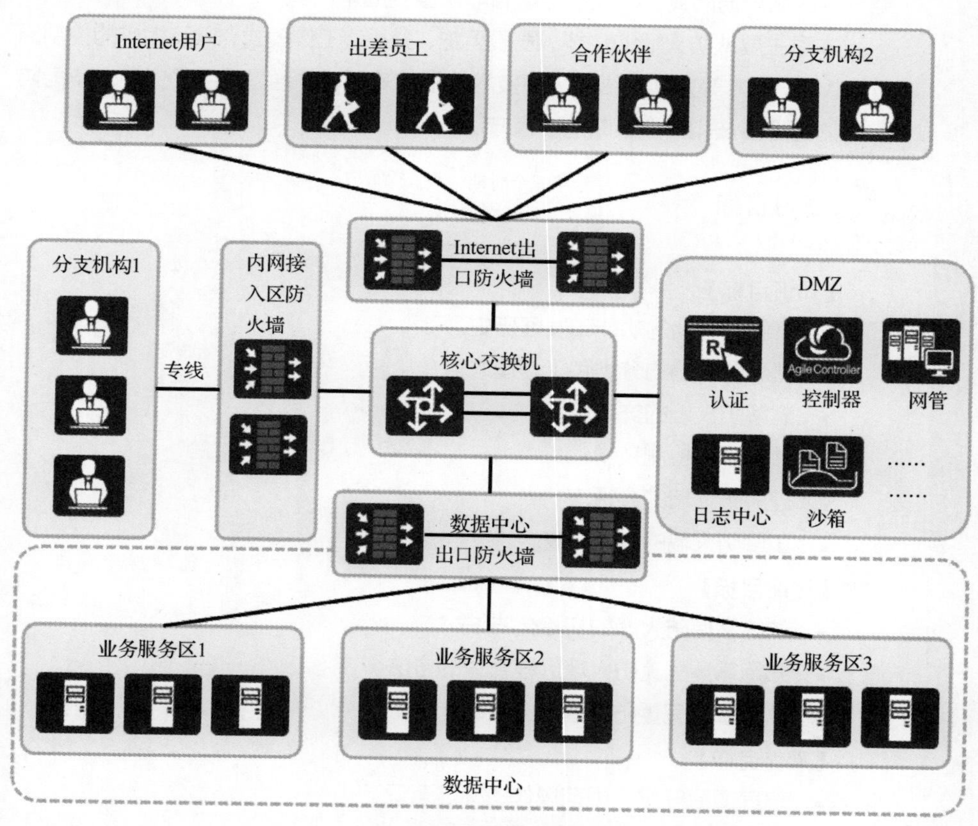

图 2-1　防火墙部署位置示意

在被防火墙分割后所形成的一个内部网络中，所有的计算机都被认为是可信任的，即防火墙认为在同一安全区域内发生的数据流动是不存在安全风险的，不需要实施任何安全策略，且不受防火墙的干涉。只有当不同安全区域之间发生数据流动时，才会触发设备的安全检查，进而实施相应的安全策略。

2.1.2　防火墙的功能

防火墙主要用于保护一个网络免受来自另一个网络的攻击和入侵。因其具有隔离、防守的属性，防火墙通常灵活应用于企业网络出口、大型网络内部子网隔离和数据中心边界等场景。防火墙可以实现的功能如下。

（1）隔离不同安全级别的网络。

（2）实现不同安全级别网络之间的访问控制（安全策略）。

（3）实现用户身份认证。

（4）实现远程接入。

（5）实现数据加密和 VPN 业务。

（6）执行网络地址转换。

（7）其他安全功能。

2.1.3　防火墙的发展历史

最早的防火墙可以追溯到 20 世纪 80 年代，在后来的几十年间，防火墙的发展历史可以大致划分为 3 个时期，如图 2-2 所示。

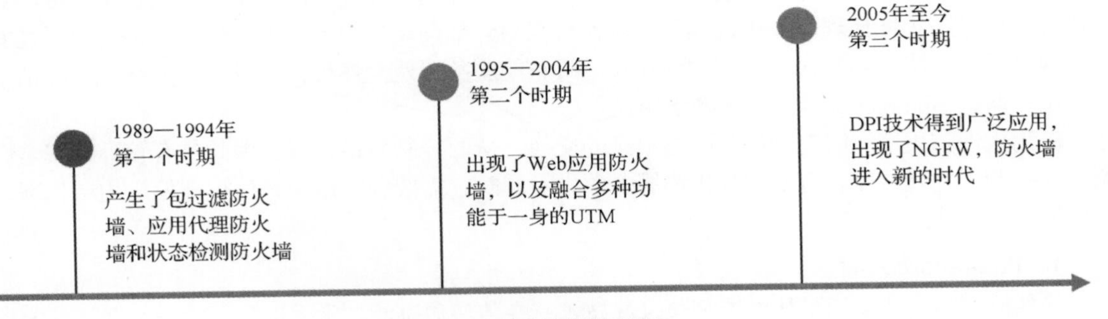

图 2-2　防火墙的发展历史

第一个时期（1989—1994 年）。1989 年诞生了包过滤防火墙，能实现简单的访问控制，我们称之为第一代防火墙。随后出现了应用代理防火墙，在应用层代理内部网络和外部网络之间的通信，属于第二代防火墙。1994 年，捷邦安全软件科技公司发布了基于状态检测技术的防火墙，通过动态分析报文的状态来决定对报文采取的动作，这样就不需要代理每个应用程序，处理速度和安全性都有提高。状态检测防火墙被称为第三代防火墙。

第二个时期（1995—2004 年）。防火墙开始增加一些其他功能，如 VPN 功能，且出现了专门保护 Web 服务器安全的 Web 应用防火墙（Web Application Firewall，WAF）设备。2004 年，业界提出了统一威胁管理（United Threat Management，UTM）的概念，将传统防火墙、入侵检测、防病毒、URL 过滤、应用程序控制、邮件过滤等功能融合到防火墙中，从而实现全面的安全防护。

第三个时期（2005 年至今）。2004 年后，UTM 市场得到了快速发展，UTM 产品如雨后春笋般涌现，但也带来许多新的问题。首先是对应用层信息的检测程度受到限制，此时就需要更高级的检测手段，这使得深度报文检测（Deep Packet Inspection，DPI）技术得到广泛应用。其次是性能问题，多个功能同时运行时，UTM 设备的处理性能会严重下降。2008 年，业界发布了下一代防火墙（Next Generation Firewall，NGFW）标准，解决了多个功能同时运行时性能下降的问题，并可以基于用户、应用和内容来进行管控。2009 年，业界对下一代防火墙进行了定义，明确下一代防火墙应具备的功能特性。随后，各个网络安全设备厂商也推出了各自的下一代防火墙产品，防火墙发展进入一个新的时代。

2.1.4 防火墙的分类

防火墙发展至今已经经历多次迭代，分类方法也各式各样，按照实现方式分类是目前主流的分类方法，这种分类方法将防火墙划分为包过滤防火墙、应用代理防火墙和状态检测防火墙。

1. 包过滤防火墙

包过滤防火墙主要工作在网络互联层，通过检查所流经的单个数据包的源地址与目的地址、所承载的上层协议、源端口与目的端口、传递方向等信息来决定是否允许此数据包穿过防火墙。其核心是通过配置访问控制列表（Access Control List，ACL）实施数据包的过滤。

包过滤防火墙的设计简单，易于实现，且成本很低。但随着 ACL 长度和复杂程度的增加，其过滤性能呈指数下降趋势，而且包过滤防火墙不检查会话状态也不分析数据，这很容易让黑客蒙混过关。例如，攻击者可以使用假的地址进行欺骗，只需要把自己的主机 IP 地址设置为一个合法主机的 IP 地址，就能很轻易地通过报文过滤器。

2. 应用代理防火墙

应用代理防火墙主要作用于应用层，其实质是把内部网络和外部网络用户之间直接进行的业务交由应用代理防火墙代理。应用代理防火墙检查来自外部网络用户的请求，外部网络用户通过安全策略检查后，该防火墙将代表外部网络用户与真正的服务器建立连接，转发外部网络用户的请求，并将服务器返回的响应回送给外部网络用户。

应用代理防火墙能够完全控制网络信息的交换，从而控制会话过程，因此具有较高的安全性。但软件限制了处理速度，容易遭受拒绝服务攻击。同时，需要针对每一种协议开发应用层代理，开发周期长，且升级很困难。

3. 状态检测防火墙

状态检测防火墙采用了状态检测包过滤技术，在传统包过滤技术上进行了功能扩展。状态检测防火墙通过检测基于 TCP/UDP 连接的连接状态，动态决定报文是否可以通过防火墙。在状态检测防火墙中，会维护着一个以五元组（源地址、目的地址、源端口、目的端口、协议号）为键值的会话表项，数据包匹配会话表项后，防火墙就可以判决哪些是合法访问，哪些是非法访问。

状态检测防火墙在网络互联层截获数据包，并从各应用层提取出安全策略所需要的状态信息，将其保存到会话表中，通过分析这些会话表和与该数据包有关的后续连接请求来做出恰当决定。

状态检测防火墙虽然工作在协议栈的较低层，但它检测所有应用层的数据包，从中提取有用信息（如 IP 地址、端口号等），安全性得到比较大的提高。同时，状态检测防火墙只对同一个连接的首包进行包过滤检查，后续数据包直接匹配会话表转发，执行效率明显提高。

状态检测防火墙虽然继承了包过滤防火墙和应用代理防火墙的优点，克服了它们的缺点，但它只检测数据包的网络互联层信息，无法彻底识别数据包中大量的垃圾邮件、广告和木马程序等，这就需要在传统防火墙上增加其他功能，如使用 UTM 实现全面的安全防护。UTM 和 NGFW 都是基于状态检测的防火墙。

2.1.5 防火墙的工作模式

防火墙的工作模式可分为路由模式、透明模式和混合模式 3 种。

1. 路由模式

如果防火墙通过网络互联层对外连接（接口带有 IP 地址），则认为防火墙工作在路由模式下。

当防火墙工作在路由模式下时，防火墙一般位于内部网络和外部网络之间，与内部网络、外部网络相连的上下行业务接口均工作在网络互联层，需要分别配置成不同网段的 IP 地址，防火墙负责在内部网络、外部网络中进行路由寻址，相当于路由器。防火墙路由模式示意如图 2-3 所示。

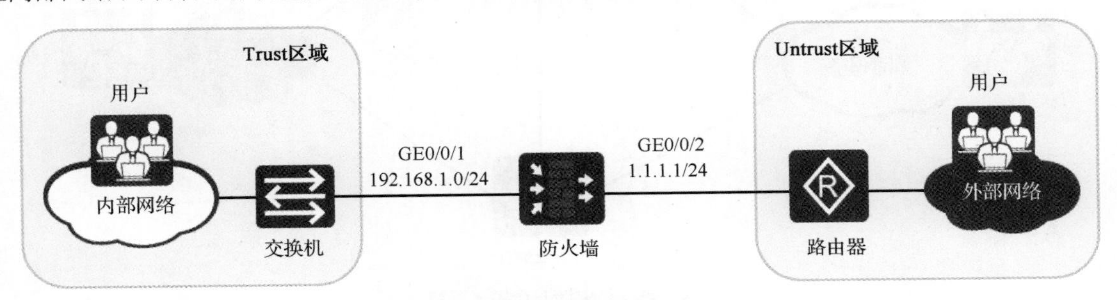

图 2-3 防火墙路由模式示意

采用此种组网方式，防火墙可支持更多的安全特性（如 NAT、UTM 等）但需要修改原网络拓扑，如内部网络用户需要更改网关，或路由器需要更改路由配置等，因此作为设计人员需综合考虑网络改造、业务中断等因素。

2. 透明模式

若防火墙通过数据链路层对外连接（接口无 IP 地址），则防火墙工作在透明模式下。

当防火墙工作在透明模式下时，防火墙只进行报文转发，不能进行路由寻址，与防火墙相连的两个业务网络必须在同一个网段中。此时防火墙上下行接口均工作在数据链路层，接口无 IP 地址。防火墙透明模式示意如图 2-4 所示。

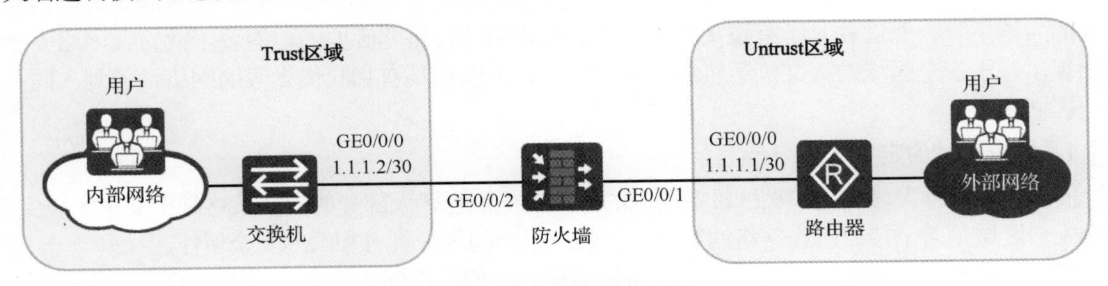

图 2-4 防火墙透明模式示意

采用此种组网方式，可以避免改变网络拓扑结构，只需像放置网桥一样在网络中串入防火墙即可，无须修改任何已有的配置。IP 报文同样会经过相关的过滤检查，内部网络用户依旧受到防火墙的保护。

3. 混合模式

若防火墙同时具有工作在路由模式和透明模式的接口（某些接口有 IP 地址，某些接口无 IP 地址），则防火墙工作在混合模式下。

当防火墙工作在混合模式下时，防火墙既存在工作在路由模式的接口，又存在工作在透明模式的接口。这种工作模式目前主要应用于透明模式下提供双机热备的特殊场景，此时两台防火墙直连的接口需要配置 IP 地址，其他接口不配置 IP 地址。防火墙混合模式示意如图 2-5 所示。

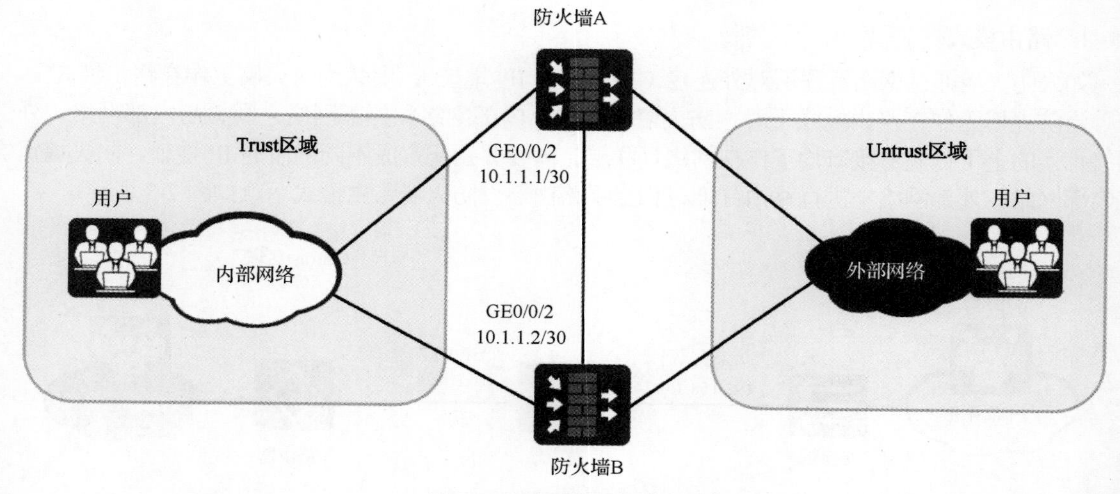

图 2-5　防火墙混合模式示意

2.2　防火墙技术原理

随着信息技术的快速发展，网络安全形势日益严峻，防火墙作为网络安全防护的第一道防线，扮演着非常重要的角色。下面介绍防火墙的一些基础概念，帮助读者更深入地了解防火墙技术的原理。

2.2.1　安全区域

在实际场景中，如果网络安全设备对所有报文都进行逐包检测，会导致设备资源的大量消耗和性能的急剧下降，而这种对所有报文都进行检查的机制其实是非必要的。有鉴于此，在网络安全领域出现了基于安全区域的报文检测机制，网络管理员可以将具有相同优先级的网络设备划入同一个安全区域。

1. 安全区域的定义

安全区域简称区域，是防火墙设备引入的一个安全概念，大部分的安全策略基于安全区域实施。一个安全区域是若干接口所连网络的集合，这些网络中的用户具有相同的安全属性。

防火墙认为同一安全区域内的网络设备是同样安全的，在同一安全区域内部发生的数据流动不存在安全风险，不需要实施任何安全策略。只有当不同安全区域之间发生数据流动时，才会触发设备的安全检查，并实施相应的安全策略。

2. 默认安全区域

防火墙支持多个安全区域，默认情况下支持非受信（Untrust）区域、非军事化区域（Demilitarized Zone，DMZ）、受信（Trust）区域、本地（Local）区域 4 种预定义的安全区域。防火墙安全区域示意如图 2-6 所示。

（1）Untrust 区域

这是低安全级别的安全区域，优先级为 5，通常用于定义 Internet 等不安全的网络。

（2）DMZ

这是中等安全级别的安全区域，优先级为 50，通常用于定义内网服务器所在区域。例如，定义 Web 服务器、FTP 服务器所在区域。因为这些服务器虽然部署在内网，但是经常需要被外网访问，存在较大安全隐患，而这些服务器一般又不被允许主动访问外网，所以将其部署在一个优先级比 Trust 区域低，但是比 Untrust 区域高的安全区域中。

（3）Trust 区域

这是较高安全级别的安全区域，优先级为 85，通常用于定义内网终端所在区域。

（4）Local 区域

这是最高安全级别的安全区域，优先级为 100。Local 区域定义的是设备本身，包括设备的各接口。凡是由设备构造并主动发出的报文均可认为是从 Local 区域中发出的，凡是需要设备响应并处理（而不仅是检测或直接转发）的报文均可认为是由 Local 区域接收的。用户不能改变 Local 区域本身的任何配置，包括向其中添加接口。

这 4 个安全区域无需创建，也不能删除，各优先级也不能重新设置，数字越大，表示安全级别越高。防火墙中除了这 4 种默认安全区域之外，用户还可以根据实际组网需要自行创建安全区域并定义其优先级，优先级的值为 1～100，且不能与默认安全区域相同。

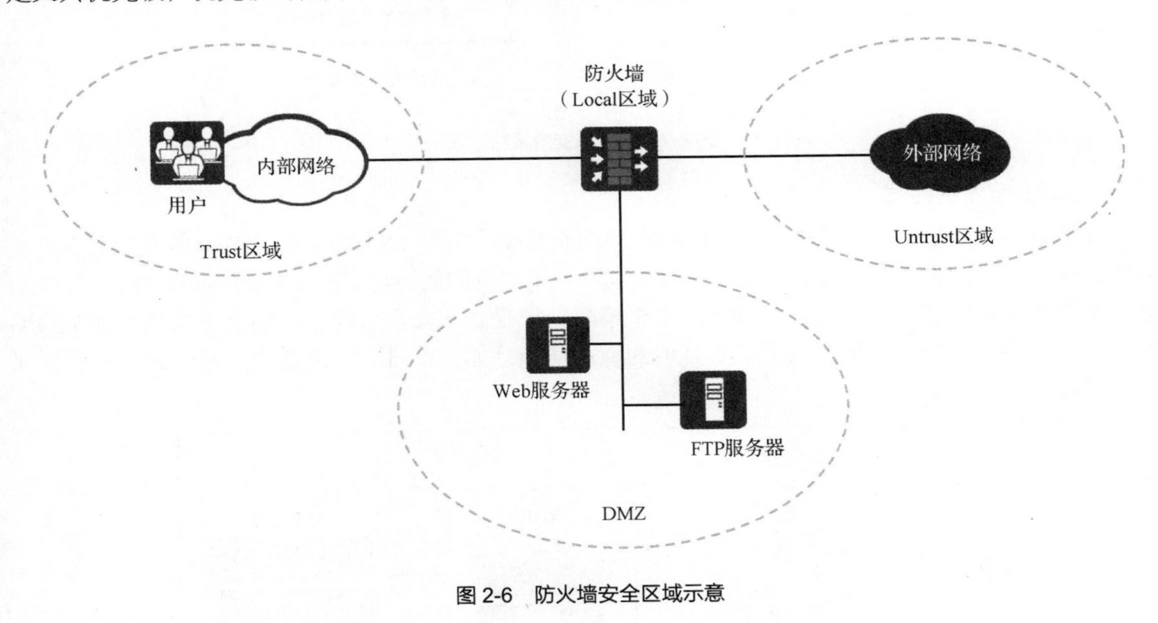

图 2-6 防火墙安全区域示意

由于 Local 区域的特殊性，在很多需要设备本身进行报文收发的应用中，需要开放对端所在安全区域与 Local 区域之间的安全策略。

（1）需要对设备本身进行管理的情况，如 Telnet 登录、Web 登录、接入 SNMP 网管等。

（2）设备本身作为某种服务的客户端或服务器，需要主动向对端发起请求或处理对端发起的请求的情况，如 FTP、IPSec VPN 等。

将接口加入安全区域的操作实际上意味着将该接口所连网络加入安全区域，但该接口本身仍然属于代表设备本身的 Local 区域。

2.2.2 安全策略

防火墙的基本作用是对进出网络的访问行为进行控制，保护特定网络免受“不信任”网络的攻击，但同时必须允许两个网络之间进行合法的通信。防火墙一般通过安全策略实现以上访问控制功能。

1. 安全策略的定义

安全策略是防火墙的核心特性，它的作用是对通过防火墙的数据流进行检验。防火墙安全策略示意如图 2-7 所示，只有符合安全策略的合法流量才能通过防火墙进行转发。

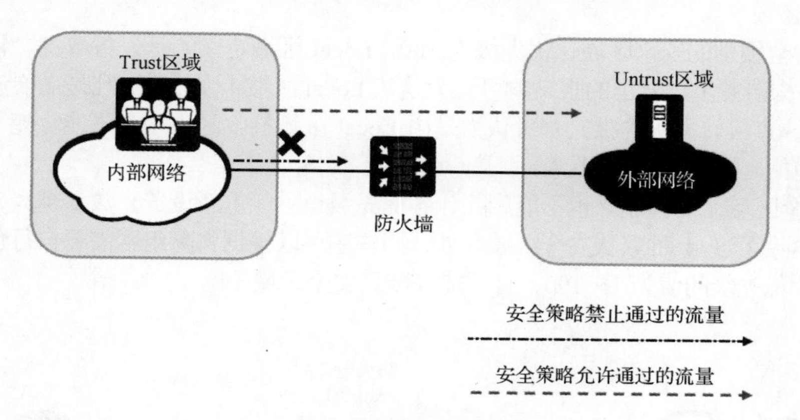

图 2-7　防火墙安全策略示意

2. 安全策略的组成

安全策略由匹配条件、动作以及其他的附加功能组成，如图 2-8 所示。防火墙接收流量后，对流量的属性（五元组、用户、时间段等）进行识别，并将流量的属性与安全策略的匹配条件进行匹配。如果所有条件都匹配，则此流量成功匹配安全策略。流量匹配安全策略后，防火墙将执行安全策略的动作。此外，用户可以根据需求设置其他的附加功能，如记录日志、配置会话老化时间及自定义长连接等功能。

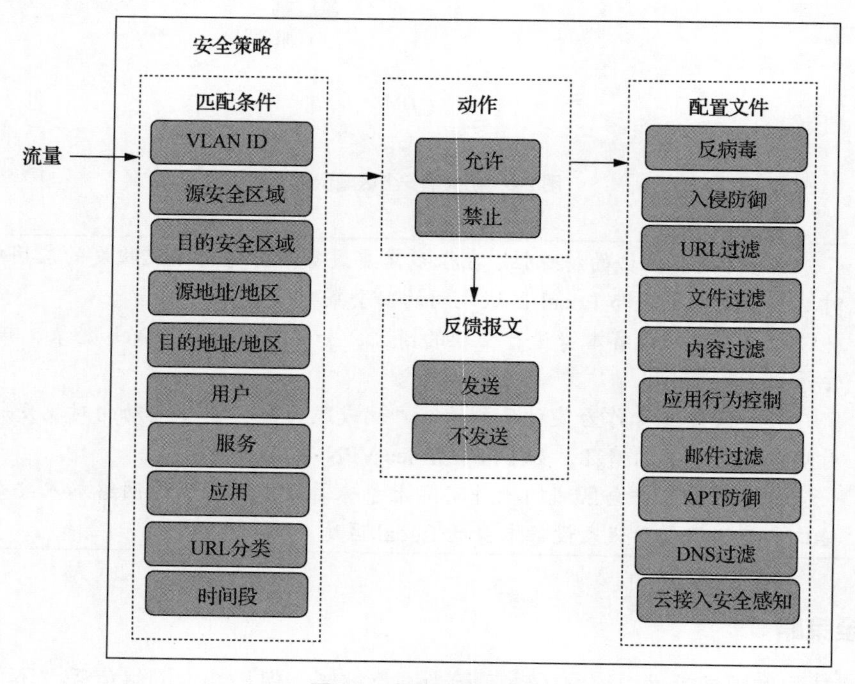

图 2-8　安全策略的组成

（1）安全策略的匹配条件

安全策略的匹配条件均为可选，如果不选，则默认为 any，表示该安全策略与任意报文匹配。安全策略的匹配条件具体有以下内容。

■ VLAN ID：指定流量的 VLAN ID。

■ 源安全区域、目的安全区域：指定流量发出或去往的安全区域。

■ 源地址/地区、目的地址/地区：指定流量发出或去往的地址，取值可以是“地址”地址组“域名组”“地区”或“地区组”。

■ 用户：指定流量的所有者，代表是“谁”发出的流量；取值可以是“用户”“用户组”或“安全组”；源地址/地区和用户都表示流量的发出者，两者配置一种即可；一般情况下，源地址/地区适用于 IP 地址固定或企业规模较小的场景，用户适用于 IP 地址不固定且企业规模较大的场景。

■ 服务：指定流量的协议类型或端口号。

■ 应用：指定流量的应用类型；通过应用，防火墙能够区分使用相同协议和端口号的不同应用程序，使网络管理更加精细。

■ URL 分类：指定流量的 URL 分类。

■ 时间段：指定安全策略生效的时间段。

（2）安全策略的动作

安全策略的动作包括允许和拒绝两种。

■ 允许：如果动作为允许，则对流量进行如下处理。

• 如果没有配置内容安全检测，则允许流量通过。

• 如果配置内容安全检测，则最终根据内容安全检测的结论来判断是否放行该流量。内容安全检测包括反病毒、入侵防御等，它是通过在安全策略中引用安全配置文件实现的。如果其中一个安全配置文件阻断该流量，则防火墙阻断该流量。如果所有的安全配置文件都允许该流量转发，则防火墙允许该流量转发。

■ 禁止：表示拒绝符合条件的流量通过。

如果动作为禁止，则防火墙不仅可以将报文丢弃，还可以针对不同的报文类型选择发送对应的反馈报文。客户端或服务器收到防火墙发送的阻断报文后，应用层可以快速结束会话并让用户感知到请求被阻断。

（3）其他的附加功能

其他附加功能包括记录日志、配置会话老化时间和自定义长连接等功能。

3. 安全策略的匹配过程

防火墙上安全策略默认的动作为拒绝流量通过，即没有明确允许的流量默认被禁止通行，这样防火墙一旦连接网络就能保护网络的安全。如果想要允许某流量通过，则可以创建安全策略。一般针对不同的业务流量，设备上会配置多条安全策略。下面具体介绍多条安全策略的匹配规则和匹配顺序。

（1）匹配规则

安全策略的匹配规则及顺序如图 2-9 所示，每条安全策略中包含多个匹配条件，各个匹配条件之间是“与”的关系，报文的属性与各个条件必须全部匹配，该报文才会被认为是匹配这条安全策略的。一个匹配条件中可以配置多个值，多个值之间是“或”的关系，即报文的属性只要匹配任意一个值，该报文的属性就会被认为匹配了这个条件。

（2）匹配顺序

在防火墙中配置多条安全策略规则时，安全策略列表默认是按照配置顺序排列的，越先配置的安全策略规则，其位置越靠前，优先级也越高。安全策略的匹配是按照策略列表的顺序执行的，即从策略列表顶端开始逐条向下匹配，如果流量匹配了某个安全策略，则将不再进行下一个安全策略的匹配。所以，安全策略的配置顺序很重要，需要先配置条件精确的安全策略，再配置宽泛的安全策略。

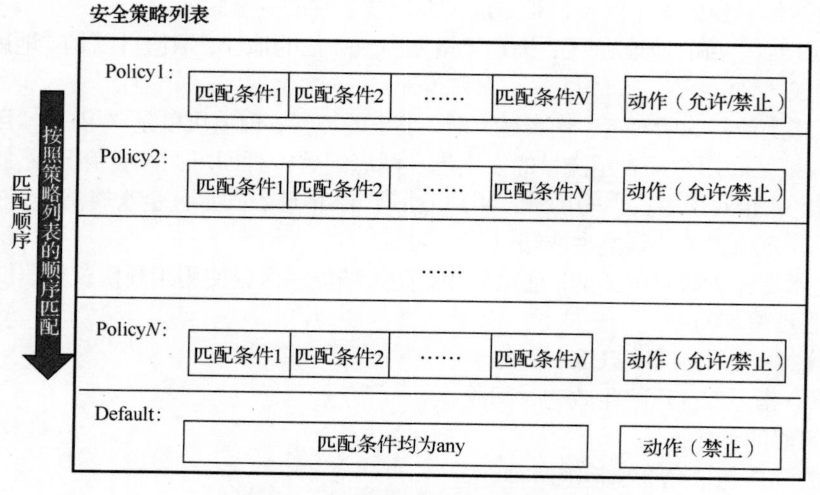

图 2-9　安全策略的匹配规则及顺序

例如，企业的 Web 服务器 IP 地址为 10.1.1.100，允许 IP 网段为 10.1.2.0/24 的内部办公网络访问，但要求禁止两台临时终端（其 IP 地址分别为 10.1.2.10、10.1.2.20）访问 FTP 服务器。要实现该目标，需要按照表 2-1 所示的顺序配置安全策略。

表 2-1　安全策略规则顺序

序号	名称	源地址	目的地址	动作
1	Policy1	10.1.2.10/32 10.1.2.20/32	10.1.1.100	禁止
2	Policy2	10.1.2.0/24	10.1.1.100	允许
……	……	……	……	……
n	Default	any	any	禁止

对比上表中前两条安全策略，Policy1 条件精细，Policy2 条件宽泛。如果不按照上述顺序配置安全策略，而是将 Policy2 配置在 Policy1 前面，那么匹配 Policy2 后不再往下匹配，Policy1 永远不会被匹配，也就无法满足禁止两台临时终端访问 Web 服务器的需求。

通常的业务情况是先有通用规则，后有例外规则。在初始规划时，可以尽可能地把通用规则和例外规则同时列出来，按照正确的顺序配置。但是，在维护阶段可能还会添加例外规则，因此需要在配置后调整规则的顺序。

此外，系统存在一条默认安全策略 Default，默认安全策略位于策略列表的最底部，优先级最低，所有匹配条件均为 any，动作均为禁止。如果所有配置的策略都未匹配，则将匹配默认安全策略 Default。

对于不同安全区域间的流量（包括但不限于从防火墙发出的流量、防火墙接收的流量、不同安全区域间传输的流量等），均受默认安全策略控制。而对于同一安全区域内的流量，默认不受 Default 策略控制，默认转发动作为允许。

2.2.3　状态检测技术和会话表

状态检测防火墙的出现是防火墙发展历史上里程碑式的事件，其使用的状态检测技术和会话机制成为目前防火墙产品的基本功能，也是防火墙实现安全防护的基础技术。

1. 状态检测技术

状态检测技术采用的是一种基于连接的状态检测机制，将属于同一连接的所有数据包作为一个整体的数据流看待。防火墙使用状态检测机制时，只对同一连接的首包进行包过滤检查，如果首包能够通过包过滤规则的检查，并建立会话，那么后续报文将不再继续通过包过滤机制检测，而是直接通过会话表进行转发。图 2-10 所示为状态检测机制示意，这种状态检测机制大大提高了防火墙的检测和转发效率。

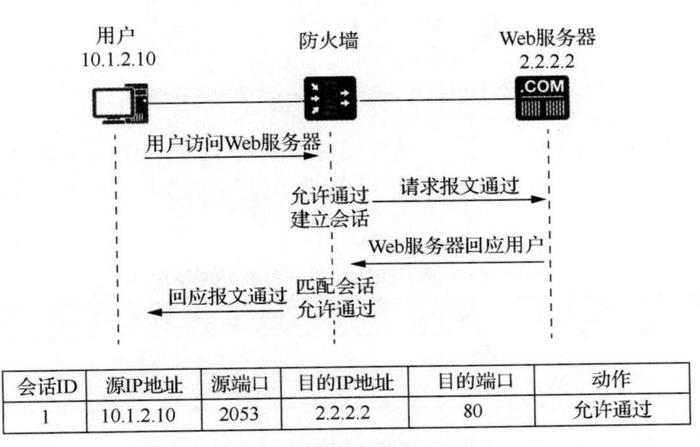

会话ID	源IP地址	源端口	目的IP地址	目的端口	动作
1	10.1.2.10	2053	2.2.2.2	80	允许通过

图 2-10　状态检测机制示意

2. 会话表

会话是通信双方的连接在防火墙上的具体体现，代表两者的连接状态。通过会话中的五元组信息可以唯一确定通信双方的一条连接。

一条会话表示通信双方的一个连接，多条会话的集合叫作会话表。会话表是用来记录 TCP、UDP、ICMP 等连接状态的表项，是防火墙转发报文的重要依据。

对于一条已经建立的会话表项，只有当它不断被报文匹配时才有存在的必要。如果长时间没有报文匹配，则说明通信双方可能已经断开了连接，不再需要该条会话表项。此时，为了节约系统资源，系统会在一条表项连续未被匹配的一段时间（会话表老化时间）后将其删除（即会话表项已经老化）。如果在会话表项老化之后，又有和这条表项相同的五元组的报文通过，则系统会重新根据安全策略决定是否为其建立会话表项。如果不能建立会话表项，则这个报文不能被转发。

3. 状态检测与会话表创建的关系

当防火墙作为网络的唯一出口时，所有报文都必须经过防火墙转发。在这种情况下，一次通信过程中来回两个方向的报文都能经过防火墙的处理，这种组网环境也称为报文来回路径一致的组网环境。此时就可以在防火墙上启用状态检测功能，保证业务的安全。

在图 2-11 所示的报文来回路径不一致的组网环境下，防火墙可能只会收到通信过程中的后续报文，而没有收到首包，导致不能创建会话表，无法转发后续报文；此时，应该关闭防火墙的状态检测功能，使防火墙可以通过后续报文建立会话表，保证业务的正常运行。

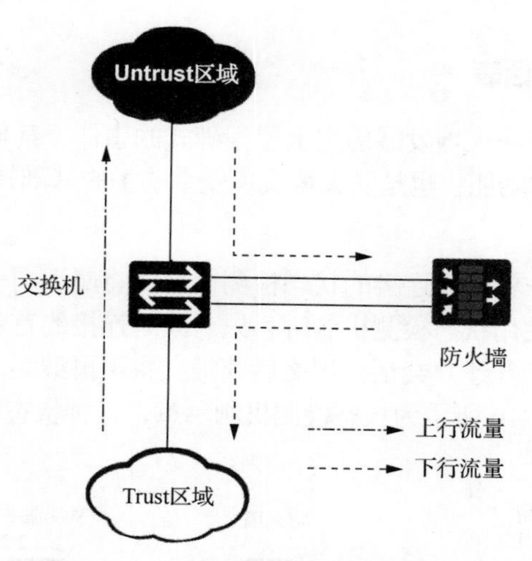

图 2-11　报文来回路径不一致的组网环境

在启用和关闭状态检测功能的情况下，防火墙对收到的 TCP、UDP、ICMP 等协议的首包的处理情况如表 2-2 所示。当然，创建会话的前提是这些报文通过防火墙上包括安全策略在内的各项安全机制的检查。

表 2–2　防火墙对收到的不同协议的首包的处理情况

协议	首包报文类型	启用状态检测功能	关闭状态检测功能
TCP	SYN	创建会话，转发报文	创建会话，转发报文
	SYN+ACK、ACK	不创建会话，丢弃报文	创建会话，转发报文
UDP		创建会话，转发报文	创建会话，转发报文
ICMP	Echo Request	创建会话，转发报文	创建会话，转发报文
	Echo Reply	不创建会话，丢弃报文	创建会话，转发报文
	Destination Unreachable、Source Quench、Time Exceeded	不创建会话，丢弃报文	不创建会话，丢弃报文
	其他 ICMP 报文	创建会话并转发报文，但不支持 NAT	创建会话并转发报文，但不支持 NAT

2.3 ASPF 技术

针对应用层的包过滤（Application Specific Packet Filter，ASPF）也称基于状态的报文过滤。使用 ASPF 技术可以自动检测某些报文的应用层信息，根据应用层信息开放相应的访问规则，并生成 Server-map 表。

以多通道协议（如 FTP、H.323、SIP 等）为例，这些多通道协议的应用需要先在控制通道中协商后续数据通道的地址和端口，再根据动态协商的地址和端口建立数据通道连接。由于数据通道的地址和端口是动态协商的，管理员无法预知，因此无法制定完善、精确的安全策略。

启用 ASPF 后，防火墙通过检测协商报文的应用层携带的地址和端口信息，自动生成相应的 Server-map 表，用于放行后续建立数据通道的报文，相当于自动创建了一条精细的“安全策略”。对于特定应用协议的所有连接，每一个连接状态信息都将被 ASPF 维护并动态地决定数据包是被允许通过防火墙还是被丢弃。Session 表和 Server-map 表建立过程示意如图 2-12 所示。

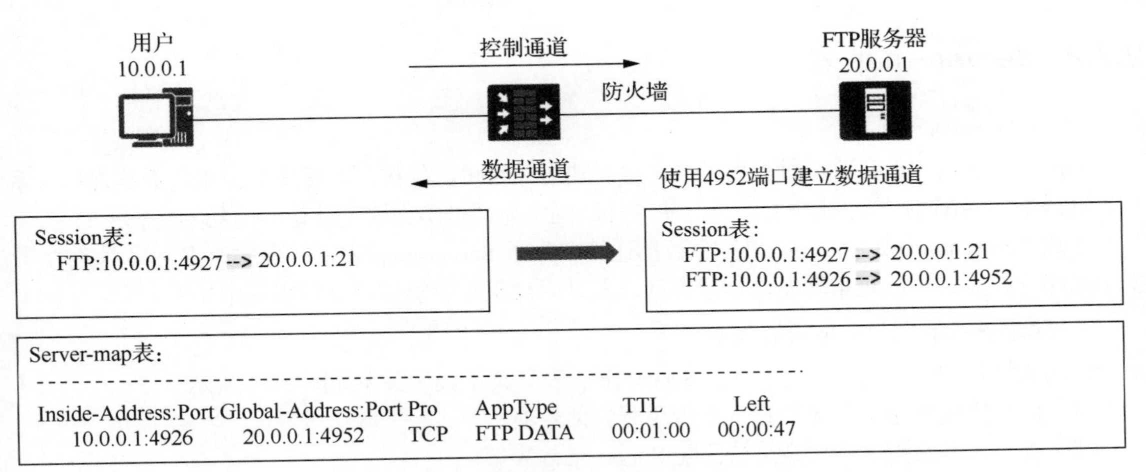

图 2-12　Session 表和 Server-map 表建立过程示意

2.3.1　ASPF 的实现原理

下面以 FTP 的 PORT 模式为例介绍 ASPF 的实现原理。图 2-13 所示为 ASPF 工作原理示意，可以看到，防火墙上配置了安全策略，允许内网终端访问外网，出于安全考虑，禁止外网主动访问内网。当内网 FTP 客户端访问外网 FTP 服务器时，工作步骤如下。

（1）客户端使用随机端口向服务器的 21 号端口发起控制连接建立请求，首包报文 SYN 匹配安全策略，生成会话表并转发，该连接的后续报文直接匹配会话表转发。

（2）控制连接建立成功后，客户端向服务器发送控制命令。启用 ASPF，防火墙将分析报文中的应用层信息（IP 地址为 192.168.1.2，端口为 yyyy），创建 Server-map 表。

（3）服务器使用 20 号端口向客户端协商出的端口（yyyy）发起数据连接，该连接与控制连接并不属于同一连接，不能匹配步骤（1）中的会话表。但该报文可以匹配步骤（2）中创建的 Server-map 表项，因此不再受安全策略的控制，可以正常转发并创建会话表，后续报文匹配会话表直接转发。

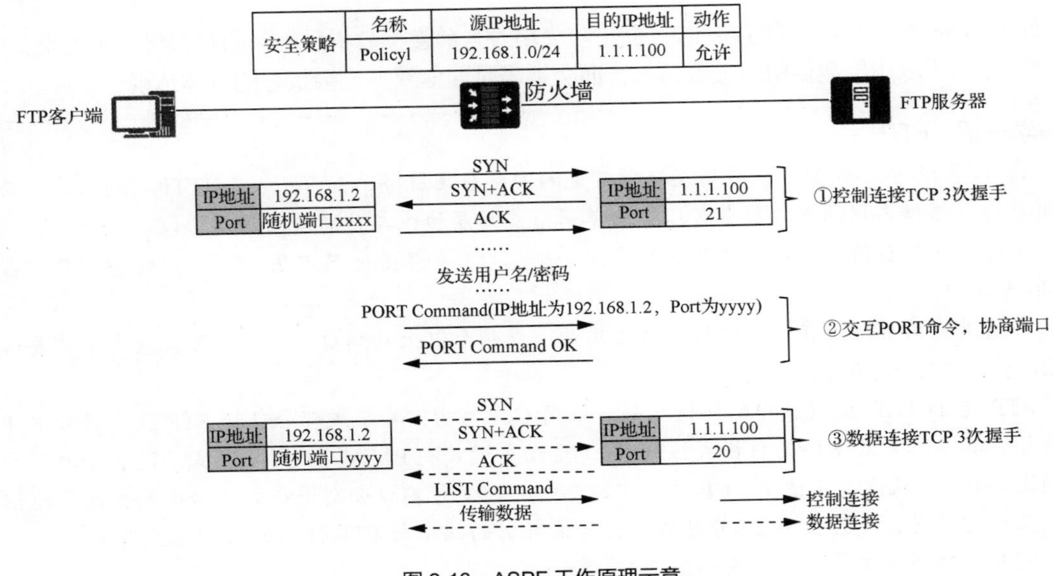

图 2-13　ASPF 工作原理示意

2.3.2 Server-map 表

1. Server-map 表简介

Server-map 表用于存放一种映射关系，这种映射关系可以是控制连接协商出来的数据连接关系，也可以是配置 NAT 中的地址映射关系，使得外部网络能通过防火墙主动访问内部网络。

生成 Server-map 表之后，如果一个数据连接匹配了 Server-map 表项，那么该报文将不受防火墙安全策略的控制，可以正常转发并创建会话，保证后续报文能够按照会话表正常转发。

2. Server-map 表与会话表的关系

在防火墙接收报文的处理过程中，Server-map 表与会话表的关系如图 2-14 所示。

（1）防火墙收到报文时先检查其是否匹配会话表项。

（2）如果没有匹配，则检查是否匹配 Server-map 表项。

（3）匹配 Server-map 表项的报文不受安全策略的控制。

（4）防火墙为匹配 Server-map 表项的数据创建会话表并转发报文。

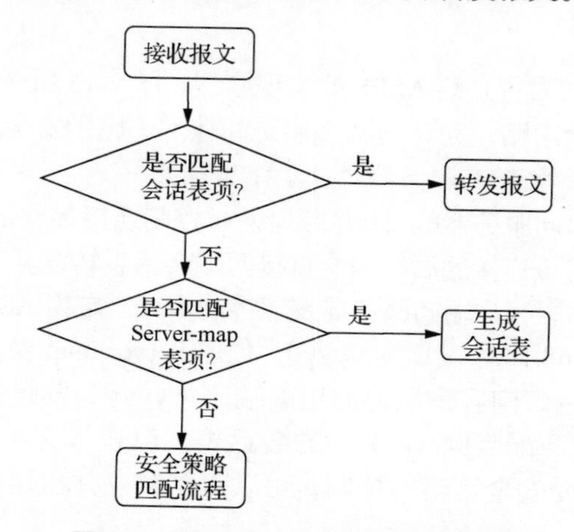

图 2-14　Server-map 表与会话表的关系

Server-map 表不是当前的连接信息，而是防火墙对当前连接分析后得到的对即将到来的报文的预测，其中记录了应用层数据中的关键信息，而会话表是通信双方连接状态的具体体现。

📖多学一招：FTP

在 TCP/IP 参考模型中，应用层提供常见的网络应用服务，如 Telnet、HTTP、FTP 等。而应用层协议根据占用的端口数量可以分为单通道应用层协议与多通道应用层协议。

单通道应用层协议在通信过程中只占用一个端口，如 Telnet 只占用 23 号端口，HTTP 只占用 80 号端口。

多通道应用层协议在通信过程中需占用两个或两个以上的端口，如 FTP 被动模式下需要占用 21 号端口及一个随机端口。

FTP 是 TCP/IP 协议簇中的协议之一，采用 C/S 结构，其组成部分包括 FTP 服务器和 FTP 客户端，其工作方式支持两种模式：PORT（主动）模式和 PASV（被动）模式。FTP 是典型的多通道协议，默认情况下使用 TCP 端口中的 20 号和 21 号端口分别进行数据传输和控制传输信息。应注意的是，是否使用 20 号端口作为传输数据的端口与 FTP 使用的工作方式有关。

FTP 主动模式工作过程示意如图 2-15 所示。

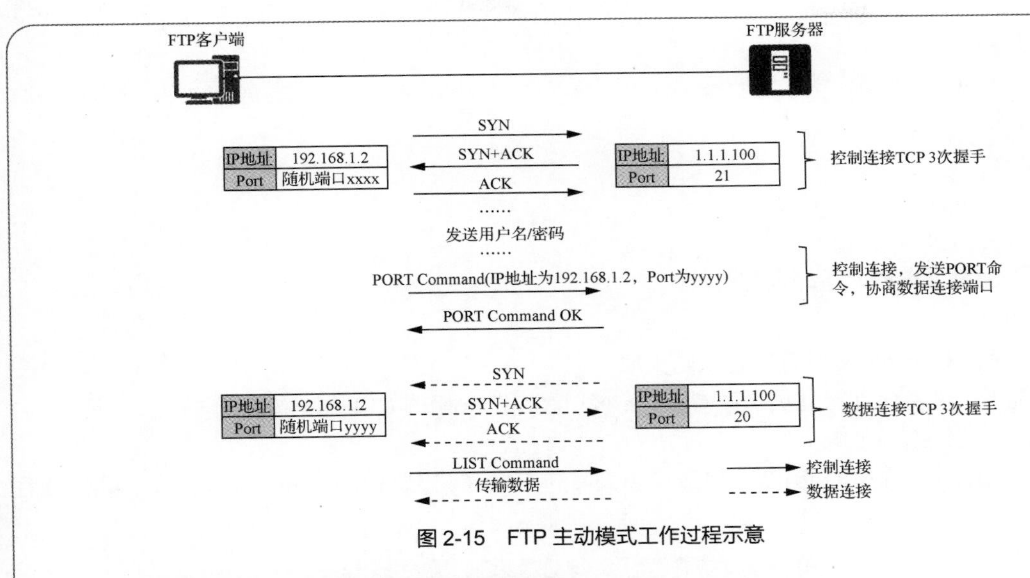

图 2-15　FTP 主动模式工作过程示意

FTP 被动模式工作过程示意如图 2-16 所示。

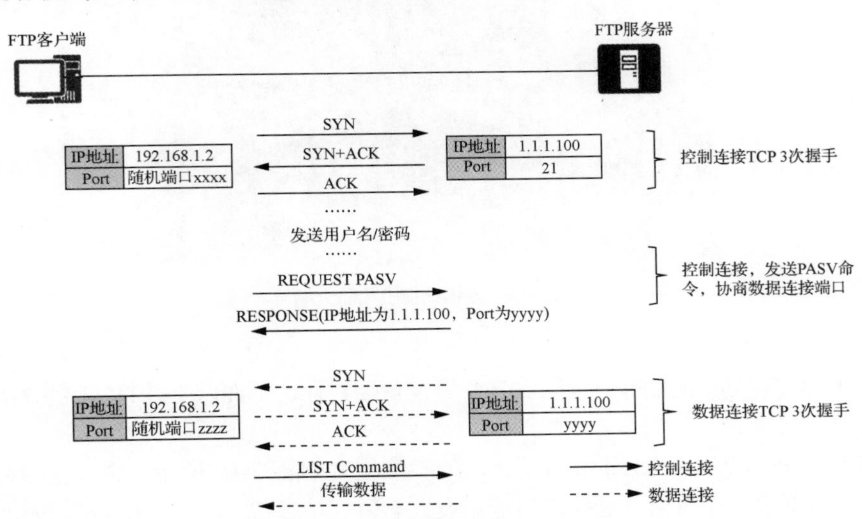

图 2-16　FTP 被动模式工作过程示意

FTP 主动模式和被动模式的控制连接的建立过程完全相同，而数据连接的建立过程则不同。主动模式下数据连接是由 FTP 服务器主动向 FTP 客户端发起的，而被动模式下数据连接是由 FTP 客户端主动向 FTP 服务器发起的。

动手任务 2.1　登录并管理防火墙设备

某企业在设计网络时，网络边界处计划采用华为防火墙，为此，该企业购买了一台华为 USG 系列防火墙。正式启用前，需要网络管理员了解防火墙的性能，完成网络连接、基本配置和测试等工作。

【任务内容】

（1）首次登录防火墙（配置 Console 接口和 HTTPS），查看设备参数。

（2）配置 SSH，远程管理防火墙设备。

【任务设备】

（1）华为 USG 系列防火墙一台。

（2）计算机一台。

【配置思路】

（1）通过 Console 接口登录设备。

（2）通过 HTTPS 方式登录设备。

（3）配置 SSH，实现设备的远程管理。

【配置步骤】

步骤 1：通过 Console 接口首次登录防火墙

默认情况下，设备允许管理员通过 Console 接口登录防火墙的 CLI 管理员界面。

（1）连接配置线缆并上电

通过配置线缆将计算机的 RS-232 串口与防火墙的 Console 接口相连，如图 2-17 所示，经检查后为防火墙上电。

图 2-17　连接计算机和防火墙

（2）配置计算机

计算机上需要安装 SecureCRT 或者 PuTTY 等客户端软件，下面以 PuTTY 为例介绍超级终端软件的配置。

运行 PuTTY，PuTTY 中 Serial 连接防火墙的参数配置如图 2-18 所示。选择左侧目录列表中的“Serial”选项，根据实际连接情况选择串口号，设置串口连接参数，单击“Open”按钮。

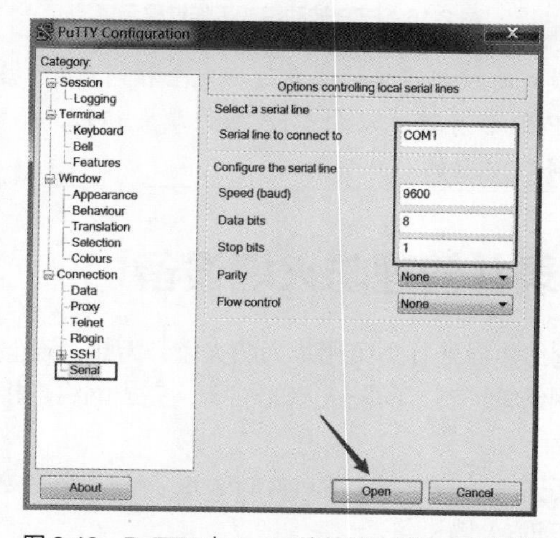

图 2-18　PuTTY 中 Serial 连接防火墙的参数配置

打开登录窗口，按 Enter 键，直到系统出现如下信息，提示先设置登录密码，再登录 CLI 管理员界面。

```
An initial password is required for the first login via the console.
Set a password and keep it safe. Otherwise you will not be able to login via the console.

Please configure the login password (8-16)
Enter Password:
Confirm Password:
Warning: The authentication mode was changed to password authentication and the user level
was changed to 15 on con0 at the first user login.
Warning: There is a risk on the user-interface which you login through. Please change the
configuration of the user-interface as soon as possible.
*************************************************************************
*         Copyright (C) 2014-2020 Huawei Technologies Co., Ltd.         *
*                         All rights reserved.                          *
*               Without the owner's prior written consent,              *
*        no decompiling or reverse-engineering shall be allowed.        *
*************************************************************************
```

（3）查看设备参数

通过 Console 接口登录 CLI 管理员界面后，可以查看设备参数、管理和配置设备，也可以根据需要创建更多管理员，或搭建 Telnet、SSH 和 Web 登录环境。

① 查看系统版本

```
<USG6500E> display version
2022-04-21 11:39:20.680
Huawei Versatile Routing Platform Software
VRP (R) Software, Version 5.170 (USG6500E V600R007C20SPC300)
RTOS Version 207.6
Copyright (C) 2014-2021 Huawei Technologies Co., Ltd.
USG6530E uptime is 0 week, 0 day, 1 hour, 12 minutes


IPS Signature Database Version     :
IPS Engine Version                 : V200R020C00SPC201
AV Signature Database Version      :
SA Signature Database Version      : 2020031901
C&C Domain Name Database Version :
FILE Reputation Database Version : 2017120100
Location Database Version          : 2020070921
Asset Database Version             :

SDRAM Memory Size    : 2048    M bytes
Flash Memory Size    : 32      M bytes
NVRAM Memory Size    : 1536    K bytes
CF Card Memory Size  : 2048    M bytes
RPU version information :
1. PCB         Version : VER.A
2. CPLD        Version : 107
3. BootROM     Version : 1290
```

② 查看当前运行的配置

```
<USG6500E> display current-configuration
2022-04-21 11:40:22.690
!Software Version V600R007C20SPC300
#
sysname USG6500E
```

```
#
FTP server enable
#
 l2tp domain suffix-separator @
#
authentication-profile name portal_authen_default
#
 undo factory-configuration prohibit
#
 ......
```

③ 修改设备的名称并保存配置

```
<USG6500E> system-view      //进入系统视图
[USG6500E] sysname FW       //修改设备的名称
[FW] quit                   //退出系统视图
<FW> save                   //保存配置
The current configuration will be written to the device.
Are you sure to continue?[Y/N]y
Info: Please input the file name ( *.cfg, *.zip ) [vrpcfg.zip]:
hda1:/vrpcfg.zip exists, overwrite?[Y/N]:y
Now saving the current configuration to the slot 0.
Save the configuration successfully.
```

④ 查看保存的配置

```
<FW> display saved-configuration
2022-04-21 11:43:06.970
!Software Version V600R007C20SPC300
!Last configuration was saved at 2022-04-21 11:41:11 UTC
#
sysname FW
#
FTP server enable
#
 l2tp domain suffix-separator @
#
authentication-profile name portal_authen_default
#
 undo factory-configuration prohibit
#
undo telnet ipv6 server enable
#
......
```

⑤ 查看系统的启动配置参数

```
<FW> display startup
2022-04-21 11:43:56.550
MainBoard:
  Configured startup system software:        hda1:/usg6500e_v600r007c20spc300.bin
  Startup system software:                   hda1:/usg6500e_v600r007c20spc300.bin
  Next startup system software:              hda1:/usg6500e_v600r007c20spc300.bin
  Startup saved-configuration file:          NULL
  Next startup saved-configuration file:     hda1:/vrpcfg.zip
/*这里表示系统下次启动时所使用的配置文件。可执行“startup saved-configuration configuration-file”命令重新指定设备下次启动时使用的配置文件*/
  Startup paf file:                          default
  Next startup paf file:                     default
```

```
Startup license file:                    default
Next startup license file:                default
Startup patch package:                   NULL
Next startup patch package:               NULL
```

⑥ 清除已保存的配置

```
<FW> reset saved-configuration
Warning: The action will delete the saved configuration in the device.
The configuration will be erased to reconfigure. Continue? [Y/N]:y
Apr 21 2022 11:59:48 FW %%01CFM/4/RST_CFG(s)[1]:The user chose Y when deciding w
hether to reset the saved configuration.
Warning: Now clearing the configuration in the device.
Info: Succeeded in clearing the configuration in the device.
```

⑦ 重启设备

```
<FW> reboot
```

步骤 2：通过 HTTPS 方式首次登录防火墙

除使用 Console 接口登录设备外，默认情况下，防火墙设备还允许管理员通过 HTTPS 方式登录 Web 管理界面。

（1）连接管理接口并上电

将计算机网口与设备的 MGMT 接口（MEth 0/0/0 或 GigabitEthernet 0/0/0）通过网线或二层交换机相连。

（2）配置计算机参数

因为防火墙 MGMT 接口默认的 IP 地址为 192.168.0.1，所以将计算机的网络连接的 IP 地址设置为 192.168.0.2～192.168.0.254 中的任一 IP 地址。

（3）登录防火墙

在计算机中打开网络浏览器（建议使用 IE 浏览器 10 及以上版本、Firefox 浏览器 62 及以上版本或 Chrome 浏览器 64 及以上版本），访问需要登录设备的 MGMT 接口的默认 IP 地址“https://192.168.0.1:8443”。在进入的图 2-19 所示的防火墙用户注册界面中，注册管理员账号和密码。注册完成后，输入用户名和密码，单击“登录”按钮。

图 2-19　防火墙用户注册界面

（4）初始化配置

通过 HTTPS 方式登录到 Web 管理界面后，可使用快速向导对设备进行初始基本配置，也可先取消快速向导，后续再自定义配置，防火墙登录界面如图 2-20 所示。

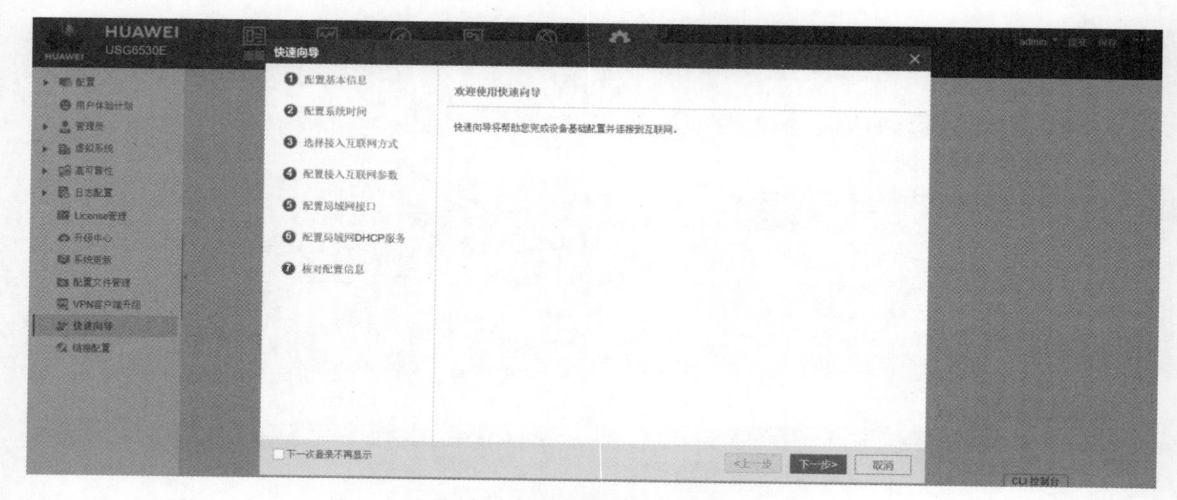

图 2-20　防火墙登录界面

步骤 3：SSH 远程管理防火墙

完成防火墙初始化配置以后，可以使用 Telnet 或 SSH 方式对防火墙进行远程管理。下面以 SSH 远程管理为例介绍设备的配置。

（1）启动 STelnet 服务

```
<FW> system-view
[FW] stelnet server enable      //启动 STelnet 服务
```

（2）配置登录接口（可选）

```
<FW> system-view
[FW] interface GigabitEthernet 0/0/1
[FW-GigabitEthernet0/0/1] ip address 10.10.0.1 24      //配置接口的 IP 地址和子网掩码长度
[FW-GigabitEthernet 0/0/1] service-manage enable      //启用接口的访问控制管理功能
[FW-GigabitEthernet 0/0/1] service-manage ssh permit
//指定访问控制管理方式为 SSH
[FW-GigabitEthernet1/0/1] service-manage ping permit
/*启动接口访问控制管理方式 ping。默认情况下，为了安全，防火墙除管理接口外，其余接口禁止 ping 操作。这里主要为了方便连通性测试，暂时启用此功能，调试完毕后可关闭此功能*/
[FW-GigabitEthernet 0/0/1] quit                        //退出接口视图
```

说明 如果使用防火墙管理接口的默认配置登录设备，则无须执行此步骤。管理接口的默认 IP 地址为 192.168.0.1，接口已经加入 Trust 区域，并允许管理员通过 Telnet 方式登录设备。

（3）将接口加入安全区域

```
[FW] firewall zone trust                          //进入安全区域视图
[FW-zone-trust] add interface GigabitEthernet 0/0/1     //将接口加入该区域
[FW-zone-trust] quit
```

（4）生成本地密钥对

```
[FW] rsa local-key-pair create
The key name will be: FW_Host
% RSA keys defined for FW_Host already exist.
Confirm to replace them? [y/n]:y
The range of public key size is (512 ~ 2048).
```

```
NOTES: If the key modulus is greater than 512,
       it will take a few minutes.
Input the bits in the modulus[default = 2048]:
Generating keys...
....+++++
........................++
....++++
...........++
```

（5）配置 VTY 管理员界面

```
[FW] user-interface vty 0 4                  //进入 VTY 管理员界面视图
[FW-ui-vty0-4] authentication-mode aaa       //设置用户验证方式
[FW-ui-vty0-4] protocol inbound ssh          //指定管理员界面支持的协议
[FW-ui-vty0-4] user privilege level 3        //配置 CLI 管理员界面的级别
[FW-ui-vty0-4] idle-timeout 5                //设置管理员界面闲置断连的时间，单位为秒
[FW-ui-vty0-4] quit
```

（6）创建管理员账号和密码

```
[FW] aaa                                     //进入 AAA 视图
[FW-aaa] manager-user sshadmin               //创建管理员账号并进入管理员视图
[FW-aaa-manager-user-sshadmin] password      //设置管理员账号的密码
Enter Password:
Confirm Password:
[FW-aaa-manager-user-sshadmin] service-type ssh
//配置管理员账号的登录方式或服务类型
[FW-aaa-manager-user-sshadmin] level 3       //配置用户级别
[FW-aaa-manager-user-sshadmin] quit
[FW-aaa] quit
[FW] ssh user sshadmin authentication-type password
//新建一个 SSH 用户，验证方式为 password。该用户名需要与 AAA 视图中创建的用户名一致
[FW] ssh user sshadmin service-type stelnet  //设置 SSH 用户的服务类型为 STelnet
```

（7）配置本地管理计算机

① 配置管理计算机的网络参数

配置管理计算机的 IP 地址为 10.10.0.100（与防火墙 GE0/0/1 口的 IP 地址位于同一网段），子网掩码为 255.255.255.0，具体步骤省略。

② 测试计算机到防火墙的连通性

除管理接口外，防火墙其余接口默认禁止 ping 操作，所以需要启动接口的 ping 管理方式。

```
C:\Users\huawei>ping 10.10.0.1

正在 Ping 10.10.0.1 具有 32 字节的数据：
来自 10.10.0.1 的回复：字节=32 时间=3ms TTL=255
来自 10.10.0.1 的回复：字节=32 时间=7ms TTL=255
来自 10.10.0.1 的回复：字节=32 时间=9ms TTL=255
来自 10.10.0.1 的回复：字节=32 时间=6ms TTL=255

10.10.0.1 的 Ping 统计信息：
    数据包：已发送 = 4，已接收 = 4，丢失 = 0 (0% 丢失)，
往返行程的估计时间(以毫秒为单位)：
    最短 = 3ms，最长 = 9ms，平均 = 6ms
```

③ 配置 PuTTY 参数

在计算机上运行 PuTTY，其配置如图 2-21 所示，在“Host Name（or IP address）”文本框中输入防火墙接口 IP 地址 10.10.0.1，设置连接类型“Connection type”为“SSH”，单击“Open”按钮，开始连接防火墙。第一次登录会弹出图 2-22 所示的 PuTTY 安全提示信息，单击“是”按钮。

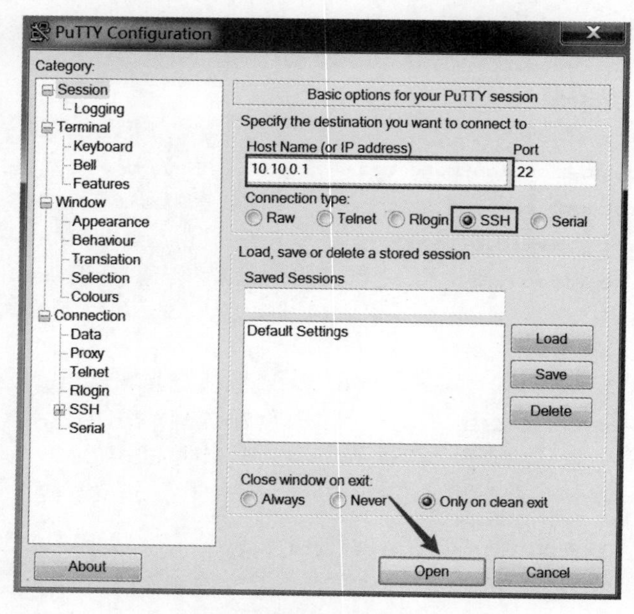

图 2-21　PuTTY 配置

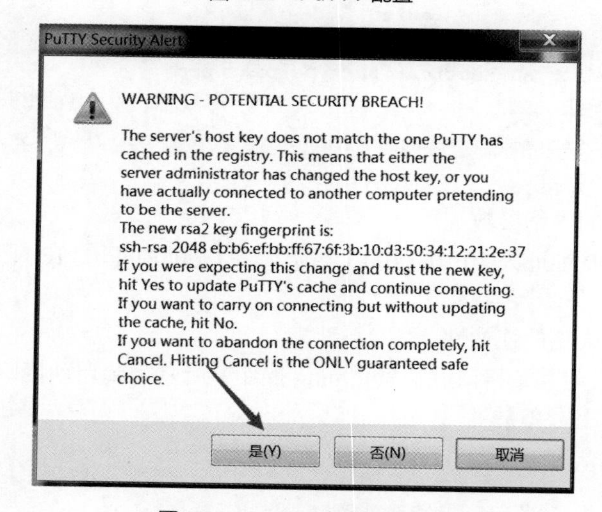

图 2-22　PuTTY 安全提示信息

④ 远程登录防火墙

在登录界面的“login as:”右侧输入“sshadmin”并按 Enter 键，在“Password:”右侧输入设置的密码（如果是首次登录，则需要修改密码，按提示修改即可），按 Enter 键，进入 VTY 管理员界面，远程连接到防火墙设备，如图 2-23 所示。

（8）验证 SSH 登录

```
<FW> display manager-user online-user
-------------------------------------------------------------------
 UserID        : 13
```

```
  Username        : sshadmin
  IP address       : 10.10.0.100
  Access-type      : ssh
  User-level       : 3
  Authen method   : LOCAL
  Author method   : LOCAL
-----------------------------------------------------------------------
Online-number :  1
-----------------------------------------------------------------------
```

以上输出显示，当前在线管理员用户有 1 个，用户名为 sshadmin，用户 ID 为 13，用户级别为 3，从 IP 地址为 10.10.0.100 的计算机通过 SSH 方式登录防火墙，验证方式为本地验证。

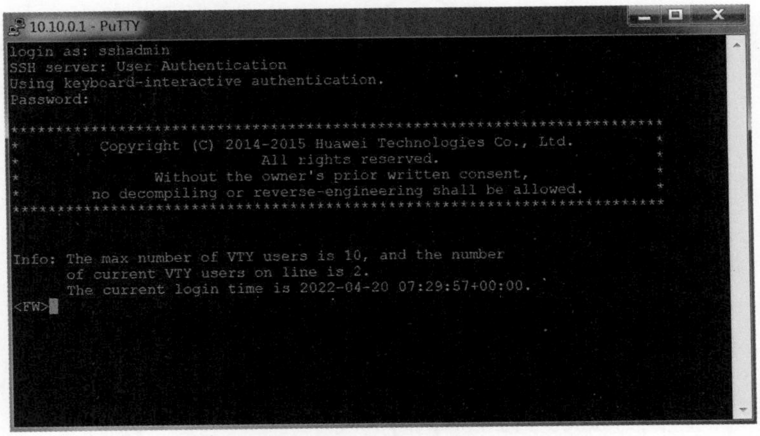

```
login as: sshadmin
SSH server: User Authentication
Using keyboard-interactive authentication.
Password:

**************************************************************************
*        Copyright (C) 2014-2015 Huawei Technologies Co., Ltd.          *
*                         All rights reserved.                           *
*              Without the owner's prior written consent,                *
*       no decompiling or reverse-engineering shall be allowed.          *
**************************************************************************


Info: The max number of VTY users is 10, and the number
      of current VTY users on line is 2.
      The current login time is 2022-04-20 07:29:57+00:00.
<FW>
```

图 2-23　远程连接到防火墙设备

动手任务 2.2　配置防火墙安全策略，实现企业内网访问 Internet

某企业在网络边界处部署了防火墙作为安全网关，安全策略组网如图 2-24 所示，其中 AR 路由器是 ISP 提供的接入网关。该企业为了满足业务需要，在内网 DMZ 中部署了两台业务服务器（Web 服务器和 FTP 服务器）提供服务。现需要对网络进行配置，实现内网 Trust 区域中 10.2.0.0/24 网段的计算机在 8:00 到 20:00 可以正常访问 Internet，但 IP 地址为 10.2.0.10、10.2.0.11 的两台计算机对安全性要求较高，任何时段都不允许访问 Internet。同时，内网 Trust 区域中 10.2.0.0/24 网段的计算机任意时段都可以正常访问 DMZ 中的两台服务器。

【任务内容】

（1）配置安全策略，禁止内网中 IP 地址为 10.2.0.10、10.2.0.11 的两台计算机访问 Internet。

（2）配置安全策略，允许内网中 10.2.0.0/24 网段的计算机在 8:00 到 20:00 访问 Internet。

（3）配置安全策略，允许内网中 10.2.0.0/24 网段的计算机访问 DMZ 中的两台服务器。

【任务设备】

（1）华为 USG 系列防火墙一台。

（2）华为 AR 系列路由器一台。

（3）计算机 4 台。

（4）服务器两台。

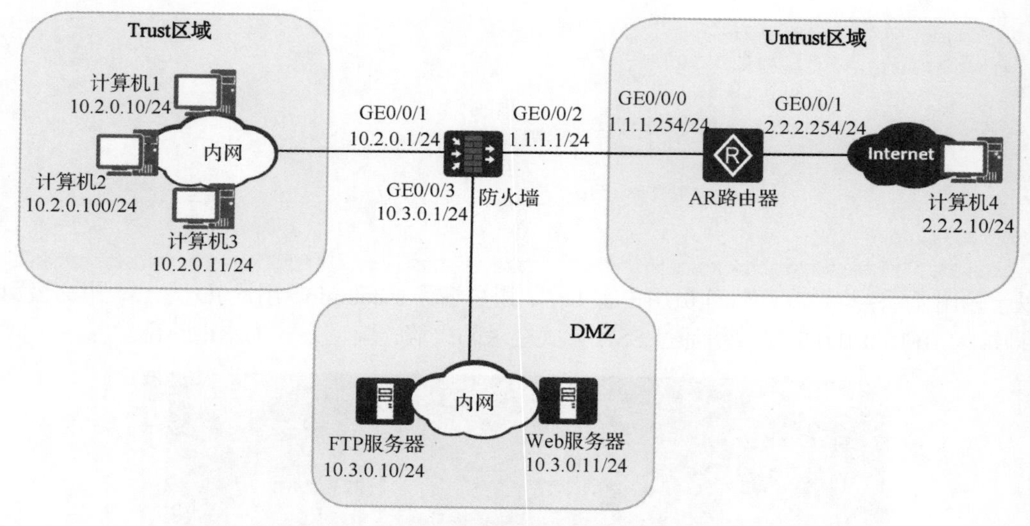

图 2-24　安全策略组网

【配置思路】

该任务的访问控制涉及限制源 IP 地址、目的 IP 地址、时间段，需要提前配置好 IP 地址池、时间段，并配置安全策略引用这些限制条件。

（1）配置接口 IP 地址、路由协议、安全区域，完成网络的基本参数配置。

（2）配置源 IP 地址池，将不允许访问外网的 IP 地址加入该地址池。

（3）配置一个时间范围为 08:00 到 20:00 的时间段。

（4）配置一条安全策略，禁止 IP 地址为 10.2.0.10 和 10.2.0.11 的计算机访问 Internet。

（5）配置一条安全策略，允许内网中 10.2.0.0/24 网段的计算机在规定时间范围内访问 Internet。

（6）配置一条安全策略，允许内网中 10.2.0.0/24 网段的计算机访问 DMZ 的两台服务器。

（7）启用 ASPF，放行 FTP 服务器主动访问内网计算机的数据连接。

（8）验证和调试，检查能否实现任务需求。

【配置步骤】

步骤 1：配置防火墙的网络基础参数

（1）配置防火墙的接口 IP 地址

```
<FW> system-view
[FW] interface GigabitEthernet 0/0/1
[FW-GigabitEthernet0/0/1] ip address 10.2.0.1 24
[FW-GigabitEthernet0/0/1] quit
[FW] interface GigabitEthernet 0/0/2
[FW-GigabitEthernet0/0/2] ip address 1.1.1.1 24
[FW-GigabitEthernet0/0/2] quit
[FW] interface GigabitEthernet 0/0/3
[FW-GigabitEthernet0/0/3] ip address 10.3.0.1 24
[FW-GigabitEthernet0/0/3] quit
```

（2）将防火墙的接口加入安全区域

```
[FW]firewall zone trust
[FW-zone-trust]add interface GigabitEthernet 0/0/1
[FW-zone-trust]quit
[FW]firewall zone untrust
[FW-zone-untrust]add interface GigabitEthernet 0/0/2
[FW-zone-untrust]quit
```

```
[FW]firewall zone dmz
[FW-zone-dmz]add interface GigabitEthernet 0/0/3
[FW-zone-dmz]quit
```

（3）配置防火墙默认路由

```
[FW]ip route-static 0.0.0.0 0 1.1.1.254
//配置默认路由，使内网流量可以正常转发至外网 ISP 的路由器中
```

步骤 2：在防火墙上配置时间段和 IP 地址池

（1）配置时间段

配置时间段，指定内网计算机允许访问 Internet 的时间范围。

```
[FW] time-range time_permit    //创建时间段并进入时间段配置视图
[FW-time-range-time_permit] period-range 08:00:00 to 20:00:00 daily
//配置时间段范围为每天的 8:00 到 20:00，period-range 表示周期时间段，daily 表示每天
[FW-time-range-time_permit] quit
```

（2）配置 IP 地址池

配置 IP 地址池，将不允许访问外网的 IP 地址加入该地址池。

```
[FW] ip address-set trust_deny type object
//创建地址对象并进入配置视图。其中，object 指定类型为地址对象，只能添加 IP 地址或 IP 地址范围作为成员
[FW-object-address-set-trust_deny] address 10.2.0.10 mask 32   //向 IP 地址池中添加 IP 地址
[FW-object-address-set-trust_deny] address 10.2.0.11 mask 32
[FW-object-address-set-trust_deny] quit
```

步骤 3：在防火墙上配置安全策略

（1）配置禁止主机访问的安全策略

配置一条安全策略并引用 IP 地址池，禁止内网中 IP 地址为 10.2.0.10、10.2.0.11 的两台计算机访问 Internet。

```
[FW] security-policy   //进入安全策略配置视图
[FW-policy-security] rule name trust_deny
//创建安全策略规则，并进入安全策略规则视图
[FW-policy-security-rule-trust_deny] source-zone trust
//配置安全策略规则的源安全区域
[FW-policy-security-rule-trust_deny] source-address address-set trust_deny
//配置安全策略规则的源地址，引用 IP 地址池
[FW-policy-security-rule-trust_deny] destination-zone untrust
//配置安全策略规则的目的安全区域
[FW-policy-security-rule-trust_deny] action deny
//配置安全策略规则的动作
[FW-policy-security-rule-trust_deny] quit
```

（2）配置允许访问 Internet 的安全策略

配置一条安全策略并引用时间段，允许内网中 10.2.0.0/24 网段在 8:00 到 20:00 访问 Internet。

```
[FW-policy-security] rule name trust_to_untrust
[FW-policy-security-rule-trust_to_untrust] source-zone trust
[FW-policy-security-rule-trust_to_untrust] source-address 10.2.0.0 24
//配置安全策略规则的源地址为单个网段
[FW-policy-security-rule-trust_to_untrust] destination-zone untrust
[FW-policy-security-rule-trust_to_untrust] time-range time_permit
[FW-policy-security-rule-trust_to_untrust] action permit
[FW-policy-security-rule-trust_to_untrust] quit
```

由于此处步骤（1）中的安全策略比步骤（2）中的更精确，因此，步骤（1）中的安全策略必须要先于步骤（2）中的安全策略配置，否则可能不会被命中。

（3）配置允许访问 FTP 服务器的安全策略

```
[FW-policy-security] rule name trust_to_dmzFTP
[FW-policy-security-rule-trust_to_dmzFTP] source-zone trust
[FW-policy-security-rule-trust_to_dmzFTP] source-address 10.2.0.0 24
[FW-policy-security-rule-trust_to_dmzFTP] destination-zone dmz
[FW-policy-security-rule-trust_to_dmzFTP] destination-address 10.3.0.10 32
[FW-policy-security-rule-trust_to_dmzFTP] service ftp
//配置安全策略规则的服务为 FTP
[FW-policy-security-rule-trust_to_dmzFTP] action permit
[FW-policy-security-rule-trust_to_dmzFTP] quit
```

（4）配置允许访问 Web 服务器的安全策略

```
[FW-policy-security] rule name trust_to_dmzWeb
[FW-policy-security-rule-trust_to_dmzWeb] source-zone trust
[FW-policy-security-rule-trust_to_dmzWeb] source-address 10.2.0.0 24
[FW-policy-security-rule-trust_to_dmzWeb] destination-zone dmz
[FW-policy-security-rule-trust_to_dmzWeb] destination-address 10.3.0.11 32
//配置安全策略规则的目的地址为单个主机
[FW-policy-security-rule-trust_to_dmzWeb] service http
//配置安全策略规则的服务为 HTTP
[FW-policy-security-rule-trust_to_dmzWeb] action permit
[FW-policy-security-rule-trust_to_dmzWeb] quit
[FW-policy-security] quit
```

步骤 4：在防火墙上启用 ASPF

在 Trust 区域和 DMZ 中开启 ASPF，实现 FTP 报文的正常转发。

```
[FW] firewall interzone trust dmz   //创建安全区域，并进入安全区域视图
[FW-interzone-trust-dmz] detect ftp   //启用 FTP 的 ASPF
[FW-interzone-trust-dmz] quit
```

步骤 5：配置其他网络设备

（1）配置 AR 路由器的基本网络参数

```
<AR>system-view
[AR]interface GigabitEthernet 0/0/0
[AR-GigabitEthernet0/0/0]ip address 1.1.1.254 24
[AR-GigabitEthernet0/0/0]quit
[AR]interface GigabitEthernet 0/0/1
[AR-GigabitEthernet0/0/1]ip address 2.2.2.254 24
[AR-GigabitEthernet0/0/1]quit
[AR]ip route-static 10.2.0.0 24 1.1.1.1
//配置静态路由，使内网访问 Internet 的回复可以正常发送至防火墙
```

（2）配置内外网计算机

按照网络拓扑配置内外网计算机的 IP 地址，内网计算机的网关设置为防火墙内网的接口 IP 地址，外网计算机的网关设置为路由器的接口 IP 地址，具体步骤省略。

（3）配置 DMZ 服务器

安装部署 FTP 服务器和 Web 服务器并按照网络拓扑配置其 IP 地址，网关设备为防火墙 DMZ 的接口 IP 地址，具体步骤省略。

步骤 6：验证和调试

在任意时间段，使用内网中 IP 地址为 10.2.0.10、10.2.0.11 的两台计算机 ping 外网 2.2.2.100，结果不可达；在 8:00 到 20:00 时间段内，使用内网中 IP 地址为 10.2.0.100 的计算机 ping 外网 2.2.2.100，结果可达；其他时段网络不可达；使用内网中的任意计算机访问 DMZ 中的两台服务器，均可正常访问。因此，网络配置满足任务需求。

（1）查看防火墙 Session 表项

```
<FW> display firewall session table
 Current Total Sessions : 4
 ftp  VPN: public --> public  10.2.0.100:2059 +-> 10.3.0.10:21
 ftp-data  VPN: public --> public  10.2.0.100:2064 --> 10.3.0.10:2052
 http  VPN: public --> public  10.2.0.100:2065 --> 10.3.0.11:80
 icmp  VPN: public --> public  10.2.0.100:256 --> 2.2.2.10:2048
```

以上输出信息显示，防火墙中当前会话有 4 条，分别是内网计算机访问内网 Web 服务器（http）、内网计算机访问 FTP 服务器时的控制连接（ftp）和数据连接（ftp-data）、内网计算机访问 Internet 的会话表项（icmp）。其中，“+->”表示启用了 ASPF。

（2）查看防火墙 Server-map 表项

```
<FW> display firewall server-map
 Current Total Server-map : 1
 Type: ASPF,  10.3.0.10 -> 10.2.0.100:2067,  Zone:---
 Protocol: tcp(Appro: ftp-data),  Left-Time:00:00:07
 Vpn: public -> public
```

以上输出信息显示，防火墙中生成了 1 条 Server-map 表项。其中，Type 表示表项的类型，ASPF 表示是使用 ASPF 转发多通道协议生成的表项；Zone 表示区域，除 NAT Server 和 NAT No-PAT 外，其他类型的 Server-map 均显示“---”；Protocol 为传输层协议，Appro 为应用层协议；Left-Time 表示剩余的老化时间；Vpn 表示本次转换的源 VPN 名称和目的 VPN 名称。

（3）查看防火墙的安全策略

```
<FW> display security-policy all
Total:5
RULE ID  RULE NAME              STATE        ACTION          HITTED
-------------------------------------------------------------------------
0        default                enable       deny            19
2        trust_deny             enable       deny            10
3        trust_to_untrust       enable       permit          3
4        trust_to_dmz           enable       permit          5
5        trust_to_dmzWeb        enable       permit          2
-------------------------------------------------------------------------
```

以上输出信息显示了每条安全策略规则被命中的次数。

【本章总结】

本章 2.1 节从防火墙的简介、功能、发展历史、分类和工作模式等方面介绍了防火墙技术；2.2 节详细地介绍了安全区域、安全策略、状态检测技术和会话表等与防火墙工作原理相关的理论知识；2.3 节以 FTP 数据报文经过防火墙传输时可能存在的问题为例，介绍了 ASPF 技术；动手任务详细介绍了防火墙设备初始化的方法，远程管理及安全策略的配置方法。

通过对本章的学习，读者能够掌握华为防火墙的管理方法、安全策略的配置方法，并了解防火墙在网络安全方面的部署场景。

【重点知识树】

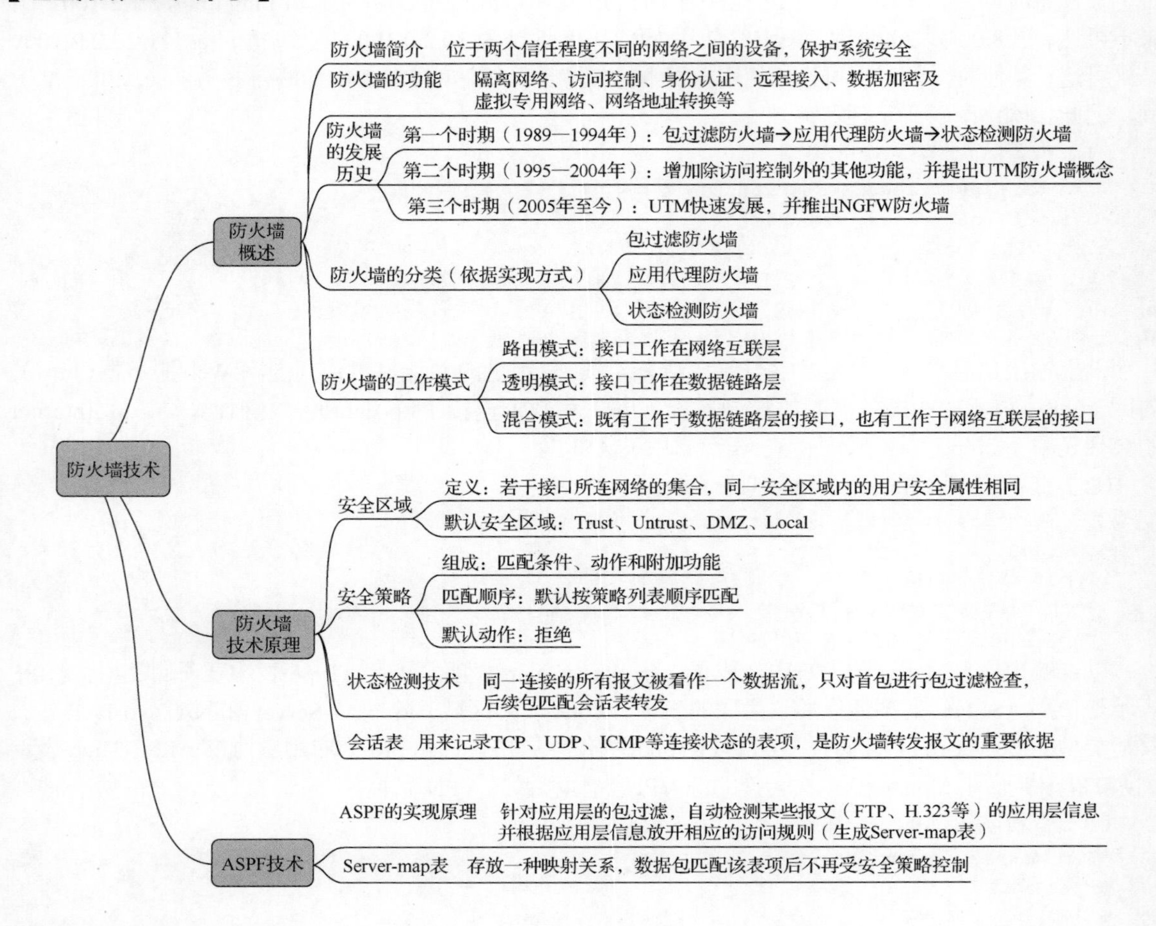

【学思启示】

安全用网　争做中国好网民

作为网络安全防护的第一道防线，防火墙扮演着非常重要的角色。作为一名网络安全技术人员，我们要争做好网民，争当网络安全守护者，保卫网络安全，净化网络空间。那么，新时代的好网民应该怎么做呢?

1. 弘扬爱国主义精神

积极传播优秀传统文化，自觉抵制危害国家安全和社会稳定的有害信息。

2. 树立网络法治观念

自觉遵守互联网相关的法律法规，依法依规办网用网，积极传播正能量，确保网络信息合法、客观、向上、向善。

3. 养成文明用网习惯

自觉倡导文明言行，文明上网、理性表达、有序参与，不造谣、不信谣、不传谣，不传播有害信息，不恶意谩骂、诋毁他人，不跟风炒作。

4. 提升网络安全技能

自觉增强网络安全意识，学习网络安全知识，增强网络防护本领，发现网络安全隐患，坚决维护网络安全秩序。

5. 增强责任担当意识

自觉遵守公序良俗，规范网络行为，履行社会责任，积极维护风清气正、积极向上、健康有序的网络空间。

【练习题】

（1）某公司员工通过防火墙访问公司内部 Web 服务器，使用浏览器可以正常打开网页，但是使用 ping 命令测试 Web 服务器的可达性时却显示不可达。可能的原因是（　　）。

A. 防火墙上部署了安全策略放行 TCP，但没有放行 ICMP

B. 防火墙连接服务器的接口没有加入安全区域

C. 防火墙上部署了安全策略放行 UDP，但没有放行 ICMP

D. Web 服务器宕机

（2）以下协议中不属于 ASPF 能够检测的协议类型的是（　　）。

A. SIP　　B. FTP　　C. MSTP　　D. H.323

（3）（多选）防火墙 Trust 区域中的客户端可以登录 Untrust 区域中的 FTP 服务器，但无法下载文件，以下列出的方法中可以解决该问题的有（　　）。

A. 在 Trust 区域和 Untrust 区域之间放行 21 端口

B. FTP 工作方式为 Port 模式时，修改从 Untrust 区域到 Trust 区域的安全策略动作为允许

C. FTP 工作方式为 Port 模式时，修改从 Trust 区域到 Untrust 区域的安全策略动作为允许

D. 在 Trust 区域和 Untrust 区域间启用 ASPF

（4）（多选）在启用状态检测机制的情况下，可以创建会话的报文有（　　）。

A. SYN　　B. SYN+ACK　　C. ICMP Echo Reply　D. ICMP Echo Reply

（5）（多选）关于安全策略的匹配条件，以下说法中正确的有（　　）。

A. 匹配条件中“源安全区域”是可选参数　B. 匹配条件中“时间段”是可选参数

C. 匹配条件中“应用”是可选参数　　D. 匹配条件中“服务”是可选参数

【拓展任务】

防火墙初始化配置以后，后续防火墙的管理通常是远程进行的。本任务需要对防火墙进行配置，实现防火墙的远程管理。其中，使用防火墙的 GE0/0/1 接口作为管理接口，接口的 IP 地址为 172.16.0.1/24。

【任务内容】

配置 Telnet，实现防火墙的远程管理。

【任务设备】

（1）华为 USG 系列防火墙一台。

（2）计算机一台。

03 第3章　网络地址转换技术

引言

在 Internet 中，每台设备都要有一个公网 IP 地址才能正常通信。IPv4 地址总数大约只有 43 亿个，而现在很多家庭同时拥有手机、计算机、智能家居等多种联网设备，且互联网用户越来越多，而 IP 地址资源不足似乎并没有给我们带来影响，这是什么原因呢？其实，这些问题都与网络地址转换技术（Network Address Translation，NAT）有关。那么，NAT 又是什么？

本章主要从 NAT 的定义、分类、实现方式、工作原理及 NAT 应用实例等方面介绍 NAT 的基础理论、相关知识和配置方法，为大家揭开 NAT 的神秘面纱。

学习目标

【知识目标】

- 了解 NAT 的概念、分类和优缺点。
- 理解 NAT 的原理。
- 理解 NAT ALG 的原理。

【技能目标】

- 熟练掌握 Easy-IP 的配置方法。
- 熟练掌握 NAPT 的配置方法。
- 熟练掌握 NAT Server 的配置方法。
- 掌握双向 NAT 的配置方法。

【素养目标】

- 培养认真负责、严谨细致的工作作风。
- 培养协同合作、互帮互助的团队意识。
- 培养自信自强、刚健有为的精神风貌。
- 培养吃苦耐劳、艰苦奋斗的优良品质。

3.1 NAT 概述

随着 Internet 的发展和网络应用的增多，有限的 IPv4 地址已经成为制约网络发展的瓶颈。尽管 IPv6 可以从根本上解决 IPv4 地址空间不足的问题，但目前仍有许多网络设备和网络应用基于 IPv4 地址。因此，在 IPv6 地址广泛应用之前，NAT 技术应需而生。

3.1.1 NAT 简介

NAT 是一种网络地址转换技术，使用该技术可以将 IPv4 报头中的地址转换为另一个地址。通常，利用 NAT 技术将 IPv4 报头中的私有地址转换为公有地址，可以实现位于私网的多个用户使用少量的公有地址同时访问 Internet 的目的。NAT 技术作为减缓 IPv4 地址枯竭的一种过渡方案，通过地址复用的方法来满足 IP 地址的需求，可以在一定程度上缓解 IPv4 地址空间耗尽的压力。

在详细了解 NAT 技术前，先来学习以下两个名词。

- **公有地址**：由专门的机构管理和分配，可以在 Internet 中直接通信的 IP 地址。
- **私有地址**：组织和个人可以任意使用，但无法在 Internet 中直接通信，只能在内网使用的 IP 地址。A、B、C 类地址中各预留了一些地址作为私有地址。IPv4 私有地址如表 3-1 所示。

表 3-1　IPv4 私有地址

IP 地址类别	预留地址范围
A	10.0.0.0～10.255.255.255
B	172.16.0.0～172.31.255.255
C	192.168.0.0～192.168.255.255

3.1.2 NAT 的分类

根据应用场景的不同，可以将 NAT 分为 3 类：源 NAT（Source NAT）、目的 NAT（Destination NAT）和双向 NAT（Bidirectional NAT）。

- **源 NAT**：对报文中的源地址进行转换，主要用于用户通过私有地址访问 Internet 的场景。
- **目的 NAT**：对报文中的目的地址和端口进行转换，主要用于用户通过公有地址访问内网服务器的场景。
- **双向 NAT**：在转换过程中，同时转换报文的源信息和目的信息，主要用于通信双方访问对方的目的地址都不是真实的地址，而是转换后的地址的场景。

3.1.3 NAT 的优缺点

NAT 技术是目前网络中应用非常广泛的一种技术，其主要作用是节约地址空间。该技术虽然存在许多优势，但也给网络管理等环节带来了额外的挑战。NAT 技术主要的优缺点如下。

1. NAT 技术的优点

（1）实现 IP 地址复用，节约宝贵的 IPv4 地址资源。

（2）有效避免外网的攻击，对内网用户提供隐私保护，可以在很大程度上提高网络安全性。

（3）通过配置多个相同的内部服务器，可以减小单个服务器在大流量时承担的压力，实现服务器负载均衡。

2. NAT 技术的缺点

（1）网络监控难度加大。例如，如果一个黑客从内网攻击公网上的一台服务器，那么要想追踪该黑客是很难的。因为在报文经过 NAT 设备的时候地址经过了转换，不能确定哪台才是黑客的主机。

（2）对某些具体应用产生限制。由于需要对数据报文进行 IP 地址的转换，涉及 IP 地址的数据报文的报头不能被加密。在应用协议中，如果报文中有地址或端口需要转换，则报文不能被加密。例如，不能使用加密的 FTP 连接，否则 FTP 的 port 命令不能被正确转换。

3.2 NAT 原理

NAT 功能通常被集成到路由器、防火墙或者单独的 NAT 设备中。在防火墙中，NAT 功能可以通过配置 NAT 策略实现。NAT 策略由转换后的地址（IP 地址池地址或者出接口地址）、匹配条件和动作 3 部分组成。不同的 NAT 类型对应不同的 NAT 策略，在防火墙中的转换过程和处理顺序也不同。

3.2.1 源 NAT

在学校、公司中经常会有多个用户共享少量公有地址访问 Internet 的需求，通常情况下可以使用源NAT技术来实现。源NAT技术只对报文的源地址进行转换，可以分为NAT非端口地址转换（No-Port Address Translation，No-PAT）、网络地址端口转换（Network Address and Port Translation，NAPT）、Easy-IP 和三元组 NAT 等。

在防火墙中，源 NAT 策略对 IPv4 报头中的源地址进行转换后，可以实现内网用户通过公有 IP 地址访问 Internet 的目的。图 3-1 所示为源 NAT 策略示意，防火墙部署在网络边界处，通过部署源 NAT 策略，可以将内网用户访问 Internet 的报文的源地址转换为公有地址，从而实现内网用户接入 Internet 的目的。

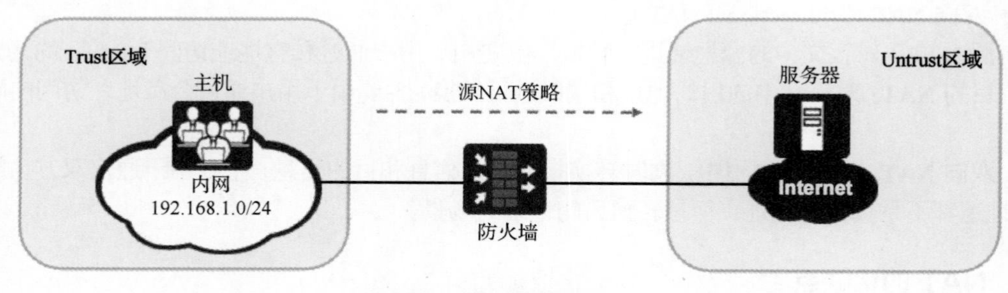

图 3-1　源 NAT 策略示意

1. NAT No–PAT

NAT No-PAT 是一种只转换地址不转换端口，且私有地址与公有地址进行一对一转换的地址转换方式。

NAT No-PAT 无法提高公有地址的利用率，只适用于上网用户较少且公有地址数与同时上网的用户数量相等的场景。NAT No-PAT 的工作原理如图 3-2 所示。

当主机访问 Web 服务器时，防火墙的处理步骤如下。

① 防火墙收到主机发送的报文后，根据目的地址判断报文需要在 Trust 区域和 Untrust 区域之间流动，通过安全策略检查后查找 NAT 策略，发现需要对报文进行地址转换。

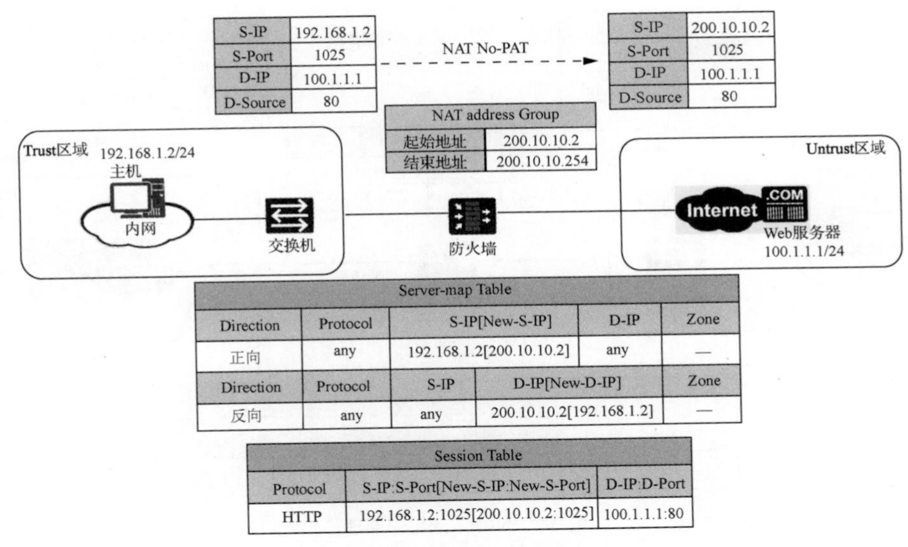

图 3-2　NAT No-PAT 的工作原理

② 防火墙根据轮询算法从 NAT 地址池中选择一个空闲的公有地址进行映射，每台主机都会分配到地址池中的一个唯一地址，替换报文的源地址，建立 Server-map 表和会话表，并将报文发送至 Internet。当不需要此连接时，对应的地址映射将会被删除，公有地址也会被恢复到地址池中待用。

③ 防火墙收到 Web 服务器响应主机的报文后，通过查找会话表匹配到步骤②中建立的表项，将报文的目的地址替换为主机的 IP 地址，并将报文发送至 Intrenet。

此方式下，公有地址和私有地址属于一对一转换。如果地址池中的地址已经全部分配出去，则剩余内网主机访问 Internet 时不会进行 NAT，直到地址池中有空闲地址时才会进行 NAT。

防火墙上生成的 Server-map 表中存放了主机的私有地址与公有地址的映射关系。正向 Server-map 表项保证特定内网用户访问 Internet 时快速转换地址，提高了防火墙的处理效率。反向 Server-map 表项允许 Internet 中的用户主动访问内网用户，并对报文进行地址转换。

2. NAPT

NAPT 是一种同时转换地址和端口、实现多个私有地址共用一个或多个公有地址的地址转换方式。

NAPT 适用于公有地址数量少，需要上网的内网用户数量多的场景，这种技术可以有效地提高公有地址的利用率。NAPT 的工作原理如图 3-3 所示。

当主机访问 Web 服务器时，防火墙的处理步骤如下。

① 防火墙收到主机发送的报文后，根据目的地址判断报文需要在 Trust 区域和 Untrust 区域之间流动，通过安全策略检查后查找 NAT 策略，发现需要对报文进行地址转换。

② 防火墙根据源 IP 散列算法（Hash 算法）从 NAT 地址池中选择一个公有地址，替换报文的源地址，同时使用新的端口号替换报文的源端口号，并建立会话表，将报文发送至 Internet。

③ 防火墙收到 Web 服务器响应主机的报文后，通过查找会话表匹配到步骤②中建立的表项，将报文的目的地址替换为主机的 IP 地址，将报文的目的端口号替换为原始的端口号，并将报文发送至内网。

此方式下，因为地址转换的同时进行端口的转换，可以实现多个内网用户共同使用一个公有地址上网，防火墙根据端口区分不同用户，所以可以支持同时上网的用户数量更多。此外，NAPT 方式不会生成 Server-map 表，这一点也与 NAT No-PAT 方式不同。

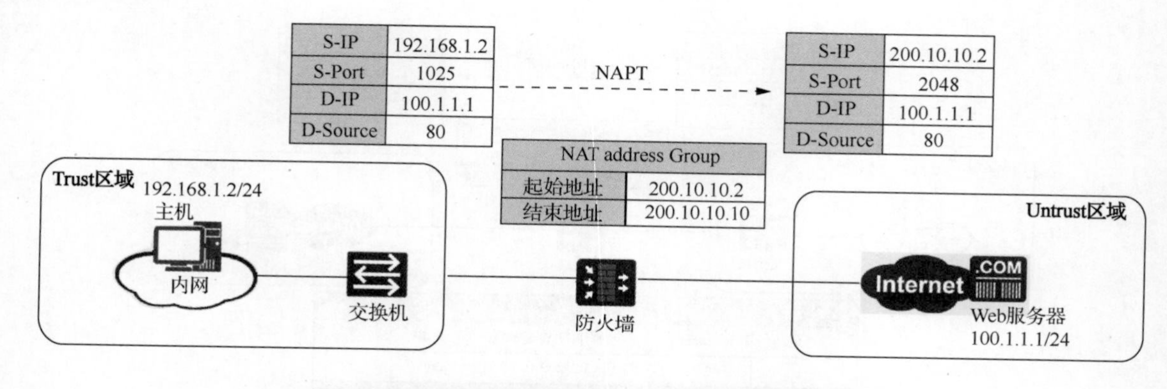

Session Table		
Protocol	S-IP:S-Port[New-S-IP:New-S-Port]	D-IP:D-Port
HTTP	192.168.1.2:1025[200.10.10.2:2048]	100.1.1.1:80

图 3-3　NAPT 的工作原理

3. Easy–IP

Easy-IP 的实现原理和 NAPT 相同，同时转换地址和端口，区别在于 Easy-IP 没有地址池的概念，使用出接口的公有地址作为 NAT 后的地址。

Easy-IP 适用于不具备固定公有地址的场景，如拨号上网等。当防火墙的公网接口通过拨号方式动态获取公有地址时，如果只想使用这一个公有地址进行地址转换，则不能在 NAT 地址池中配置固定的地址，因为公有地址是动态变化的。此时，可以使用 Easy-IP 方式，即使出接口上获取的公有地址发生变化，防火墙也会按照新的公有地址来进行地址转换。Easy-IP 的工作原理如图 3-4 所示。

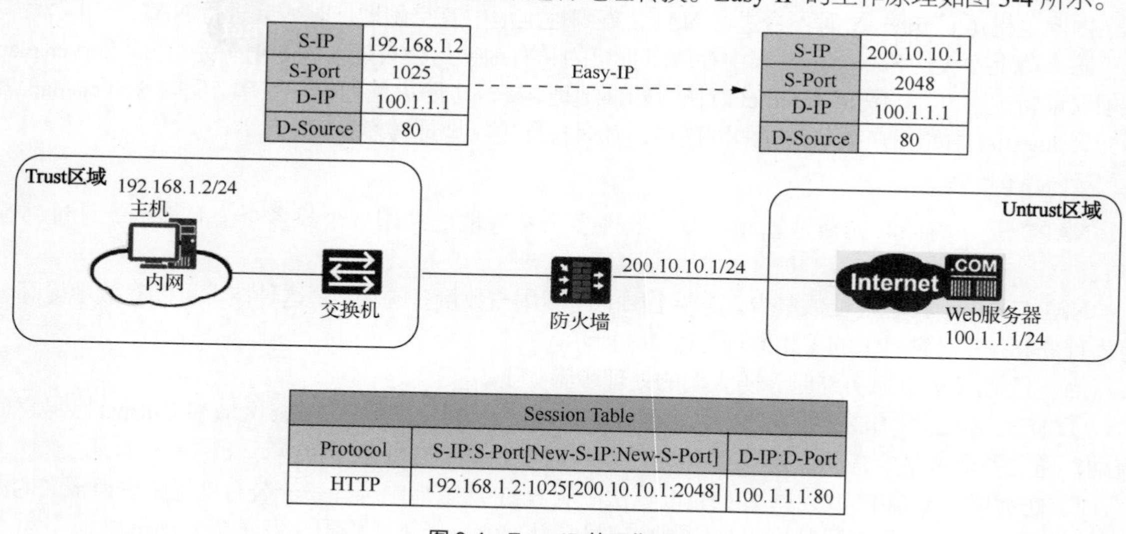

Session Table		
Protocol	S-IP:S-Port[New-S-IP:New-S-Port]	D-IP:D-Port
HTTP	192.168.1.2:1025[200.10.10.1:2048]	100.1.1.1:80

图 3-4　Easy-IP 的工作原理

当主机访问 Web 服务器时，防火墙的处理步骤如下。

① 防火墙收到主机发送的报文后，根据目的地址判断报文需要在 Trust 区域和 Untrust 区域之间流动，通过安全策略检查后查找 NAT 策略，发现需要对报文进行地址转换。

② 防火墙使用与 Internet 连接的接口的公有地址替换报文的源地址，同时使用新的端口号替换报文的源端口号，并建立会话表，将报文发送至 Internet。

③ 防火墙收到 Web 服务器响应主机的报文后，通过查找会话表匹配到步骤②中建立的表项，将

报文的目的地址替换为主机的 IP 地址，将报文的目的端口号替换为原始的端口号，并将报文发送至内网。

此方式下，因为地址转换的同时进行端口的转换，可以实现多个内网用户共同使用一个公有地址上网，防火墙根据端口区分不同用户，所以可以支持同时上网的用户数量更多。

4．三元组 NAT

三元组 NAT 是一种同时转换地址和端口、实现多个私有地址共用一个或多个公有地址的地址转换方式。它允许 Internet 中的用户主动访问内网用户，与基于点对点技术（Peer-to-Peer，P2P）的文件共享、语音通信、视频传输等业务可以很好地共存。

当内网终端访问 Internet 时，如果防火墙采用五元组 NAT（NAPT）方式进行地址转换，则 Internet 中的用户无法通过转换后的地址和端口主动访问内网设备。

三元组NAT方式可以很好地解决上述问题，因为三元组NAT方式在进行转换时有以下两个特点。

（1）三元组 NAT 的端口不能复用，保证了内网设备对外呈现的端口的一致性，不会动态变化，但公有地址的利用率低。

（2）三元组 NAT 支持 Internet 中的用户通过转换后的地址和端口主动访问内网设备。即使防火墙没有配置相应的安全策略，也允许此类访问报文通过。

三元组 NAT 的工作原理如图 3-5 所示。

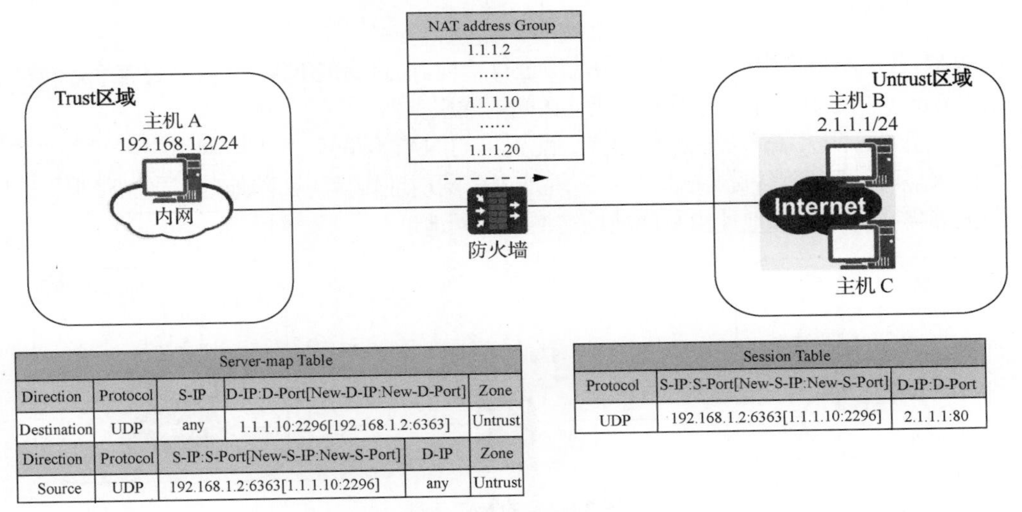

Server-map Table				
Direction	Protocol	S-IP	D-IP:D-Port[New-D-IP:New-D-Port]	Zone
Destination	UDP	any	1.1.1.10:2296[192.168.1.2:6363]	Untrust
Direction	Protocol	S-IP:S-Port[New-S-IP:New-S-Port]	D-IP	Zone
Source	UDP	192.168.1.2:6363[1.1.1.10:2296]	any	Untrust

Session Table		
Protocol	S-IP:S-Port[New-S-IP:New-S-Port]	D-IP:D-Port
UDP	192.168.1.2:6363[1.1.1.10:2296]	2.1.1.1:80

图 3-5　三元组 NAT 的工作原理

当主机 A 访问主机 B 时，防火墙的处理步骤如下。

① 防火墙收到主机 A 发送的报文后，根据目的地址判断报文需要在 Trust 区域和 Untrust 区域之间流动，通过安全策略检查后查找 NAT 策略，发现需要对报文进行地址转换。

② 防火墙从 NAT 地址池中选择一个公有 IP 地址，替换报文的源地址为 1.1.1.10，替换报文的端口号为 2296，并建立会话表和 Server-map 表，将报文发送至主机 B。

③ 防火墙收到主机 B 响应主机 A 的报文后，通过查找会话表匹配到步骤②中建立的表项，将报文的目的地址替换为 192.168.1.2，端口号替换为 6363，并将报文发送至主机 A。

④ Server-map 表老化之前，当防火墙收到主机 C 访问主机 A 的请求时，也可以通过查找 Server-map 表匹配地址映射关系，并将报文送到主机 A。

防火墙上生成的 Server-map 表中存放了主机的私有地址与公有地址的映射关系。正向 Server-map

表项保证了内网设备转换后的地址和端口不变。反向 Server-map 表项允许 Internet 中的设备主动访问内网设备。

5. 源 NAT 的区别

源 NAT 对报头中的源信息进行转换，不同源 NAT 实现方式有各自的特点及适用场景，具体对比如表 3-2 所示。在网络配置中，读者应根据网络条件、实际需求等选择合适的实现方式。

表 3-2 不同源 NAT 的实现方式及适用场景对比

源 NAT 转换方式	实现方式	适用场景	是否需要地址池	公有地址使用率
NAT No-PAT	只转换地址，不转换端口	需要上网的内网用户数量少，公有地址数量与同时上网的最大内网用户数量基本相同	需要	1 : 1
NAPT	同时转换地址和端口	公有地址数量少，需要上网的内网用户数量大	需要	1 : N
Easy-IP	同时转换地址和端口	防火墙的 Internet 接口通过拨号方式动态获取公有地址时，只想使用这一个公有地址进行地址转换的场景	不需要，使用出接口 IP 地址	1 : N
三元组 NAT	同时转换地址和端口，端口不能复用	允许 Internet 中的用户主动访问内网设备的场景	需要	1 : N

3.2.2 目的 NAT

目的 NAT 是指对报文中的目的地址和端口进行转换。通过目的 NAT 技术将公有地址转换成私有地址，使 Internet 中的用户可以利用公有地址访问内网服务器。

如图 3-6 所示，防火墙部署在网络边界，配置目的 NAT 策略后，当外网用户访问内部服务器的报文到达防火墙时，防火墙将报文的目的 IP 地址由公网地址转换为私网地址。当回程报文返回防火墙时，防火墙再将报文的源地址由私网地址转换为公网地址。

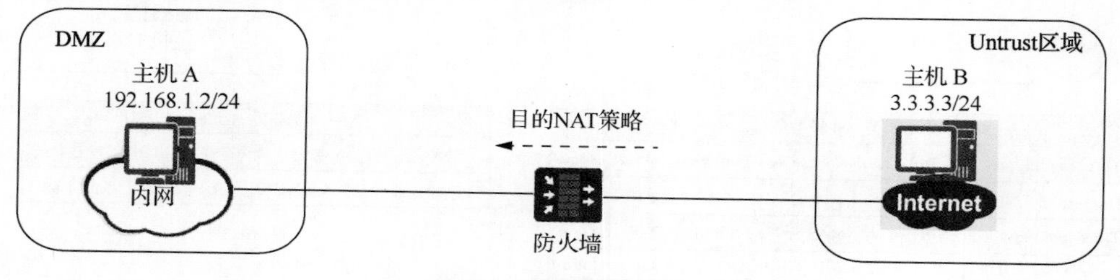

图 3-6 目的 NAT 示意

根据转换后的目的地址是否固定，目的 NAT 可分为静态目的 NAT 和动态目的 NAT。

1. 静态目的 NAT

静态目的 NAT 是一种转换报文目的地址的方式，且转换前后的地址存在一种固定的映射关系。

通常情况下，出于安全的考虑，不允许 Internet 主动访问内网。但是在某些情况下，希望能够为 Internet 访问内网提供一种途径。例如，公司需要将内网中的资源提供给 Internet 中的客户和出差员工访问。基于 NAT 策略的静态目的 NAT 的工作原理如图 3-7 所示。

当 Internet 中的用户访问服务器时，防火墙的处理步骤如下。

① 防火墙收到 Internet 中的主机访问 1.1.1.2 报文的首包后，查找 NAT 策略，发现需要对报文进行地址转换。

② 防火墙从 NAT 地址池中选择一个私有地址，替换报文的目的地址，同时可以选择使用新的端口替换目的端口号或者端口号保持不变。在公有地址与私有地址一对一映射的场景下，公有地址

与目的地址池中的地址按顺序进行一对一映射，防火墙从 NAT 地址池中依次取出私有地址，替换报文的目的地址。

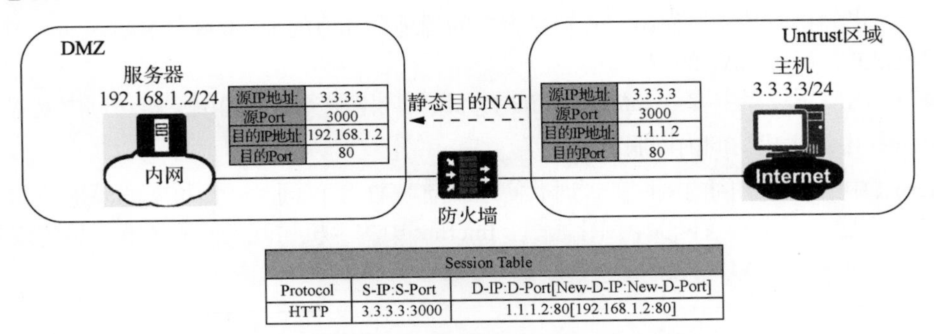

Session Table		
Protocol	S-IP:S-Port	D-IP:D-Port[New-D-IP:New-D-Port]
HTTP	3.3.3.3:3000	1.1.1.2:80[192.168.1.2:80]

图 3-7　基于 NAT 策略的静态目的 NAT 的工作原理

③ 防火墙根据目的地址判断报文需要在 Untrust 区域和 DMZ 之间流动，通过安全策略检查后建立会话表，并将报文发送至内网。

④ 防火墙收到服务器响应的报文后，通过查找会话表匹配到步骤③中建立的表项，将报文的源地址 192.168.1.2 替换为 1.1.1.2，并将报文发送至 Internet。

⑤ 后续主机继续发送给服务器的报文，防火墙会直接根据会话表项的记录对其进行转换。

2. 动态目的 NAT

动态目的 NAT 是一种动态转换报文目的地址的方式，转换前后的地址不存在固定的映射关系。

通常情况下，静态目的 NAT 可以满足大部分目的地址转换的场景。但是在某些情况下，希望转换后的地址不固定，这时就需要使用动态目的 NAT 的方式。基于 NAT 策略的动态目的 NAT 的工作原理如图 3-8 所示。

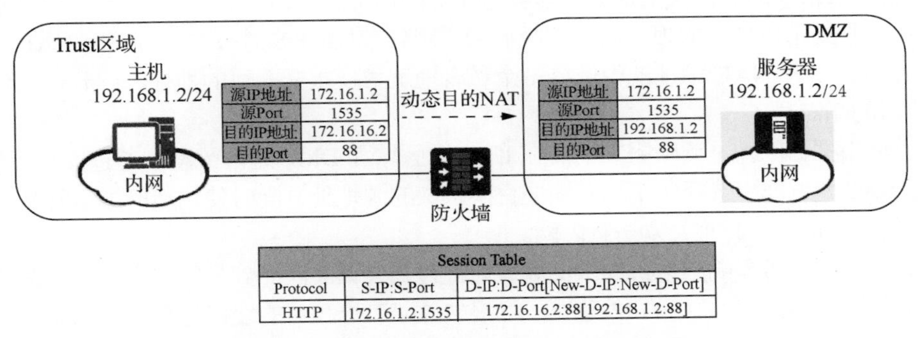

Session Table		
Protocol	S-IP:S-Port	D-IP:D-Port[New-D-IP:New-D-Port]
HTTP	172.16.1.2:1535	172.16.16.2:88[192.168.1.2:88]

图 3-8　基于 NAT 策略的动态目的 NAT 的工作原理

当主机访问服务器时，防火墙的处理步骤如下。

① 防火墙收到主机发送的报文后，查找 NAT 策略，发现需要对报文进行地址转换。

② 防火墙从 NAT 地址池中随机选择一个地址作为转换后的地址，将报文的目的地址由 172.16.1.2 转换为 192.168.1.2。

③ 防火墙根据目的地址判断报文需要在 Trust 区域和 DMZ 之间流动，通过安全策略检查后建立会话表，并将报文发送至服务器。

④ 防火墙收到服务器响应主机的报文后，通过查找会话表匹配到步骤③中建立的表项，将报文的源地址替换为 172.16.1.2，并将报文发送至主机。

3.2.3 双向 NAT

双向 NAT 指的是在转换过程中同时转换报文的源地址和目的地址。双向 NAT 不是一个单独的功能，而是源 NAT 和目的 NAT 的组合。

双向 NAT 的应用场景主要有 Internet 中的主机访问内网服务器和内网主机访问内网服务器。

1. Internet 中的主机访问内网服务器

当 Internet 中的主机访问内网服务器时，使用双向 NAT 功能同时转换报文的源地址和目的地址，可以避免在内网服务器上设置网关，简化配置。Internet 中的主机访问内网服务器场景的双向 NAT 的工作原理如图 3-9 所示。

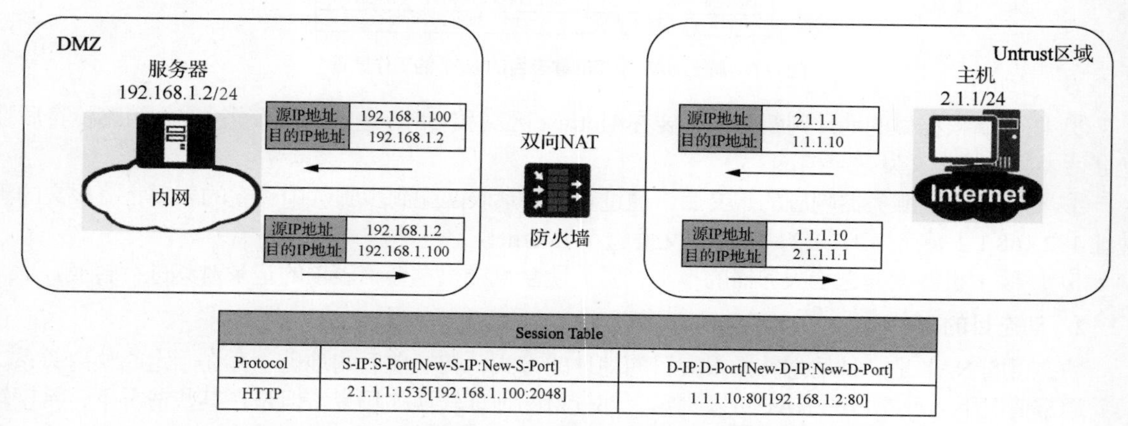

图 3-9 Internet 中的主机访问内网服务器场景的双向 NAT 的工作原理

当主机访问服务器时，防火墙的处理步骤如下。

① 防火墙收到主机发送的报文后，查找 NAT 策略，发现需要对报文进行双向 NAT。

② 防火墙从目的 NAT 地址池中选择一个私有地址替换报文的目的地址，同时使用新的端口号替换报文的目的端口号。

③ 防火墙根据目的地址判断报文需要在 Untrust 区域和 DMZ 之间流动，通过安全策略检查后，防火墙从源 NAT 地址池中选择一个私有地址替换报文的源地址，同时使用新的端口号替换报文的源端口号，并建立会话表，将报文发送至内网。

④ 防火墙收到服务器响应主机的报文后，通过查找会话表匹配到步骤③中建立的表项，将报文的源地址和目的地址替换为原始的 IP 地址，将报文源端口号和目的端口号替换为原始的端口号，并将报文发送至 Internet。

2. 内网主机访问内网服务器

当内网主机与内网服务器在同一安全区域或同一网段时，使用双向 NAT 功能可以让内网主机像 Internet 中的主机一样通过公有地址来访问内网服务器。内网主机访问内网服务器场景的双向 NAT 的工作原理如图 3-10 所示。

当内网主机访问内网服务器时，防火墙的处理步骤如下。

① 防火墙收到主机发送的报文后，查找 NAT 策略，发现需要对报文进行双向 NAT。

② 防火墙从目的 NAT 地址池中选择一个私有地址替换报文的目的地址，同时使用新的端口号替换报文的目的端口号。

③ 防火墙根据目的地址判断报文需要在 DMZ 内流动，通过域内的安全策略检查后，防火墙从源 NAT 地址池中选择一个公有地址替换报文的源地址，同时使用新的端口号替换报文的源端口号，

并建立会话表，将报文发送至服务器。

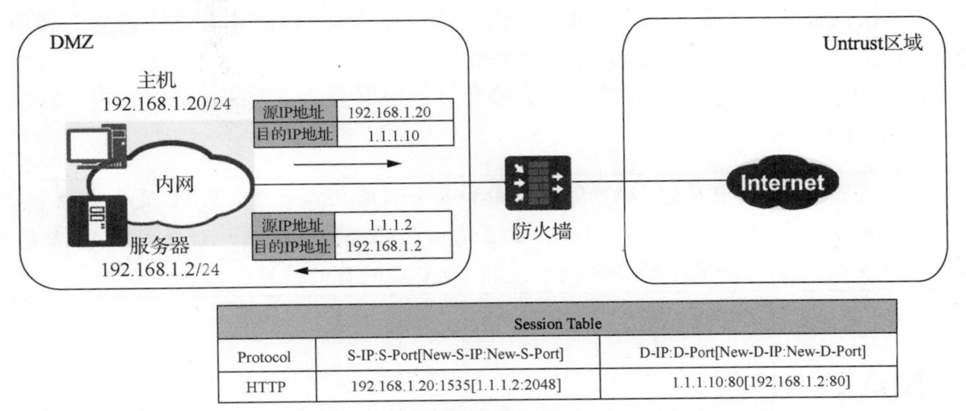

Session Table		
Protocol	S-IP:S-Port[New-S-IP:New-S-Port]	D-IP:D-Port[New-D-IP:New-D-Port]
HTTP	192.168.1.20:1535[1.1.1.2:2048]	1.1.1.10:80[192.168.1.2:80]

图 3-10　内网主机访问内网服务器场景的双向 NAT 的工作原理

④ 防火墙收到服务器响应主机的报文后，通过查找会话表匹配到步骤③中建立的表项，将报文的源地址和目的地址替换为原始的 IP 地址，将报文源端口号和目的端口号替换为原始的端口号，并将报文发送至主机。

在防火墙中，双向 NAT 还可采用源 NAT 和 NAT Server 组合的方式。通过源 NAT 转换报文的源地址，同时通过 NAT Server 转换同一报文的目的地址，实现双向 NAT 功能。

3.2.4　NAT Server

NAT Server 也称服务器映射，是一种转换报文目的地址的方式，它提供了公有地址和私有地址的映射关系，可将报文中的公有地址转换为与之对应的私有地址。

NAT Server 与静态目的 NAT 的功能类似，主要用于内网需要向 Internet 提供服务的场景，如 Web 服务、FTP 服务等。两者除配置命令不同之外，主要区别如下：NAT Server 会生成 Server-map 表，通过 Server-map 表保存地址转换前后的映射关系；而基于 NAT 策略的静态目的 NAT 不会产生 Server-map 表，但如果转换前的报文目的地址没有变化，则转换后的目的地址也不会改变，转换前后的目的地址依然会存在固定的映射关系。

NAT Server 的工作原理如图 3-11 所示。

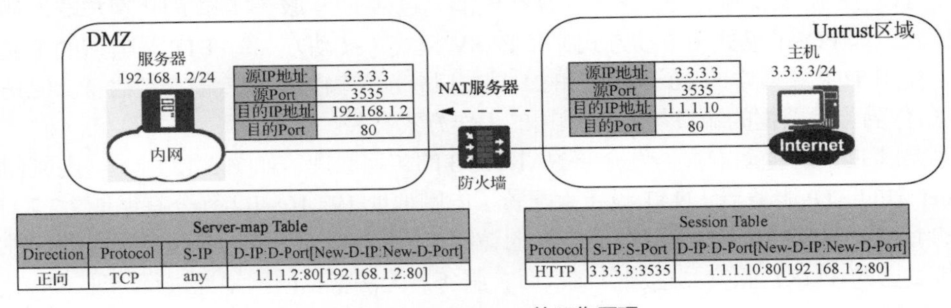

Server-map Table			
Direction	Protocol	S-IP	D-IP:D-Port[New-D-IP:New-D-Port]
正向	TCP	any	1.1.1.2:80[192.168.1.2:80]

Session Table		
Protocol	S-IP:S-Port	D-IP:D-Port[New-D-IP:New-D-Port]
HTTP	3.3.3.3:3535	1.1.1.10:80[192.168.1.2:80]

图 3-11　NAT Server 的工作原理

当主机访问服务器时，防火墙的处理步骤如下。

① 防火墙收到主机访问 1.1.1.10 的报文的首包后，查找并匹配到 Server-map 表项，将报文的目的地址转换为 192.168.1.2。

② 防火墙根据目的地址判断报文需要在 Untrust 区域和 DMZ 之间流动，通过安全策略检查后建

立会话表，并将报文发送至内网。

③ 防火墙收到服务器响应主机的报文后，通过查找会话表匹配到步骤②中建立的表项，将报文的源地址替换为 1.1.1.10，并将报文发送至 Internet。

④ 对主机继续发送给服务器的报文，防火墙会直接根据会话表项的记录对其进行转换，而不会再去查找 Server-map 表项。

NAT 策略中目的 NAT 会在路由和安全策略之前处理，NAT 策略中源 NAT 会在路由和安全策略之后处理。因此，配置路由和安全策略的源地址是指 NAT 前的源地址，配置路由和安全策略的目的地址是指 NAT 后的目的地址。

3.3 NAT ALG

普通 NAT 只能对 IP 报头的地址和 TCP/UDP 报头的端口信息进行转换，无法对应用层的数据进行转换。对于一些特殊协议，如 FTP、H.323 等，它们报文的载荷中也可能含有后续通信需要的 IP 地址或端口信息，而这些内容不能被 NAT 有效转换。想要解决这些特殊协议的 NAT 问题，就需要使用应用层网关（Application Layer Gateway，ALG）功能。

3.3.1 NAT ALG 简介

应用层网关（Application Layer Gateway，ALG）用于 NAT 场景下自动检测某些报文的应用层信息，再根据应用层信息开放相应的访问规则（如生成 Server-map 表），并自动转换报文载荷中的 IP 地址和端口信息。

在第 2 章中我们介绍的 ASPF 技术也可以匹配多通道应用协议的数据，根据应用层信息中的 IP 地址和端口创建 Server-map 表。ASPF 和 NAT ALG 的主要区别是：ASPF 的功能是通过对应用层协议的报文分析，为应用层开放相应的包过滤规则；而 NAT ALG 的功能是为应用层开放相应的 NAT 规则。由于两者通常是结合使用的，所以使用同一条命令就可以将两者同时开启。

3.3.2 NAT ALG 的实现原理

FTP 是 TCP/IP 协议簇中的协议之一，其组成部分包括 FTP 服务器和 FTP 客户端，其工作方式支持两种模式，即 PORT 模式（主动方式）和 PASV 模式（被动方式）。FTP 是典型的多通道协议，默认情况下使用 TCP 端口中的 20 号端口和 21 号端口分别传输数据和传输控制信息。但是，是否使用 20 号端口作为传输数据的端口与 FTP 采用的工作方式有关。

这里主要以 FTP 的主动方式为例介绍 NAT ALG 的实现原理，如图 3-12 所示。内网侧的主机要访问 Internet 中的 FTP 服务器，NAT 设备上配置了内网地址 192.168.1.2 到公有地址 2.2.2.11 的映射，实现地址的 NAT，以支持内网主机对 Internet 的访问。组网中，若没有 ALG 对报文载荷进行处理，则内网主机发送的 PORT 报文到达服务器端后，服务器无法根据内网地址进行寻址，也就无法建立正确的数据连接。

启用 NAT ALG 功能后，整个通信过程如下。

① 主机和 FTP 服务器之间通过 TCP 3 次握手成功建立控制连接。

② 控制连接建立后，主机向 FTP 服务器发送 PORT 报文，报文载荷中携带内网主机指定的目的地址（192.168.1.2）和端口号（1084），用于通知服务器向该地址和端口发起数据连接。

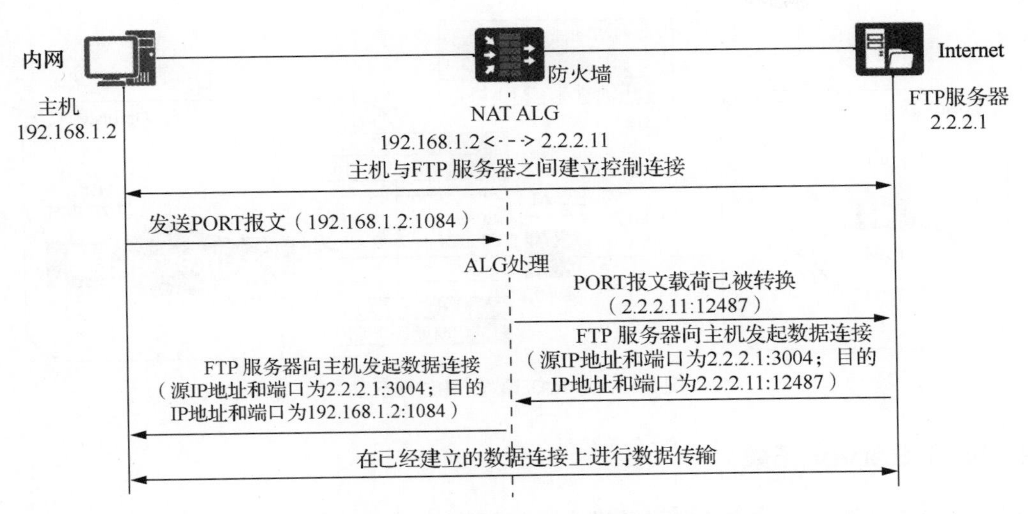

图 3-12　NAT ALG（FTP）的实现原理

③ PORT 报文在经过支持 ALG 特性的 NAT 设备时，报文载荷中的内网地址和端口会被转换成对应的公有地址和端口，即防火墙将收到的 PORT 报文载荷中的内网地址 192.168.1.2 转换成公有地址 2.2.2.11，端口 1084 转换成 12487。

④ FTP 服务器收到 PORT 报文后，解析得到报文中的载荷信息，并以载荷中的 IP 地址（2.2.2.11）和端口号（12487）为目的发起数据连接，由于该目的地址是一个公有地址，因此后续的数据连接能够成功建立，从而实现内网主机对 Internet 中的服务器的访问。

3.4　黑洞路由

黑洞路由是一条静态路由，但与其他路由不同的是，黑洞路由的出接口为 NULL0（例如，ip route-static 3.1.1.10 255.255.255.255 null0）。简单地说，当去往某个网段的静态路由的出接口被指定为 NULL0 时，去往这个网段内的所有数据报文都将被直接丢弃，而不进行转发。黑洞路由主要用来进行数据的过滤和避免环路的产生等。

在使用 NAT（如源 NAT、NAT Server）时，经常会配置黑洞路由，防止环路的产生。

3.4.1　源 NAT 场景

图 3-13 所示为源 NAT 黑洞路由过程示意，防火墙上配置地址池方式的源 NAT，内网访问 Internet 时进行源 NAT 的转换。当 NAT 地址池中的地址与防火墙的出接口地址不在同一网段时，如果公网某个用户主动访问 NAT 地址池中的地址（如 3.1.1.10），则防火墙收到此报文后，无法匹配到会话表，根据默认路由转发给路由器，路由器收到报文后，查找路由表再转发给防火墙，此报文就会在防火墙和路由器之间循环转发，造成路由环路。

因此，当 NAT 地址池中的地址与防火墙的出接口地址不在同一网段时，必须配置黑洞路由；当地址池中的地址与防火墙的出接口地址一致时，不会产生路由环路，可以不配置黑洞路由。但是，如果 Internet 中的不法分子发起大量访问，则防火墙会发送大量的 ARP 请求报文，也会消耗系统资源，因此建议尽量配置黑洞路由。

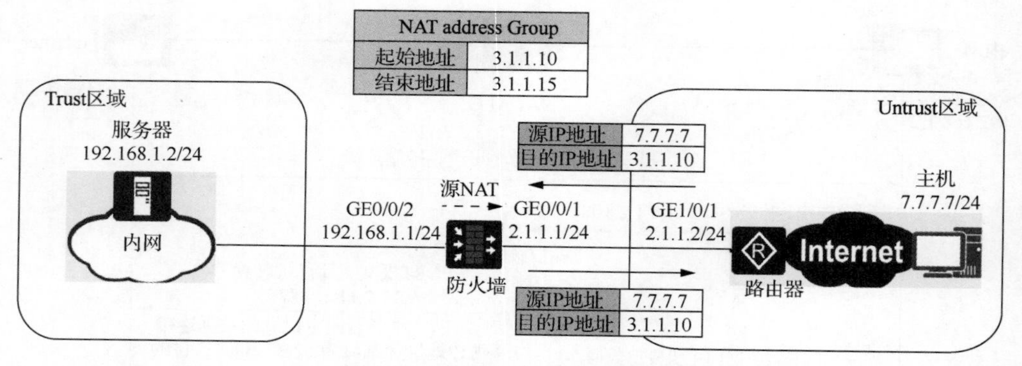

图 3-13　源 NAT 黑洞路由过程示意

3.4.2　NAT Server 场景

如果在防火墙上配置了一个宽泛的 NAT Server（如 nat server global 3.1.1.10 inside 192.168.1.2），没有指定提供的服务，则不会产生路由环路的问题。

如果对外发布的地址限制了服务，且 Global 地址与防火墙接口地址不在同一个网段（如 nat server global 3.1.1.10 80 inside 192.168.1.2 80），就会产生路由环路问题。图 3-14 所示为 NAT Server 黑洞路由过程示意，当公有地址访问指定的 80 服务时，能够正常访问。但是，当 Internet 中的主机主动向 Global 地址发起非指定服务（如 Telnet、Ping）访问时，防火墙收到此报文后，无法匹配到会话表，根据默认路由转发给路由器，路由器收到报文后，查找路由表再转发给防火墙。此报文就会在防火墙和路由器之间循环转发，造成路由环路。

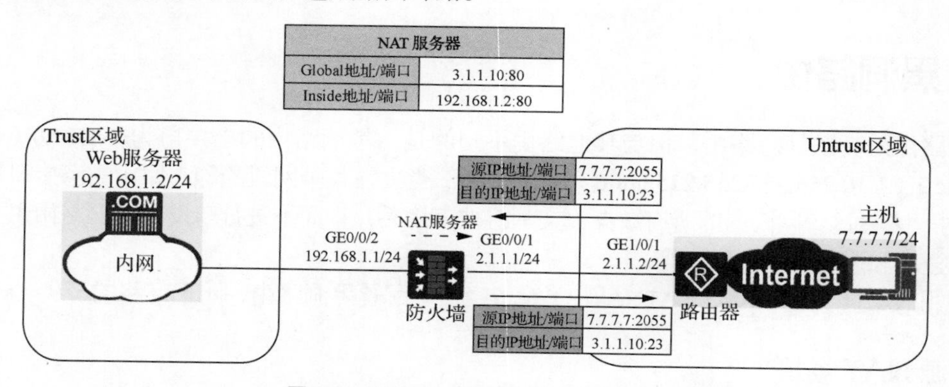

图 3-14　NAT Server 黑洞路由过程示意

如果 NAT Server 的 Global 地址和 Internet 接口地址在同一网段，这个过程就和前面介绍的源 NAT 的情况一样。因此，当 NAT Server 的 Global 地址与 Internet 接口地址不在同一网段时，必须配置黑洞路由；当 NAT Server 的 Global 地址与 Internet 接口地址在同一网段时，建议配置黑洞路由，避免防火墙发送 ARP 请求报文，节省防火墙的系统资源。

动手任务 3.1　配置源 NAT，实现内网主机访问 Internet

某公司在网络边界处部署了防火墙作为安全网关，源 NAT 的网络拓扑如图 3-15 所示，其中路由器是互联网服务提供商（Internet Service Provider，ISP）提供的接入网关。公司只向 ISP 申请了一个 IP 地址（1.1.1.1/24），用于防火墙 Internet 接口和 ISP 的路由器互联。现需要对网络进行配置，使公司内网的主机可以正常访问 Internet。

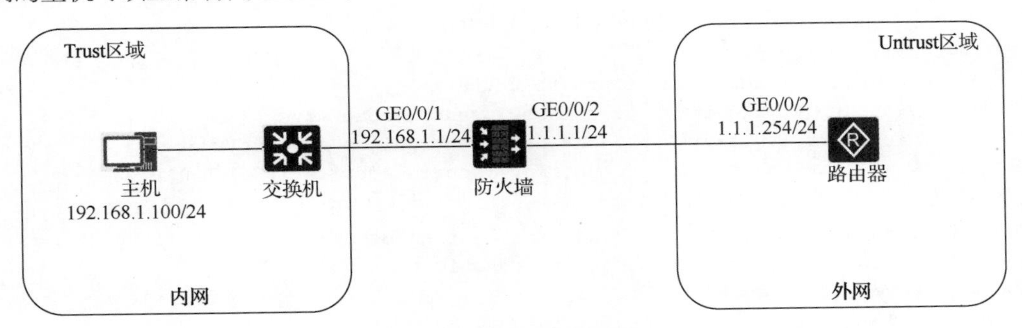

图 3-15 源 NAT 的网络拓扑

【任务内容】

配置 Easy-IP，使内网主机通过防火墙出接口的地址访问 Internet。

【任务设备】

（1）华为 USG 系列防火墙一台。

（2）华为 S 系列交换机一台。

（3）华为 AR 系列路由器一台。

（4）计算机一台。

【配置思路】

（1）配置防火墙的 IP 地址、路由协议、安全区域，完成网络基本参数的配置。

（2）配置防火墙的安全策略，允许内网主机访问 Internet。

（3）配置 Easy-IP 方式的源 NAT，对内网主机访问 Internet 的报文源地址进行转换。

（4）配置路由器、交换机和主机的网络参数，实现网络的互联互通。

（5）验证和调试，检查能否实现任务需求。

【配置步骤】

步骤 1：配置防火墙的网络基本参数

根据组网需要，在防火墙上配置接口 IP 地址、路由及安全区域，完成网络基本参数的配置。

（1）配置防火墙的接口 IP 地址

```
<FW> system-view
[FW] interface GigabitEthernet 0/0/1
[FW-GigabitEthernet0/0/1] ip address 192.168.1.1 24
[FW-GigabitEthernet0/0/1] quit
[FW] interface GigabitEthernet 0/0/2
[FW-GigabitEthernet0/0/2] ip address 1.1.1.1 24
[FW-GigabitEthernet0/0/2] quit
```

（2）配置防火墙的安全区域

```
[FW] firewall zone trust
[FW-zone-trust] add interface GigabitEthernet 0/0/1
[FW-zone-trust] quit
[FW] firewall zone untrust
[FW-zone-untrust] add interface GigabitEthernet 0/0/2
[FW-zone-untrust] quit
```

（3）配置防火墙的默认路由

```
[FW] ip route-static 0.0.0.0 0 1.1.1.254
//配置默认路由，使内网流量可以正常转发至 Internet 中的 ISP 路由器
```

步骤 2：配置防火墙的安全策略

在防火墙上配置安全策略，允许内网主机访问 Internet。

```
[FW] security-policy
[FW-policy-security] rule name trust_to_untrust
[FW-policy-security-rule-trust_to_untrust] source-zone trust
[FW-policy-security-rule-trust_to_untrust] destination-zone untrust
[FW-policy-security-rule-trust_to_untrust] source-address 192.168.1.0 24
//源地址为 Trust 区域内网主机所在网段
[FW-policy-security-rule-trust_to_untrust] action permit
[FW-policy-security-rule-trust_to_untrust] quit
[FW-policy-security] quit
```

步骤 3：配置 Easy-IP

在防火墙上配置 Easy-IP，将内网主机访问 Internet 报文中源 IP 地址的内网地址转换为防火墙出接口的地址，从而使内网主机可以正常访问 Internet。

```
[FW] nat-policy   //进入 NAT 策略配置视图
[FW-policy-nat] rule name trust_to_untrust
//创建 NAT 策略规则，并进入 NAT 策略规则视图
[FW-policy-nat-rule-trust_to_untrus] source-zone trust
//配置 NAT 策略规则的源安全区域
[FW-policy-nat-rule-trust_to_untrus] destination-zone untrust
//配置 NAT 策略规则的目的安全区域
[FW-policy-nat-rule-trust_to_untrus] source-address 192.168.1.0 24
//配置 NAT 策略规则的源地址
[FW-policy-nat-rule-trust_to_untrus] action source-nat easy-ip
//配置 NAT 策略规则的动作。其中，easy-ip 表示使用 Easy-IP 方式，直接使用防火墙出接口的地址做 NAT
[FW-policy-nat-rule-trust_to_untrus] quit
[FW-policy-nat] quit
```

步骤 4：配置路由器、交换机和主机

根据组网需要，配置路由器和主机的网络参数。交换机可以不进行配置，直接连接使用。

（1）配置路由器

```
<AR> system-view
[AR] interface GigabitEthernet 0/0/2
[AR-GigabitEthernet0/0/2] ip address 1.1.1.254 24
[AR-GigabitEthernet0/0/2] quit
[AR] interface LoopBack 0    //配置 LoopBack 接口模拟外网终端，方便测试使用
[AR-LoopBack0] ip address 3.3.3.3 32
[AR-LoopBack0] quit
```

（2）配置主机

配置主机的 IP 地址和网关，网关设置为防火墙内网口的 IP 地址，具体配置方法省略。

步骤 5：验证和调试

在内网主机上 ping Internet 中的路由器的环回接口地址。测试成功后，在防火墙上执行“display firewall session table”命令，查看防火墙的会话表项。

```
[FW] display firewall session table
 Current Total Sessions : 5
 icmp  VPN: public --> public  192.168.1.100:25736[1.1.1.1:2053]  --> 3.3.3.3:2048
 icmp  VPN: public --> public  192.168.1.100:25992[1.1.1.1:2054]  --> 3.3.3.3:2048
 icmp  VPN: public --> public  192.168.1.100:26504[1.1.1.1:2056]  --> 3.3.3.3:2048
 icmp  VPN: public --> public  192.168.1.100:26248[1.1.1.1:2055]  --> 3.3.3.3:2048
 icmp  VPN: public --> public  192.168.1.100:26760[1.1.1.1:2057]  --> 3.3.3.3:2048
```

以上输出信息显示，防火墙中当前会话表项数为 5，为内网主机 ping（ICMP）Internet 中的路由器环回接口的会话表项。其中，报文的源地址和端口进行了 NAT，“[]”标识 NAT 后的地址，转换后的地址为防火墙出接口的公有地址。

动手任务 3.2　配置目的 NAT，实现 Internet 中的主机访问内网服务器

某公司在网络边界处部署了防火墙作为安全网关，静态目的 NAT 的网络拓扑如图 3-16 所示。其中，路由器是 ISP 提供的接入网关。现需要对网络进行配置，使公司内网的 Web 服务器使用公有地址（1.1.1.10/24）对外提供服务。

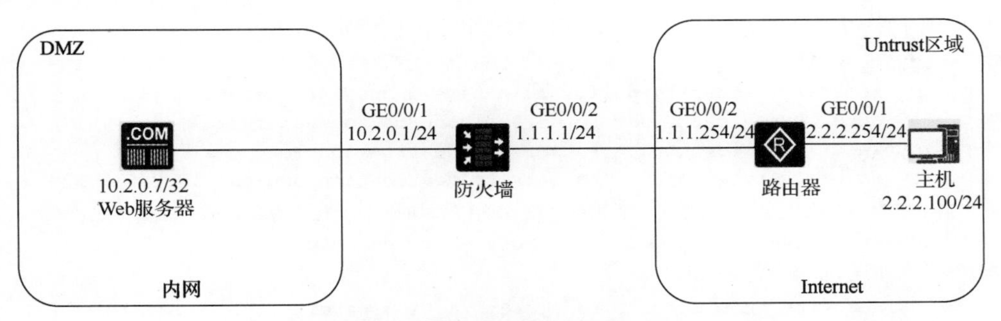

图 3-16　静态目的 NAT 的网络拓扑

【任务内容】

配置基于 NAT 策略的静态目的 NAT，实现 Web 服务器私有地址与公有地址的一对一映射。

【任务设备】

（1）华为 USG 系列防火墙一台。

（2）华为 AR 系列路由器一台。

（3）服务器两台。

（4）计算机一台。

【配置思路】

（1）配置防火墙的 IP 地址、路由协议、安全区域，完成网络基本参数的配置。

（2）配置防火墙的安全策略，允许 Internet 中的主机访问内网服务器。

（3）配置基于 NAT 策略的静态目的 NAT，将内网服务器私有地址映射为公有地址。

（4）配置路由器和主机的网络参数，实现网络的互联互通。

（5）验证和调试，检查是否实现任务需求。

【配置步骤】

步骤 1：配置防火墙的网络基本参数

根据组网需要，在防火墙上配置接口 IP 地址、路由及安全区域，完成网络基本参数的配置。

（1）配置防火墙的接口 IP 地址

```
<FW> system-view
[FW] interface GigabitEthernet 0/0/1
[FW-GigabitEthernet0/0/1] ip address 10.2.0.1 24
[FW-GigabitEthernet0/0/1] quit
```

```
[FW] interface GigabitEthernet 0/0/2
[FW-GigabitEthernet0/0/2] ip address 1.1.1.1 24
[FW-GigabitEthernet0/0/2] quit
```

（2）配置防火墙的安全区域

```
[FW] firewall zone dmz
[FW-zone-dmz] add interface GigabitEthernet 0/0/1
[FW-zone-dmz] quit
[FW] Firewall zone untrust
[FW-zone-untrust] add interface GigabitEthernet 0/0/2
[FW-zone-untrust] quit
```

（3）配置防火墙的默认路由

```
[FW] ip route-static 0.0.0.0 0 1.1.1.254
//配置默认路由，使内网服务器对外提供的服务流量可以正常转发至 Internet 中的路由器上
```

步骤 2：配置安全策略

在防火墙上配置安全策略，允许 Internet 中的主机访问内网服务器。

```
[FW] security-policy
[FW-policy-security] security-policy rule name untrust_to_server
[FW-policy-security-rule-untrust_to_server] source-zone untrust
[FW-policy-security-rule-untrust_to_server] destination-zone dmz
[FW-policy-security-rule-untrust_to_server] destination-address 10.2.0.7 32
//防火墙中目的 NAT 在安全策略之前处理，因此安全策略中的目的地址应配置为目的 NAT 之后的地址
[FW-policy-security-rule-untrust_to_server] service http
//配置安全策略规则的服务为 HTTP
[FW-policy-security-rule-untrust_to_server] action permit
[FW-policy-security-rule-untrust_to_server] quit
[FW-policy-security] quit
```

步骤 3：配置基于 NAT 策略的静态目的 NAT

在防火墙上配置基于 NAT 策略的静态目的 NAT，使内网服务器使用公有地址对外提供服务。

（1）配置 NAT 地址池

```
[FW] destination-nat address-group address_server
//配置地址池名称并进入地址池配置视图
[FW-dnat-address-group-address_server] section 0 10.2.0.7 10.2.0.7
/*配置地址池的起始地址和结束地址，0 表示地址段的编号。这里起始地址和结束地址相同，表示地址池中只有一个
IP 地址*/
[FW-dnat-address-group-address_server] quit
```

（2）配置目的 NAT 策略

```
[FW] nat-policy
[FW-policy-nat] rule name untrust_to_server
[FW-policy-nat-rule-untrust_to_server] source-zone untrust
[FW-policy-nat-rule-untrust_to_server] destination-address 1.1.1.10 32
/*配置服务器私有地址对应的公有地址。如果有多个服务器要映射为多个公有地址，则可使用 range 关键字扩大地
址范围*/
[FW-policy-nat-rule-untrust_to_server] service http
[FW-policy-nat-rule-untrust_to_server] action destination-nat static address-to-address
address-group address_server
/*配置静态目的 NAT。其中，static 表示静态目的地址转换，公有地址与私有地址存在固定的映射关系。不配置此
参数时，表示动态地址转换，公有地址与私有地址不存在固定的映射关系，公有地址随机转换为目的地址池中的地址。
address-to-address 表示公有地址与私有地址一对一进行映射*/
[FW-policy-nat-rule-untrust_to_server] quit
[FW-policy-nat] quit
```

（3）配置黑洞路由

```
[FW]  ip route-static 1.1.1.10 255.255.255.255 null0
//配置黑洞路由，将 Internet 主动访问地址池地址的流量指向 NULL0，防止环路
```

步骤 4：配置路由器、主机和 Web 服务器

根据组网需要，配置路由器、主机和 Web 服务器的网络参数。

（1）配置路由器

```
<AR> system-view
[AR] interface GigabitEthernet 0/0/1
[AR-GigabitEthernet0/0/1] ip address 2.2.2.254 24
[AR-GigabitEthernet0/0/1] quit
[AR] interface GigabitEthernet 0/0/2
[AR-GigabitEthernet0/0/2] ip address 1.1.1.254 24
[AR-GigabitEthernet0/0/2] quit
```

（2）配置主机和 Web 服务器

配置主机和 Web 服务器的 IP 地址和网关，主机的网关设置为路由器接口 GE0/0/1 的 IP 地址，Web 服务器的网关设置为防火墙内网接口的 IP 地址，具体配置方法省略。

步骤 5：验证和调试

使用 Internet 中的主机访问内网 Web 服务器。成功访问后，在防火墙上执行"display firewall session table"命令，查看防火墙会话表项。

```
<FW> display firewall session table
 Current Total Sessions : 1
  http  VPN: public --> public 2.2.2.100:2068 --> 1.1.1.10:80[10.2.0.7:80]
```

以上输出信息显示，防火墙中当前会话表项数为 1，即 Internet 访问内网 Web 服务器（HTTP）的会话表项，报文的目的地址进行了 NAT；"[]"标识 NAT 后的地址。

目前，在华为的 eNSP 模拟器中，USG6000V 防火墙并不支持配置基于 NAT 策略的目的 NAT，动手任务 3.3 中配置 NAT Server 的"unr-route"命令在 eNSP 模拟器中也不支持。

动手任务 3.3　配置双向 NAT，实现 Internet 中的主机访问内网服务器

某公司在网络边界处部署了防火墙作为安全网关，双向 NAT 的网络拓扑如图 3-17 所示。其中，路由器是 ISP 提供的接入网关。现需要对网络进行配置，使公司内网的 Web 服务器和 FTP 服务器使用公有地址（1.1.1.10/24）对外提供服务。同时，简化内网服务器的回程路由配置，使内网服务器默认将回应报文转发给防火墙。

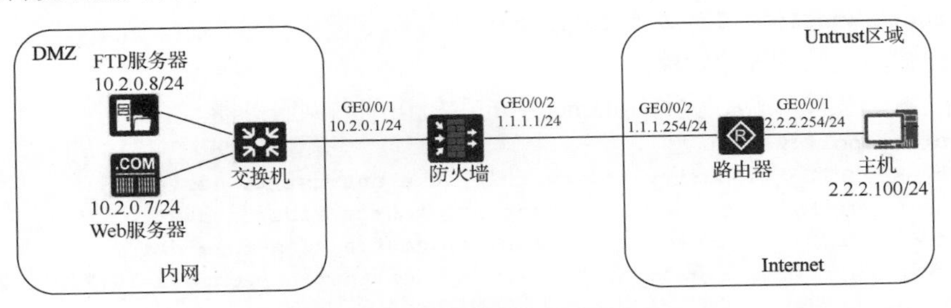

图 3-17　双向 NAT 的网络拓扑

【任务内容】

（1）配置 NAT Server，使 Internet 中的主机可以通过公有地址访问内网的 Web 服务器和 FTP 服务器。

（2）配置 NAPT，简化内部服务器的回程路由配置。

【任务设备】

（1）华为 USG 系列防火墙一台。

（2）华为 S 系列交换机一台。

（3）华为 AR 系列路由器一台。

（4）服务器两台。

（5）计算机一台。

【配置思路】

（1）配置防火墙的 IP 地址、路由协议、安全区域，完成网络基本参数的配置。

（2）配置防火墙的安全策略，允许 Internet 中的主机访问内网服务器。

（3）配置 NAT Server，将内网服务器私有地址映射为公有地址。

（4）配置 NAPT，对 Internet 中的主机访问内网服务器的报文源地址进行转换。

（5）启用 NAT ALG 功能，实现 NAT 后 FTP 报文的正常转发。

（6）配置其他网络设备，实现网络的互联互通。

（7）验证和调试，检查能否实现任务需求。

【配置步骤】

步骤 1：配置防火墙的网络基本参数

根据组网需要，在防火墙上配置接口 IP 地址、路由及安全区域，完成网络基本参数的配置。

（1）配置防火墙的接口 IP 地址

```
<FW> system-view
[FW] interface GigabitEthernet 0/0/1
[FW-GigabitEthernet0/0/1] ip address 10.2.0.1 24
[FW-GigabitEthernet0/0/1] quit
[FW] interface GigabitEthernet 0/0/2
[FW-GigabitEthernet0/0/2] ip address 1.1.1.1 24
[FW-GigabitEthernet0/0/2] quit
```

（2）配置防火墙的安全区域

```
[FW] firewall zone dmz
[FW-zone-dmz] add interface GigabitEthernet 0/0/1
[FW-zone-dmz] quit
[FW] firewall zone untrust
[FW-zone-untrust] add interface GigabitEthernet 0/0/2
[FW-zone-untrust] quit
```

（3）配置防火墙的默认路由

```
[FW] ip route-static 0.0.0.0 0 1.1.1.254
```

步骤 2：配置防火墙的安全策略

在防火墙上配置安全策略，允许 Internet 中的主机访问内网服务器。

```
[FW] security-policy
[FW-policy-security] security-policy rule name untrust_to_server
[FW-policy-security-rule-untrust_to_server] source-zone untrust
[FW-policy-security-rule-untrust_to_server] destination-zone dmz
[FW-policy-security-rule-untrust_to_server] destination-address 10.2.0.0 24
//目的地址为 DMZ 内网服务器所在网段
```

```
[FW-policy-security-rule-untrust_to_server] service http ftp
//配置安全策略规则的服务为 HTTP 和 FTP
[FW-policy-security-rule-untrust_to_server] action permit
[FW-policy-security-rule-untrust_to_server] quit
[FW-policy-security] quit
```

步骤 3：配置 NAT Server

在防火墙上配置名称为“POLICY_WEB”和“POLICY_FTP”的两个 NAT Server，用来指定 Web 服务器的 IP 地址是 10.2.0.7，FTP 服务器的 IP 地址是 10.2.0.8，希望 Internet 中的主机通过 http://1.1.1.10 访问 Web 服务器，通过 ftp://1.1.1.10 访问 FTP 服务器。

```
[FW] nat server POLICY_WEB protocol tcp global 1.1.1.10 www inside 10.2.0.7 www unr-route
/*unr-route 表示下发用户网络路由（User Network Router，NRU），防止路由环路，功能与黑洞路由相同，在 eNSP 模拟器中不支持该命令，可通过配置黑洞路由替代*/
[FW] nat server POLICY_FTP protocol tcp global 1.1.1.10 ftp inside 10.2.0.8 ftp unr-route
```

步骤 4：配置 NAPT

在防火墙上配置 NAPT，对 Internet 中的主机访问内网服务器的报文源地址也进行地址转换，简化内网服务器的回程路由配置。

（1）配置 NAT 地址池

```
[FW] nat address-group address_untrust
[FW-address-group-address_untrust] mode pat
/*配置地址池的应用模式。其中，pat 表示 NAPT 模式；no-pat 表示 No-PAT 模式；full-cone 表示三元组 NAT 模式*/
[FW-address-group-address_untrust] section 0 10.2.0.10 10.2.0.15
[FW-address-group-address_untrust] route enable
//为 NAT 地址池中的地址生成 UNR，防止路由环路，功能与黑洞路由相同
[FW-address-group-address_untrust] quit
```

（2）配置源 NAT 策略

```
[FW] nat-policy
[FW-policy-nat] rule name untrust_to_server
[FW-policy-nat-rule-untrust_to_server] source-zone untrust
[FW-policy-nat-rule-untrust_to_server] destination-zone dmz
[FW-policy-nat-rule-untrust_to_server] destination-address 10.2.0.0 24
[FW-policy-nat-rule-untrust_to_server] service http ftp
[FW-policy-nat-rule-untrust_to_server] action source-nat address-group address_untrust
//address-group 表示使用地址池方式，后面接 NAT 地址池的名称，必须为已经存在的地址池的名称
[FW-policy-nat-rule-untrust_to_server] quit
[FW-policy-nat] quit
```

步骤 5：启用 NAT ALG 功能

在 DMZ 和 Untrust 区域中启用 FTP 的 NAT ALG 功能，对 FTP 应用层的数据进行转换，实现 FTP 报文的正常转发。

```
[FW] firewall interzone dmz untrust    //创建安全区域，并进入安全区域视图
[FW-interzone-dmz-untrust] detect ftp    //启用 FTP 的 NAT ALG 功能
[FW-interzone-dmz-untrust] quit
```

步骤 6：配置其他网络设备

根据组网需要，配置路由器、FTP 服务器、Web 服务器和主机的网络参数。交换机可以不进行配置，直接连接使用。

（1）配置路由器的接口 IP 地址

```
<AR> system-view
[AR] interface GigabitEthernet 0/0/1
```

```
[AR-GigabitEthernet0/0/1] ip address 2.2.2.254 24
[AR-GigabitEthernet0/0/1] quit
[AR] interface GigabitEthernet 0/0/2
[AR-GigabitEthernet0/0/2] ip address 1.1.1.254 24
[AR-GigabitEthernet0/0/2] quit
```

（2）配置 FTP 服务器和 Web 服务器

配置 FTP 服务器和 Web 服务器的 IP 地址及网关，网关设置为防火墙内网接口的 IP 地址，具体配置方法省略。

（3）配置主机

配置主机的 IP 地址和网关，主机的网关设置为路由器接口 GE0/0/1 的 IP 地址，具体配置方法省略。

步骤 7：验证和调试

使用 Internet 中的主机访问内网 Web 服务器和 FTP 服务器，在防火墙上执行“display firewall server-map”命令，查看防火墙 Server-map 表项；成功访问后，在防火墙上执行“display firewall session table”命令，查看防火墙会话表项。

（1）查看防火墙 Server-map 表项

```
<FW> display firewall server-map
 Current Total Server-map : 4
 Type: Nat Server, ANY -> 1.1.1.10:80[10.2.0.7:80] , Zone:---, protocol:tcp
 Vpn: public -> public

 Type: Nat Server, ANY -> 1.1.1.10:21[10.2.0.8:21] , Zone:---, protocol:tcp
 Vpn: public -> public

 Type: Nat Server Reverse, 10.2.0.8[1.1.1.10] -> ANY, Zone:---, protocol:tcp
 Vpn: public -> public, counter: 1

 Type: Nat Server Reverse, 10.2.0.7[1.1.1.10] -> ANY, Zone:---, protocol:tcp
 Vpn: public -> public, counter: 1
```

以上输出信息显示，通过配置 NAT Server，已经成功将内网中 IP 地址为 10.2.0.7 的服务器的 80 号端口映射为 1.1.1.10 这个公有地址的 80 号端口，且该服务器只提供 Web 服务；并成功将内网中 IP 地址为 10.2.0.8 的服务器的 21 号端口映射为 1.1.1.10 这个公有地址的 21 号端口，且该服务器只提供 FTP 服务。

（2）查看防火墙会话表项

```
<FW> display firewall session table
 Current Total Sessions : 3
 ftp-data VPN:public-->public 10.2.0.8:20[1.1.1.10:20] --> 10.2.0.11:2053[2.2.2.100:2070]
 http VPN: public --> public 2.2.2.100:2068[10.2.0.11:2053] --> 1.1.1.10:80[10.2.0.7:80]
 ftp VPN: public --> public 2.2.2.100:2069[10.2.0.11:2053] +-> 1.1.1.10:21[10.2.0.8:21]
```

以上输出信息显示，防火墙中当前会话表项数为 3，分别是 Internet 访问内网 Web 服务器、FTP 服务器控制连接和 FTP 服务器数据连接的会话表项；同时，报文的源地址和目的地址都进行了 NAT。其中，“[]”标识 NAT 后的地址，“+-> ”表示启用了 ASPF 功能。

【本章总结】

本章 3.1 节从 NAT 的概念、分类和优缺点 3 个方面概述了 NAT 技术；3.2 节详细地介绍了源 NAT、目的 NAT、双向 NAT 和 NAT Server 的工作原理，通过对本节的学习，读者可以了解各种 NAT 实现方式的区别、应用场景和数据转发流程；3.3 节通过分析 FTP 在使用 NAT 技术时存在的问题，介绍了 NAT ALG 技术，以及 NAT ALG 与 ASPF 的区别；3.4 节介绍了使用黑洞路由解决网络中使用 NAT 技术可能导致的环路问题；动手任务中以企业真实的场景为基础，介绍了 Easy-IP、NAPT+NAT Server 方式的双向 NAT 配置和调试过程。

通过实操练习，读者可以掌握常用的 NAT 配置和调试方法。

【重点知识树】

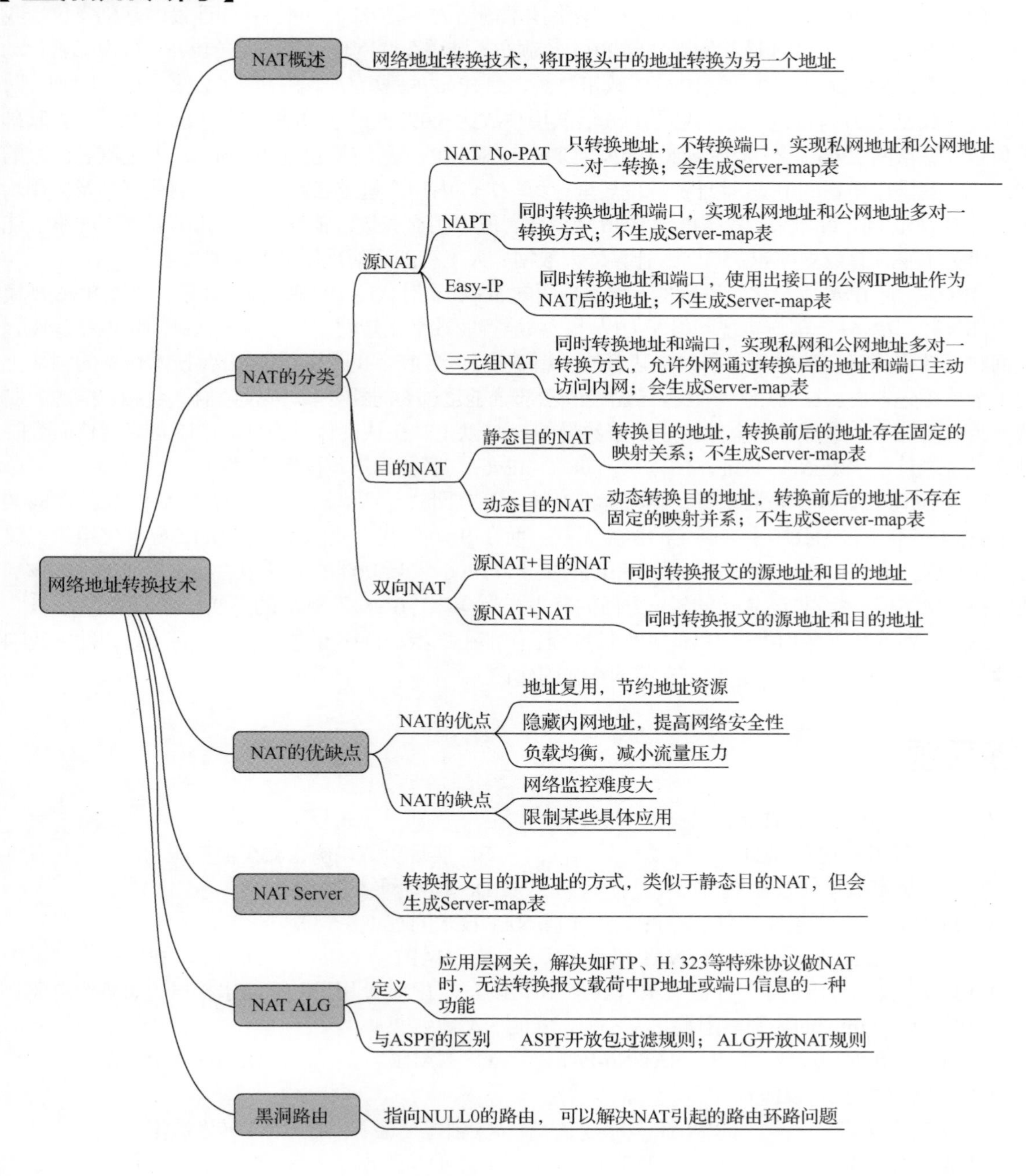

【学思启示】

加快 IPv6 规模部署，支撑网络强国建设

NAT 技术虽然有明显的优势，能暂时缓解 IPv4 地址耗尽的问题，但 NAT 只是一种过渡技术，且存在一些管理和安全机制方面的潜在威胁。要从根本上解决 IP 地址短缺的问题，还需大力发展和广泛应用 IPv6 技术。

IPv6 是互联网升级演进的必然趋势、网络技术创新的重要方向、网络强国建设的基础支撑。我国一直高度重视 IPv6 的建设和发展，自 2017 年颁布《推进互联网协议第六版（IPv6）规模部署行动计划》以来，连续制定多项有关 IPv6 的政策法规，为 IPv6 的规模化部署指明了发展方向，明确了阶段目标。截至 2021 年 12 月底，我国 IPv6 活跃用户数达 6.077 亿，占网民总数的 60.10%。三大基础电信企业城域网 IPv6 总流量突破 20Tbit/s，LTE 核心网 IPv6 总流量超过 10Tbit/s，占全网总流量的 22.87%，我国已申请的 IPv6 地址资源位居全球第一，国内用户量排名前 100 位的商业网站及应用均可通过 IPv6 访问。近年来，我国推动 IPv6 规模部署取得明显成效，显著提升了我国互联网的承载能力和服务水平，有效支撑 4G/5G、云计算、大数据、人工智能等新兴领域的快速发展。

“IPv6+”是 IPv6 下一代互联网的升级，是面向 5G 和云时代的 IP 网络创新体系，通过 IPv6 规模商用部署和“IPv6+”创新实现网络能力提升，赋能行业数字化转型，打造新一代高质量网络底座，全面建设数字经济、数字社会和数字政府的“新基座”。当前，我国在“IPv6+”技术体系的创新上处于全球领先地位。在商用方面，我国已经成功部署了超过 84 张网络，涉及政府、金融、能源、制造、运营商等多个领域，占全球商用部署数量的 80%以上；在认证体系方面，中国信息通信研究院创建了全球首个“IPv6+”认证评估体系，助力“IPv6+”产业的规范、健康发展。

在 IPv4 时代，我国是后来者，且在标准、技术等方面缺乏话语权，在 IETF 标准化组织的 8000 多个 IPv4 标准中，由我国主导制定的寥寥无几。而在 IPv6 时代，我国率先在 IETF 标准化组织倡议推行并积极开发“IPv6+”新功能，现在 IETF 关于“IPv6+”新功能的文稿中由我国提交的占 60%，我国在“IPv6+”系统与产品开发创新方面的努力，为全球“IPv6+”标准的发展作出了积极贡献。

总之，目前我国各项推进 IPv6 规模部署的工作都在稳步、有序推进，整体发展较好，助力我国持续引领下一代互联网创新之路，支撑网络强国建设。

【练习题】

（1）（　　）不是 NAT 的优点。

A. 节省公有 IP 地址　　B. 实现负载均衡，减少流量压力

C. 提高数据转发速率　　D. 提高网络安全性

（2）（多选）下列各种 NAT 方式中，属于源 NAT 技术的有（　　）。

A. 三元 NAT　　B. NAT No-PAT　　C. NAPT　　D. Easy-IP

（3）假设公司只申请了一个公有 IP 地址，并将该公有 IP 地址用于防火墙出接口，如果想实现公司内网用户访问 Internet，则需配置（　　）方式的 NAT。

A. 三元 NAT　　B. NAT No-PAT　　C. NAPT　　D. Easy-IP

（4）NAPT 数据转发流程为（　　）。

①安全策略　　②NAT 策略　　③创建会话表　　④转发数据

A. ①②③④　　B. ②①③④　　C. ①③②④　　D. ②③①④

（5）（多选）生成 Server-map 表的有（　　）。

A. NAT No-PAT　　B. NAPT　　C. NAT Server　　D. Easy-IP

E. 三元组 NAT　　F. 静态目的 NAT　　G. 动态目的 NAT

【拓展任务】

某学校在网络边界处部署了防火墙作为安全网关，其网络拓扑如图 3-18 所示，其中路由器是 ISP 提供的接入网关。学校向 ISP 购买了 2.2.2.100～2.2.2.120 共计 21 个公有 IP 地址，其中 2.2.2.100 作为防火墙出接口 IP 地址。现需要对网络进行配置，使学校内网的 Web 服务器使用公有 IP 地址（2.2.2.101/24）对外提供服务，同时，校园内网主机使用 IP 地址池（2.2.2.102～2.2.2.120）访问 Internet。

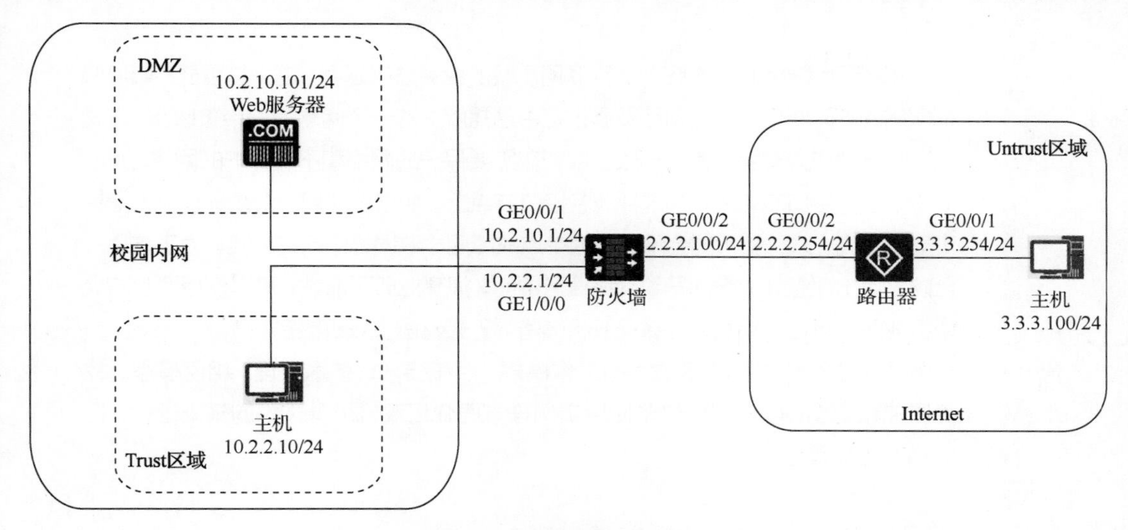

图 3-18　某学校的网络拓扑

【任务内容】

（1）配置 NAPT，实现校园内网主机使用 IP 地址池的公有 IP 地址访问 Internet。

（2）配置 NAT Server，实现 Internet 中的主机使用公有 IP 地址访问校园内网 Web 服务器。

【任务设备】

（1）华为 USG 系列防火墙一台。

（2）华为 AR 系列路由器一台。

（3）服务器一台。

（4）计算机两台。

04

第4章　双机热备技术

引言

随着网络技术的蓬勃发展，互联网承载的业务越来越多、越来越重要，如何保证网络的不间断传输成为网络发展过程中急需解决的一个问题。在传统的组网方式中，防火墙作为安全设备，一般会部署在需要保护的网络和不受保护的网络之间，即位于业务接口节点上。在这种业务接口节点上，如果仅使用一台防火墙，无论其可靠性多高，系统都可能会承受因为单点故障而导致网络中断的风险。为了防止一台防火墙出现意外故障而导致网络业务中断，提高业务可靠性，可以使用两台防火墙组成双机热备。那么，什么是双机热备呢？如何配置双机热备呢？

本章主要从双机热备技术的工作模式、系统要求、技术原理、组网模型、故障监控和切换，以及双机热备应用实例等方面介绍双机热备技术的基础理论、相关知识和配置方法。

学习目标

【知识目标】

- 了解双机热备的工作模式。
- 了解双机热备的系统要求。
- 理解双机热备的技术原理。
- 熟悉双机热备基本的组网模型。
- 了解双机热备故障监控和切换的触发条件及切换行为。

【技能目标】

- 掌握双机热备主备备份典型组网的配置方法。
- 掌握双机热备负载分担典型组网的配置方法。

【素养目标】

- 培养团结协作、携手共进的团队意识。
- 培养积极主动、刻苦认真的学习态度。
- 培养无私奉献、勇于牺牲的大局意识。
- 培养求实创新、细致严谨的科学素养。

4.1　双机热备概述

防火墙通常部署在公司网络出口位置，便于对进出公司的所有流量进行控制，如果防火墙出现故障，则会影响到整个公司内网和外网之间的业务。为提升网络的可靠性，需要部署两台防火墙组成双机热备，保证业务的不间断运行。

4.1.1　双机热备简介

双机热备需要两台硬件和软件配置均相同的防火墙设备，两台防火墙之间通过一条独立的链路连接，这条链路通常被称为心跳线。双机热备的典型组网示意如图 4-1 所示。两台防火墙通过心跳线了解对端的健康状况，向对端备份配置和各种表项（如会话表、IPSec SA 等）。当一台防火墙出现故障时，业务流量能平滑地切换到另一台防火墙上处理，保证业务不中断。

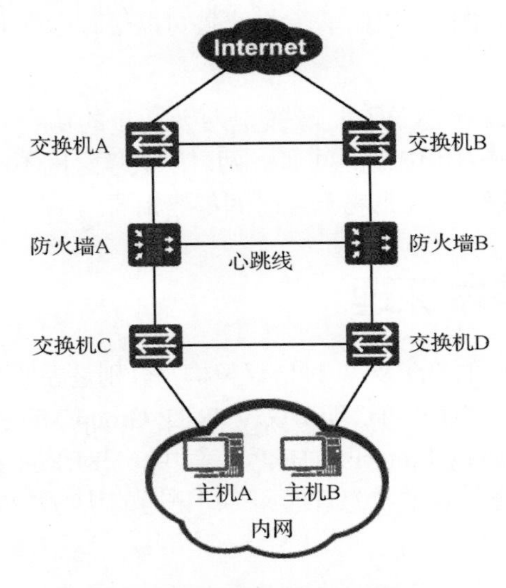

图 4-1　双机热备的典型组网示意

4.1.2　双机热备的工作模式

防火墙支持的双机热备的工作模式有主备备份模式和负载分担模式两种。

1. 主备备份模式

当两台设备工作在主备备份模式时，一台作为主用设备，另一台作为备用设备。正常情况下，主用设备处理整个网络的业务流量。当主用设备出现故障时，备用设备接替主用设备处理业务流量，保证业务不中断。

相较于负载分担模式，该模式路由规划和故障定位相对简单，但由于全部流量由单台设备处理，单台设备压力较大。

2. 负载分担模式

当两台设备工作在负载分担模式时，两台设备互为主备。正常情况下，两台设备共同分担整个网络的业务流量。当其中一台设备出现故障时，另外一台设备会承担故障设备的业务，保证原本通过该设备转发的业务不中断。

相较于主备备份模式组网，负载分担模式组网中的流量由两台设备共同处理，可以比主备备份模式组网承担更大的峰值流量，但组网方案和配置相对复杂。

4.1.3 双机热备的系统要求

组成双机热备的两台防火墙对设备的硬件、软件以及许可证等都有严格的要求。

1. 硬件要求

两台防火墙的型号必须相同，安装的单板类型、数量及单板安装的位置必须相同，硬盘配置可以不同。例如，若一台防火墙安装硬盘，另一台防火墙不安装硬盘，这不会影响双机热备的运行。但未安装硬盘的防火墙的日志存储量将远低于安装了硬盘的防火墙，且部分日志和报表功能不可用。

2. 软件要求

两台防火墙的系统软件版本、系统补丁版本、动态加载的组件包、特征库版本、基于散列算法选择 CPU 的模式及散列因子都必须相同。

在系统软件版本升级或回退的过程中，两台防火墙可以暂时运行不同版本的系统软件。

3. 许可证要求

双机热备功能自身不需要许可证。但对于其他需要许可证的功能（如 IPS、反病毒等），组成双机热备的两台防火墙需要分别申请和加载许可证，两台防火墙之间不能共享许可证，且两台防火墙的许可证控制项种类、资源数量、升级服务到期时间都要相同。

4.2 双机热备的技术原理

实现防火墙双机热备功能，主要涉及 3 种协议架构，分别是虚拟路由冗余协议（Virtual Router Redundancy Protocol，VRRP）、VRRP 组管理协议（VRRP Group Management Protocol，VGMP）和华为冗余协议（Huawei Redundancy Protocol，HRP）。其中，VRRP 主要负责监控单个链路的状态和流量引导。VGMP 主要用于主备设备的状态管理和接口链路的状态监控。HRP 用于主备设备之间关键配置命令和状态信息的备份。

4.2.1 VRRP

1. VRRP 概述

通常情况下，同一网段内的所有主机上都设置了一条相同的、以网关为下一跳的默认路由。主机发往其他网段的报文将通过默认路由发往网关，再由网关进行转发，从而实现主机与外部网络的通信。当网关出现故障时，本网段内所有以网关为默认路由的主机将无法与外部网络通信。增加出口网关是提高系统可靠性的常见方法，此时如何在多个出口之间进行选路就成为需要解决的问题。VRRP 的出现很好地解决了这个问题。

VRRP 能够在不改变组网的情况下，将多台路由设备组成一个虚拟路由器，即 VRRP 备份组。备份组中的所有路由器共同提供一个虚拟 IP 地址作为内网的网关地址，实现网关的备份。同一 VRRP 备份组内的路由器有两种角色：Master 设备（活动状态）和 Backup 设备（备份状态）。图 4-2 所示为 VRRP 备份组示意。

主用设备路由器 R1 正常运作时，作为 VRRP 备份组的 Master 设备，负责转发数据流量。主用设备路由器 R1 出现故障时，路由器 R2 感知到 VRRP 心跳超时，从而被选举为新的主用设备；路由器 R1 发送免费 ARP，交换机收到后刷新 MAC 地址表；由路由器 R2 响应用户的 ARP 请求，并负责流量转发，从而实现默认网关的冗余备份，保障网络的可靠通信。

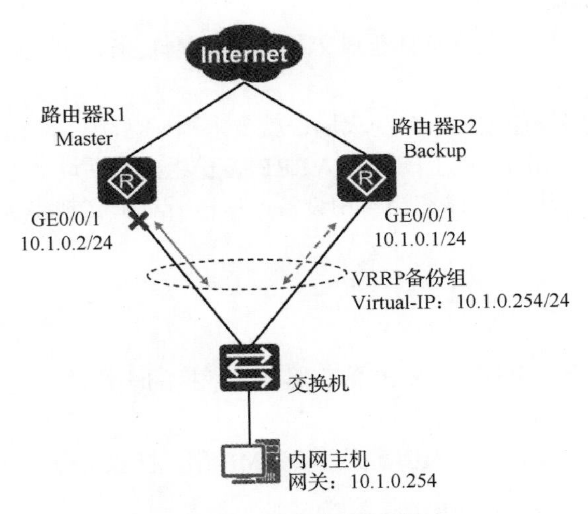

图 4-2　VRRP 备份组示意

2. VRRP 在防火墙中应用时的缺陷

VRRP 在路由器中的应用很好地解决了网关的冗余备份，但其应用在防火墙中时存在一定的缺陷。

当防火墙上多个区域需要提供双机备份功能时，需要在一台防火墙上配置多个 VRRP 备份组。而防火墙大多是基于状态检测的，它要求报文的来回路径通过同一台防火墙，否则将会丢弃报文。

图 4-3 所示为 VRRP 在防火墙中的应用。假设防火墙 A 和防火墙 B 的 VRRP 状态一致，都是活动状态，即防火墙 A 的所有接口均为活动状态，防火墙 B 的所有接口均为备份状态。此时，Trust 区域的计算机 1 访问 Untrust 区域的计算机 2，报文的转发路线为①→②→③→④。防火墙 A 转发访问报文时，动态生成会话表项。当计算机 2 的返回报文经过④→③到达防火墙 A 时，只有命中会话表项，才能经过②→①到达计算机 1，即顺利返回。同理，计算机 2 和 DMZ 中的服务器也能正常互访。

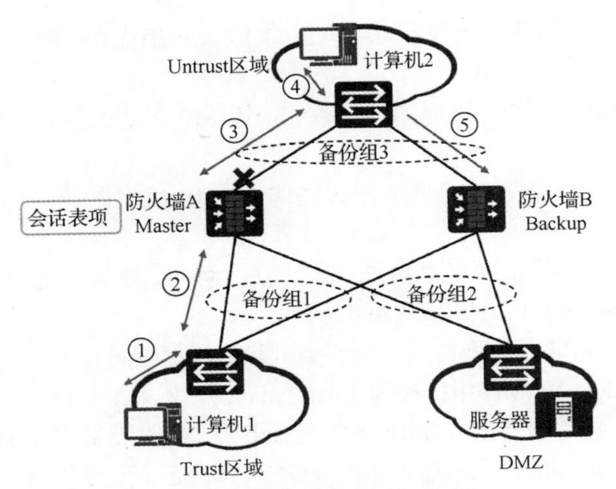

图 4-3　VRRP 在防火墙中的应用

假设防火墙 A 和防火墙 B 的 VRRP 状态不一致，例如，若防火墙 B 与 Trust 区域相连的接口为备份状态，但与 Untrust 区域的接口为活动状态，则计算机 1 的报文通过防火墙 A 到达计算机 2 后，在防火墙 A 上动态生成会话表项。计算机 2 的返回报文通过路线④→⑤返回。此时，由于防火墙 B

上没有相应数据流的会话表项，在没有其他报文过滤规则允许通过的情况下，防火墙 B 将丢弃该报文，导致会话中断。

为了满足报文的来回路径通过同一台防火墙，就要求同一台防火墙上的所有 VRRP 备份组的状态保持一致，即需要保证主用防火墙上的所有 VRRP 备份组都是活动状态，而另外一台防火墙上的所有 VRRP 备份组都是备份状态，以充当备用设备，这样所有报文都将从主用防火墙上通过，保证报文正常转发。

4.2.2 VGMP

为了保证同一台防火墙上的所有 VRRP 备份组状态切换的一致性，在 VRRP 的基础上进行了扩展，推出了 VGMP 来弥补此局限。

VGMP 是华为的私有协议，在协议中定义了 VGMP 组，防火墙基于 VGMP 组实现设备主备状态管理。

每台防火墙都有一个 VGMP 组，用户不能删除这个 VGMP 组，也不能再创建其他的 VGMP 组。VGMP 组有优先级和状态两个属性。

1. VGMP 组优先级

VGMP 组优先级决定了 VGMP 组状态。VGMP 组优先级是不可配置的，设备正常启动后，会根据设备的硬件配置自动生成一个 VGMP 组优先级，这个优先级被称为初始优先级。初始优先级与 CPU 的个数有关，单 CPU 机型初始优先级为 45000，双 CPU 机型初始优先级为 45002。当设备出现故障时，VGMP 组优先级会降低。

2. VGMP 组状态

VGMP 组有 4 种状态：Initialize、Load-balance、Active 和 Standby。其中，Initialize 是初始化状态，设备未启用双机热备功能时，VGMP 组处于这种状态。其他 3 种状态则是设备通过比较自身和对端设备 VGMP 组优先级大小确定的。设备通过心跳线接收对端设备的 VGMP 报文，了解对端设备的 VGMP 组优先级。

- 设备自身的 VGMP 组优先级等于对端设备的 VGMP 组优先级时，设备的 VGMP 组状态为 Load-balance。
- 设备自身的 VGMP 组优先级大于对端设备的 VGMP 组优先级时，设备的 VGMP 组状态为 Active。
- 设备自身的 VGMP 组优先级小于对端设备的 VGMP 组优先级时，设备的 VGMP 组状态为 Standby。
- 设备没有接收到对端设备的 VGMP 报文，无法了解到对端设备的 VGMP 组优先级（如心跳线出现故障）时，设备的 VGMP 组状态为 Active。

双机热备要求两台设备的硬件型号、单板的类型和数量都相同。因此，正常情况下两台设备的 VGMP 组优先级是相等的，VGMP 组状态为 Load-balance。如果某一台设备发生了故障，该设备的 VGMP 组优先级会降低。故障设备的 VGMP 组优先级小于无故障设备的 VGMP 组优先级，故障设备的 VGMP 组状态会变成 Standby，无故障设备的 VGMP 组状态会变成 Active。

防火墙能根据 VGMP 组状态调整 VRRP 备份组状态、动态路由（如 OSPF、OSPFv3 和 BGP）的开销值、VLAN 的状态及接口的状态（如镜像模式），从而实现主备备份模式或负载分担模式的双机热备。

同时，双机热备可以与动态路由、双向转发检测（Bidirectional Forwarding Detection，BFD）和 IP-Link 联动，实现 VGMP 组监控链路故障（路由邻居故障、远端接口故障），确保链路的可靠性。

4.2.3 HRP

在双机热备组网中，当主用防火墙出现故障时，所有流量都将切换到备用防火墙。因为 USG 系列防火墙是状态检测防火墙，如果备用防火墙上没有原来主用防火墙上的会话表等连接状态数据，则切换到备用防火墙的流量将无法通过防火墙，造成现有的连接中断，此时用户必须重新发起连接。为了使两台设备故障切换时的业务平滑过渡，两台设备间需要备份配置和状态信息。

HRP 提供了基础的数据备份机制和传输功能，用来实现防火墙双机之间的状态数据和关键配置命令的动态备份。

1. **备份内容**

（1）设备配置

■ 策略：安全策略、NAT 策略、认证策略、攻击防范和 ASPF 等。

■ 对象：地址、地区、服务、应用、用户、认证服务器、时间段、地址池、URL 分类、关键字组、邮件地址组、签名和安全配置文件等。

■ 网络：新建逻辑接口、安全区域、DNS、静态路由（执行"**hrp auto-sync config static-route**"命令后才可以备份）、IPSec VPN 和 SSL VPN 等。

■ 系统：管理员、虚拟系统、日志配置等。

（2）状态信息

会话表、Server-map 表、黑白名单、地址映射表、MAC 地址表、用户表、IPSec 安全联盟和隧道等。

2. **备份方式**

HRP 的备份方式有自动备份、手动批量备份、重启时触发运行配置批量备份和会话快速备份。

（1）自动备份

防火墙默认启用自动备份，能够自动实时备份配置命令和周期性地备份状态信息，适用于各种双机热备组网。

（2）手动批量备份

手动批量备份方式需要管理员手动触发，每执行一次手动批量备份命令（**hrp sync config**），主用设备就会立即同步一次配置命令和状态信息到备用设备。

一般情况下，两台防火墙双机热备关系建立后，一台防火墙新增的、支持备份的配置和状态表项都会自动同步到另一台防火墙上。但是双机热备关系建立之前，两台防火墙上就已经存在的配置和状态表项不会自动备份。此时，可以执行"**hrp sync**"命令进行手动批量备份。

例如，原有网络中只有一台防火墙，现在需要增加一台防火墙组成双机热备。两台防火墙双机热备关系建立后，可以在原有防火墙上执行"**hrp sync**"命令，将策略等配置同步到新上线的防火墙上。

在防火墙上执行"**hrp sync**"命令后，防火墙会向对端设备备份自己多出的配置命令和状态表项，但不会同步或删除对端比自己多出的配置命令和状态表项。

（3）重启时触发运行配置批量备份

双机热备组网中，如果一台防火墙重启，则重启期间业务是由另一台防火墙承载的。在此期间，承载业务的防火墙上可能会新增、删除或修改配置。如果用户希望防火墙重启完成后能自动同步当前承载业务的防火墙上的配置，则需要执行"**hrp base config enable**"命令，使防火墙仅以双机热备基础配置启动，其他业务配置从当前承载业务的防火墙上同步。

该备份机制仅在镜像模式下支持，非镜像模式下不支持，默认处于关闭状态，且主备防火墙都执行“**hrp base config enable**”命令后，此功能才生效。如果仅在一台防火墙上执行了该命令，则此功能不生效。

（4）会话快速备份

会话快速备份方式适用于负载分担模式的组网，以应对报文来回路径不一致的场景。执行“**hrp mirror session enable**”命令启用会话快速备份功能后，防火墙上不同类型会话表的备份支持情况和备份时机如下。

- 到防火墙自身和从防火墙发出的报文产生的会话不会备份。
- 对于ICMP会话，防火墙收到ICMP Echo-Request报文生成会话后会立即备份会话。
- 对于TCP会话，防火墙收到SYN报文生成会话后会立即备份会话。
- 对于UDP会话，防火墙收到正向的首个报文生成会话后会立即备份会话。
- 对于SCTP会话，防火墙收到INIT报文生成会话后会立即备份会话。

3. **备份方向**

在两台防火墙正常运行且双机热备关系已建立的情况下，在一台防火墙上每执行一条支持备份的命令，此配置命令就会立即备份到另一台防火墙上。默认情况下，支持备份的配置命令默认只能在主用设备上执行，这些命令（如安全策略配置命令、NAT 策略配置命令等）会自动备份到备用设备上，配置备用设备时不能执行这些命令。

在主备备份模式的组网中，只有主用设备会处理业务，主用设备上生成业务表项，并向备用设备备份。在负载分担模式的组网中，两台防火墙都会处理业务，都会生成业务表项并向对端设备备份。

4. **备份通道**

配置和状态数据需要网络管理员指定备份通道接口进行备份。一般情况下，将两台设备上直连的端口作为备份通道，有时也称为心跳线（VGMP也通过该通道进行通信）。

4.2.4 心跳线

双机热备组网中，心跳线是两台防火墙交互消息了解对端状态、备份配置命令和各种表项的通道。心跳线两端的接口通常被称为心跳接口。心跳接口可以是一个物理接口（GE 接口），也可以是多个物理接口捆绑成的一个逻辑接口（Eth-Trunk接口）。

1. **传递的报文**

心跳线主要传递如下消息。

- 心跳报文（Hello报文）：两台防火墙通过固定周期（默认周期为1s）互相发送心跳报文，检测对端设备是否存活。
- VGMP 报文：了解对端设备的 VGMP 组状态，确定本端和对端设备的当前状态是否稳定，以及是否要进行故障切换。
- 配置和表项备份报文：用于两台防火墙同步配置命令和状态信息。
- 心跳链路探测报文：用于检测对端设备的心跳接口能否正常接收本端设备的报文，确定是否有心跳接口可以使用。
- 配置一致性检查报文：用于检测两台防火墙的关键配置是否一致，如安全策略、NAT等。

2. **心跳接口状态**

HRP的心跳接口共有5种状态：Invalid、Down、Negotiation failed、Ready、Running。

- Invalid。当本端防火墙上的心跳接口配置错误时显示此状态（物理状态为 Up，协议状态为 Down），如指定的心跳接口为二层接口或未配置心跳接口的IP地址时。

■ Down。当本端防火墙上的心跳接口的物理状态与协议状态均为 Down 时显示此状态。

■ Negotiation failed。当本端和对端设备协商主备状态失败时显示此状态，有可能是因为本端和对端设备的软件版本不一致、某端配置错误、对端设备的心跳接口状态为 Down、HRP 源端口号或目的端口号被修改或者底层链路不通等。

■ Ready。当本端防火墙上的心跳接口的物理状态与协议状态均为 Up 时，心跳接口会向对端对应的心跳接口发送心跳链路探测报文。如果对端心跳接口能够响应此报文（也发送心跳链路探测报文），那么防火墙会设置本端心跳接口状态为 Ready，随时准备发送和接收心跳报文。此时，心跳接口依旧会不断发送心跳链路探测报文，以保证心跳链路的状态正常。

■ Running。当本端防火墙有多个处于 Ready 状态的心跳接口时，防火墙会选择最先配置的心跳接口形成心跳链路，并设置此心跳接口的状态为 Running。状态为 Running 的接口负责发送 HRP 心跳报文、HRP 数据报文、HRP 链路探测报文、VGMP 报文和一致性检查报文。此时，其余处于 Ready 状态的心跳接口处于备份状态，当处于 Running 状态的心跳接口或心跳链路出现故障时，其余处于 Ready 状态的心跳接口依次（按配置的先后顺序）接替当前心跳接口处理业务。

4.3　双机热备的组网模型

根据组网的不同，防火墙双机热备的实现方式也各不相同，主要有基于 VRRP 的双机热备、基于动态路由的双机热备、透明模式的双机热备和镜像模式的双机热备。本节主要介绍基于 VRRP 的双机热备和基于动态路由的双机热备组网模型。

4.3.1　基于 VRRP 的双机热备

当防火墙的业务接口工作在网络互联层，且上下行连接交换机组网时，可以在防火墙上配置 VRRP 实现双机热备。

1. VGMP 组控制 VRRP 备份组状态

在华为交换机或路由器设备上，VRRP 备份组状态是由 VRRP 优先级的大小决定的。同一个 VRRP 备份组中，VRRP 优先级最大的设备的 VRRP 备份组状态为 Master，其他设备的 VRRP 备份组状态为 Backup。防火墙的 VRRP 备份组状态并不是由 VRRP 优先级的大小决定的。在防火墙上，VRRP 优先级是不可以配置的，防火墙启用双机热备功能后，VRRP 优先级固定为 120。

当防火墙接口出现故障时，接口下的 VRRP 备份组状态为 Initialize。接口未出现故障时，接口下的 VRRP 备份组状态由 VGMP 组的状态决定，从而保证同一台防火墙上所有 VRRP 备份组状态的一致性，具体如下。

■ 当 VGMP 组的状态为 Active（即 VGMP 组的优先级大于对端）时，VRRP 备份组状态都是 Master。

■ 当 VGMP 组的状态为 Standby（即 VGMP 组的优先级小于对端）时，VRRP 备份组状态都是 Backup。

■ 当 VGMP 组的状态为 Load-balance（即 VGMP 组的优先级等于对端）时，VRRP 备份组状态由 VRRP 备份组的配置决定。VRRP 备份组的配置命令如下。

```
vrrp vrid virtual-router-id virtual-ip virtual-address { active | standby }
```

其中，active 表示指定 VRRP 备份组状态为 Master，Standby 表示指定 VRRP 备份组状态为 Backup。

2. 基于 VRRP 实现主备备份双机热备

如果要使两台防火墙工作在主备备份模式，则需要将一台防火墙的所有 VRRP 备份组状态都配置为 Active，另一台防火墙的所有 VRRP 备份组状态都配置为 Standby。

图 4-4 所示为基于 VRRP 实现主备备份（双机状态正常）示意，防火墙 A 的所有 VRRP 备份组状态都被配置成 Active，防火墙 B 的所有 VRRP 备份组状态都被配置成 Standby。正常情况下，两台防火墙的 VGMP 组状态都是 Load-balance，VRRP 备份组的运行状态由配置决定。因此，防火墙 A 的 VRRP 备份组状态都是 Master，防火墙 B 的 VRRP 备份组状态都是 Backup。

由于内网中主机的网关都被设置成了 VRRP 备份组 2 的虚拟 IP 地址 10.0.0.1，这些主机在访问外部网络时，会广播一个 ARP 请求报文，请求 10.0.0.1 的 MAC 地址。防火墙 A 的 VRRP 备份组 2 状态为 Master，会响应内网主机的 ARP 请求。防火墙 B 的 VRRP 备份组 2 状态为 Backup，不会响应内网主机的 ARP 请求。防火墙 A 响应的 ARP 报文会刷新交换机的 MAC 地址表和主机的 ARP 缓存表，使主机发往外部网络的流量都被引导到防火墙 A 上进行处理。

同理，路由器 R1 和路由器 R2 到内网路由的下一跳地址被设置成了 VRRP 备份组 1 的虚拟 IP 地址 10.0.1.1。外部网络发往内部网络的流量也被引导到防火墙 A 上进行处理。

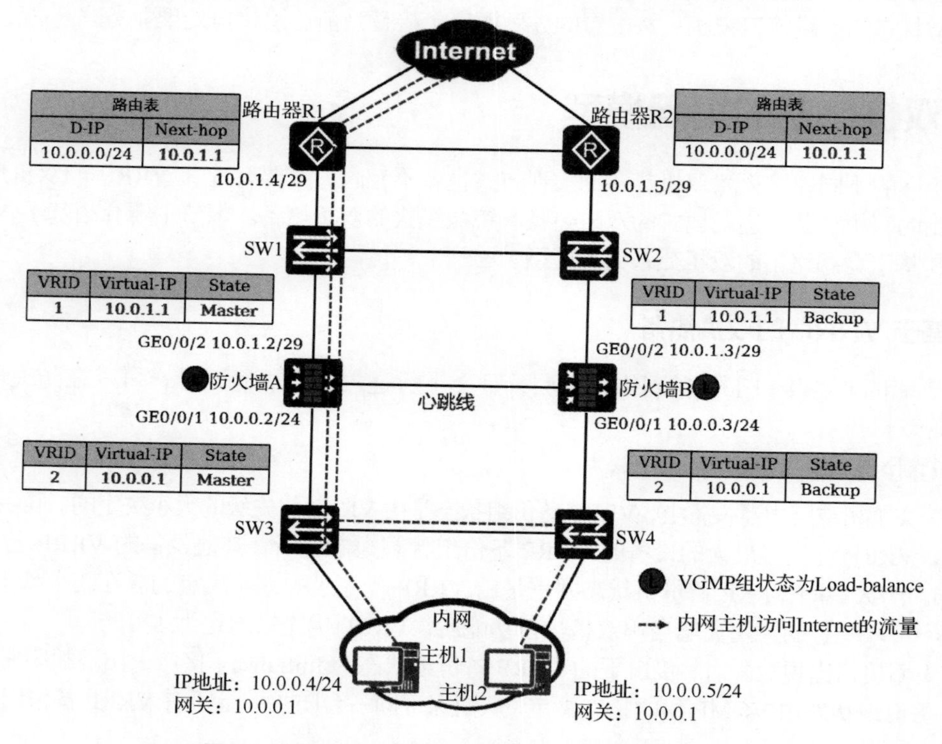

图 4-4　基于 VRRP 实现主备备份（双机状态正常）示意

图 4-5 所示为基于 VRRP 实现主备备份（防火墙 A 出现故障）示意，防火墙 A 的上行业务接口出现故障，防火墙 A 的 VRRP 备份组 1 的状态变为 Initialize。同时，防火墙 A 和防火墙 B 的 VGMP 组状态也发生了变化。防火墙 A 的 VGMP 组状态变为 Standby，防火墙 B 的 VGMP 组状态变为 Active。防火墙 A 和防火墙 B 基于 VGMP 组状态对 VRRP 备份组状态进行调整。防火墙 A 上 VRRP 备份组 2 的状态被调整为 Backup。防火墙 B 上 VRRP 备份组 1 和 VRRP 备份组 2 的状态都被调整为 Master。

防火墙 B 上 VRRP 备份组状态由 Backup 变为 Master 时会广播免费 ARP 报文，报文中携带 VRRP 备份组的虚拟 IP 地址和接口的 MAC 地址（启用接口虚拟 MAC 地址功能时，会携带虚拟 MAC 地址）。免费 ARP 报文会刷新交换机的 MAC 地址表、主机和路由器的 ARP 缓存表。这样，内外部网络之间的流量都会被引导到防火墙 B 上进行转发。

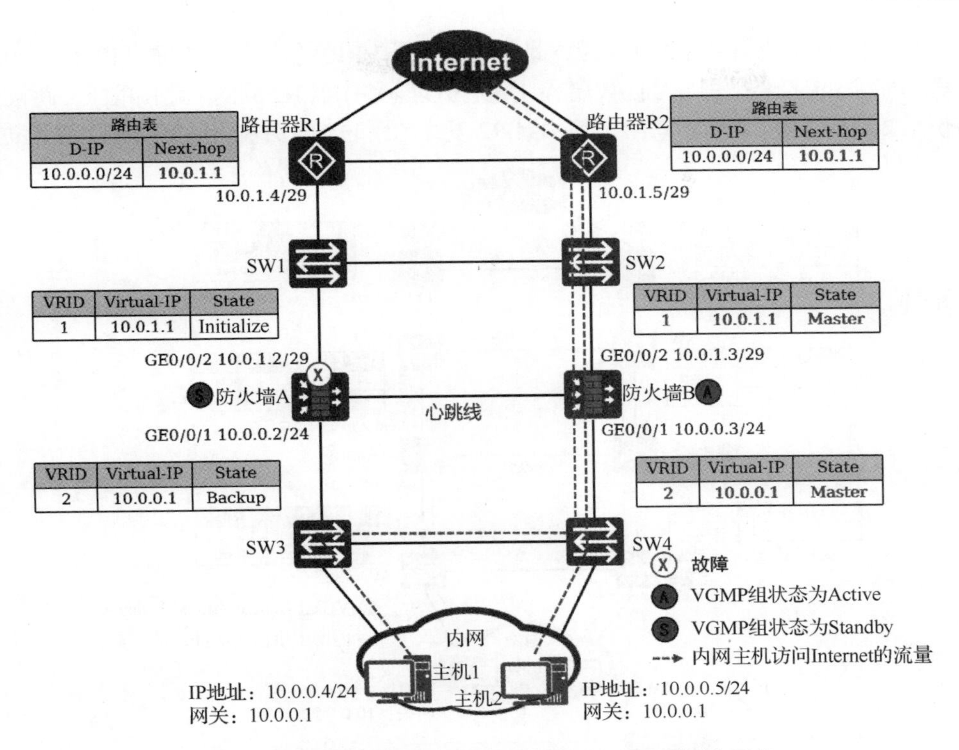

图 4-5　基于 VRRP 实现主备备份（防火墙 A 出现故障）示意

综上所述，正常情况下，只有防火墙 A 在处理内外部网路之间的流量，防火墙 B 没有处理流量。防火墙 A 和防火墙 B 之间形成主备备份模式的双机热备，防火墙 A 为主机，防火墙 B 为备机。当防火墙 A 出现故障时，防火墙 B 能自动接替防火墙 A 继续处理内外部网络之间的流量，保证业务不中断。

3. 基于 VRRP 实现负载分担双机热备

如果要使两台防火墙工作在负载分担模式，则两台防火墙上都要有状态配置为 Active 的 VRRP 备份组。

图 4-6 所示为基于 VRRP 实现负载分担（双机状态正常）示意，防火墙 A 的 VRRP 备份组 1 和 VRRP 备份组 3 状态被配置成 Active，VRRP 备份组 2 和 VRRP 备份组 4 状态被配置成 Standby。防火墙 B 的 VRRP 备份组 2 和 VRRP 备份组 4 状态被配置成 Active，VRRP 备份组 1 和 VRRP 备份组 3 状态被配置成 Standby。正常情况下，两台设备的 VGMP 组状态都是 Load-balance，VRRP 备份组的状态由配置决定。因此，防火墙 A 的 VRRP 备份组 1 和 VRRP 备份组 3 状态是 Master，VRRP 备份组 2 和 VRRP 备份组 4 状态是 Backup。防火墙 B 的 VRRP 备份组 2 和 VRRP 备份组 4 状态都是 Master，VRRP 备份组 1 和 VRRP 备份组 3 状态是 Backup。

内网中部分主机的网关被设置成了 VRRP 备份组 3 的虚拟 IP 地址 10.0.0.1。这些主机在访问 Internet 时，会广播一个 ARP 请求报文，请求 IP 地址 10.0.0.1 的 MAC 地址。防火墙 A 的 VRRP 备份组 3 状态为 Master，会响应内网主机的 ARP 请求。防火墙 B 的 VRRP 备份组 3 状态为 Backup，不会响应内网主机的 ARP 请求。防火墙 A 响应的 ARP 报文会刷新交换机的 MAC 地址表和主机的 ARP 缓存表，使这部分主机发往外网的流量都被引导到防火墙 A 上进行处理。

而另一部分主机的网关被设置成了 VRRP 备份组 4 的虚拟 IP 地址 10.0.0.2。这些主机在访问外部网络时，同样会广播一个 ARP 请求报文，请求 IP 地址 10.0.0.2 的 MAC 地址。此时，只有防火墙 B 会响应这个 ARP 请求。因此，这部分主机的流量都被引导到防火墙 B 上进行转发。

同理，路由器 R1 到内网路由的下一跳地址被设置成了 VRRP 备份组 1 的虚拟 IP 地址 10.0.1.1，路由器 R1 发往内网的流量会被引导到防火墙 A 上进行处理。路由器 R2 到内网路由的下一跳被设置成了 VRRP 备份组 2 的虚拟 IP 地址 10.0.1.2，路由器 R2 发往内网的流量会被引导到防火墙 B 上进行处理。

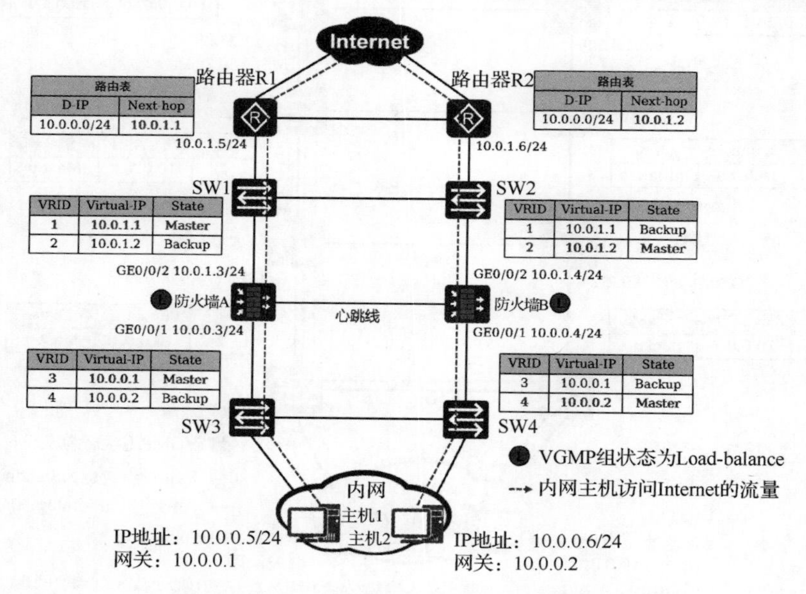

图 4-6 基于 VRRP 实现负载分担（双机状态正常）示意

图 4-7 所示为基于 VRRP 实现负载分担（防火墙 A 出现故障）示意，防火墙 A 的上行业务接口出现故障，防火墙 A 的 VRRP 备份组 1 和 VRRP 备份组 2 的状态变为 Initialize。同时，防火墙 A 和防火墙 B 的 VGMP 组状态也发生了变化。防火墙 A 的 VGMP 组状态变为 Standby，防火墙 B 的 VGMP 组状态变为 Active。防火墙 A 和防火墙 B 基于 VGMP 组状态对 VRRP 备份组状态进行调整。防火墙 A 上 VRRP 备份组 3 和 VRRP 备份组 4 的状态被调整为 Backup。防火墙 B 上所有的 VRRP 备份组状态都被调整为 Master。

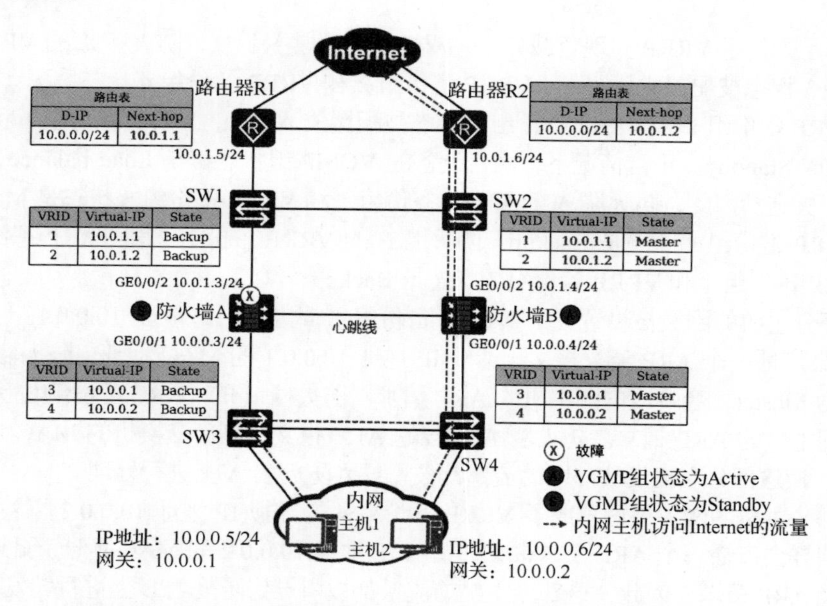

图 4-7 基于 VRRP 实现负载分担（防火墙 A 出现故障）示意

防火墙 B 上 VRRP 备份组状态由 Backup 变为 Master 时会广播免费 ARP 报文，报文中携带 VRRP 备份组的虚拟 IP 地址和接口的 MAC 地址（启用接口虚拟 MAC 地址功能时，会携带虚拟 MAC 地址）。免费 ARP 报文会刷新交换机的 MAC 地址表、主机和路由器的 ARP 缓存表。这样，内外部网络之间的流量会被引导到防火墙 B 上进行转发。

同理，如果防火墙 B 出现故障，防火墙 A 未出现故障，内外部网路之间的流量会被引导到防火墙 A 上进行转发。

综上所述，正常情况下，防火墙 A 和防火墙 B 都会处理内外部网络之间的流量。防火墙 A 和防火墙 B 之间形成负载分担模式的双机热备。防火墙 A 和防火墙 B 中任意一台出现故障时，流量都会自动切换到未出现故障的防火墙上进行处理，保证业务不中断。

4.3.2 基于动态路由的双机热备

当防火墙业务接口工作在网络互联层，上下行连接路由器组网时，可以在防火墙上配置动态路由协议（OSPF 协议或 BGP）来实现双机热备。

1. 动态路由开销值调整

启用双机热备功能后，防火墙能根据 VGMP 组状态动态调整 OSPF、OSPFv3 发布路由的开销值、动态调整 BGP 发布路由的多出标识（Multi-Exit Discriminators，MED）值。

- VGMP 组状态为 Active 时，防火墙按照 OSPF/OSPFv3/BGP 路由的配置正常发布路由。
- VGMP 组状态为 Standby 时，防火墙将 OSPF/OSPFv3 发布路由的开销值调整为一个指定数值（默认为 65500）；对于 BGP 路由，防火墙在用户配置的 MED 值的基础上增加一定数值（默认增加 100）作为 BGP 发布路由时的 MED 值。
- VGMP 组状态为 Load-balance 时，防火墙默认按照 OSPF/OSPFv3/BGP 路由的配置正常发布路由。如果用户在防火墙上执行了"**hrp standby-device**"命令指定防火墙为备机或者将防火墙的所有 VRRP 备份组状态参数都配置为 Standby，则防火墙会调整 OSPF/OSPFv3 发布路由的开销值和 BGP 发布路由的 MED 值，调整的方法与 VGMP 组状态为 Standby 时相同。

2. 基于动态路由实现主备备份双机热备

图 4-8 所示为基于动态路由实现主备备份（双机状态正常）示意，如果要使两台防火墙形成主备备份组网，则需要在一台防火墙上执行"hrp standby-device"命令，将其指定为备机，如在防火墙 B 上执行"hrp standby-device"命令。这样，两台防火墙都正常工作时，防火墙 A 按照 OSPF 协议的配置正常发布路由，而防火墙 B 发布的 OSPF 协议的路由开销值则被调整为 65500（默认值，可修改为其他数值）。防火墙 A 所在链路的开销值将远小于防火墙 B 所在链路的开销值。路由器在转发流量时会选择开销值更小的路径，因此内外部网络之间的流量都被引导到防火墙 A 上进行转发。

图 4-9 所示为基于动态路由实现主备备份（防火墙 A 出现故障）示意，防火墙 A 的上行业务接口出现故障。防火墙 A 的 VGMP 组状态变为 Standby，防火墙 B 的 VGMP 组状态变为 Active。防火墙 A 和防火墙 B 根据 VGMP 组状态对 OSPF 协议的路由开销值进行调整，防火墙 A 发布的 OSPF 协议的路由开销值被调整为 65500，防火墙 B 发布的 OSPF 协议的路由开销值被调整为 1。路由完成收敛后，内外部网路之间的流量都被引导到防火墙 B 上进行转发。

综上所述，正常情况下，只有防火墙 A 在处理内外部网路之间的流量，防火墙 B 没有处理流量。防火墙 A 和防火墙 B 之间形成主备备份模式的双机热备，防火墙 A 为主机，防火墙 B 为备机。当防火墙 A 出现故障时，防火墙 B 能自动接替防火墙 A 继续处理内外部网路之间的流量，保证业务不中断。

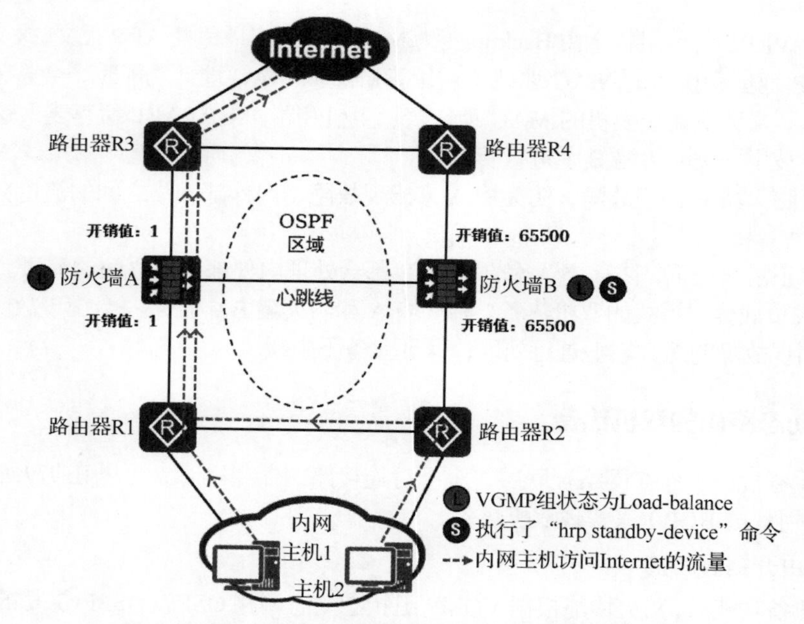

图 4-8　基于动态路由实现主备备份（双机状态正常）示意

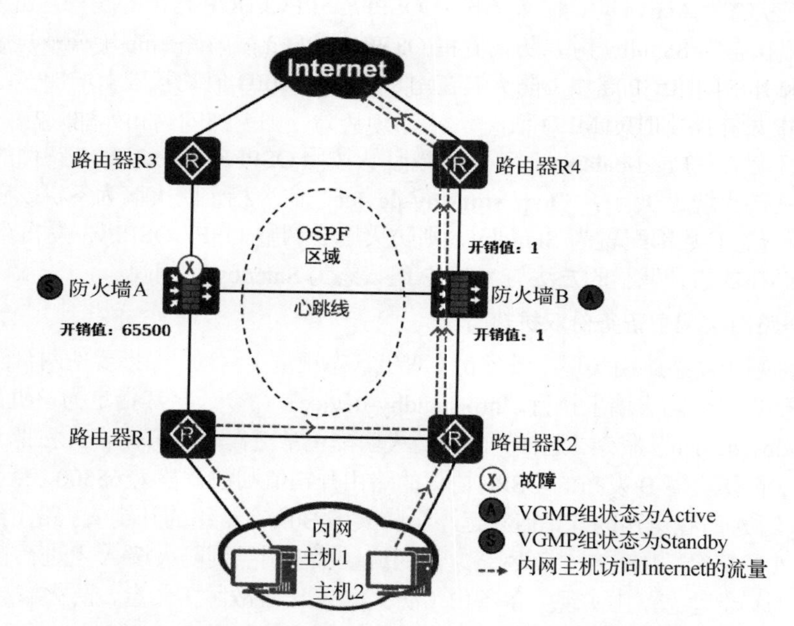

图 4-9　基于动态路由实现主备备份（防火墙 A 出现故障）的示意

3. 基于动态路由实现负载分担双机热备

图 4-10 所示为基于动态路由实现负载分担（双机状态正常）示意，如果要使两台防火墙形成负载分担组网，则需要在防火墙和上下行路由器上合理配置 OSPF 协议的路由开销值，将流量均匀地引导到两台防火墙上进行处理。例如，防火墙和路由器的 OSPF 协议的路由开销值都保持为默认值 1。这样，两台防火墙都正常工作时，防火墙 A 和防火墙 B 所在链路的开销值相等。内外部网路之间的流量将会由防火墙 A 和防火墙 B 共同处理。

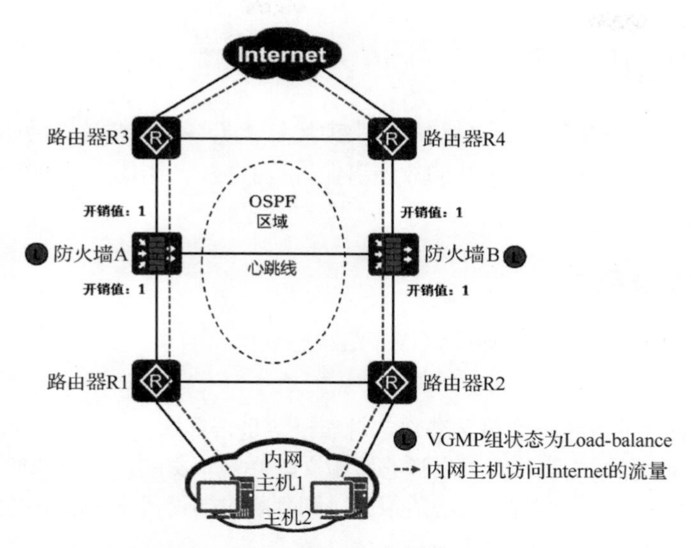

图 4-10　基于动态路由实现负载分担（双机状态正常）示意

图 4-11 所示为基于动态路由实现负载分担（防火墙 A 出现故障）示意，防火墙 A 的上行业务接口出现故障。防火墙 A 的 VGMP 组状态变为 Standby，防火墙 B 的 VGMP 组状态变为 Active。防火墙 A 和防火墙 B 根据 VGMP 组状态对 OSPF 协议的路由开销值进行调整，防火墙 A 发布的 OSPF 协议的路由开销值被调整为 65500，防火墙 B 发布的 OSPF 协议的路由开销值被调整为 1。路由完成收敛后，内部网络和外部网路之间的流量都被引导到防火墙 B 上进行转发。

同理，如果防火墙 B 出现故障，防火墙 A 未出现故障，则内部网络和外部网路之间的流量会被引导到防火墙 A 上进行转发。

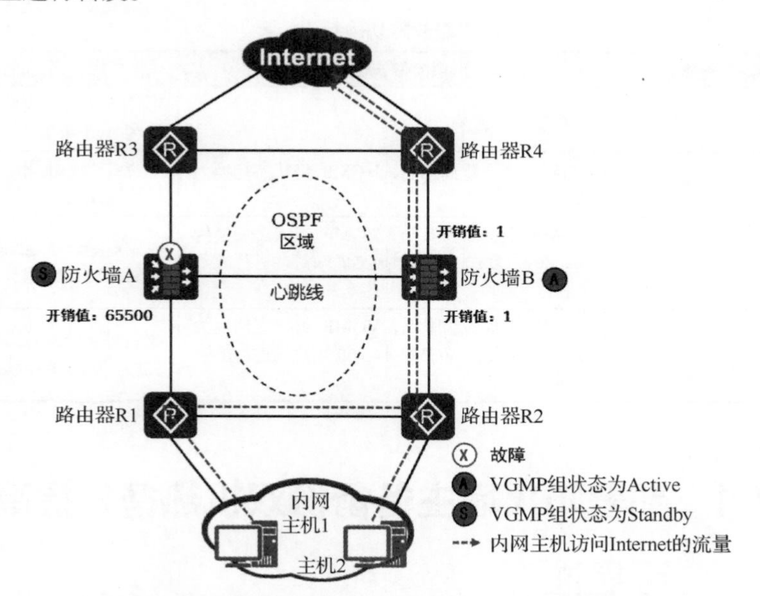

图 4-11　基于动态路由实现负载分担（防火墙 A 出现故障）示意

综上所述，正常情况下，防火墙 A 和防火墙 B 都会处理内外部网路之间的流量，防火墙 A 和防火墙 B 之间形成负载分担模式的双机热备。防火墙 A 和防火墙 B 中任意一台出现故障时，流量都会自动切换到另一台未出现故障的防火墙上进行处理，保证业务不中断。

4.4 故障监控和切换

故障切换是指双机热备组网中的一台防火墙出现故障，另一台设备接替故障防火墙处理业务。防火墙通过设定不同的触发条件，对不同的故障事件进行监控，当出现故障时，能及时触发故障切换，保证业务不中断。

4.4.1 故障切换的触发条件

故障切换的触发条件包括心跳丢失和VGMP组状态变化。

1. 心跳丢失

防火墙通过监控对端设备的心跳报文来判定对端设备是否存活，是否要进行故障切换。双机热备组网中的两台防火墙会通过心跳线互相发送心跳报文。心跳报文的发送周期默认为1000ms。如果防火墙连续5个心跳周期没有收到对端的心跳报文，则判断对端设备出现故障并触发故障切换。

2. VGMP组状态变化

防火墙通过心跳线接收对端设备的VGMP报文，了解对端设备的VGMP组优先级，并通过比较本端和对端VGMP组优先级的大小来确定是否要进行故障切换。当防火墙的接口或链路出现故障时，VGMP组优先级会降低。如果本端的VGMP组优先级低于对端，则本端的VGMP组状态会切换为Standby。同时，防火墙会向对端设备发送一个VGMP报文，通知对端进行故障切换。

4.4.2 故障切换行为

当出现不同故障事件时，防火墙故障切换行为如表4-1所示。

表4-1　防火墙故障切换行为

故障事件	是否切换	出现故障设备行为	未出现故障设备行为
整机故障	是	N/A	等待5个心跳周期后，VGMP组状态切换为Active
心跳线故障	是	等待5个心跳周期后，VGMP组状态切换为Active	等待5个心跳周期后，VGMP组状态切换为Active
VGMP组监控的接口故障	是	VGMP组优先级降低，VGMP组状态切换为Standby，发送VGMP报文通知对端进行故障切换	收到对端设备通知故障切换的VGMP报文后，VGMP组状态切换为Active
VGMP组监控的链路故障	是	VGMP组优先级降低，VGMP组状态切换为Standby，发送VGMP报文通知对端进行故障切换	收到对端设备通知故障切换的VGMP报文后，VGMP组状态切换为Active

动手任务4.1　部署防火墙主备备份双机热备，提高网络可靠性

图4-12所示为某企业组网示意，其中两台防火墙的业务接口都工作在第三层，上下行分别连接第二层交换机。上行交换机连接运营商的接入点，运营商为企业分配的IP地址为1.1.1.1/24，内网访问Internet做NAT，地址池为1.1.1.11～1.1.1.20。现在希望两台防火墙以主备备份模式工作。正常情况下，流量通过防火墙A转发。当防火墙A出现故障时，流量通过防火墙B转发，保证业务不中断。

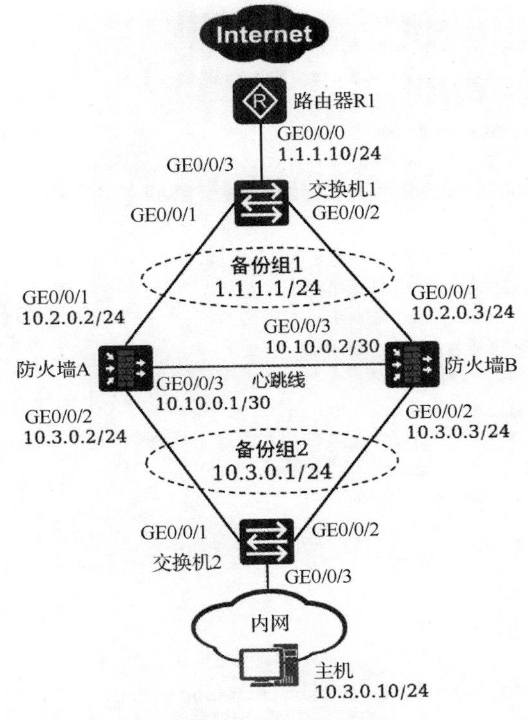

图 4-12　某企业组网示意

【任务内容】

（1）配置 NAPT，实现内网主机通过源 NAT 正常访问 Internet。

（2）配置双机热备，实现两台防火墙以主备备份模式工作。

【任务设备】

（1）华为 USG 系列防火墙两台。

（2）华为 S 系列交换机两台。

（3）华为 AR 系列路由器一台。

（4）计算机一台。

【配置思路】

（1）配置防火墙的接口 IP 地址、路由协议、安全区域，完成网络基本参数的配置。

（2）配置防火墙双机热备，实现两台防火墙以主备备份模式工作。

（3）配置 NAPT 方式的源 NAT，对内网主机访问 Internet 的报文源地址进行转换。

（4）配置防火墙的安全策略，允许内网主机访问 Internet。

（5）验证和调试，检查能否实现任务需求。

【配置步骤】

步骤 1：配置防火墙网络的基本参数

（1）配置防火墙接口 IP 地址

配置防火墙 A 的接口 IP 地址。

```
<FW_A> system-view
[FW_A] interface GigabitEthernet 0/0/1
[FW_A-GigabitEthernet0/0/1] ip address 10.2.0.2 24
//防火墙出接口使用私有地址可节省企业的公有地址
```

```
[FW_A-GigabitEthernet0/0/1] quit
[FW_A] interface GigabitEthernet 0/0/2
[FW_A-GigabitEthernet0/0/2] ip address 10.3.0.2 24
[FW_A-GigabitEthernet0/0/2] quit
[FW_A] interface GigabitEthernet 0/0/3
[FW_A-GigabitEthernet0/0/3] ip address 10.10.0.1 30
[FW_A-GigabitEthernet0/0/3] quit
```

配置防火墙 B 的接口 IP 地址。

```
<FW_B> system-view
[FW_B] interface GigabitEthernet 0/0/1
[FW_B-GigabitEthernet0/0/1] ip address 10.2.0.3 24
//防火墙出接口使用私有地址可节省企业的公有地址
[FW_B-GigabitEthernet0/0/1] quit
[FW_B] interface GigabitEthernet 0/0/2
[FW_B-GigabitEthernet0/0/2] ip address 10.3.0.3 24
[FW_B-GigabitEthernet0/0/2] quit
[FW_B] interface GigabitEthernet 0/0/3
[FW_B-GigabitEthernet0/0/3] ip address 10.10.0.2 30
[FW_B-GigabitEthernet0/0/3] quit
```

（2）将接口加入安全区域

将防火墙 A 各接口加入相应区域。

```
[FW_A] firewall zone untrust
[FW_A-zone-untrust] add interface GigabitEthernet 0/0/1
[FW_A-zone-untrust] quit
[FW_A] firewall zone trust
[FW_A-zone-trust] add interface GigabitEthernet 0/0/2
[FW_A-zone-trust] quit
[FW_A] firewall zone dmz
[FW_A-zone-dmz] add interface GigabitEthernet 0/0/3
[FW_A-zone-dmz] quit
```

将防火墙 B 各接口加入相应区域。

```
[FW_B] firewall zone untrust
[FW_B-zone-untrust] add interface GigabitEthernet 0/0/1
[FW_B-zone-untrust] quit
[FW_B] firewall zone trust
[FW_B-zone-trust] add interface GigabitEthernet 0/0/2
[FW_B-zone-trust] quit
[FW_B] firewall zone dmz
[FW_B-zone-dmz] add interface GigabitEthernet 0/0/3
[FW_B-zone-dmz] quit
```

（3）配置默认路由

为防火墙 A 配置默认路由。

```
[FW_A] ip route-static 0.0.0.0 0 1.1.1.10
//使内网用户的流量可以正常转发至路由器 R1
```

为防火墙 B 配置默认路由。

```
[FW_B] ip route-static 0.0.0.0 0 1.1.1.10
```

步骤 2：配置双机热备主备备份

（1）配置 VRRP 备份组

在防火墙 A 上配置 VRRP 备份组 1 和备份组 2，并设置其状态为 Active。

```
[FW_A] interface GigabitEthernet 0/0/1
[FW_A-GigabitEthernet0/0/1] vrrp vrid 1 virtual-ip 1.1.1.1 24 active
```

```
/*创建 VRRP 备份组，配置 VRRP 备份组的虚拟 IP 地址并指定备份组的状态。如果接口的 IP 地址与 VRRP 备份组的虚拟 IP 地址不在同一网段，则配置虚拟 IP 地址时需要指定掩码*/
[FW_A-GigabitEthernet0/0/1] quit
[FW_A] interface GigabitEthernet 0/0/2
[FW_A-GigabitEthernet0/0/2] vrrp vrid 2 virtual-ip 10.3.0.1 active
[FW_A-GigabitEthernet0/0/2] quit
```

在防火墙 B 上配置 VRRP 备份组 1 和备份组 2，并设置其状态为 Standby。

```
[FW_B] interface GigabitEthernet 0/0/1
[FW_B-GigabitEthernet0/0/1] vrrp vrid 1 virtual-ip 1.1.1.1 24 standby
[FW_B-GigabitEthernet0/0/1] quit
[FW_B] interface GigabitEthernet 0/0/2
[FW_B-GigabitEthernet0/0/2] vrrp vrid 2 virtual-ip 10.3.0.1 standby
[FW_B-GigabitEthernet0/0/2] quit
```

（2）指定心跳接口并启用双机热备功能

在防火墙 A 上指定心跳接口并启用双机热备功能。

```
[FW_A] hrp interface GigabitEthernet 0/0/3 remote 10.10.0.2
//配置心跳接口，并指定对端心跳接口的 IPv4 地址
[FW_A] hrp enable    //启用 HRP 双机热备功能
```

在防火墙 B 上指定心跳接口并启用双机热备功能。

```
[FW_B] hrp interface GigabitEthernet 0/0/3 remote 10.10.0.1
[FW_B] hrp enable
```

步骤 3：配置安全策略

配置安全策略，允许内网主机访问 Internet。双机热备状态成功建立后，默认情况下，对于可以备份的配置命令，只能在主用设备上执行，备用设备上不能执行。因此，安全策略只能在主用设备防火墙 A 上配置，防火墙 A 上的安全策略配置会自动备份到防火墙 B 上。

```
HRP_M[FW_A] security-policy
HRP_M[FW_A-policy-security] rule name trust_to_untrust
HRP_M[FW_A-policy-security-rule-trust_to_untrust] source-zone trust
HRP_M[FW_A-policy-security-rule-trust_to_untrust] source-address 10.3.0.0 24
HRP_M[FW_A-policy-security-rule-trust_to_untrust] destination-zone untrust
HRP_M[FW_A-policy-security-rule-trust_to_untrust] action permit
HRP_M[FW_A-policy-security-rule-trust_to_untrust] quit
HRP_M[FW_A-policy-security] quit
```

步骤 4：配置 NAT

NAT 属于可以备份的配置，只能在主用设备防火墙 A 上配置，防火墙 A 上的 NAT 配置会自动备份到防火墙 B 上。

（1）配置 NAT 地址池

```
HRP_M[FW_A] nat address-group group1
HRP_M[FW_A-address-group-group1] section 0 1.1.1.11 1.1.1.20
HRP_M[FW_A-address-group-group1] route enable
HRP_M[FW_A-address-group-group1] quit
```

（2）配置 NAT 策略

```
HRP_M[FW_A] nat-policy
HRP_M[FW_A-policy-nat] rule name trust_to_untrust
HRP_M[FW_A-policy-nat-rule-trust_to_untrust] source-zone trust
HRP_M[FW_A-policy-nat-rule-trust_to_untrust] source-address 10.3.0.0 24
HRP_M[FW_A-policy-nat-rule-trust_to_untrust] destination-zone untrust
HRP_M[FW_A-policy-nat-rule-trust_to_untrust] action source-nat address-group group1
HRP_M[FW_A-policy-nat-rule-trust_to_untrust] quit
HRP_M[FW_A-policy-nat] quit
```

📖多学一招

在双机热备的负载分担场景下，对于NAPT模式，只需要在建立双机关系的主用设备上配置可使用的NAT资源，并在主用设备上执行“**hrp nat resource primary-group**”命令，备用设备上会同步NAT配置，并自动执行“**hrp nat resource secondary-group**”命令。

执行“**hrp nat resource secondary-group**”命令后，NAT地址池的资源（公网端口号）将平分成两段，分别供两台防火墙使用。primary-group表示前段资源组，secondary-group表示后段资源组。

对于NAT No-PAT模式，只需要在建立双机关系的主用设备上配置可使用的NAT资源（公网IP地址），并在主用设备上执行“**nat resource load-balance enable**”命令，备用设备会同步NAT配置并执行“**nat resource load-balance enable**”命令。

执行“**nat resource load-balance enable**”命令后，地址池ID为偶数的地址池由主用设备分配，地址池ID为奇数的地址池由备用设备分配，从而保证分配的地址和端口不会冲突。当主用设备收到首包，且首包报文转换的地址属于奇数地址池时，主用设备会将首包的相关信息通过心跳接口传递给备用设备。备用设备将地址和端口分配给首包并将相关信息传递给主用设备，再由主用设备建立会话；当主用设备收到首包且首包报文转换的地址属于偶数地址池时，主用设备将地址和端口分配给首包，并在本机上直接建立会话。

双机热备场景下，NAT地址池不允许包含主用设备、备用设备接口的IP地址。如果NAT地址池包含了接口的IP地址，则上行设备请求该地址池IP地址的ARP时，主用设备和备用设备都会回应，导致ARP冲突。

双机热备场景下，NAT策略中的源地址或目的地址不允许包含心跳接口的IP地址，以免心跳报文被NAT引发心跳链路通信异常。

在负载分担方式的双机热备场景下，地址池模式不能为三元组NAT模式（包括静态映射），只能为PAT模式（包括端口预分配）和No-PAT模式。

在非镜像模式的双机热备场景下，不能使用Easy-IP。因为Easy-IP直接使用接口的公有地址作为转换后的地址，所以在非镜像模式的双机热备场景下，如果使用Easy-IP，则NAT后的地址是主用设备的接口IP地址。因为备用设备上没有主用设备的接口IP地址，所以主用设备的会话备份到备用设备后是不可用的。上行设备进行ARP学习时，学到的是主用设备的MAC地址，并没有学习到备用设备的MAC地址。因此，在非镜像模式的双机热备场景下是不能使用Easy-IP的。

步骤5：配置路由器

（1）配置路由器R1的接口IP地址

```
<R1> system-view
[R1] interface GigabitEthernet 0/0/0
[R1-GigabitEthernet0/0/0] ip address 1.1.1.10 24
[R1] interface LoopBack 0
[R1-LoopBack0] ip address 2.2.2.2 32    //模拟 Internet 中的服务器
[R1-LoopBack0] quit
```

（2）配置路由器R1默认路由

```
[R1] ip route-static 10.3.0.0 24 1.1.1.1
//路由下一跳指向 VRRP 备份组 1 的虚拟 IP 地址
```

步骤6：配置交换机和内网终端

（1）配置交换机VLAN

配置交换机1的VLAN，将GE01011～GE01013这3个接口加入同一个VLAN。

```
<SW1> system-view
[SW1] vlan batch 2    //创建VLAN
[SW1] interface GigabitEthernet 0/0/1
[SW1-GigabitEthernet0/0/1] port link-type access
//配置接口的链路类型
[SW1-GigabitEthernet0/0/1] port default vlan 2
//配置接口的默认VLAN并将接口加入该VLAN
[SW1-GigabitEthernet0/0/1] quit
[SW1] interface GigabitEthernet 0/0/2
[SW1-GigabitEthernet0/0/2] port link-type access
[SW1-GigabitEthernet0/0/2] port default vlan 2
[SW1-GigabitEthernet0/0/2] quit
[SW1] interface GigabitEthernet 0/0/3
[SW1-GigabitEthernet0/0/3] port link-type access
[SW1-GigabitEthernet0/0/3] port default vlan 2
[SW1-GigabitEthernet0/0/3] quit
```

配置交换机2的VLAN，将GE01011～GE01013这3个接口加入同一个VLAN。

```
<SW2> system-view
[SW2] vlan batch 3
[SW2] interface GigabitEthernet 0/0/1
[SW2-GigabitEthernet0/0/1] port link-type access
[SW2-GigabitEthernet0/0/1] port default vlan 3
[SW2-GigabitEthernet0/0/1] quit
[SW2] interface GigabitEthernet 0/0/2
[SW2-GigabitEthernet0/0/2] port link-type access
[SW2-GigabitEthernet0/0/2] port default vlan 3
[SW2-GigabitEthernet0/0/2] quit
[SW2] interface GigabitEthernet 0/0/3
[SW2-GigabitEthernet0/0/3] port link-type access
[SW2-GigabitEthernet0/0/3] port default vlan 3
[SW2-GigabitEthernet0/0/3] quit
```

（2）配置内网主机的网络参数

将内网主机的IP地址设置为10.3.0.10，子网掩码设置为255.255.255.0，网关设置为备份组2的虚拟IP地址10.3.0.1，具体操作步骤省略。

步骤7：验证和调试

在防火墙A和防火墙B上检查VRRP组内接口的状态信息及VGMP组的状态，并测试网络连通性和故障切换功能。

（1）查看VRRP备份组内接口的状态信息和参数配置

查看防火墙A上的VRRP备份组。

```
HRP_M<FW_A> display vrrp
  GigabitEthernet0/0/1 | Virtual Router 1
  //VRRP备份组所在的接口和VRRP备份组号
    State : Master              //FW_A在备份组1中为主用设备
    Virtual IP : 1.1.1.1        //VRRP备份组的虚拟IP地址
    Master IP : 10.2.0.2        //主用设备上该VRRP备份组所在接口的IP地址
    PriorityRun : 120           //VRRP备份组的运行优先级
```

```
    PriorityConfig : 100         //为该设备配置的VRRP备份组优先级
    MasterPriority : 120         //该备份组中主用设备的VRRP备份组优先级
    Preempt : YES   Delay Time : 0 s
    //抢占方式标识(YES表示启用抢占);抢占延时时间,默认为0
    TimerRun : 60 s
    TimerConfig : 60 s
    Auth type : NONE
    Virtual MAC : 0000-5e00-0101   //VRRP备份组的虚拟MAC地址
    Check TTL : YES
    Config type : vgmp-vrrp
    Backup-forward : disabled
    Create time : 2022-04-26 03:58:43
    Last change time : 2022-04-26 04:06:58

  GigabitEthernet0/0/2 | Virtual Router 2
    State : Master             //防火墙A在备份组2中为主用设备
    Virtual IP : 10.3.0.1
    Master IP : 10.3.0.2
    PriorityRun : 120
    PriorityConfig : 100
    MasterPriority : 120
    Preempt : YES   Delay Time : 0 s
    TimerRun : 60 s
    TimerConfig : 60 s
    Auth type : NONE
    Virtual MAC : 0000-5e00-0102
    Check TTL : YES
    Config type : vgmp-vrrp
    Backup-forward : disabled
    Create time : 2022-04-26 04:01:35
    Last change time : 2022-04-26 04:06:58
```

查看防火墙B上的VRRP备份组。

```
HRP_S<FW_B> display vrrp
  GigabitEthernet0/0/1 | Virtual Router 1
    State : Backup             //防火墙B在备份组1中为备用设备
    Virtual IP : 1.1.1.1
    Master IP : 10.2.0.2
    PriorityRun : 120
    PriorityConfig : 100
    MasterPriority : 120
    Preempt : YES   Delay Time : 0 s
    TimerRun : 60 s
    TimerConfig : 60 s
    Auth type : NONE
    Virtual MAC : 0000-5e00-0101
    Check TTL : YES
    Config type : vgmp-vrrp
    Backup-forward : disabled
    Create time : 2022-04-26 04:04:09
    Last change time : 2022-04-26 04:04:09

  GigabitEthernet0/0/2 | Virtual Router 2
    State : Backup             //防火墙B在备份组2中为备用设备
    Virtual IP : 10.3.0.1
```

```
  Master IP : 10.3.0.2
  PriorityRun : 120
  PriorityConfig : 100
  MasterPriority : 120
  Preempt : YES   Delay Time : 0 s
  TimerRun : 60 s
  TimerConfig : 60 s
  Auth type : NONE
  Virtual MAC : 0000-5e00-0102
  Check TTL : YES
  Config type : vgmp-vrrp
  Backup-forward : disabled
  Create time : 2022-04-26 04:04:31
  Last change time : 2022-04-26 04:04:31
```

以上输出信息显示，VRRP 组建立成功，防火墙 A 作为 VRRP 备份组 1 和 VRRP 备份组 2 的主用设备来转发网络中的流量；防火墙 B 作为 VRRP 备份组 1 和 VRRP 备份组 2 的备用设备，正常情况下不转发流量。

（2）查看当前 VGMP 组的状态

查看防火墙 A 上当前 VGMP 组的状态。

```
HRP_M<FW_A> display hrp state
 Role:active , peer: standby
 //当前设备和对端设备的角色。active 表示为主用设备，standby 表示为备用设备
 Running priority: 45000, peer: 45000
 //当前设备和对端设备 VGMP 组的优先级
 Core state: normal, peer: normal
 //当前设备和对端设备的 VGMP 管理组状态。normal 表示 VGMP 组状态正常，状态为 Load-balance
 Backup channel usage: 0.00%
 Stable time: 0 days, 0 hours, 57 minutes
 Last state change information: 2022-04-26 4:13:19 HRP core state changed, old_s
tate = abnormal(active), new_state = normal, local_priority = 45000, peer_priori
ty = 45000.
```

查看防火墙 B 上当前 VGMP 组的状态。

```
HRP_S<FW_B> display hrp state
 Role: standby, peer: active
 Running priority: 45000, peer: 45000
 Core state: normal, peer: normal
 Backup channel usage: 0.00%
 Stable time: 0 days, 0 hours, 59 minutes
 Last state change information: 2022-04-26 4:13:20 HRP core state changed, old_s
tate = abnormal(standby), new_state = normal, local_priority = 45000, peer_prior
ity = 45000.
```

以上输出信息显示，双机热备建立成功，双方 VGMP 组的状态为 Load-balance，防火墙 A 为双机热备中的主用设备，防火墙 B 为双机热备中的备用设备。

（3）连通性测试

在内网主机上 ping 路由器 R1 的 LoopBack0 接口 IP 地址 2.2.2.2，可正常 ping 通，分别在防火墙 A 和防火墙 B 上查看会话表。

```
HRP_M<FW_A> display firewall session table
 Current Total Sessions : 7
 udp  VPN: public --> public  10.10.0.1:49152 --> 10.10.0.2:18514
 //HRP 产生的会话表
 udp  VPN: public --> public  10.10.0.2:49152 --> 10.10.0.1:18514
```

```
//HRP 产生的会话表
icmp  VPN: public --> public  10.3.0.10:40366[1.1.1.19:2071] --> 2.2.2.2:2048
icmp  VPN: public --> public  10.3.0.10:39854[1.1.1.19:2069] --> 2.2.2.2:2048
icmp  VPN: public --> public  10.3.0.10:40110[1.1.1.19:2070] --> 2.2.2.2:2048
icmp  VPN: public --> public  10.3.0.10:39342[1.1.1.19:2067] --> 2.2.2.2:2048
icmp  VPN: public --> public  10.3.0.10:39598[1.1.1.19:2068] --> 2.2.2.2:2048
HRP_S<FW_B> display firewall session table
Current Total Sessions : 7
udp  VPN: public --> public  10.10.0.1:49152 --> 10.10.0.2:18514
udp  VPN: public --> public  10.10.0.2:49152 --> 10.10.0.1:18514
icmp  VPN: public --> public  Remote 10.3.0.10:40366[1.1.1.19:2071] --> 2.2.2.2:2048
//Remote 标记的会话指的是配置双机热备后主用设备备份过来的会话
icmp  VPN: public --> public  Remote 10.3.0.10:39854[1.1.1.19:2069] --> 2.2.2.2:2048
icmp  VPN: public --> public  Remote 10.3.0.10:40110[1.1.1.19:2070] --> 2.2.2.2:2048
icmp  VPN: public --> public  Remote 10.3.0.10:39342[1.1.1.19:2067] --> 2.2.2.2:2048
icmp  VPN: public --> public  Remote 10.3.0.10:39598[1.1.1.19:2068] --> 2.2.2.2:2048
```

以上输出信息显示，双机热备建立成功，主用设备防火墙 A 生成的业务表项向备用设备防火墙 B 上备份。

在主备备份模式的组网中，只有主用设备会处理业务，主用设备上生成业务表项，并向备用设备备份。在负载分担模式的组网中，两台设备都会处理业务，且都会生成业务表项并向对端设备备份。

（4）故障切换

将防火墙 A 的 GE0/0/1 接口置为 Down 状态，分别在防火墙 A 和防火墙 B 上查看 VGMP 组及 VRRP 组的状态信息。

```
HRP_S<FW_A> display hrp state    //查看防火墙 A 的 VGMP 组状态信息
Role: standby, peer: active (should be "active-standby")
/*当前双机实际运行角色与配置不一致，括号中提示的 should be "active-standby"为正常运行时的角色，正常运行的状态应该是本端设备为 Active，对端设备为 Standby。而实际运行状态是本端设备为 Standby，对端设备为 Active */
Running priority: 44998, peer: 45000
//防火墙 A 的 VGMP 组优先级减“2”，变为 44998
Core state: abnormal(standby), peer: abnormal(active)
//当前设备和对端设备的 VGMP 管理组状态。abnormal(standby)表示状态异常，目前为 Standby 状态，正常状态为 Normal；abnormal(active)表示状态异常，目前为 Acitve 状态。该异常表示双机的状态会发生切换*/
Backup channel usage: 0.00%
Stable time: 0 days, 0 hours, 2 minutes
Last state change information: 2022-04-26 6:56:58 HRP core state changed, old_s
tate = normal, new_state = abnormal(standby), local_priority = 44998, peer_prior
ity = 45000.

HRP_S<FW_A> display vrrp brief     //查看防火墙 A 上 VRRP 组的简要状态信息
Total:2    Master:0    Backup:2    Non-active:0
VRID  State        Interface              Type     Virtual IP
----------------------------------------------------------------
1     Backup       GE0/0/1                Vgmp     1.1.1.1
2     Backup       GE0/0/2                Vgmp     10.3.0.1


HRP_M<FW_B> display hrp state    //查看防火墙 B 上 VGMP 组的状态信息
Role: active, peer: standby (should be "standby-active")
```

```
 Running priority: 45000, peer: 44998
 Core state: abnormal(active), peer: abnormal(standby)
 Backup channel usage: 0.00%
 Stable time: 0 days, 0 hours, 2 minutes
 Last state change information: 2022-04-26 6:56:59 HRP core state changed, old_s
tate = normal, new_state = abnormal(active), local_priority = 45000, peer_priori
ty = 44998.

HRP_M<FW_B> display vrrp brief      //查看防火墙 B 上 VRRP 组的简要状态信息
Total:2     Master:2     Backup:0     Non-active:0
VRID  State         Interface              Type     Virtual IP
----------------------------------------------------------------
1     Master        GE0/0/1                Vgmp     1.1.1.1
2     Master        GE0/0/2                Vgmp     10.3.0.1
```

以上输出信息显示，防火墙 A 出现故障后，防火墙 A 的 VGMP 组优先级减为 44998，低于对端设备，状态变为 Standby，并将备份组 1 和备份组 2 的状态统一切换为 Backup，防火墙 A 切换为备用设备。防火墙 B 的 VGMP 组优先级不变，大于对端设备，状态变为 Active，并将备份组 1 和备份组 2 的状态统一切换为 Master，防火墙 B 切换为主用设备。

（5）故障恢复

当原主用设备防火墙 A 修复后，分别在防火墙 A 和防火墙 B 上查看 VGMP 组及 VRRP 组的状态信息。

```
HRP_M<FW_A> display hrp state      //查看防火墙 A 上 VGMP 组的状态信息
 Role: active, peer: standby
 Running priority: 45000, peer: 45000
 Core state: normal, peer: normal
 Backup channel usage: 0.00%
 Stable time: 0 days, 0 hours, 0 minutes
 Last state change information: 2022-04-26 7:56:47 HRP core state changed, old_s
tate = abnormal(standby), new_state = normal, local_priority = 45000, peer_prior
ity = 45000.

HRP_M<FW_A> display vrrp brief      //查看防火墙 A 上 VRRP 组的简要状态信息
Total:2     Master:2     Backup:0     Non-active:0
VRID  State         Interface              Type     Virtual IP
----------------------------------------------------------------
1     Master        GE0/0/1                Vgmp     1.1.1.1
2     Master        GE0/0/2                Vgmp     10.3.0.1


HRP_S<FW_B> display hrp state      //查看防火墙 B 上 VGMP 组的状态信息
 Role: standby, peer: active
 Running priority: 45000, peer: 45000
 Core state: normal, peer: normal
 Backup channel usage: 0.00%
 Stable time: 0 days, 0 hours, 6 minutes
 Last state change information: 2022-04-26 8:45:37 HRP core state changed, old_s
tate = abnormal(active), new_state = normal, local_priority = 45000, peer_priori
ty = 45000.

HRP_S<FW_B> display vrrp brief      //查看防火墙 B 上 VRRP 组的简要状态信息
Total:2     Master:0     Backup:2     Non-active:0
VRID  State         Interface              Type     Virtual IP
```

```
------------------------------------------------------------------
1      Backup     GE0/0/1                 Vgmp     1.1.1.1
2      Backup     GE0/0/2                 Vgmp     10.3.0.1
```

以上输出信息显示，防火墙 A 修复后，防火墙 A 重新切换为主用设备，防火墙 B 切换为备用设备。

动手任务 4.2　部署防火墙负载分担双机热备，提高网络可靠性

图 4-13 所示为某企业组网示意，某企业的两台防火墙的业务接口都工作在网络互联层，上行连接路由器，下行连接二层交换机。防火墙与路由器之间运行 OSPF 协议。现在希望两台防火墙以负载分担模式工作。正常情况下，防火墙 A 和防火墙 B 共同转发流量。当其中一台防火墙出现故障时，另外一台防火墙转发全部业务，保证业务不中断。

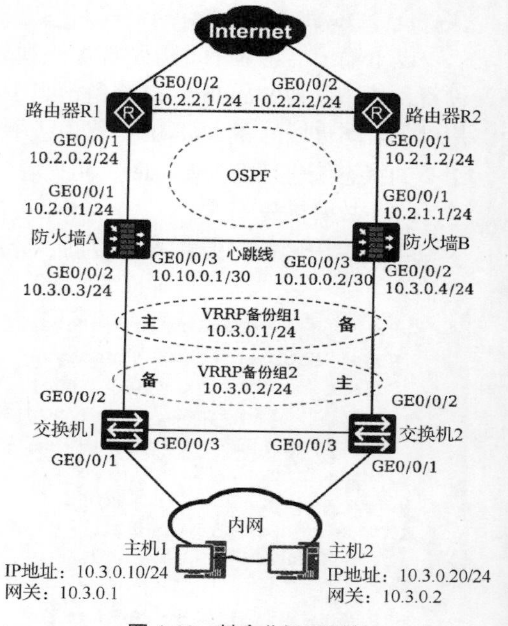

图 4-13　某企业组网示意

【任务内容】

配置双机热备，实现两台防火墙以负载分担模式工作。

【任务设备】

（1）华为 USG 系列防火墙两台。

（2）华为 S 系列交换机两台。

（3）华为 AR 系列路由器两台。

（4）计算机两台。

【配置思路】

（1）配置防火墙的接口 IP 地址、路由协议、安全区域，完成网络基本参数的配置。

（2）配置防火墙双机热备，实现两台防火墙以负载分担模式工作。

（3）配置防火墙的安全策略，允许内网用户访问外网。

（4）验证和调试，检查能否实现任务需求。

【配置步骤】

步骤 1：配置防火墙网络的基本参数

（1）配置防火墙接口 IP 地址

配置防火墙 A 的接口 IP 地址。

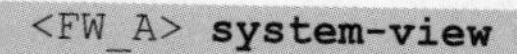

```
<FW_A> system-view
[FW_A] interface GigabitEthernet 0/0/1
[FW_A-GigabitEthernet0/0/1] ip address 10.2.0.1 24
[FW_A-GigabitEthernet0/0/1] quit
[FW_A] interface GigabitEthernet 0/0/2
[FW_A-GigabitEthernet0/0/2] ip add 10.3.0.3 24
[FW_A-GigabitEthernet0/0/2] quit
[FW_A] interface GigabitEthernet 0/0/3
[FW_A-GigabitEthernet0/0/3] ip add 10.10.0.1 30
[FW_A-GigabitEthernet0/0/3] quit
```

配置防火墙 B 的接口 IP 地址。

```
<FW_B> system-view
[FW_B] interface GigabitEthernet 0/0/1
[FW_B-GigabitEthernet0/0/1] ip add 10.2.1.1 24
[FW_B-GigabitEthernet0/0/1] quit
[FW_B] interface GigabitEthernet 0/0/2
[FW_B-GigabitEthernet0/0/2] ip add 10.3.0.4 24
[FW_B-GigabitEthernet0/0/2] quit
[FW_B] interface GigabitEthernet 0/0/3
[FW_B-GigabitEthernet0/0/3] ip add 10.10.0.2 30
[FW_B-GigabitEthernet0/0/3] quit
```

（2）将防火墙接口加入安全区域

将防火墙 A 各接口加入相应的安全区域。

```
[FW_A] firewall zone untrust
[FW_A-zone-untrust] add interface GigabitEthernet 0/0/1
[FW_A-zone-untrust] quit
[FW_A] firewall zone trust
[FW_A-zone-trust] add interface GigabitEthernet 0/0/2
[FW_A-zone-trust] quit
[FW_A] firewall zone dmz
[FW_A-zone-dmz] add interface GigabitEthernet 0/0/3
[FW_A-zone-dmz] quit
```

将防火墙 B 各接口加入相应的安全区域。

```
[FW_B] firewall zone untrust
[FW_B-zone-untrust] add interface GigabitEthernet 0/0/1
[FW_B-zone-untrust] quit
[FW_B] firewall zone trust
[FW_B-zone-trust] add interface GigabitEthernet 0/0/2
[FW_B-zone-trust] quit
[FW_B] firewall zone dmz
[FW_B-zone-dmz] add interface GigabitEthernet 0/0/3
[FW_B-zone-dmz] quit
```

（3）配置 OSPF 路由

为防火墙 A 配置 OSPF 路由。

```
[FW_A] ospf 1                        //创建并运行 OSPF 进程
[FW_A-ospf-1] area 0                 //创建 OSPF 区域，并进入 OSPF 区域视图
[FW_A-ospf-1-area-0.0.0.0] network 10.2.0.0 0.0.0.255
//将接口所在网段通告到 OSPF 区域
[FW_A-ospf-1-area-0.0.0.0] network 10.3.0.0 0.0.0.255
[FW_A-ospf-1-area-0.0.0.0] quit
[FW_A-ospf-1] quit
```

为防火墙 B 配置 OSPF 路由。

```
[FW_B] ospf 1
[FW_B-ospf-1] area 0
[FW_B-ospf-1-area-0.0.0.0] network 10.2.1.0 0.0.0.255
[FW_B-ospf-1-area-0.0.0.0] network 10.3.0.0 0.0.0.255
[FW_B-ospf-1-area-0.0.0.0] quit
[FW_B-ospf-1] quit
```

步骤 2：配置双机热备功能

由于防火墙上行连接路由器，下行连接交换机，需要在防火墙上配置 VGMP 组监控上行接口，并在下行接口上配置 VRRP 备份组。

（1）配置 VGMP 组监控上行业务接口。

在防火墙 A 上配置 VGMP 组监控上行业务接口。

```
[FW_A] hrp track interface GigabitEthernet 0/0/1     //配置 VGMP 组监控的接口
```

在防火墙 B 上配置 VGMP 组监控上行业务接口。

```
[FW_B] hrp track interface GigabitEthernet 0/0/1
```

（2）配置 VRRP 备份组。

在防火墙 A 下行业务接口 GE0/0/2 上配置 VRRP 备份组 1，并将其状态设置为 Active；为了实现负载分担，还需要配置 VRRP 备份组 2，并将其状态设置为 Standby。在防火墙 B 下行业务接口 GE0/0/2 上配置 VRRP 备份组 1，并将其状态设置为 Standby；为了实现负载分担，还需要配置 VRRP 备份组 2，并将其状态设置为 Active。

在防火墙 A 上配置 VRRP 备份组。

```
[FW_A] interface GigabitEthernet 0/0/2
[FW_A-GigabitEthernet0/0/2] vrrp vrid 1 virtual-ip 10.3.0.1 active
[FW_A-GigabitEthernet0/0/2] vrrp vrid 2 virtual-ip 10.3.0.2 standby
[FW_A-GigabitEthernet0/0/2] quit
```

在防火墙 B 上配置 VRRP 备份组。

```
[FW_B] interface GigabitEthernet 0/0/2
[FW_B-GigabitEthernet0/0/2] vrrp vrid 1 virtual-ip 10.3.0.1 standby
[FW_B-GigabitEthernet0/0/2] vrrp vrid 2 virtual-ip 10.3.0.2 active
[FW_B-GigabitEthernet0/0/2] quit
```

（3）配置会话快速备份功能

在负载分担模式组网中，两台防火墙都转发流量，为了防止来回路径不一致，需要在两台防火墙上都配置会话快速备份功能。

在防火墙 A 上配置会话快速备份。

```
[FW_A] hrp mirror session enable     //启用会话快速备份功能
```

在防火墙 B 上配置会话快速备份。

```
[FW_B] hrp mirror session enable
```

（4）指定心跳接口并启用双机热备功能

在防火墙 A 上指定心跳接口并启用双机热备功能。

```
[FW_A] hrp interface GigabitEthernet 0/0/3 remote 10.10.0.2
[FW_A] hrp enable
```

在防火墙 B 上指定心跳接口并启用双机热备功能。

```
[FW_B] hrp interface GigabitEthernet 0/0/3 remote 10.10.0.1
[FW_B] hrp enable
```

步骤 3：配置防火墙安全策略

双机热备状态成功建立后，在防火墙 A 上配置安全策略，防火墙 A 的安全策略配置会自动备份到防火墙 B 上。

（1）在防火墙 A 上配置安全策略，允许内网主机访问 Internet。

```
HRP_M[FW_A] security-policy
HRP_M[FW_A-policy-security] rule name trust_to_untrust
HRP_M[FW_A-policy-security-rule-trust_to_untrust] source-zone trust
HRP_M[FW_A-policy-security-rule-trust_to_untrust] source-address 10.3.0.0 24
HRP_M[FW_A-policy-security-rule-trust_to_untrust] destination-zone untrust
HRP_M[FW_A-policy-security-rule-trust_to_untrust] action permit
HRP_M[FW_A-policy-security-rule-trust_to_untrust] quit
```

（2）在防火墙 A 上配置安全策略，允许防火墙与上行路由器交互 OSPF 报文。

```
HRP_M[FW_A-policy-security] rule name policy_ospf
HRP_M[FW_A-policy-security-rule-policy_ospf] source-zone local untrust
HRP_M[FW_A-policy-security-rule-policy_ospf] destination-zone local untrust
HRP_M[FW_A-policy-security-rule-policy_ospf] service ospf
HRP_M[FW_A-policy-security-rule-policy_ospf] action permit
HRP_M[FW_A-policy-security-rule-policy_ospf] quit
HRP_M[FW_A-policy-security] quit
```

OSPF 报文是否受安全策略控制取决于“**firewall packet-filter basic-protocol enable**”命令的配置。默认情况下，该命令处于启用状态，即 OSPF 报文受安全策略控制，需要在上行业务接口所在的 Untrust 区域与 Local 区域之间配置安全策略，允许协议类型为 OSPF 的报文通过。本例以该命令启用为例进行介绍。

步骤 4：配置路由器

（1）配置路由器接口 IP 地址

在路由器 R1 上配置接口 IP 地址。

```
<R1> system-view
[R1] interface GigabitEthernet 0/0/1
[R1-GigabitEthernet0/0/1] ip address 10.2.0.2 24
[R1-GigabitEthernet0/0/1] quit
[R1] interface GigabitEthernet 0/0/2
[R1-GigabitEthernet0/0/2] ip address 10.2.2.1 24
[R1-GigabitEthernet0/0/2] quit
```

在路由器 R2 上配置接口 IP 地址。

```
<R2> system-view
[R2] interface GigabitEthernet 0/0/1
[R2-GigabitEthernet0/0/1] ip address 10.2.1.2 24
[R2-GigabitEthernet0/0/1] quit
[R2] interface GigabitEthernet 0/0/2
[R2-GigabitEthernet0/0/2] ip address 10.2.2.2 24
[R2-GigabitEthernet0/0/2] quit
```

（2）配置 OSPF 路由

在路由器 R1 上配置 OSPF 路由。

```
[R1] ospf 1
[R1-ospf-1-area-0.0.0.0] network 10.2.0.0 0.0.0.255
[R1-ospf-1-area-0.0.0.0] network 10.2.2.0 0.0.0.255
[R1-ospf-1-area-0.0.0.0] quit
[R1-ospf-1] quit
```

在路由器 R2 上配置 OSPF 路由。

```
[R2] ospf 1
[R2-ospf-1] area 0
[R2-ospf-1-area-0.0.0.0] network 10.2.1.0 0.0.0.255
[R2-ospf-1-area-0.0.0.0] network 10.2.2.0 0.0.0.255
[R2-ospf-1-area-0.0.0.0] quit
[R2-ospf-1] quit
```

步骤 5：配置交换机及内网终端

（1）配置交换机 1 的 VLAN

配置交换机 1 的 VLAN，将 GE01011～GE01013 这 3 个接口加入同一个 VLAN。

```
<SW1> system-view
[SW1] vlan batch 3
```

```
[SW1] interface GigabitEthernet 0/0/1
[SW1-GigabitEthernet0/0/1] port link-type access
[SW1-GigabitEthernet0/0/1] port default vlan 3
[SW1-GigabitEthernet0/0/1] quit
[SW1] interface GigabitEthernet 0/0/2
[SW1-GigabitEthernet0/0/2] port link-type access
[SW1-GigabitEthernet0/0/2] port default vlan 3
[SW1-GigabitEthernet0/0/2] quit
[SW1] interface GigabitEthernet 0/0/3
[SW1-GigabitEthernet0/0/3] port link-type access
[SW1-GigabitEthernet0/0/3] port default vlan 3
[SW1-GigabitEthernet0/0/3] quit
```

配置交换机 2 的 VLAN，将 GE01011～GE01013 这 3 个接口加入同一个 VLAN。

```
<SW2> system-view
[SW2] vlan batch 3
[SW2] interface GigabitEthernet 0/0/1
[SW2-GigabitEthernet0/0/1] port link-type access
[SW2-GigabitEthernet0/0/1] port default vlan 3
[SW2-GigabitEthernet0/0/1] quit
[SW2] int GigabitEthernet 0/0/2
[SW2-GigabitEthernet0/0/2] port link-type access
[SW2-GigabitEthernet0/0/2] port default vlan 3
[SW2-GigabitEthernet0/0/2] quit
[SW2] interface GigabitEthernet 0/0/3
[SW2-GigabitEthernet0/0/3] port link-type access
[SW2-GigabitEthernet0/0/3] port default vlan 3
[SW2-GigabitEthernet0/0/3] quit
```

（2）配置内网主机的网络参数

设置内网主机 1 的 IP 地址为 10.3.0.10，子网掩码为 255.255.255.0，网关为 10.3.0.1；内网主机 2 的 IP 地址为 10.3.0.20，子网掩码为 255.255.255.0，网关设置为 VRRP 备份组 2 的虚拟 IP 地址 10.3.0.2，具体操作步骤省略。

步骤 6：验证和调试

（1）查看 VRRP 备份组信息

在防火墙 A 上查看 VRRP 备份组的概要信息。

```
HRP_M<FW_A> display vrrp brief
Total:2     Master:1     Backup:1     Non-active:0
VRID  State        Interface              Type     Virtual IP
----------------------------------------------------------------
1     Master       GE0/0/2                Vgmp     10.3.0.1
2     Backup       GE0/0/2                Vgmp     10.3.0.2
```

在防火墙 B 上查看 VRRP 备份组的概要信息。

```
HRP_S<FW_B> display vrrp brief
Total:2     Master:1     Backup:1     Non-active:0
VRID  State        Interface              Type     Virtual IP
----------------------------------------------------------------
1     Backup       GE0/0/2                Vgmp     10.3.0.1
2     Master       GE0/0/2                Vgmp     10.3.0.2
```

以上输出信息显示，VRRP 组建立成功，防火墙 A 作为 VRRP 备份组 1 的主用设备和 VRRP 备份组 2 的备用设备；防火墙 B 作为 VRRP 备份组 1 的备用设备和 VRRP 备份组 2 的主用设备。因此，正常情况下，内网主机 1 访问 Internet 的流量由防火墙 A 转发，主机 2 访问 Internet 的流量由防火墙 B 转发。

（2）查看当前 VGMP 组的状态

在防火墙 A 上查看当前 VGMP 组的状态。

```
HRP_M<FW_A> display hrp state
 Role: active, peer: active
 Running priority: 45000, peer: 45000
 Core state: normal, peer: normal
 Backup channel usage: 0.00%
 Stable time: 0 days, 0 hours, 20 minutes
 Last state change information: 2022-04-27 2:24:24 HRP core state changed, old_s
tate = abnormal(standby), new_state = normal, local_priority = 45000, peer_prior
ity = 45000.
```

在防火墙 B 上查看当前 VGMP 组的状态。

```
HRP_S<FW_B> display hrp state
 Role: active, peer: active
 Running priority: 45000, peer: 45000
 Core state: normal, peer: normal
 Backup channel usage: 0.00%
 Stable time: 0 days, 0 hours, 20 minutes
 Last state change information: 2022-04-27 2:24:24 HRP core state changed, old_s
tate = abnormal(active), new_state = normal, local_priority = 45000, peer_priori
ty = 45000.
```

以上输出信息显示，双机热备建立成功，防火墙 A 和防火墙 B 的角色均为 Active，即均为主用设备，双机工作在负载分担模式下。

（3）连通性测试

在内网主机 1 上 ping 路由器 R1（10.2.2.1），在主机 2 上 ping 路由器 R2（10.2.2.2），可正常 ping 通，在两台防火墙上查看会话表。

在防火墙 A 上查看会话表。

```
HRP_M<FW_A> display firewall session table
 Current Total Sessions :6
 icmp  VPN: public --> public  10.3.0.10:59059 --> 10.2.2.1:2048
 icmp  VPN: public --> public  10.3.0.10:58803 --> 10.2.2.1:2048
 icmp  VPN: public --> public  Remote 10.3.0.20:63667 --> 10.2.2.2:2048
 icmp  VPN: public --> public  Remote 10.3.0.20:63411 --> 10.2.2.2:2048
 udp  VPN: public --> public  10.10.0.1:49152 --> 10.10.0.2:18514
 udp  VPN: public --> public  10.10.0.2:49152 --> 10.10.0.1:18514
```

在防火墙 B 上查看会话表。

```
HRP_S<FW_B> display firewall session table
 Current Total Sessions : 6
 icmp  VPN: public --> public  Remote 10.3.0.10:59059 --> 10.2.2.1:2048
 icmp  VPN: public --> public  Remote 10.3.0.10:58803 --> 10.2.2.1:2048
 icmp  VPN: public --> public  10.3.0.20:63667 --> 10.2.2.2:2048
 icmp  VPN: public --> public  10.3.0.20:63411 --> 10.2.2.2:2048
 udp  VPN: public --> public  10.10.0.1:49152 --> 10.10.0.2:18514
 udp  VPN: public --> public  10.10.0.2:49152 --> 10.10.0.1:18514
```

以上输出信息显示，双机热备建立成功，主机 1 访问路由器 R1 的流量在防火墙 A 中生成会话表并备份到防火墙 B 上；主机 2 访问路由器 R2 的流量在防火墙 B 中生成会话表并备份到防火墙 B 上。

（4）故障切换

将防火墙 A 的上行业务接口 GE0/0/1 置为 Down 状态，观察防火墙状态的切换。

查看防火墙 A 的 VGMP 组及 VRRP 组的状态信息。

```
HRP_S<FW_A> display hrp state
```

```
 Role: standby, peer: active (should be "active-active")
 Running priority: 44998, peer: 45000
 Core state: abnormal(standby), peer: abnormal(active)
 Backup channel usage: 0.00%
 Stable time: 0 days, 0 hours, 1 minutes
 Last state change information: 2022-04-27 3:24:20 HRP core state changed, old_s
tate = normal, new_state = abnormal(standby), local_priority = 44998, peer_prior
ity = 45000.

HRP_S<FW_A> display vrrp brief
Total:2    Master:0    Backup:2    Non-active:0
VRID  State       Interface              Type    Virtual IP
----------------------------------------------------------------
1     Backup      GE0/0/2                Vgmp    10.3.0.1
2     Backup      GE0/0/2                Vgmp    10.3.0.2
```

查看防火墙 B 的 VGMP 组及 VRRP 组的状态信息。

```
HRP_M<FW_B> display hrp state
 Role: active, peer: standby (should be "active-active")
 Running priority: 45000, peer: 44998
 Core state: abnormal(active), peer: abnormal(standby)
 Backup channel usage: 0.00%
 Stable time: 0 days, 0 hours, 1 minutes
 Last state change information: 2022-04-27 3:24:20 HRP core state changed, old_s
tate = normal, new_state = abnormal(active), local_priority = 45000, peer_priori
ty = 44998.

HRP_M<FW_B> display vrrp brief
Total:2    Master:2    Backup:0    Non-active:0
VRID  State       Interface              Type    Virtual IP
----------------------------------------------------------------
1     Master      GE0/0/2                Vgmp    10.3.0.1
2     Master      GE0/0/2                Vgmp    10.3.0.2
```

以上输出信息显示，防火墙 A 故障后，防火墙 A 的 VGMP 组优先级减为 44998，低于对端设备，状态变为 Standby。此时，VRRP 备份组的状态由 VGMP 组的状态决定，因此 VGMP 组将备份组 1 的状态切换为 Backup。防火墙 A 在双机热备中的角色为备用设备，不再转发流量。防火墙 B 的 VGMP 组优先级不变，大于对端设备，状态变为 Active，因此 VGMP 组将备份组 1 的状态切换为 Master。防火墙 B 在双机热备中的角色为主用设备，转发所有用户流量。当防火墙 A 的故障恢复后，默认情况下，防火墙 A 和防火墙 B 重新恢复为双机热备负载分担的模式，共同转发用户流量。

【本章总结】

本章 4.1 节从防火墙双机热备的简介、工作模式和系统要求等方面介绍了防火墙双机热备技术；4.2 节详细介绍了与防火墙双机热备技术相关的 VRRP、VGMP、HRP 和心跳线等技术原理，通过对本节的学习，读者能够更深入地理解双机热备技术；4.3 节详细介绍了基于 VRRP 的双机热备和基于动态路由的双机热备的典型组网模型；4.4 节介绍了防火墙故障的监控以及故障后双机状态的切换方式，从而提高网络的可靠性，保障业务的持续运行；动手任务中以企业真实的场景为基础，介绍了防火墙双机热备主备备份和负载分担两种典型组网的配置及调试过程，读者通过实操练习，可以掌握防火墙双机热备常见组网的配置和调试方法。

【重点知识树】

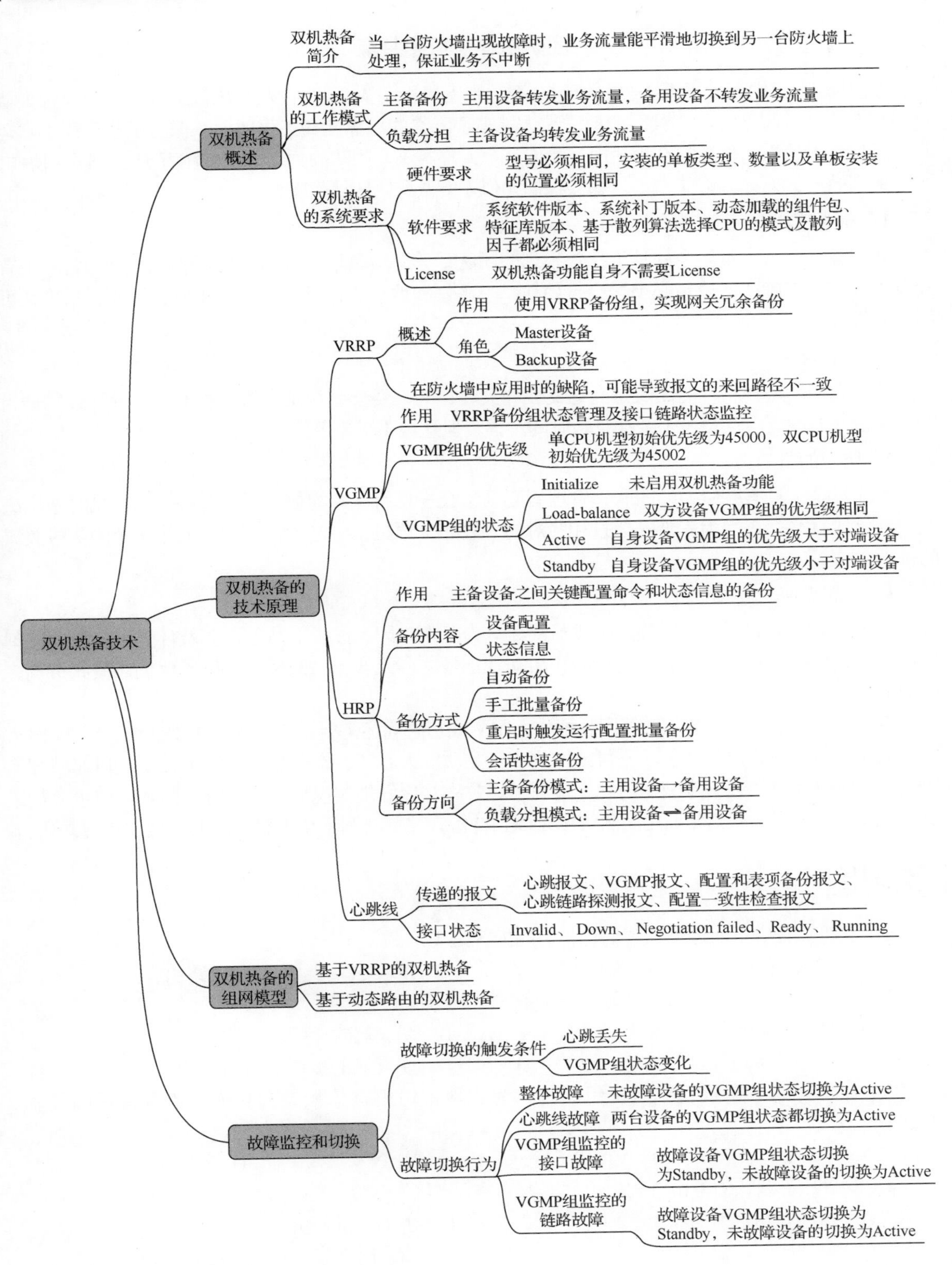
双机热备技术
双机热备概述
双机热备简介
当一台防火墙出现故障时，业务流量能平滑地切换到另一台防火墙上处理，保证业务不中断
双机热备的工作模式
主备备份
主用设备转发业务流量，备用设备不转发业务流量
负载分担
主备设备均转发业务流量
双机热备的系统要求
硬件要求
型号必须相同，安装的单板类型、数量以及单板安装的位置必须相同
软件要求
系统软件版本、系统补丁版本、动态加载的组件包、特征库版本、基于散列算法选择CPU的模式及散列因子都必须相同
License
双机热备功能自身不需要License
双机热备的技术原理
VRRP
概述
作用
使用VRRP备份组，实现网关冗余备份
角色
Master设备
Backup设备
在防火墙中应用时的缺陷，可能导致报文的来回路径不一致
VGMP
作用
VRRP备份组状态管理及接口链路状态监控
VGMP组的优先级
单CPU机型初始优先级为45000，双CPU机型初始优先级为45002
VGMP组的状态
Initialize
未启用双机热备功能
Load-balance
双方设备VGMP组的优先级相同
Active
自身设备VGMP组的优先级大于对端设备
Standby
自身设备VGMP组的优先级小于对端设备
HRP
作用
主备设备之间关键配置命令和状态信息的备份
备份内容
设备配置
状态信息
备份方式
自动备份
手工批量备份
重启时触发运行配置批量备份
会话快速备份
备份方向
主备备份模式：主用设备→备用设备
负载分担模式：主用设备⇌备用设备
心跳线
传递的报文
心跳报文、VGMP报文、配置和表项备份报文、心跳链路探测报文、配置一致性检查报文
接口状态
Invalid、Down、Negotiation failed、Ready、Running
双机热备的组网模型
基于VRRP的双机热备
基于动态路由的双机热备
故障监控和切换
故障切换的触发条件
心跳丢失
VGMP组状态变化
故障切换行为
整体故障
未故障设备的VGMP组状态切换为Active
心跳线故障
两台设备的VGMP组状态都切换为Active
VGMP组监控的接口故障
故障设备VGMP组状态切换为Standby，未故障设备的切换为Active
VGMP组监控的链路故障
故障设备VGMP组状态切换为Standby，未故障设备的切换为Active

【学思启示】

团队协作　互惠共赢

“能用众力，则无敌于天下矣；能用众智，则无畏于圣人矣。”在双机热备组网中，两台防火墙之间相互配合、团结协作、共同分担，大大提高了网络的可靠性和工作效率，保障了业务的正常运行。同样，无论在工作还是在生活中，我们每个人都离不开团队的力量。只有相互配合、团结协作，才能提高效率，发挥无穷的力量。那么我们如何才能做好团队协作呢？

1. 相互信任

要建设一个具有凝聚力并且工作效率高的团队，第一步是培养并建立信任感。这意味着一个有凝聚力的、高效的团队成员必须学会自如地、心平气和地承认自己的错误、弱点、失败，乐于认可别人的长处。

2. 良性冲突

一个有团队协作精神的团队是允许良性冲突存在的，要学会识别虚假的和谐，引导和鼓励适当的、建设性的冲突。这是一个杂乱且费时的过程，但这是不可避免的。

3. 坚定的行动力

要建设一个具有凝聚力的团队，管理者必须学会在没有完善的信息、没有统一的意见时做出决策，并付诸行动。正因为完善的信息和绝对的一致非常罕见，坚定的行动力就成为一个团队最关键的行为之一。

4. 无怨无悔，彼此负责

卓越的团队不需要领导提醒团队成员竭尽全力工作，因为成员很清楚需要做什么，他们会时刻注意并彼此提醒那些无助于成功的行为和活动，正是这种无怨无悔的付出造就了他们对彼此负责、勇于承担的品质。

除了以上几个方面，要想做好团队协作，团队成员之间还需要平等友善、善于交流、谦虚谨慎、接受批评。懂得团队协作是一项不可或缺的优良品质。人心齐，泰山移，通过发扬团队协作精神、加强团队协作建设能进一步减少内耗，提高工作效率，更好地实现目标。同时，团队协作也会加快个人的成长速度，只有充分利用团队资源，取长补短，才更有利于个人和团队的发展，实现共赢。

【练习题】

（1）双机热备中不能通过状态信息备份的内容是（　　）。

A. IPSec 隧道　　B. NAPT 相关表项　　C. IPv4 会话表　　D. 路由表

（2）以下不属于防火墙双机热备需要具备的条件的是（　　）。

A. 防火墙硬件型号一致　　B. 防火墙软件版本一致

C. 使用的接口类型及编号一致　　D. 防火墙的接口 IP 地址一致

（3）在防火墙中布置双机热备组网时，为实现备份组整体状态的切换，需要使用的技术是（　　）。

A. VGMP　　B. VRRP　　C. HRP　　D. OSPF

（4）双机热备默认的备份方式是（　　）。

A. 自动备份　　B. 手动批量备份

C. 会话快速备份　　D. 重启时触发运行配置批量备份

（5）（多选）防火墙双机热备场景下必须配置的命令有（　　）。

A. hrp enable

B. hrp mirror session enable

C. hrp preempt [delay interval]

D. hrp interface interface-type interface-number remote { ipv4-address | ipv6-address }

【拓展任务】

图 4-14 所示为某企业组网示意，其中两台防火墙的业务接口都工作在网络互联层，上下行分别连接二层交换机。上行交换机连接运营商的接入点，运营商为企业分配的 IP 地址为 1.1.1.1 和 1.1.1.2，NAT 地址池为 1.1.2.6～1.1.2.10。现在希望两台防火墙以负载分担方式工作。正常情况下，防火墙 A 和防火墙 B 共同转发流量。当其中一台防火墙出现故障时，另外一台防火墙转发全部业务，保证业务不中断。

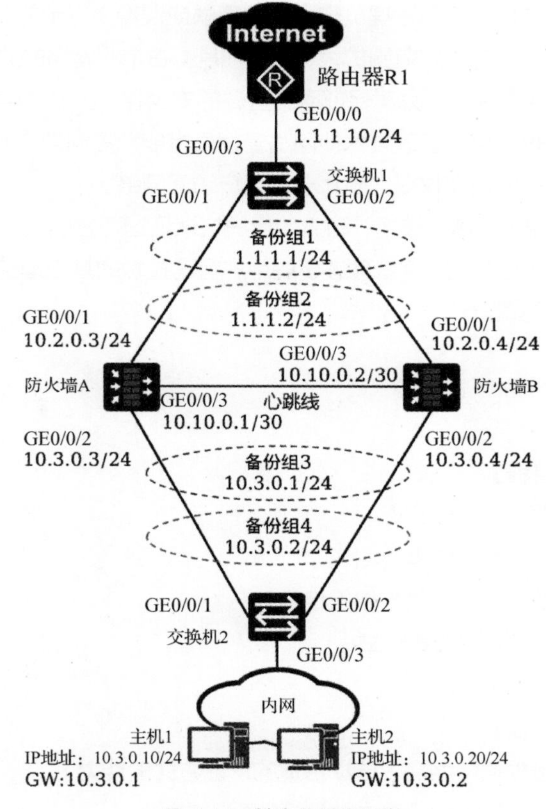

图 4-14　某企业组网示意

【任务内容】

配置双机热备，使防火墙 A 和防火墙 B 以负载分担模式工作。

【任务设备】

（1）华为 USG 系列防火墙两台。

（2）华为 AR 系列路由器一台。

（3）华为 S 系列交换机一台。

（4）计算机两台。

05

第5章　用户管理技术

引言

在信息技术快速发展的同时，网络安全事件也在频繁发生。大多数网络安全事件是由于内部用户和管理员安全意识薄弱或误操作导致的，而权限管理不当将会使得安全事件的影响范围扩大、损害加剧。在企业网络的应用场景中，用户是访问网络资源的主体，为了保证网络资源的安全性，应该对用户进行适当的认证和合理的授权。用户管理技术使网络管理员有能力控制用户对网络资源的访问，保证合法用户的访问权限，防止非法用户访问网络。

本章主要从 AAA 技术、防火墙用户与认证这两方面介绍用户管理技术，通过对本章内容的学习，读者能够了解用户管理技术的基础理论和相关知识，掌握典型场景的配置方法。

学习目标

【知识目标】

- 了解 AAA 的定义。
- 了解 AAA 的基本架构。
- 了解用户的分类与组织结构。
- 理解认证触发的方式。
- 理解认证策略。

【技能目标】

- 具备根据网络需求选择合适的认证方式的能力。
- 熟练掌握上网用户本地认证的配置方法。
- 熟练掌握上网用户免认证的配置方法。

【素养目标】

- 培养抵御风险、自我保护的安全意识。
- 培养爱网护网、人人有责的全局观念。
- 培养积极向上、乐观豁达的健康心态。
- 培养敢于质疑、勇于较真的批判性思维。

5.1　AAA 技术

随着网络技术的发展，互联网中的服务日益增加，通过互联网享受服务的用户也越来越多。如何对这些用户进行有效的管理和控制，以及如何维护网络的安全运行，已经成为网络管理员面临的重要问题。AAA 技术就是针对这些问题而产生的一种网络安全技术，它为网络管理员提供了一种管理框架平台，可以对大量用户进行集中管理和控制。

5.1.1　AAA 技术简介

1. AAA 技术的定义

AAA 是 Authentication（认证）、Authorization（授权）和 Accounting（计费）的简称，是网络安全的一种管理机制，提供了认证、授权和计费 3 种安全功能，可以防止非法用户访问网络，增强网络的安全性。

■ 认证：验证用户是否可以获得访问权，确定哪些用户可以访问网络。防火墙支持的认证方式有不认证、本地认证和远端认证。

• 不认证即完全信任用户，不对用户身份进行合法性检查。鉴于安全考虑，这种认证方式很少被采用。

• 本地认证是将用户信息（包括用户名、密码和各种属性）配置在网络接入服务器（Network Attached Server，NAS）上，此时 NAS 就是 AAA 服务器。

• 远端认证是将用户信息配置在认证服务器上。例如，通过远程认证拨号用户服务（Remote Authentication Dial-In User Service，RADIUS）协议进行远端认证，NAS 作为客户端，与 RADIUS 服务器进行通信。

■ 授权：授权用户可以使用的服务类型，如公共业务及敏感业务等。防火墙支持的授权方式有不授权、本地授权和远端授权。

■ 计费：监控和记录授权用户的网络行为及网络资源的使用情况。防火墙支持的计费方式有不计费和远端计费。

图 5-1 所示为 AAA 流程示意。AAA 是一种管理框架，它提供了用户身份认证功能并授权认证用户去访问特定资源，同时可以记录这些用户的操作行为，因其具有良好的可扩展性，且容易实现用户信息的集中管理而被广泛使用。用户可以使用 AAA 提供的一种或多种安全服务。例如，若某公司仅想让员工在访问某些特定资源的时候进行身份认证，那么网络管理员只要配置认证服务器即可，但是如果希望对员工使用网络的情况进行记录，那么需要配置计费服务器。

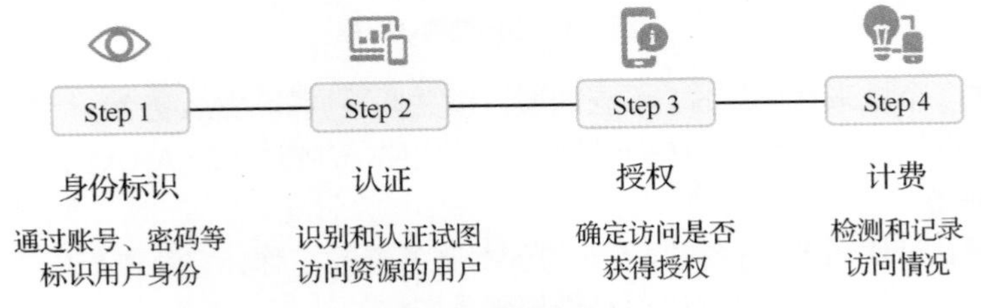

图 5-1　AAA 流程示意

2. AAA 的基本架构

AAA 的基本架构包括用户、NAS 和 AAA 服务器，如图 5-2 所示。

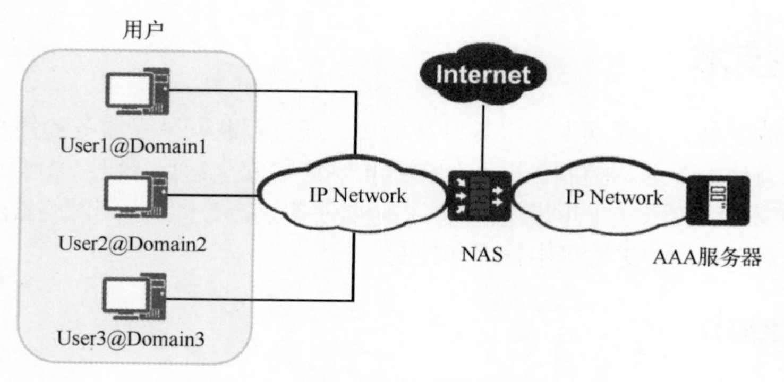

图 5-2 AAA 基本架构

（1）NAS

NAS 负责集中收集和管理用户的访问请求，现在常见的 NAS 设备有交换机、防火墙等。

NAS 基于域对用户进行管理，每个域都可以配置不同的认证、授权和计费方案，用于对该域下的用户进行认证、授权和计费。

用户域确认流程如图 5-3 所示，可以看到，每个用户都属于某一个域。用户属于哪个域由用户名中的域名分隔符“@”后的字符串决定。例如，如果用户名是 User1@Domain1，则用户属于 Domain1 域。如果用户名后不带有“@”，则用户属于系统的默认域（Default 域）。

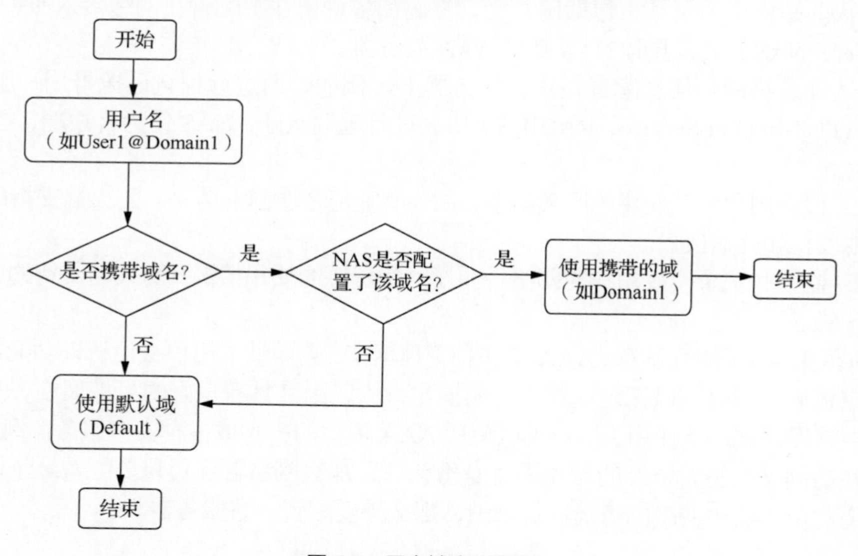

图 5-3 用户域确认流程

NAS 上会创建多个域来管理用户，不同的域可以关联不同的 AAA 方案。当收到用户接入网络的请求时，NAS 会根据用户名来判断用户所在的域，并根据该域对应的 AAA 方案对用户进行管控。

（2）AAA 服务器

AAA 服务器是认证服务器、授权服务器与计费服务器的简称，它负责集中管理用户，提供用户的权限、开通的业务等信息，并提供用户身份与服务资格的认证、授权及计费等服务。

AAA 服务器可以分为本地 AAA 服务器和远端 AAA 服务器。本地设备（如防火墙）可以作为 AAA 服务器，而认证、授权、计费也可以在远端 AAA 服务器上执行。例如，RADIUS 服务器、华为终端访问控制器访问控制系统（Huawei Terminal Access Controller Access Control System，HWTACACS）服务器等就是远端 AAA 服务器。

本地 AAA 服务器比远端 AAA 服务器的速度快，可以降低运营成本，但是存储信息量受设备硬件条件限制。

3. AAA 的应用场景

（1）通过 RADIUS 服务器实现用户上网管理

通过 RADIUS 服务器实现用户上网管理示意如图 5-4 所示。某企业网络使用防火墙作为 NAS，用户需要通过服务器的远端认证才能建立连接，该网络中的用户需要访问 Internet 资源。为了保证网络的安全性，企业管理员希望控制用户对 Internet 的访问。

其通过在 NAS 上配置 AAA 方案，实现 NAS 与 RADIUS 服务器的对接，由 RADIUS 服务器对用户进行统一管理。用户在客户端上输入用户名和密码后，NAS 可以接收到用户的用户名和密码等认证信息并将用户信息发送给 RADIUS 服务器，由 RADIUS 服务器对其进行认证。如果认证通过，则授予用户访问 Internet 的权限，用户可以开始访问 Internet。同时，在用户访问 Internet 的过程中，RADIUS 服务器可以记录用户使用网络资源的情况。

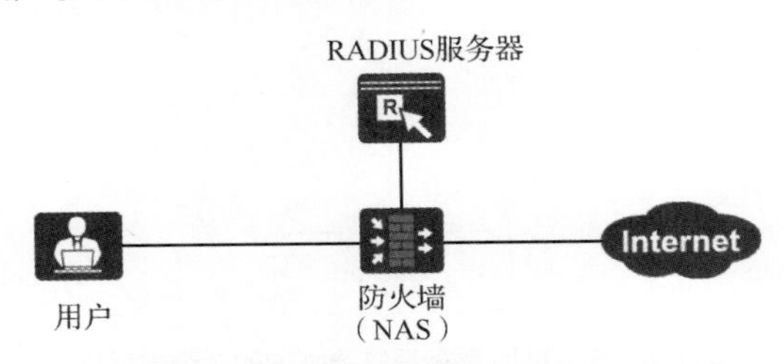

图 5-4　通过 RADIUS 服务器实现用户上网管理示意

（2）通过本地认证实现网络管理员的权限控制

通过本地认证实现网络管理员权限控制示意如图 5-5 所示。网络管理员与防火墙建立连接，对防火墙进行管理、配置和维护。在防火墙上配置本地 AAA 方案后，当网络管理员登录防火墙时，防火墙将网络管理员的用户名和密码等信息与本地配置的用户名和密码信息进行比对认证。认证通过后，防火墙将授予网络管理员一定的管理员权限。

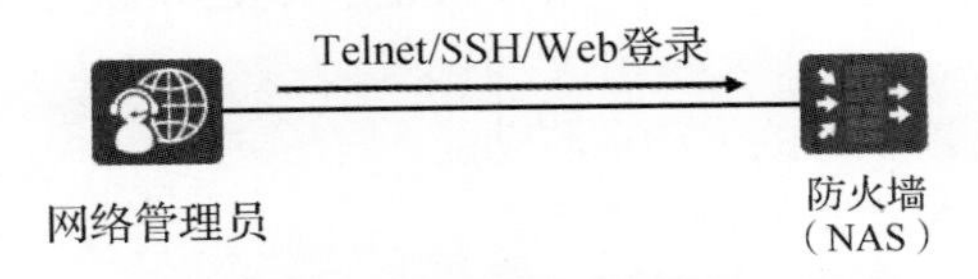

图 5-5　通过本地认证实现网络管理员权限控制示意

5.1.2 AAA 常用技术

目前，华为设备支持基于 RADIUS、HWTACACS、轻量级目录访问协议（Lightweight Directory Access Protocol，LDAP）或活动目录（Active Directory，AD）来实现 AAA，在实际应用中，常用的技术是 RADIUS。

1. RADIUS 协议

（1）RADIUS 协议简介

RADIUS 协议是一种分布式的、C/S 结构的信息交互协议，能保护网络不受未授权访问的干扰，常应用于既要求较高安全性又允许远程用户访问的各种网络环境下。该协议定义了基于 UDP 的 RADIUS 报文格式及其消息传输机制，并规定 UDP 端口 1812、1813 分别作为默认的认证、计费端口。

RADIUS 协议的主要特征如下。

- 采用 C/S 模式。
- 安全的消息交互机制。
- 良好的扩展性。

（2）RADIUS 服务器

RADIUS 服务器一般运行在中心计算机或工作站上，维护相关的用户认证和网络服务访问信息，负责接收用户连接请求及认证用户，并为客户端返回所有需要的信息（如接受或拒绝认证请求）。

RADIUS 服务器通常要维护以下 3 个数据库，如图 5-6 所示。

- Users：用于存储用户信息（如用户名、口令，以及使用的协议、IP 地址等配置信息）。
- Clients：用于存储 RADIUS 客户端的信息（如接入设备的共享密钥、IP 地址等）。
- Dictionary：用于存储 RADIUS 协议中的属性和属性值含义等信息。

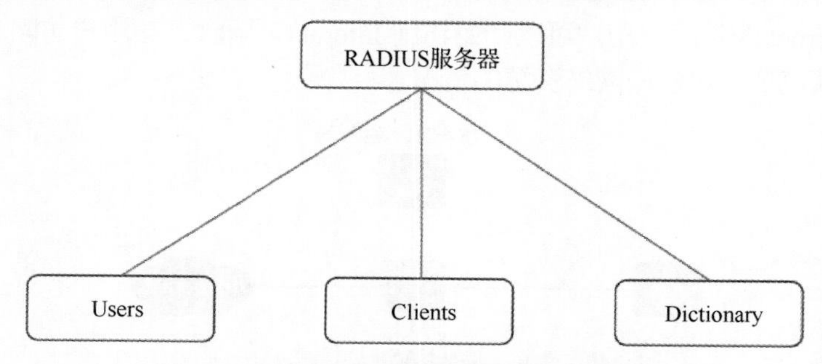

图 5-6　RADIUS 服务器需要维护的 3 个数据库

（3）RADIUS 客户端

RADIUS 客户端一般位于网络接入服务器 NAS 设备上，可以遍布整个网络，负责传输用户信息到指定的 RADIUS 服务器，并根据从服务器返回的信息进行相应处理（如接受或拒绝用户接入）。

NAS 作为 RADIUS 协议的客户端，具有以下属性与功能。

- 标准 RADIUS 协议及扩充属性，包括 RFC2865、RFC2866。
- 华为扩展的私有属性。
- 具有对 RADIUS 服务器状态的主动探测功能。
- 具有计费结束报文的本地缓存重传功能。
- 具有 RADIUS 服务器的自动切换功能。

（4）认证流程

防火墙设备作为 RADIUS 客户端，负责收集用户信息（如用户名、密码等），并将这些信息发送到 RADIUS 服务器，RADIUS 服务器则根据这些信息完成用户身份认证以及认证通过后的用户授权和计费。RADIUS 认证、授权和计费的交互流程如图 5-7 所示。

用户、RADIUS 客户端和 RADIUS 服务器之间的具体交互流程如下。

① 当用户接入网络时，用户发起连接请求，向 RADIUS 客户端发送用户名和密码。

② RADIUS 客户端向 RADIUS 服务器发送包含用户名和密码信息的认证请求报文。

③ RADIUS 服务器对用户身份的合法性进行检验。

■ 如果用户身份合法，则 RADIUS 服务器向 RADIUS 客户端返回认证接受报文，允许用户进行下一步动作。

■ 如果用户身份不合法，则 RADIUS 服务器向 RADIUS 客户端返回认证拒绝报文，拒绝用户访问接入网络。

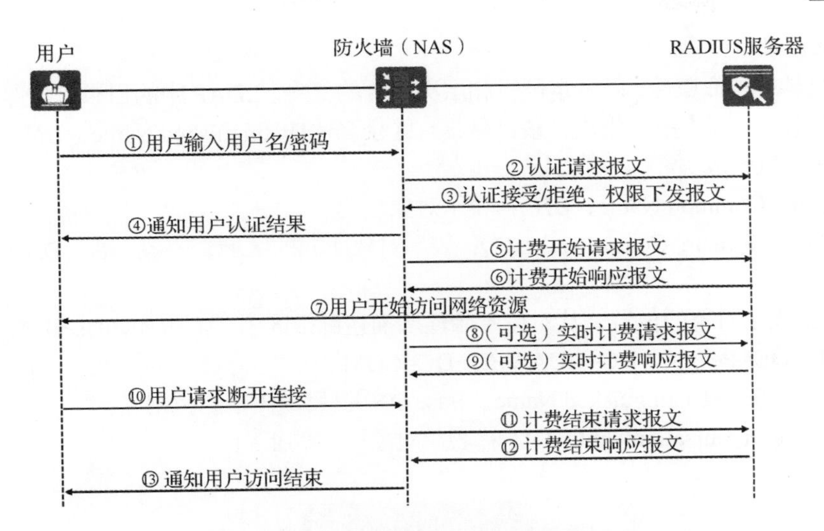

图 5-7　RADIUS 认证、授权和计费的交互流程

④ RADIUS 客户端通知用户认证是否成功。

⑤ RADIUS 客户端根据接收到的认证结果接受或拒绝用户。如果允许用户接入，则 RADIUS 客户端向 RADIUS 服务器发送计费开始请求报文。

⑥ RADIUS 服务器返回计费开始响应报文，并开始计费。

⑦ 用户开始访问网络资源。

⑧（可选）在启用实时计费功能的情况下，RADIUS 客户端会定时向 RADIUS 服务器发送实时计费请求报文，以避免因付费用户异常下线导致的不合理计费情况出现。

⑨（可选）RADIUS 服务器返回实时计费响应报文，并实时计费。

⑩ 用户发起下线请求，请求停止访问网络资源。

⑪ RADIUS 客户端向 RADIUS 服务器提交计费结束请求报文。

⑫ RADIUS 服务器返回计费结束响应报文，并停止计费。

⑬ RADIUS 客户端通知用户访问结束，用户结束访问网络资源。

2. LDAP

（1）LDAP 简介

LDAP 也是基于 C/S 架构的。LDAP 认证流程示意如图 5-8 所示，LDAP 服务器负责对来自应用服务器的请求进行认证，同时指定用户登录的应用服务器所允许访问的资源范围等。

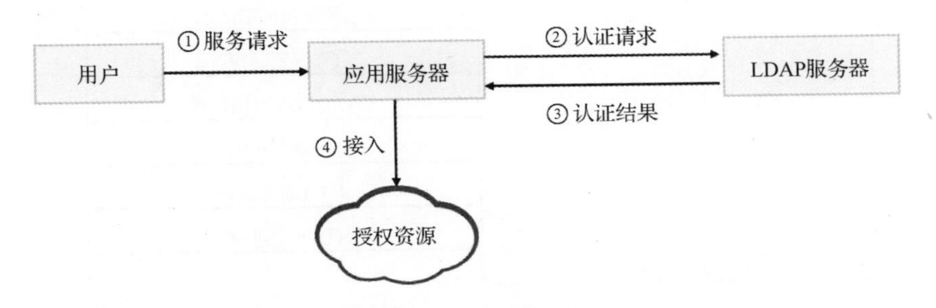

图 5-8　LDAP 认证流程示意

LDAP 定义了多种操作来实现各种功能，其中可以利用 LDAP 的绑定和查询操作来实现用户的认证和授权功能。

（2）LDAP 目录

目录是一组具有类似属性、以一定逻辑和层次组合的信息。LDAP 中的目录是按照树形结构组织的，如图 5-9 所示。目录由条目组成，条目是具有区别名（Distinguished Name，DN）的属性集合。属性由类型和多个值组成。

- 通用名称（Common Name，CN）：表示对象名称。
- 域控制器（Domain Controller，DC）：表示对象所属的区域，一般一台 LDAP 服务器即一个域控制器。
- 区别名：表示对象的位置，从对象开始逐层描述到根区别名。例如，User1 的 DN 为“CN=User2，OU=HR，OU=People，DC=HUAWEI，DC=COM”。
- 根区别名（Base Distinguished Name，Base DN）：目录树根的区别名。
- 组织单元（Organization Unit，OU）：表示对象所属的组织。

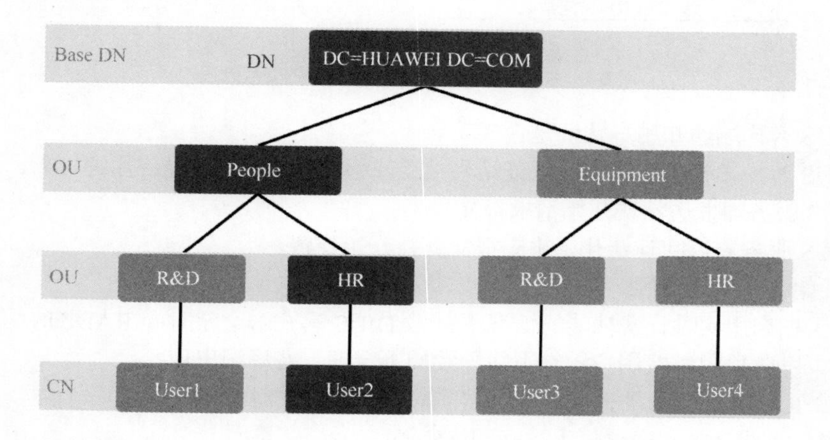

图 5-9　LDAP 目录树形结构

（3）LDAP 认证流程

LDAP 认证流程如图 5-10 所示，具体说明如下。

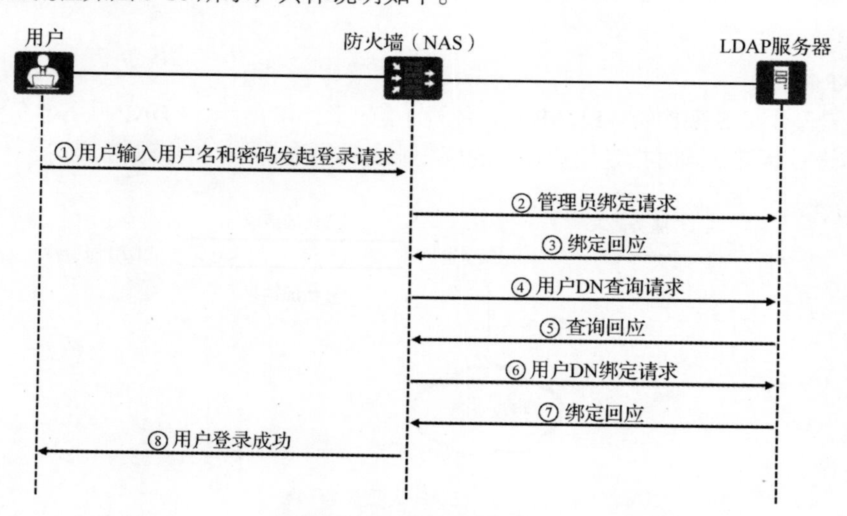

图 5-10　LDAP 认证流程

① 用户输入用户名和密码，发起登录请求，防火墙和 LDAP 服务器建立 TCP 连接。

② 防火墙以管理员 DN 和密码向 LDAP 服务器发送绑定请求报文，用以获得查询权限。

③ 绑定成功后，LDAP 服务器向防火墙发送绑定回应报文。

④ 防火墙使用用户输入的用户名向 LDAP 服务器发送用户 DN 查询请求报文。

⑤ LDAP 服务器根据用户 DN 进行查找，如果查询成功，则发送查询回应报文。

⑥ 防火墙使用查询到的用户 DN 和用户输入的密码向 LDAP 服务器发送用户 DN 绑定请求报文，LDAP 服务器查询用户密码是否正确。

⑦ 绑定成功后，LDAP 服务器发送绑定回应报文。

⑧ 防火墙通知用户登录成功。

5.2 防火墙用户与认证

随着网络应用层安全威胁的增多，传统基于五元组的访问控制策略已不能有效地应对现阶段网络环境的巨大变化。在防火墙上部署用户管理与认证，将网络流量的 IP 地址识别为用户，为网络行为控制和网络权限分配提供了基于用户的管理维度，实现了对用户网络访问行为的审计，解决了 IP 地址动态变化带来的策略控制等问题，从而实现了更精细化的管理，提高了网络系统的安全性。

5.2.1 用户与认证简介

1. 用户

用户是访问网络资源的主体，是网络访问行为的重要标识，是防火墙进行网络行为控制和网络权限分配的基本单元。

（1）用户分类

防火墙上的用户包括上网用户和接入用户两种。

① 上网用户

上网用户指内部网络中访问网络资源的主体（如企业总部的内部员工）。上网用户可以直接通过防火墙访问网络资源。

② 接入用户

接入用户指外部网络中访问网络资源的主体（如企业分支机构的员工和出差员工）。接入用户需要先通过安全套接字层（Secure Socket Layer，SSL）VPN、第二层隧道协议（Layer Two Tunneling Protocol，L2TP）VPN、互联网安全协议（Internet Protocol Security，IPSec）VPN 或以太网上点对点协议（Point-to-Point Protocol over Ethernet，PPPoE）方式接入防火墙，再访问企业总部的网络资源。

（2）用户组织结构

防火墙中的用户组织结构是实际企业中组织结构的映射，是基于用户进行权限管控的基础。

用户组织结构示意如图 5-11 所示，可以看到，用户组织结构分为按部门进行组织的树形维度和按跨部门群组进行组织的横向维度。用户组织结构中涉及以下 3 个概念。

① 认证域

认证域是用户组织结构的容器，类似于 AD 服务器中的域。防火墙默认存在 Default 认证域，用户可以根据需求新建认证域。

用户属于哪个认证域是由用户名中携带的“@”后的字符串来决定的。如果使用新创建的认证域，则用户登录时需要输入“登录名@认证域名”；如果使用默认的 Default 认证域，则用户登录时只需要输入登录名。

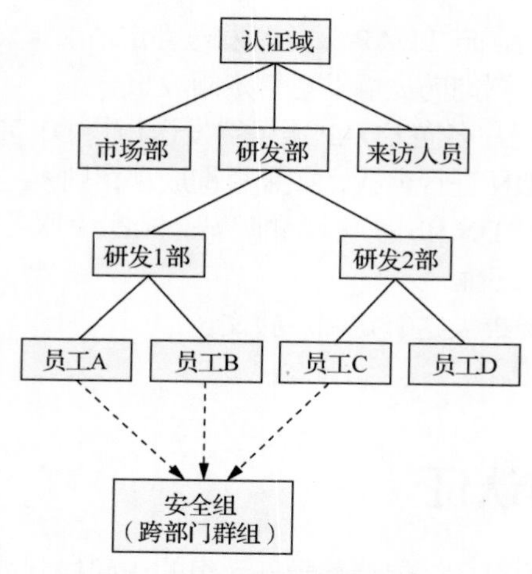

图 5-11　用户组织结构示意

认证域是认证流程中的重要环节，认证域上的配置决定了对用户的认证方式以及用户的组织结构。防火墙通过识别用户名中包含的认证域，将所有待认证的用户“分流”到对应的认证域中，根据认证域上的配置来对用户进行认证。

② 用户组/用户

用户按树形结构组织，用户隶属于组（部门）。管理员可以根据企业的组织结构来创建部门和用户。这种方式易于管理员查询、定位，是常用的用户组织方式。

③ 安全组

安全组是横向组织结构的跨部门群组，当需要基于部门以外的维度对用户进行管理时，可以创建跨部门的安全组，如企业中跨部门成立的群组。另外，当企业通过第三方认证服务器存储组织结构时，服务器上也存在类似的横向群组，为了基于这些群组配置策略，防火墙上需要创建安全组使其与服务器上的组织结构保持一致。

2. 认证

防火墙通过认证来验证访问者的身份，防火墙对访问者进行认证的方式包括本地认证、服务器认证和单点登录。

（1）本地认证

本地认证指访问者通过 Portal 认证页面将标识其身份的用户名和密码发送给防火墙，防火墙上存储了用户名对应的密码，验证过程在防火墙上进行。

（2）服务器认证

服务器认证指访问者通过 Portal 认证页面将标识其身份的用户名和密码发送给防火墙，防火墙上没有存储用户名对应的密码，防火墙将用户名和密码发送至第三方认证服务器，验证过程在认证服务器上进行。

（3）单点登录

单点登录指访问者将标识其身份的用户名和密码发送给第三方认证服务器，认证通过后，第三方认证服务器将访问者的身份信息发送给防火墙，防火墙只记录访问者的身份信息而不参与认证过程。

5.2.2　用户认证流程

防火墙上的认证过程由多个环节组成，各个环节的处理存在先后顺序。根据不同的部署方式和网络环境，防火墙提供了多种用户认证方案供网络管理员选择。用户认证流程示意如图 5-12 所示，了解整体的认证流程，有助于后续在防火墙上进行用户认证的配置。

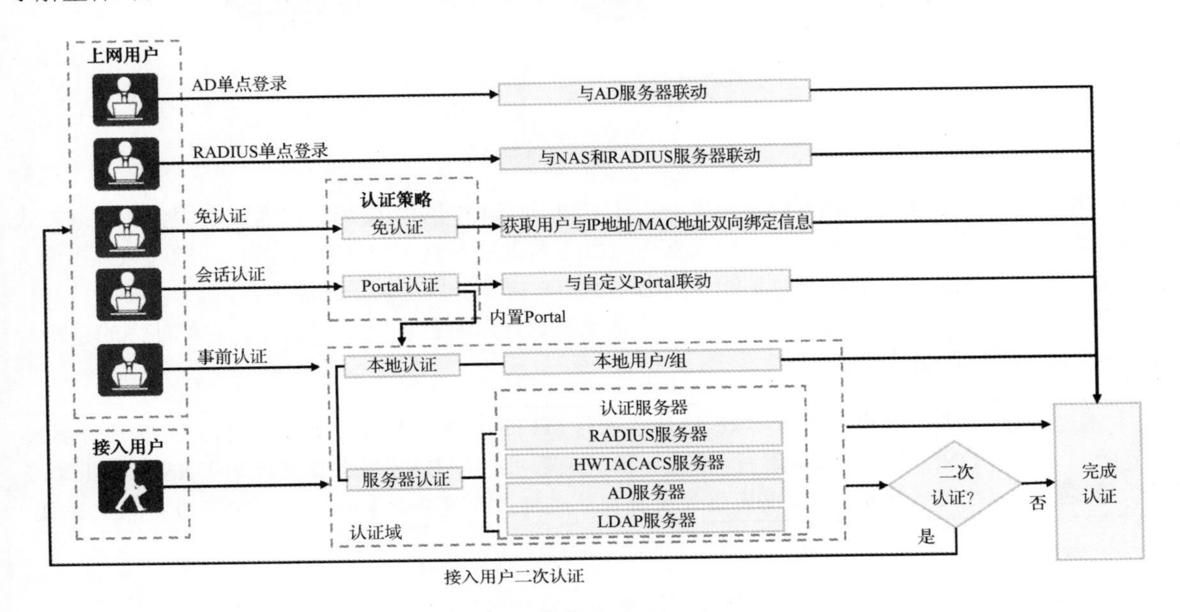

图 5-12　用户认证流程示意

5.2.3　用户认证触发

1. 上网用户认证触发

（1）单点登录

单点登录方式的防火墙不是认证点，不需要防火墙进行认证，通过其他认证系统（如 AD 服务器、RADIUS 服务器等）的认证就相当于通过了防火墙的认证。用户认证通过后，防火墙可以获知用户和 IP 地址的对应关系，从而基于用户进行策略管理。

① AD 单点登录

在 AD 环境下，访问者通常希望经过 AD 服务器的认证后自动通过防火墙的认证，并访问所有网络资源。在这种情况下，访问者可以使用 AD 单点登录的方式来触发防火墙上的认证。

② RADIUS 单点登录

在 RADIUS 环境下，访问者通常希望经过 RADIUS 服务器的认证后自动通过防火墙的认证，并访问所有网络资源。在这种情况下，访问者可以使用 RADIUS 单点登录的方式来触发防火墙上的认证。

（2）内置 Portal 认证

内置 Portal 认证指由防火墙提供 Portal 认证页面对用户进行认证。防火墙可转发认证请求至本地用户数据库或认证服务器。内置 Portal 认证的触发方式包括会话认证和事前认证。

① 会话认证

会话认证指用户不主动进行身份认证，先进行 HTTP 业务访问，在访问过程中进行认证，认证通过后，再进行业务访问。

会话认证示意如图 5-13 所示，当防火墙收到上网用户的第一条 HTTP 业务数据流时，就启用访问 HTTP 业务，并将 HTTP 请求重定向到认证页面，触发上网用户身份认证，认证通过后，可以访问 HTTP 业务及其他业务。

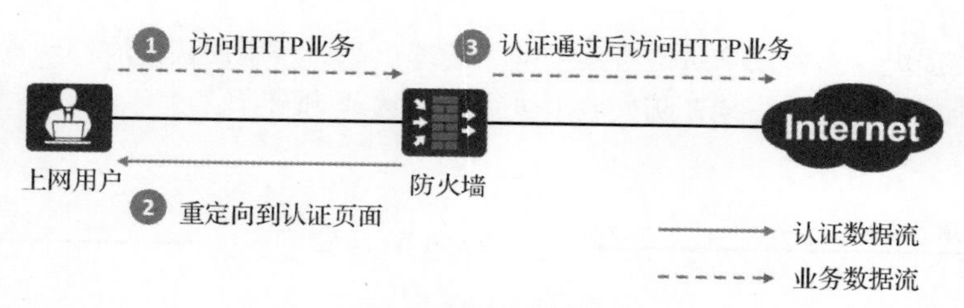

图 5-13 会话认证示意

如果实际网络环境下访问者只使用单一的 HTTP 业务访问网络资源，则建议使用会话认证方式来触发防火墙上的认证。目前，防火墙只支持向目的端口号为 80 的 HTTP 业务访问推送认证页面，其余业务报文（包括通过端口映射功能识别出的 HTTP 报文）均会被防火墙丢弃。

防火墙的认证方式是本地认证、转发认证请求至认证服务器进行代理认证，它们使用的是用户名、密码认证的 Portal 页面。

当上网用户使用 URL 地址来进行 HTTP 业务访问时，首先需要与 DNS 服务器交互 DNS 业务报文来解析 URL 地址。如果用户与 DNS 服务器交互的 DNS 业务报文经过防火墙转发，则需要网络管理员在防火墙上配置安全策略，允许 DNS 业务报文通过。

② 事前认证

事前认证指访问者在访问网络资源之前先主动进行身份认证，认证通过后，再访问网络资源。

事前认证示意如图 5-14 所示，上网用户主动向防火墙提供的认证页面发起认证请求，防火墙收到认证请求后对其进行身份认证，认证通过后即可访问 Internet。

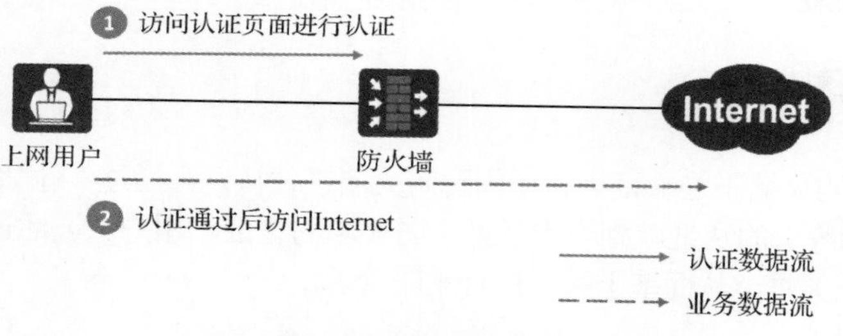

图 5-14 事前认证示意

如果实际网络环境下访问者需要通过多种业务形式访问网络资源，则可以使用事前认证方式来触发防火墙上的认证。

（3）用户自定义 Portal 认证

用户自定义 Portal 认证是指防火墙与自定义 Portal 联动，使用外部 Portal 服务器对用户进行认证。用户访问 HTTP 业务时，防火墙向用户推送自定义 Portal 认证页面，触发身份认证。

目前存在防火墙不参与用户认证和防火墙参与用户认证两种类型的自定义 Portal 认证。采用这两种类型的自定义 Portal 认证时，企业需要单独部署外部 Portal 服务器，如部署华为的园区控制器作为 Portal 服务器。

- 防火墙不参与用户认证：由 Portal 服务器独立完成用户认证。
- 防火墙参与用户认证：由 Portal 服务器和防火墙共同完成用户认证。

（4）用户免认证

用户免认证指用户不输入用户名和密码就可以完成认证并访问网络资源。

若企业的高级管理者希望可以简化操作过程，不输入用户名和密码就完成认证并访问网络资源，但对安全的要求又很严格，则可以使用免认证的方式来触发防火墙上的认证。

免认证并不是不需要认证，它是将本地用户名与 IP 地址、MAC 地址或 IP 地址/MAC 地址进行双向绑定，防火墙通过识别 IP 地址/MAC 地址和用户的双向绑定关系，确定访问者的身份。免认证的访问者只能使用特定的 IP 地址/MAC 地址来访问网络资源。

2. 接入用户认证触发

接入用户认证是指对各类 VPN 接入用户进行认证。接入用户触发认证的方式由接入方式决定，包括 SSL VPN、L2TP VPN、IPSec VPN 和 PPPoE 等，本书的第 8 章将详细介绍各种 VPN 技术。

5.2.4 认证策略

1. 认证策略简介

认证策略用于决定防火墙需要对哪些数据流进行认证，匹配认证策略的数据流必须经过防火墙的身份认证才能通过。

默认情况下，防火墙不对经过自身的数据流进行认证，需要通过认证策略选出需要进行认证的数据流。如果经过防火墙的流量匹配了认证策略，则将触发如下动作。

■ 会话认证：访问者访问 HTTP 业务时，如果数据流匹配了认证策略，则防火墙会推送认证页面要求访问者进行认证。

■ 事前认证：访问者访问非 HTTP 业务时，必须主动访问认证页面进行认证，否则匹配认证策略的业务数据流访问将被防火墙禁止。

■ 免认证：访问者访问业务时，如果匹配了免认证的认证策略，则无须输入用户名和密码，可以直接访问网络资源；防火墙根据用户与 IP 地址/MAC 地址的绑定关系来识别用户。

■ 单点登录：访问者上线不受认证策略控制，但是用户业务流量必须匹配认证策略，才能基于用户进行策略管控。

以下流量即使匹配了认证策略也不会触发认证。

■ 访问设备或设备发起的流量。

■ DHCP、BGP、OSPF、LDP 报文。

■ 触发认证的第一条 HTTP 业务数据流对应的 DNS 报文不受认证策略控制，但用户认证通过上线后的 DNS 报文受认证策略控制。

2. 组成信息

认证策略是多条认证策略规则的集合，认证策略决定了是否对一条流量进行认证。认证策略规则由匹配条件和认证动作组成。

（1）匹配条件

匹配条件指的是防火墙匹配报文的依据，包括源安全区域、目的安全区域、源地址或地区、目的地址或地区。

（2）认证动作

认证动作指的是防火墙对匹配到的数据流采取的处理方式。

■ Portal 认证：对符合条件的数据流进行 Portal 认证。

■ 免认证：对符合条件的数据流进行免认证，防火墙通过其他手段识别用户身份。

■ 不认证：对符合条件的数据流不进行认证，如内网用户之间互访的数据流。

■ 匿名认证：对匹配该策略的流量进行匿名认证，用户无须输入用户名和密码即可完成认证，此时设备将用户的 IP 地址识别为用户身份。

3. 匹配顺序

防火墙匹配报文时，总是在多条认证策略中从上向下进行匹配，如图 5-15 所示。当数据流的属性和某条规则的所有条件匹配时，认为匹配该条规则成功，不会再匹配后续的规则。如果所有规则都没有匹配到，则按照默认的认证策略进行处理。防火墙上存在一条默认的认证策略，所有匹配条件均为任意（any），认证动作为不认证。

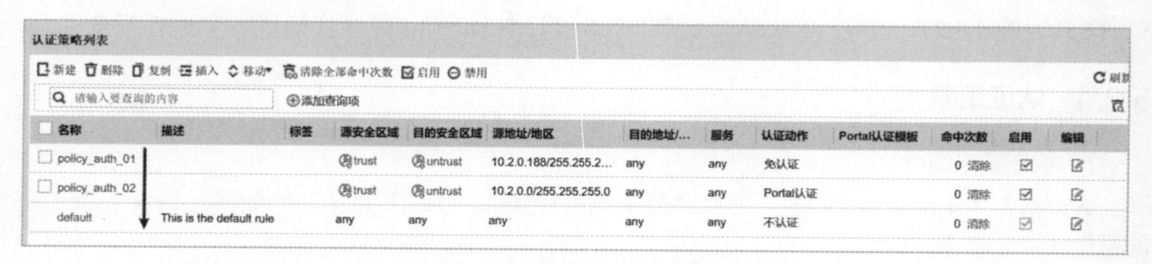

名称	描述	标签	源安全区域	目的安全区域	源地址/地区	目的地址/...	服务	认证动作	Portal认证模板	命中次数	启用	编辑
policy_auth_01			trust	untrust	10.2.0.188/255.255.2...	any	any	免认证		0 清除	☑	
policy_auth_02			trust	untrust	10.2.0.0/255.255.255.0	any	any	Portal认证		0 清除	☑	
default	This is the default rule		any	any	any	any	any	不认证		0 清除	☑	

图 5-15　认证策略匹配顺序

动手任务 5.1　配置用户认证，对上网用户进行本地认证和管理

图 5-16 所示为某企业上网用户本地认证组网示意，该企业在网络边界处部署了防火墙作为出口网关，连接内部网络与 Internet。其内网中的访问者包括研发部员工、市场部员工和来访客户，这些人员均动态获取 IP 地址。

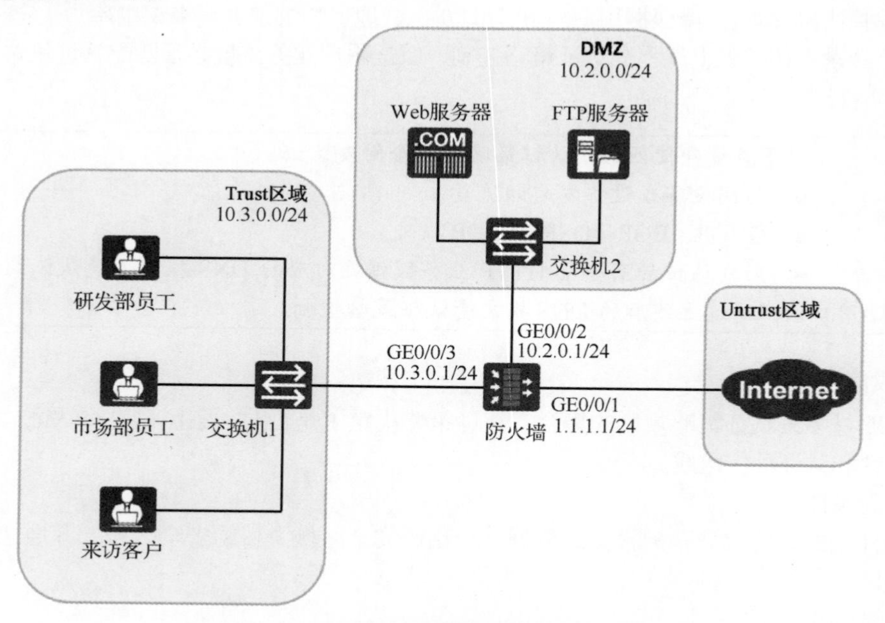

图 5-16　某企业上网用户本地认证组网示意

该企业的网络管理员希望利用防火墙提供的用户管理与认证机制，将内网中的 IP 地址识别为用户，为实现基于用户的网络行为控制和网络权限分配提供基础，具体需求如下。

- 在防火墙上存储用户和部门的信息，体现公司的组织结构，供策略引用。
- 研发部员工和市场部员工访问网络资源之前必须通过防火墙的认证。

■ 对于来访客户，其访问网络资源之前必须通过防火墙的认证，且只能使用特定的用户登录名来进行认证。

■ 访问者使用会话认证的方式来触发认证过程，即访问者使用 Web 浏览器访问某个页面时，防火墙会将浏览器重定向到认证页面，认证通过后，浏览器的当前页面会自动跳转到先前访问的 Web 页面。

本任务仅介绍用户与认证配置相关的内容，上网用户本地认证数据规划如表 5-1 所示。

表 5-1　上网用户本地认证数据规划

项目	数据	说明
研发部员工	组 ■ 组名：research ■ 所属组：/default 用户 ■ 登录名：user_0001 ■ 显示名：Tom ■ 所属组：/default/research ■ 密码/确认密码：Admin@123 ■ 不允许多人同时使用该账号登录	将研发部员工规划到“research”组中
市场部员工	组 ■ 组名：marketing ■ 所属组：/default 用户 ■ 登录名：user_0002 ■ 显示名：Jack ■ 所属组：/default/marketing ■ 密码/确认密码：Admin@123 ■ 不允许多人同时使用该账号登录	将市场部员工规划到“marketing”组中
来访客户	组 ■ 组名：/default 用户 ■ 登录名：guest ■ 所属组：/default ■ 密码/确认密码：Admin@123 ■ 允许多人同时使用该账号登录	所有来访客户都使用“guest”用户来进行认证，该用户允许多人同时登录
认证策略	名称：policy_auth_01 源安全区域：Trust 源地址/地区：10.3.0.0/24 目的安全区域：any 目的地址/地区：any 认证动作：Portal 认证	对匹配条件的研发部员工、市场部员工和来访客户进行认证。 研发部员工、市场部员工和来访客户必须通过防火墙的认证后才能访问网络资源

【任务内容】

配置本地 Portal 认证，实现上网用户的管理。

【任务设备】

（1）华为 USG 系列防火墙一台。

（2）华为 S 系列交换机两台。

（3）服务器两台。
（4）计算机3台。

【配置思路】

（1）配置防火墙的接口IP地址、安全区域，完成网络基本参数的配置。
（2）创建用户组和用户，为上网用户分配账号。
（3）配置用户通过认证后，Web浏览器自动跳转到先前访问的页面。
（4）创建认证策略，使上网用户访问网络资源时进行Portal认证。
（5）配置认证域，允许对上网用户做基于策略的控制。
（6）配置安全策略，允许访问者访问认证页面、DMZ及Internet。
（7）验证和调试，检查能否实现任务需求。

【配置步骤】

步骤1：配置防火墙的网络基本参数

（1）配置防火墙的接口IP地址

```
<FW> system-view
[FW] interface GigabitEthernet 0/0/1
[FW-GigabitEthernet0/0/1] ip address 1.1.1.1 24
[FW-GigabitEthernet0/0/1] quit
[FW] interface GigabitEthernet 0/0/2
[FW-GigabitEthernet0/0/2] ip address 10.2.0.1 24
[FW-GigabitEthernet0/0/2] quit
[FW] interface GigabitEthernet 0/0/3
[FW-GigabitEthernet0/0/3] ip address 10.3.0.1 24
[FW-GigabitEthernet0/0/3] quit
```

（2）将防火墙的接口加入安全区域

```
[FW] firewall zone untrust
[FW-zone-untrust] add interface GigabitEthernet 0/0/1
[FW-zone-untrust] quit
[FW] firewall zone dmz
[FW-zone-dmz] add interface GigabitEthernet 0/0/2
[FW-zone-dmz] quit
[FW] firewall zone trust
[FW-zone-trust] add interface GigabitEthernet 0/0/3
[FW-zone-trust] quit
```

步骤2：创建用户组和用户

（1）创建研发部员工对应的用户组和用户

```
[FW] user-manage group /default/research
//创建用户组，并进入用户组视图。用户组所在路径以“/认证域名”开始
[FW-usergroup-/default/research] quit
[FW] user-manage user user_0001          //创建用户，并进入本地用户视图
[FW-localuser-user_0001] alias Tom       //配置用户的显示名，方便识别不同的用户
[FW-localuser-user_0001] parent-group /default/research        //将用户加入指定父组
[FW-localuser-user_0001] password Admin@123                    //设置密码
[FW-localuser-user_0001] undo multi-ip online enable
//禁止多人同时使用该账号登录
[FW-localuser-user_0001] quit
```

（2）创建市场部员工对应的用户组和用户

```
[FW] user-manage group /default/marketing
[FW-usergroup-/default/marketing] quit
```

```
[FW] user-manage user user_0002
[FW-localuser-user_0002] alias Jack
[FW-localuser-user_0002] parent-group /default/marketing
[FW-localuser-user_0002] password Admin@123
[FW-localuser-user_0002] undo multi-ip online enable
[FW-localuser-user_0002] quit
```

（3）创建来访客户对应的用户组和用户

```
[FW] user-manage user guest
[FW-localuser-user_guest] parent-group /default
[FW-localuser-user_guest] password Admin@123
[FW-localuser-user_guest] quit
```

步骤 3：配置用户重定向

```
[FW] user-manage redirect
//配置用户通过认证后 Web 浏览器跳转到最近使用的页面
```

步骤 4：配置认证策略

配置认证策略，匹配上网用户的流量，对匹配规则的流量进行 Portal 认证。其中，目的区域为 any，即上网用户访问任何区域的网络资源均需要 Portal 认证。

```
[FW] auth-policy    //进入认证策略视图
[FW-policy-auth] rule name policy_auth_01
//创建认证策略规则，并进入认证策略规则视图
[FW-policy-auth-rule-policy_auth_01] source-zone trust
//配置认证策略规则的源区域
[FW-policy-auth-rule-policy_auth_01] source-address 10.3.0.0 24
//配置认证策略规则的源地址
[FW-policy-auth-rule-policy_auth_01] action auth
//配置认证策略规则的动作。auth 表示对匹配该规则的流量进行 Portal 认证
[FW-policy-auth-rule-policy_auth_01] quit
[FW-policy-auth] quit
```

步骤 5：配置认证域

使用默认的认证域，将认证域的接入控制配置为上网行为管理，允许对上网用户做基于策略的控制。

```
[FW] aaa                        //进入 AAA 视图
[FW-aaa] domain default    //进入默认的 default 认证域视图
[FW-aaa-domain-default] service-type internetaccess
//配置认证域的接入控制。internetaccess 表示认证域的接入控制为上网行为管理，允许对用户做基于策略的控制
[FW-aaa-domain-default] quit
[FW-aaa] quit
```

步骤 6：配置安全策略

（1）配置允许用户访问认证页面的安全策略

```
[FW] security-policy
[FW-policy-security] rule name policy_sec_01
[FW-policy-security-rule-policy_sec_01] source-zone trust
[FW-policy-security-rule-policy_sec_01] destination-zone local
[FW-policy-security-rule-policy_sec_01] source-address 10.3.0.0 24
[FW-policy-security-rule-policy_sec_01] service protocol tcp destination-port 8887
//配置认证页面的服务类型，使用的是 TCP 端口中的 8887 号端口
[FW-policy-security-rule-policy_sec_01] action permit
[FW-policy-security-rule-policy_sec_01] quit
```

（2）配置允许用户访问外网的安全策略

```
[FW-policy-security] rule name policy_sec_02
[FW-policy-security-rule-policy_sec_02] source-zone trust
[FW-policy-security-rule-policy_sec_02] source-address 10.3.0.0 24
[FW-policy-security-rule-policy_sec_02] destination-zone untrust
[FW-policy-security-rule-policy_sec_02] action permit
[FW-policy-security-rule-policy_sec_02] quit
```

（3）配置允许用户访问 DMZ 的安全策略

```
[FW-policy-security] rule name policy_sec_03
[FW-policy-security-rule-policy_sec_03] source-zone trust
[FW-policy-security-rule-policy_sec_03] source-address 10.3.0.0 24
[FW-policy-security-rule-policy_sec_03] destination-zone dmz
[FW-policy-security-rule-policy_sec_03] action permit
[FW-policy-security-rule-policy_sec_03] quit
[FW-policy-security] quit
```

步骤 7：验证和调试

（1）企业员工和来访客户访问 HTTP 类业务

研发部员工 Tom、市场部员工 Jack、来访客户使用浏览器访问 www.huawei.com，将会重定向至认证登录页面，如图 5-17 所示，输入用户名和密码进行认证。认证通过后，浏览器会自动跳转到 www.huawei.com。

（2）企业员工和来访客户访问非 HTTP 类业务

企业员工和来访客户访问 FTP 服务器时，需要先主动访问认证页面 https://10.3.0.1:8887，认证通过后才能访问 FTP 服务器，认证成功页面如图 5-18 所示。其中，认证页面中输入的 IP 地址必须是防火墙的接口 IP 地址，且用户与该 IP 地址之间路由可达。

图 5-17　认证登录页面

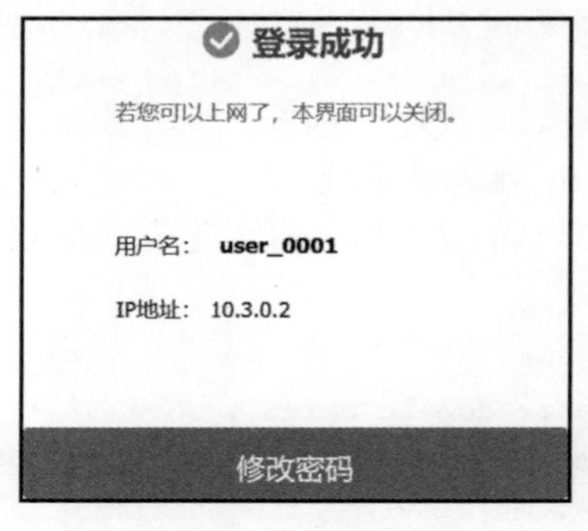

图 5-18　认证成功页面

（3）查看在线用户信息

```
<FW> display user-manage online-user verbose
 Current Total Number: 3
-------------------------------------------------------------------------------
 IP Address: 10.3.0.2
 Login Time: 2022-05-09 09:34:58  Online Time: 00:02:15
 State: Active  TTL: 00:30:00  Left Time: 00:27:45
 Access Type: local
 Authentication Mode: Password (Local)
 Access Device Type: unknown
 <--packets: 0 bytes: 0  -->packets: 0 bytes: 0
 Build ID: 0
 User Name: user_0001 Parent User Group: /default/research
```

```
IP Address: 10.3.0.3
Login Time: 2022-05-09 09:38:50  Online Time: 00:01:30
State: Active  TTL: 00:30:00  Left Time: 00:28:30
Access Type: local
Authentication Mode: Password (Local)
Access Device Type: unknown
<--packets: 0 bytes: 0  -->packets: 0 bytes: 0
Build ID: 0
User Name: user_0002 Parent User Group: /default/marketing

IP Address: 10.3.0.4
Login Time: 2022-05-09 09:40:32  Online Time: 00:0:40
State: Active  TTL: 00:30:00  Left Time: 00:29:20

Access Type: local
Authentication Mode: Password (Local)
Access Device Type: unknown
<--packets: 0 bytes: 0  -->packets: 0 bytes: 0
Build ID: 0
User Name: guest Parent User Group: /default
--------------------------------------------------------------------------------
```

以上输出信息显示，防火墙上当前认证成功的在线用户有 3 个，分别是 user_0001、user_0002 和 guest，接入类型均为本地服务器认证。

动手任务 5.2　配置用户认证，对高级管理者进行免认证

图 5-19 所示为某企业上网用户免认证组网示意，该企业在网络边界处部署了防火墙作为出口网关，连接内网与 Internet。该企业的网络管理员希望利用防火墙提供的用户管理与认证机制，将内网中的 IP 地址识别为用户，为实现基于用户的网络行为控制和网络权限分配提供基础。其中，高级管理者使用固定 IP 地址 10.3.0.168，为了提高其办公效率，要求省略认证过程，同时，为了保证安全，要求其只能使用指定的 IP 地址和 MAC 地址访问网络资源。

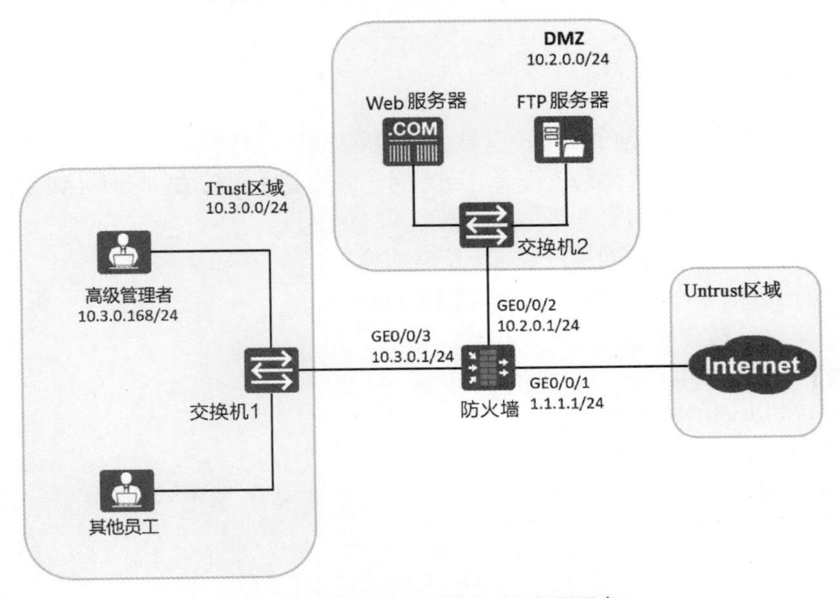

图 5-19　某企业上网用户免认证组网示意

本任务仅介绍配置高级管理者与认证相关的内容，上网用户本地认证数据规划如表 5-2 所示。

表 5-2　　上网用户本地认证数据规划

项目	数据	说明
高级管理者	组 ■ 组名：manager ■ 所属组：/default 用户 ■ 登录名：user_0001 ■ 显示名：Supervisor ■ 所属组：/default/manager ■ 不允许多人同时使用该账号登录 ■ IP 地址/MAC 地址绑定方式：双向绑定 ■ IP 地址/MAC 地址：10.3.0.168/6c4b-90ba-e406	将高级管理者规划到“manager”组中，并配置用户与 IP 地址/MAC 地址双向绑定。高级管理者的密码不需要设置，防火墙通过对用户与 IP 地址/MAC 地址双向绑定的管理来对高级管理者进行认证
认证域	名称：default 接入控制：上网行为管理	—
认证策略	名称：policy_auth_01 ■ 源安全区域：Trust ■ 源地址或地区：10.3.0.168/32 ■ 目的安全区域：any ■ 目的地址或地区：any ■ 认证动作：免认证	对匹配条件的用户进行免认证

【任务内容】

配置免认证，使企业高级管理者安全、高效地访问网络资源。

【任务设备】

（1）华为 USG 系列防火墙一台。

（2）华为 S 系列交换机两台。

（3）服务器两台。

（4）计算机一台。

【配置思路】

（1）配置防火墙的接口 IP 地址、安全区域，完成网络基本参数的配置。

（2）创建用户组和用户，为高级管理者分配账号，并配置用户与 IP 地址/MAC 地址双向绑定。

（3）创建认证策略，使高级管理者访问网络资源时免认证。

（4）配置认证域，允许对上网用户做基于策略的控制。

（5）配置安全策略，允许访问者访问 DMZ 和 Internet。

（6）验证和调试，检查能否实现任务需求。

【配置步骤】

步骤 1：配置防火墙的网络基本参数

（1）配置防火墙的接口 IP 地址

```
<FW> system-view
[FW] interface GigabitEthernet 0/0/1
[FW-GigabitEthernet0/0/1] ip address 1.1.1.1 24
[FW-GigabitEthernet0/0/1] quit
[FW] interface GigabitEthernet 0/0/2
```

```
[FW-GigabitEthernet0/0/2] ip address 10.2.0.1 24
[FW-GigabitEthernet0/0/2] quit
[FW] interface GigabitEthernet 0/0/3
[FW-GigabitEthernet0/0/3] ip address 10.3.0.1 24
[FW-GigabitEthernet0/0/3] quit
```

（2）将防火墙的接口加入安全区域

```
[FW] firewall zone untrust
[FW-zone-untrust] add interface GigabitEthernet 0/0/1
[FW-zone-untrust] quit
[FW] firewall zone dmz
[FW-zone-dmz] add interface GigabitEthernet 0/0/2
[FW-zone-dmz] quit
[FW] firewall zone trust
[FW-zone-trust] add interface GigabitEthernet 0/0/3
[FW-zone-trust] quit
```

步骤 2：创建用户组和用户

创建高级管理者对应的用户组和用户，并与 IP 地址/MAC 地址绑定。

```
[FW] user-manage group /default/manager
[FW-usergroup-/default/manager] quit
[FW] user-manage user user_0001
[FW-localuser-user_0001] alias Supervisor
[FW-localuser-user_0001] parent-group /default/manager
[FW-localuser-user_0001] undo multi-ip online enable
[FW-localuser-user_0001] bind mode bidirectional
/*配置用户与 IP 地址/MAC 地址的绑定方式为双向绑定，即用户只能使用指定的 IP 地址/MAC 地址进行认证，且其他双向绑定用户不允许使用该 IP 地址/MAC 地址*/
[FW-localuser-user_0001] bind ipv4 10.3.0.168 mac 6c4b-90ba-e406
//将用户与 IP 地址/MAC 地址绑定
[FW-localuser-user_0001] quit
```

步骤 3：配置认证策略

配置认证策略使其匹配高级管理者上网的流量，对匹配规则的流量免认证。其中，目的区域为 any，即高级管理者访问任何区域的网络资源均免认证。

```
[FW] auth-policy
[FW-policy-auth] rule name policy_auth_01
[FW-policy-auth-rule-policy_auth_01] source-zone trust
[FW-policy-auth-rule-policy_auth_01] source-address 10.3.0.168 32
[FW-policy-auth-rule-policy_auth_01] action exempt-auth
//配置认证策略规则的动作。exempt-auth 表示对匹配该规则的流量免认证
[FW-policy-auth-rule-policy_auth_01] quit
[FW-policy-auth] quit
```

防火墙上存在一条默认的认证策略，认证动作为不认证。因此，实验过程中如果只配置高级管理者的认证策略，那么其他流量访问网络资源时，若不能匹配该策略，则将匹配默认认证策略，直接放行流量而不进行认证。为了验证本任务的实验效果，也可以执行“**default action auth**”命令将默认策略更改为 Portal 认证。

步骤 4：配置认证域

```
[FW] aaa
[FW-aaa] domain default
[FW-aaa-domain-default] service-type internetaccess
```

```
[FW-aaa-domain-default] quit
[FW-aaa] quit
```

步骤 5：配置安全策略

（1）配置允许用户访问外网的安全策略

```
[FW-policy-security] rule name policy_sec_01
[FW-policy-security-rule-policy_sec_01] source-zone trust
[FW-policy-security-rule-policy_sec_01] source-address 10.3.0.0 24
[FW-policy-security-rule-policy_sec_01] destination-zone untrust
[FW-policy-security-rule-policy_sec_01] action permit
[FW-policy-security-rule-policy_sec_01] quit
```

（2）配置允许用户访问 DMZ 的安全策略

```
[FW-policy-security] rule name policy_sec_02
[FW-policy-security-rule-policy_sec_02] source-zone trust
[FW-policy-security-rule-policy_sec_02] source-address 10.3.0.0 24
[FW-policy-security-rule-policy_sec_02] destination-zone dmz
[FW-policy-security-rule-policy_sec_02] action permit
[FW-policy-security-rule-policy_sec_02] quit
[FW-policy-security] quit
```

步骤 6：验证和调试

（1）高级管理者访问网络资源

高级管理者无须进行认证就可以直接访问网络资源，其他用户即使获取到了高级管理者的用户名，也无法使用 IP 地址不是 10.3.0.168 且 MAC 地址不是 6c4b-90ba-e406 的计算机直接访问网络资源（本任务需将默认认证策略更改为 Portal 认证，否则会匹配默认认证策略，即不认证）。

（2）查看当前在线用户

```
<FW> display user-manage online-user verbose
 Current Total Number: 1
--------------------------------------------------------------------------------
 IP Address: 10.3.0.168
 Login Time: 2022-05-09 17:35:40  Online Time: 00:01:13
 State: Active  TTL: 00:30:00  Left Time: 00:28:47
 Access Type: local
 Authentication Mode: Authentication Exemption (IP/MAC Bind User) Bind Mode: Bidirectional
 Access Device Type: unknown
 <--packets: 12 bytes: 720  -->packets: 0 bytes: 0
 Build ID: 0
 User Name: user_0001  Parent User Group: /default/manager
--------------------------------------------------------------------------------
```

以上输出信息显示，防火墙中当前认证成功的在线用户为 user_0001，防火墙为本地认证，该用户的认证模式为免认证，绑定方式为双向绑定。

【本章总结】

本章 5.1 节主要介绍了 AAA 技术，包括其定义、基本架构及应用场景，详细分析了 RADIUS 协议和 LDAP 等当前主流的 AAA 协议；5.2 节介绍了用户与认证的具体方案和认证流程，阐述了用户的具体类型及对应的认证触发方式和认证策略；动手任务以企业真实的场景为基础，介绍了本地 Portal 认证和免认证方式的用户认证配置及调试过程。

通过对本章的学习，读者能够对 AAA 技术和防火墙用户认证的基础有一定的了解，能独立完成华为防火墙用户管理的基本配置，并掌握防火墙在认证场景下的部署方法。

【重点知识树】

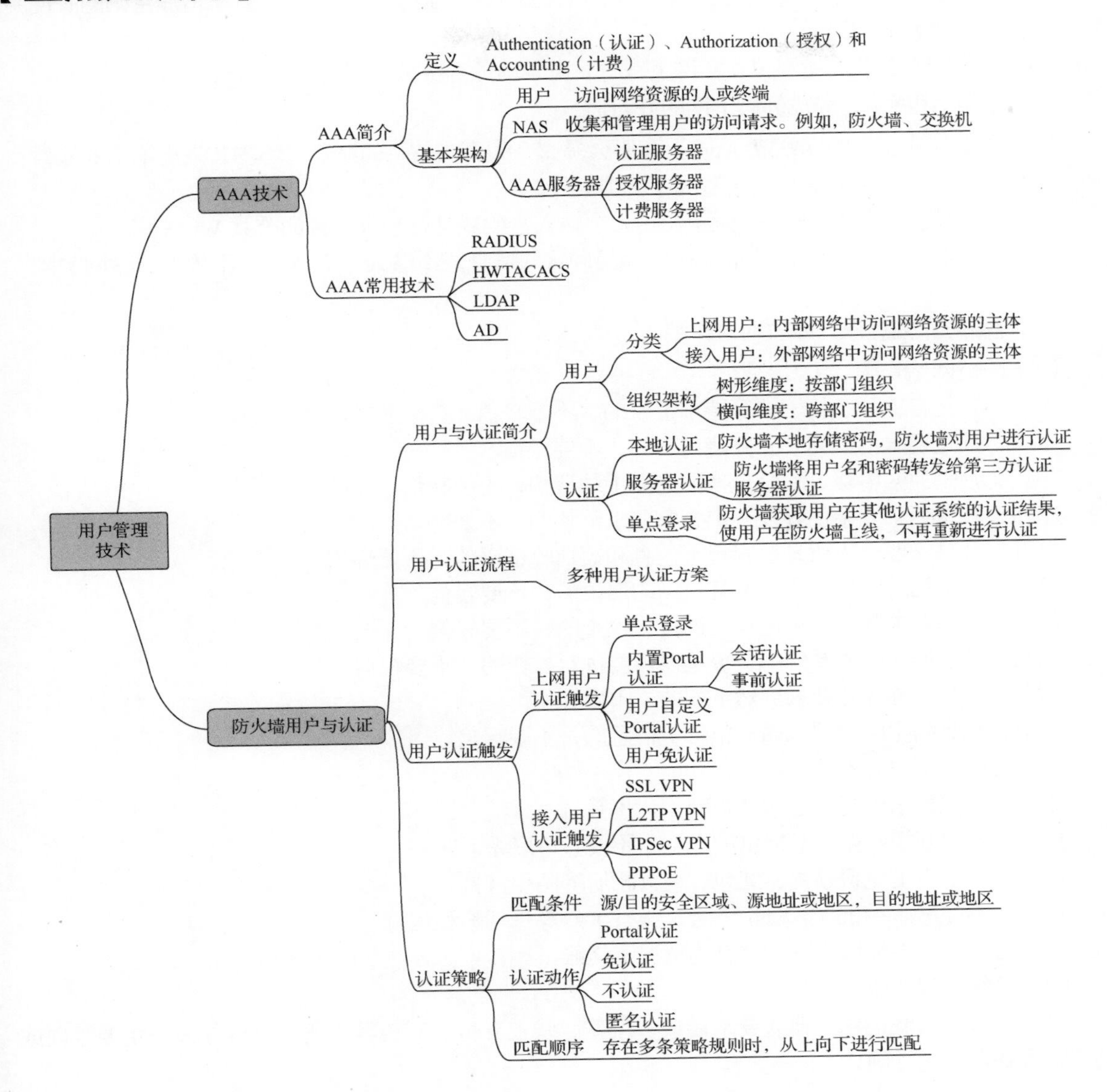

【学思启示】

提高网络安全防护意识，织牢网络安全“防护网”

随着互联网与移动通信技术的快速发展，网络已成为人们工作、学习和生活中非常重要的一部分。在我们享受便利的同时，网络安全问题也逐渐成为不容忽视的问题。网络无边，安全有界，只有提高用户网络安全防范意识，才能全面筑牢安全防线，保护网络安全。

提高个人网络安全防范意识，至少要做好以下几个方面。

1. 守好个人信息安全，防止信息泄露

（1）不要在网络中或社交平台上发布包含个人信息的图片（如高铁票、飞机票等），图片上的姓

名、身份证号等隐私信息注意进行模糊处理。

（2）社交账号的密码尽量设置为大小写字母、数字和其他字符的组合，适当增加密码的长度并经常更换，防止密码泄露。

（3）在网吧等公共场所谨慎使用网上银行、电子商务等服务。

2. 正确认识网络，养成健康上网的好习惯

（1）不要在非正规的网站或 App 上注册会暴露个人真实信息的账号，不安装来历不明的软件，谨防钓鱼网站，防止个人信息泄露造成经济损失。

（2）谨慎使用公共 Wi-Fi，尽量不使用无须输入密码或进行登录验证的公共 Wi-Fi。

（3）关注权威发布，不传播未经权威部门确认的信息，不造谣、不信谣、不传谣，净网护网，人人有责。

3. 提高防诈骗意识，谨防网络诈骗

（1）防范网络诈骗“十凡是”。

第一，凡是自称公、检、法等要求汇款的，不要轻信。

第二，凡是要求汇款到“安全账户”的，不要轻信。

第三，凡是通知中奖、积分兑换要先交手续费的，不要轻信。

第四，凡是通知“亲朋好友”出急事要求汇款的，不要轻信。

第五，凡是索要个人信息、银行卡信息和短信验证码的，不要轻信。

第六，凡是招聘轻松、高薪，且日结的岗位的，不要轻信。

第七，凡是要求开通网银远程协助接受检查的，不要轻信。

第八，凡是通知网购系统中订单错误需要进行操作的，不要轻信。

第九，凡是自称领导要求突然汇款的，不要轻信。

第十，凡是陌生网站要求输入银行卡信息的，不要轻信。

（2）网络防骗“五不要”。

第一，不要轻信中奖、红包、福利、优惠等。

第二，不要回拨陌生信息提供的电话，不要致电联系。

第三，不要点击免费领奖、红包、视频相册等陌生链接。

第四，不要透露手机号、身份证号、银行卡号等一切隐私信息。

第五，不要在不经核实真实信息的情况下转账。

（3）网络防骗“两核实”。

第一，核实转账请求。他人要求借钱、汇款、线上支付、充值等，所有金钱往来一定要当面或电话联系到本人进行确认。

第二，核实可疑信息。对于陌生、可疑的短信、电话、QQ、微信、邮件、通知等，只要自己拿不准情况，都通过官方渠道进行核实。

【练习题】

（1）AAA 技术中不包括的内容是（　　）。

A. 认证　　B. 授权　　C. 计费　　D. 管理

（2）用户登录时输入的用户名为“user@huawei”，则该用户所属的用户域是（　　）。

A. user　　B. huawei　　C. user@huawei　　D. default

（3）用户免认证是指（　　）。

A. 不需要认证，无须输入用户名和密码

B. 通过识别 IP 地址和 MAC 地址的双向绑定关系确定访问者的身份

C. 通过识别 IP 地址/MAC 地址和用户的双向绑定关系确定访问者的身份

D. 通过识别计算机名和用户的双向绑定关系确定访问者的身份

（4）（多选）以下选项中属于远端认证的有（　　）。

A. RADIUS　　B. Local　　C. HWTACACS　　D. LDAP

（5）（多选）认证策略用于决定防火墙需要对哪些数据流进行认证，其认证动作包括（　　）。

A. Portal 认证　　B. 免认证　　C. 不认证　　D. 匿名认证

【拓展任务】

图 5-20 所示为某企业上网用户本地认证加免认证组网示意，该企业在网络边界处部署了防火墙作为出口网关，连接内网与 Internet。企业内网中的访问者角色包括高级管理者、市场部员工和来访客户，高级管理者使用固定 IP 地址，其他人员动态获取 IP 地址。

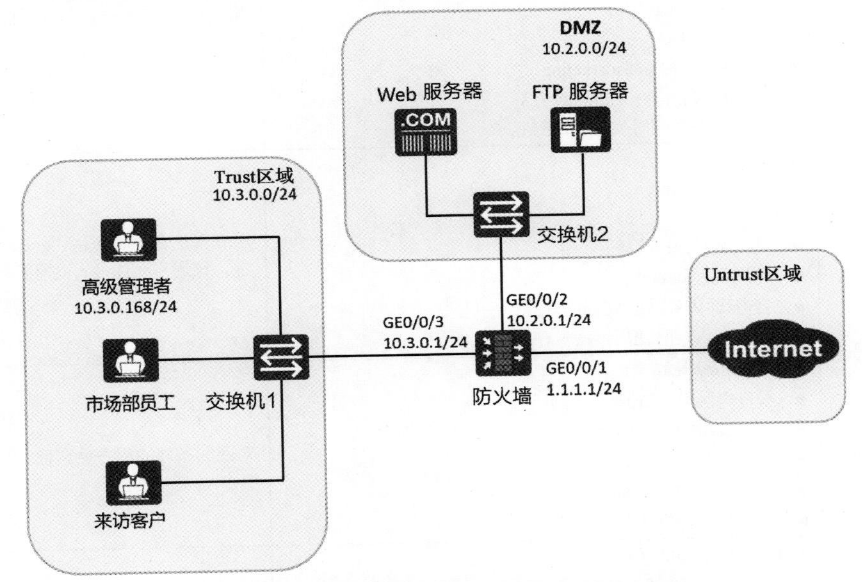

图 5-20　某企业上网用户本地认证加免认证组网示意

企业的网络管理员希望利用防火墙提供的用户管理与认证机制，将内网中的 IP 地址识别为用户，为实现基于用户的网络行为控制和网络权限分配提供基础，具体需求如下。

- 在防火墙上存储用户和部门的信息，体现公司的组织结构，供策略引用。
- 高级管理者省略认证过程，为了保证安全，要求其只能使用指定的 IP 地址和 MAC 地址访问网络资源。
- 市场部员工访问网络资源之前必须通过防火墙的认证。
- 来访客户访问网络资源之前必须通过防火墙的认证，且只能使用特定的用户登录名来进行认证。
- 市场部员工和来访客户使用会话认证的方式来触发认证过程，即访问者使用 IE 浏览器访问某个 Web 页面时，防火墙会将 IE 浏览器重定向到认证页面。认证通过后，IE 浏览器会自动跳转到先前访问的 Web 页面。

本任务仅需配置用户与认证相关的内容，上网用户本地认证加免认证数据规划如表 5-3 所示。

表 5-3　上网用户本地认证加免认证数据规划

项目	数据	说明
高级管理者	组 ■ 组名：manager ■ 所属组：/default 用户 ■ 登录名：user_0001 ■ 显示名：Supervisor ■ 所属组：/default/manager ■ 不允许多人同时使用该账号登录 ■ IP 地址/MAC 地址绑定方式：双向绑定 ■ IP 地址/MAC 地址：10.3.0.168/*aaaa-bbbb-cccc*（根据实际 MAC 地址修改）	将高级管理者规划到“manager”组中，并配置用户与 IP 地址/MAC 地址双向绑定。高级管理者的密码不需要设置，防火墙通过对用户与 IP 地址/MAC 地址双向绑定的管理来对高级管理者进行认证
市场部员工	组 ■ 组名：marketing ■ 所属组：/default 用户 ■ 登录名：user_0002 ■ 显示名：Jack ■ 所属组：/default/marketing ■ 密码/确认密码：Admin@123 ■ 不允许多人同时使用该账号登录	将市场部员工规划到“marketing”组中
来访客户	组 ■ 组名：/default 用户 ■ 登录名：guest ■ 所属组：/default ■ 密码/确认密码：Admin@123 ■ 允许多人同时使用该账号登录	所有来访客户都使用“guest”用户来进行认证，该用户允许多人同时登录
认证策略	名称：policy_auth_01 ■ 源安全区域：Trust ■ 源地址/地区：10.3.0.168/32 ■ 目的安全区域：any ■ 目的地址/地区：any ■ 认证动作：免认证	对匹配条件的用户免认证
	名称：policy_auth_02 ■ 源安全区域：Trust ■ 源地址/地区：10.3.0.0/24 ■ 目的安全区域：any ■ 目的地址/地区：any ■ 认证动作：Portal 认证	对匹配条件的市场部员工和来访客户进行认证。 市场部员工和来访客户必须通过防火墙的认证后才能访问网络资源

【任务内容】

（1）配置本地 Portal 认证，实现上网用户的管理。

（2）配置免认证，实现企业高级管理者安全、高效地访问网络资源。

【任务设备】

（1）华为 USG 系列防火墙一台。

（2）华为 S 系列交换机两台。

（3）服务器两台。

（4）计算机 3 台。

06 第6章 入侵防御技术

引言

随着网络攻击手段的日益多样化、黑客技术的不断提高，用户面临的网络威胁不再是传统的病毒攻击，而是融合了病毒、黑客入侵、木马、“僵尸”主机和间谍软件等危害的“混合体”。因此，单靠以往单一的安全技术往往难以抵御。这时就需要结合使用多种入侵防御技术，以更好地抵御网络威胁。

本章主要从入侵、入侵防御、反病毒等方面入手，结合实际应用介绍入侵防御技术的基础理论、相关知识，以及华为防火墙入侵防御和反病毒的配置方法。

学习目标

【知识目标】

- 了解入侵的概念及常见的入侵手段。
- 理解入侵防御的原理。
- 理解反病毒的原理。

【技能目标】

- 掌握入侵防御的应用方法。
- 掌握网络反病毒的应用方法。
- 熟练掌握防火墙入侵防御的配置方法。
- 熟练掌握防火墙反病毒的配置方法。

【素养目标】

- 培养言有所戒、行有所止的网络言行。
- 培养追求突破、追求革新的创新精神。
- 培养认真负责、严谨细致的工作作风。
- 培养一丝不苟、精益求精的工匠精神。

6.1 入侵概述

TCP/IP 作为网络的基础协议，在设计之初并没有考虑网络信任和网络安全等因素，操作系统和软件由于自身设计的问题也经常出现各种漏洞，这些因素都成为网络入侵的“土壤”。随着互联网的飞速发展，网络入侵行为日益严重，网络入侵事件频发，网络安全成为人们关注的焦点。

6.1.1 入侵简介

入侵是指未经授权而尝试访问信息系统中的资源、篡改信息系统中的数据，使信息系统不可靠或不能使用的行为。入侵的目的主要是破坏信息系统的完整性、机密性、可用性及可控性。典型的入侵行为可归纳为以下几个方面。

- 篡改 Web 网页。
- 破解系统密码。
- 复制或查看敏感数据。
- 使用网络嗅探工具获取用户密码。
- 访问未经允许的服务器。
- 其他特殊硬件获得原始网络包。
- 向主机植入特洛伊木马程序。

6.1.2 常见的入侵手段

常见的入侵手段主要有漏洞威胁、DDoS 攻击、恶意代码入侵威胁等。

1. 漏洞威胁

图 6-1 所示为漏洞入侵示意，网络攻击者、恶意员工利用系统及软件的漏洞入侵服务器，严重威胁企业关键业务数据的安全，使企业面临严重的安全威胁。

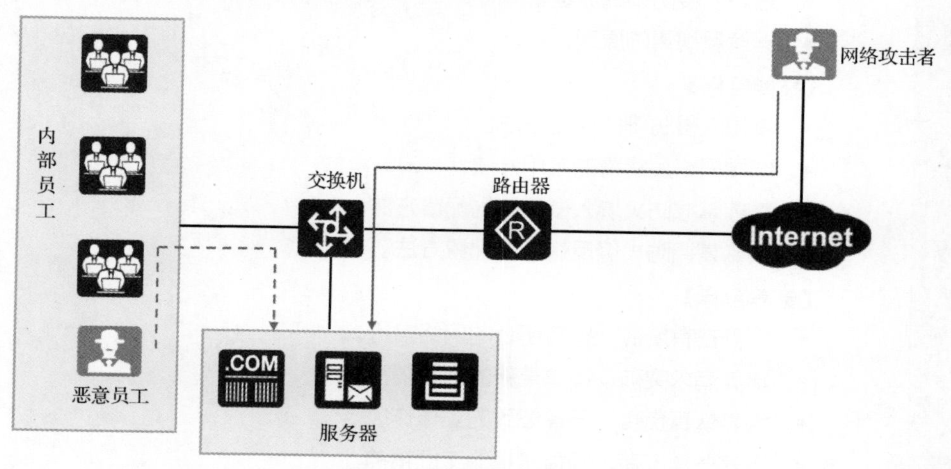

图 6-1 漏洞入侵示意

企业内网中许多应用软件可能存在漏洞，互联网又导致应用软件的漏洞被迅速传播。例如，蠕虫利用应用软件的漏洞大肆传播，消耗网络带宽，破坏重要数据；黑客、恶意员工可能利用漏洞攻击或入侵企业服务器，窜改、破坏和窃取企业业务机密。

2. DDoS 攻击

DDoS 攻击是指攻击者通过控制大量的"僵尸"主机，向攻击目标发送大量精心构造的攻击报文，造成攻击目标所在网络的链路拥塞、系统资源耗尽，从而使攻击目标产生拒绝向正常用户提供服务的效果。DDoS 攻击示意如图 6-2 所示。

目前，互联网中存在着大量的"僵尸"主机和"僵尸"网络，在商业利益的驱使下，DDoS 攻击已经成为互联网面临的重要安全威胁。遭受 DDoS 攻击时，网络带宽被大量占用，网络陷于瘫痪，服务器资源被耗尽，无法响应正常用户的请求，严重时会造成系统死机，使业务无法正常运行。

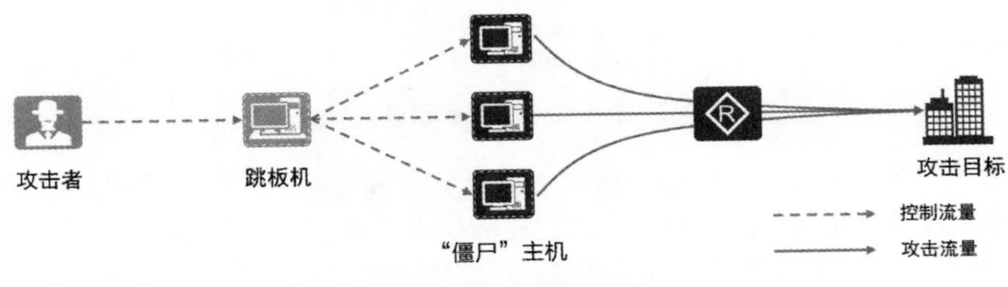

图 6-2　DDoS 攻击示意

3. 恶意代码入侵威胁

恶意代码包含病毒、木马和间谍软件等，可感染或附着在应用程序或文件中，一般通过电子邮件或文件共享等方式进行传播，威胁用户主机和网络的安全。恶意代码入侵威胁示意如图 6-3 所示。

网页和电子邮件是病毒、木马、间谍软件进入内网的主要途径。感染病毒后，计算机系统可能会遭到破坏，业务数据也可能被篡改、损坏等。攻击者通常向受害者的计算机植入木马以窃取计算机中的重要信息，或者对企业内网计算机进行破坏。间谍软件搜集、使用并散播企业员工的敏感信息，严重干扰企业的正常运作。

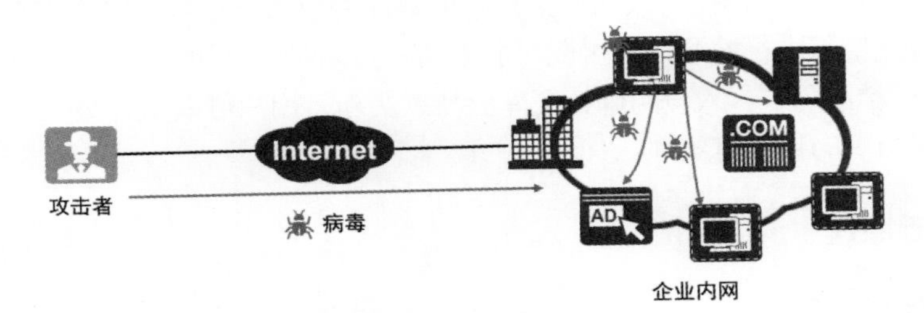

图 6-3　恶意代码入侵威胁示意

6.2 入侵防御

防火墙的基础安全策略只控制是否放行流量，无法检测应用层数据携带的安全威胁。而使用防火墙提供的内容安全功能（如入侵防御、反病毒等），可以针对放行的流量深度检测应用层数据，更好地抵御网络入侵和攻击。

6.2.1 入侵防御简介

入侵防御是一种安全机制，通过分析网络流量，检测网络入侵（包括缓冲区溢出攻击、木马、蠕虫等），并通过一定的响应方式实时中止入侵行为，保护企业信息系统和网络架构免受侵害。图 6-4 所示为入侵防御示意，入侵防御功能通常用于防御来自企业内网或 Internet 对内网服务器和客户端的入侵。

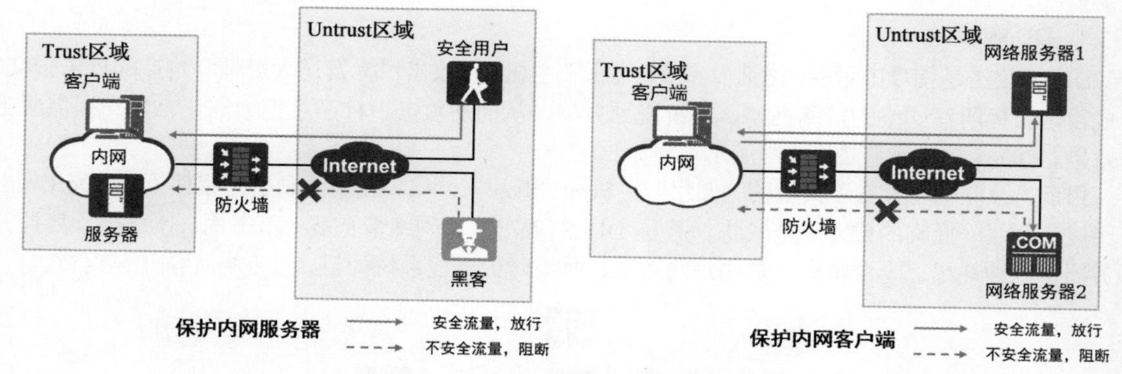

图 6-4　入侵防御示意

入侵防御是一种既能发现又能阻止入侵行为的安全防御技术。其通过检测发现网络入侵后，能自动丢弃入侵报文或者阻断攻击源，从根本上避免被攻击。其主要优点有以下几个。

■　实时阻断攻击：设备采用直路方式部署在网络中，能够在检测到入侵时，实时对入侵活动和攻击性网络流量进行拦截，将对网络的入侵降到最低。

■　深层防护：新型的攻击都隐藏在 TCP/IP 参考模型的应用层中，入侵防御能检测报文应用层的内容，还可以对网络数据流重组以进行协议分析和检测，并根据攻击类型、策略等确定应该被拦截的流量。

■　全方位防护：入侵防御可以提供针对蠕虫、病毒、木马、“僵尸”网络、间谍软件、广告软件、公共网关接口（Common Gateway Interface，CGI）攻击、跨站脚本、注入、目录遍历、信息泄露、远程文件包含攻击、溢出、代码执行、拒绝服务、扫描工具、后门等攻击的防护措施，全方位防御各种攻击，保护网络安全。

■　内外兼防：入侵防御不仅可以防止来自企业外部的攻击，还可以防止来自企业内部的攻击；系统对经过的所有流量都进行检测，既可以对服务器进行防护，又可以对客户端进行防护。

■　不断升级，精准防护：入侵防御特征库会持续更新，用户可以从升级中心定期升级设备的特征库，以保持入侵防御的持续有效性。

6.2.2　入侵防御原理

1. 入侵防御实现机制

入侵防御通过完善的检测机制对所有通过的报文进行检测分析，并实时决定允许通过或阻断，其基本实现机制如下。

（1）重组应用数据

防火墙进行 IP 分片报文重组及 TCP 流重组，确保应用层数据的连续性，可以有效检测出逃避入侵防御检测的攻击行为。

（2）协议识别和协议解析

防火墙根据报文内容识别多种常见应用层协议。识别出报文的协议后，防火墙根据具体的协议分析方案进行更精细的分析，并深入提取报文特征。

与传统防火墙只能根据 IP 地址和端口识别协议相比，此方法大大提高了对应用层攻击行为的检测率。

（3）特征匹配

防火墙对解析后的报文特征与签名进行匹配，如果命中了签名，则进行响应处理。

（4）响应处理

完成检测后，防火墙根据管理员配置的动作对匹配到签名的报文进行处理。

2. 签名

入侵防御签名用来描述网络中攻击行为的特征，防火墙通过对数据流和入侵防御签名进行比较来检测和防范攻击。

（1）预定义签名

预定义签名是入侵防御特征库中包含的签名。用户需要购买许可证才能获得入侵防御特征库，在许可证生效期间，用户可以从华为安全中心平台获取最新的特征库，并对本地的特征库进行升级，用户可以通过华为安全中心网站 https://isecurity.huawei.com/sec/web/ipsVulnerability.do 查阅具体的预定义签名。预定义签名的内容是固定的，不能创建、修改或删除。

预定义签名有 3 种默认的动作，分别是放行、告警和阻断。

- 放行：对匹配签名的报文放行，不记录日志。
- 告警：对匹配签名的报文放行，但记录日志。
- 阻断：丢弃匹配签名的报文，阻断该报文所在的数据流，并记录日志。

（2）自定义签名

自定义签名是指管理员通过自定义规则创建的签名。新的攻击出现后，其对应的攻击签名通常会晚一点出现。当用户自身对这些新的攻击比较了解时，可以创建自定义签名以便实时防御这些攻击。另外，用户可以根据需要创建一些对应的自定义签名。自定义签名创建后，系统会自动对自定义规则的合法性和正则表达式进行检查，避免低效签名浪费系统资源。

自定义签名的动作为阻断和告警，可以在创建自定义签名时配置签名的响应动作。

3. 签名过滤器

设备升级特征库后会存在大量签名，而这些签名是没有进行分类的，且有些签名所包含的特征在内网不存在，需过滤出去，故设置了签名过滤器进行管理。管理员分析内网中常出现的威胁的特征，并将含有这些特征的签名通过签名过滤器提取出来，防御内网中可能存在的威胁。

签名过滤器示意如图 6-5 所示。签名过滤器是满足指定过滤条件的集合，其过滤条件包括操作系统、签名类别、对象、协议、严重性等。只有同时满足所有过滤条件的签名才能被加入签名过滤器中。如果一个过滤条件中配置了多个值，则多个值之间是“或”的关系，即只要匹配其中任意一个值，就认为匹配了这个过滤条件。

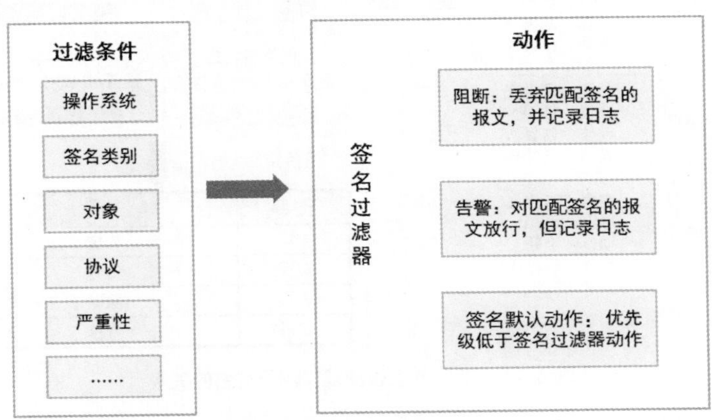

图 6-5　签名过滤器示意

签名过滤器的动作有阻断、告警和签名默认动作。签名过滤器的动作优先级高于签名默认动作，当签名过滤器的动作不采用签名默认动作时，以签名过滤器设置的动作为准。

各签名过滤器之间存在先后关系（按照配置顺序，先配置的优先）。如果一个安全配置文件中的两个签名过滤器包含同一个签名，则当报文匹配此签名后，设备将根据优先级高的签名过滤器的动作对报文进行处理。

4. 例外签名

签名过滤器会批量过滤出签名，且为了方便管理会设置统一的动作。如果管理员需要将某些签名设置为与签名过滤器不同的动作，则可将这些签名引入例外签名中，并单独配置动作。

例外签名的动作分为阻断、告警、放行和添加黑名单。其中，添加黑名单是指丢弃命中签名的报文，阻断报文所在的数据流，记录日志，并将报文的源地址或目的地址添加至黑名单中。

例外签名的动作优先级高于签名过滤器，如果一个签名同时匹配例外签名和签名过滤器，则以例外签名的动作为准。例如，签名过滤器中过滤出一批符合条件的签名，且动作统一设置为阻断，但是员工经常使用的某款自研软件被拦截了。观察日志发现，用户经常使用的该款自研软件匹配了签名过滤器中的某个签名，被误阻断了。此时管理员可将此签名引入例外签名中，并修改动作为放行。

5. 数据流的处理过程

入侵防御配置文件包含多个签名过滤器和多个例外签名。

签名、签名过滤器、例外签名的关系如图 6-6 所示。假设设备中配置了 3 个预定义签名，分别为 a01、a02、a03，且存在一个自定义签名 a04。配置文件中创建了两个签名过滤器，签名过滤器 1 可以过滤出协议为 HTTP、其他项为条件 A 的签名 a01 和 a02，动作为签名默认动作。签名过滤器 2 可以过滤出协议为 HTTP/UDP、其他项为条件 B 的签名 a03 和 a04，动作为阻断。另外，两个配置文件中分别引入一个例外签名。例外签名 1 将签名 a02 的动作设置为告警，例外签名 2 将签名 a04 的动作设置为告警。

签名的实际动作由签名默认动作、签名过滤器和例外签名的动作共同决定，参见图 6-6 中的“签名实际动作”。

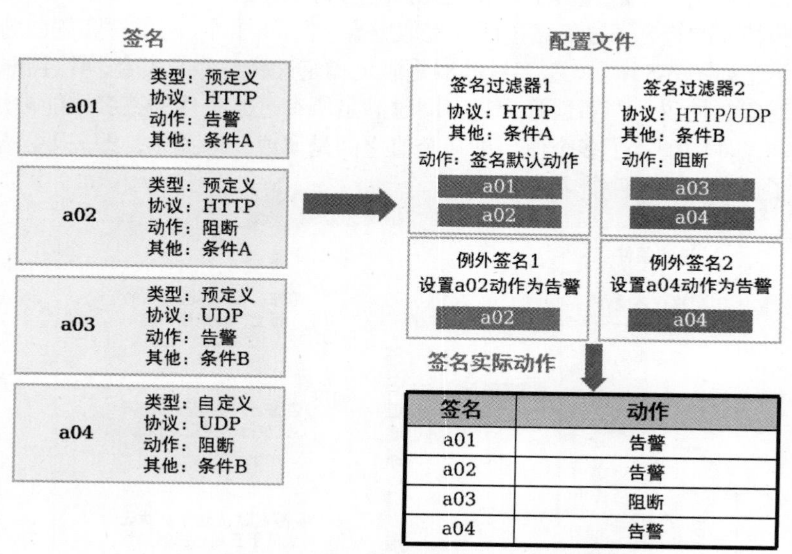

签名	动作
a01	告警
a02	告警
a03	阻断
a04	告警

图 6-6 签名、签名过滤器、例外签名的关系

当数据流匹配的安全策略中包含入侵防御配置文件时，设备将数据流送到入侵防御模块，并依次匹配入侵防御配置文件引用的签名。入侵防御对数据流的通用处理流程如图 6-7 所示。

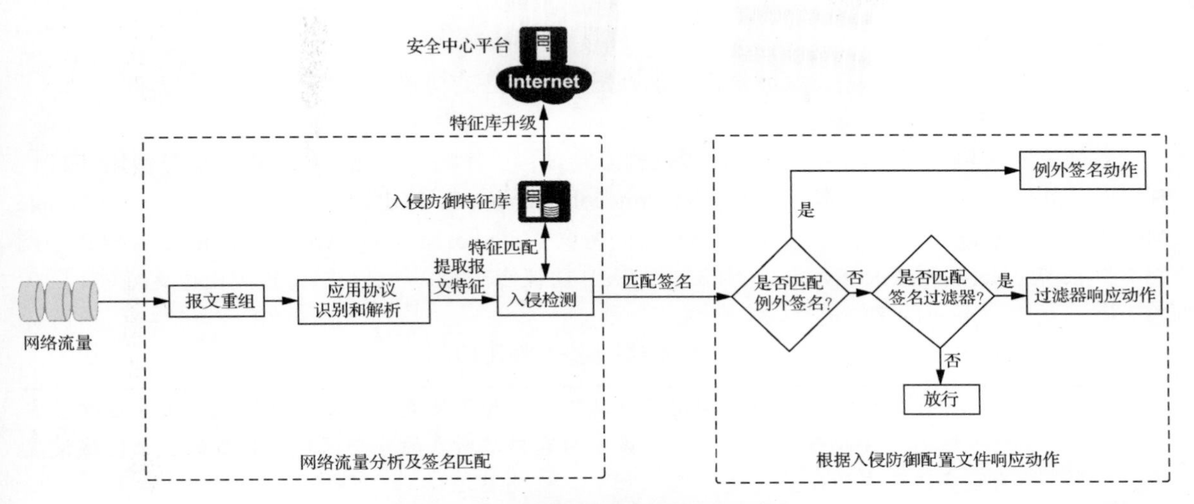

图 6-7 入侵防御对数据流的通用处理流程

当数据流匹配了多个签名时，对该数据流的处理方式如下。

- 如果这些签名的实际动作都为告警，则最终动作为告警。
- 如果这些签名中至少有一个签名的实际动作为阻断，则最终动作为阻断。
- 当数据流匹配了多个签名过滤器时，设备会按照优先级最高的签名过滤器的动作来处理。

6.3 反病毒

随着网络的不断发展和应用程序的日新月异，企业用户开始越来越频繁地在网络上传输和共享文件，随之而来的病毒威胁也越来越大。只有拒病毒于网络之外，企业才能保证数据的安全和系统的稳定。因此，保证计算机和网络系统免受病毒的侵害，让系统正常运行便成为企业所面临的一个重要问题。

6.3.1 反病毒简介

病毒是一种恶意代码，可感染或附着在应用程序或文件中，一般通过收发电子邮件或文件共享等方式传播，威胁用户主机和网络的安全。有些病毒会耗尽主机资源、占用网络带宽，有些病毒会控制主机权限、窃取数据，有些病毒甚至会对主机硬件造成破坏。

反病毒是一种安全机制，它可以通过识别和处理病毒文件来保证网络安全，避免因病毒文件引起的数据破坏、权限更改和系统崩溃等情况发生。

反病毒功能可以凭借庞大且不断更新的病毒特征库有效地保护网络安全，防止病毒文件侵害系统数据。将病毒检测设备部署在企业网的入口，可以真正将病毒抵御于网络之外，为企业网络提供一个“坚固”的保护层。

6.3.2 反病毒原理

1. 反病毒的处理流程

反病毒的处理流程主要包括智能感知引擎检测和反病毒处理两部分。

（1）智能感知引擎检测

防火墙的病毒检测是依靠智能感知引擎来进行的，具体检测步骤如下。

① 协议识别

智能感知引擎对流量进行深层分析，识别出流量对应的协议类型和文件传输的方向。

② 判断是否为支持的协议

判断文件传输所使用的协议和文件传输的方向是否支持病毒检测。防火墙支持对使用 FTP、HTTP、邮局协议的第 3 个版本（Post Office Protocol - Version 3，POP3）、简单邮件传输协议（Simple Mail Transfer Protocol，SMTP）、因特网信息访问协议（Internet Message Access Protocol，IMAP）、网络文件系统（Network File System，NFS）和 SMB 协议传输的文件进行病毒检测；也支持对不同传输方向（上传/下载）的文件进行病毒检测。

防火墙对不支持的协议或方向不一致的流量不进行病毒检测。

由于协议的连接请求均由客户端发起，为了使连接可以成功建立，用户在配置安全策略时需要确保将源安全区域设置为客户端所在的安全区域、将目的安全区域设置为服务器所在的安全区域。

例如，Trust 区域的用户需要从 Untrust 区域的 FTP 服务器下载文件，此时需要在安全策略配置界面中将 Trust 区域设置为源安全区域，Untrust 区域设置为目的安全区域，在反病毒配置界面中选择 FTP 的检测方向为下载。

③ 判断是否命中白名单

白名单的配置只能通过命令行的方式进行，不能在 Web 界面中配置。匹配白名单后，防火墙将不对文件做病毒检测。

白名单由白名单规则组成，管理员可以为信任的域名、URL、IP 地址或 IP 地址段配置白名单规则，以此提高反病毒的检测效率。白名单规则的生效范围仅限于所在的反病毒配置文件，每个反病毒配置文件都拥有自己的白名单。

④ 病毒检测

智能感知引擎对符合病毒检测的文件进行特征提取，提取后的特征与病毒特征库中的特征进行匹配。如果匹配，则认为该文件为病毒文件，并按照配置文件中的响应动作进行处理。如果不匹配，则允许该文件通过。

病毒特征库是通过分析各种常见病毒的特征而形成的。该特征库对各种常见的病毒特征进行了定义，同时为每种病毒特征都分配了一个唯一的病毒 ID。当设备加载病毒特征库后，即可识别出特征库中已经定义过的病毒。同时，为了能够及时识别出最新的病毒，设备上的病毒特征库需要不断地通过升级中心进行升级。

（2）反病毒处理

当防火墙检测出传输文件为病毒文件时，需要进行如下处理。

① 判断该病毒文件是否匹配病毒例外

为了避免由于系统误报等造成文件传输失败等情况的发生，当用户认为已检测到的某个病毒为误报时，可以将该病毒对应的病毒 ID 添加到病毒例外中，使该病毒规则失效。如果检测结果匹配了病毒例外，则该文件的响应动作为放行。

② 判断该病毒文件是否匹配应用例外

如果该病毒文件未匹配病毒例外，则判断其是否匹配应用例外。如果匹配应用例外，则按照应用例外的响应动作（放行、告警或阻断）进行处理。

应用例外可以为应用配置不同于协议的响应动作。应用承载于协议之上，同一协议上可以承载多种应用。例如，HTTP 上可以承载 163.com 的应用，也可以承载 sina.com 的应用。

由于应用和协议之间存在着这样的关系，在配置响应动作时有如下规定。

- 如果只配置协议的响应动作，则协议上承载的所有应用都继承协议的响应动作。
- 如果协议和应用都配置了响应动作，则以应用的响应动作为准。

例如，HTTP 上承载了 163.com 和 sina.com 两种应用，如果只配置了 HTTP 的响应动作为阻断，则 163.com 和 sina.com 的响应动作会都继承为阻断。如果用户希望对 163.com 应用做区分处理，则可以将 163.com 添加到应用例外中，并设置其响应动作为告警。此时，sina.com 的响应动作仍然继承 HTTP 的响应动作（即阻断），而 163.com 的响应动作将使用应用例外的响应动作（即告警）。

③ 按照配置文件中配置的协议和传输方向对相应的响应动作进行处理

如果病毒文件既没有匹配病毒例外，又没有匹配应用例外，则按照配置文件中配置的协议和传输方向对相应的响应动作进行处理。

防火墙支持不同协议在不同的文件传输方向上做不同的响应动作，具体响应动作如表 6-1 所示。

表 6–1　防火墙支持不同协议在不同的文件传输方向上做的响应动作

协议	传输方向	响应动作	说明
HTTP	上传/下载	告警/阻断，默认为阻断	■ 告警：允许病毒文件通过，同时生成病毒日志。 ■ 阻断：禁止病毒文件通过，同时生成病毒日志。 ■ 宣告：对于携带病毒的电子邮件，设备允许该文件通过，但会在电子邮件正文中添加检测到病毒的提示信息，同时生成病毒日志；宣告动作仅对 SMTP、POP3 和 IMAP 生效。 ■ 删除附件：对于携带病毒的电子邮件，设备允许该文件通过，但设备会删除电子邮件中的附件内容并在电子邮件正文中添加宣告，同时生成病毒日志；删除附件动作仅对 SMTP、POP3 和 IMAP 生效
FTP	上传/下载	告警/阻断，默认为阻断	
NFS	上传/下载	告警	
SMB	上传/下载	告警/阻断，默认为阻断	
SMTP	上传	告警/宣告/删除附件，默认为告警	
POP3	下载	告警/宣告/删除附件，默认为告警	
IMAP	上传/下载	告警/宣告/删除附件，默认为告警	

2. 反病毒的工作流程

防火墙利用专业的智能感知引擎和不断更新的病毒特征库实现对病毒文件的检测和处理，其反病毒工作流程如图 6-8 所示。

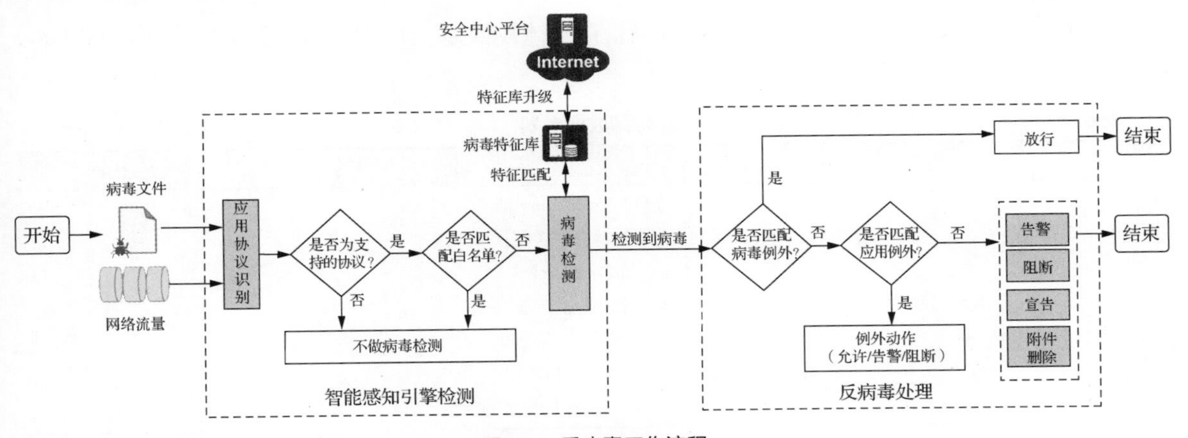

图 6-8　反病毒工作流程

动手任务 6.1　配置入侵防御功能，保护内网用户的安全

图 6-9 所示为某企业的入侵防御组网示意，该企业在网络边界处部署了防火墙作为安全网关。在该组网中，内网用户可以访问 Internet 中的 Web 服务器。该企业需要在防火墙上配置入侵防御功能，用于防范内网用户访问 Internet 中的 Web 服务器时受到的攻击，如含有恶意代码的网站对内网用户发起攻击。

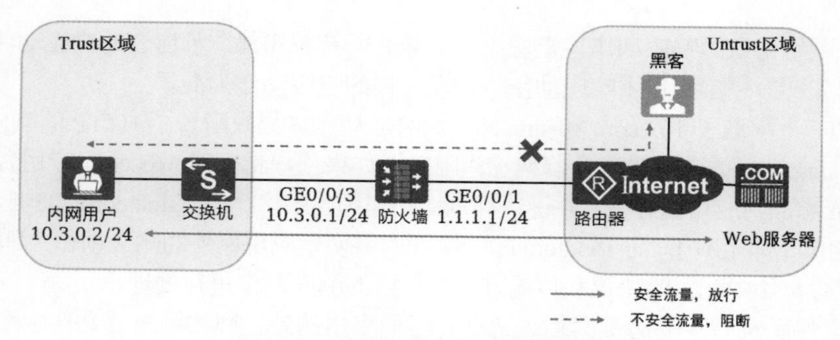

图 6-9　某企业的入侵防御组网示意

【任务内容】

配置入侵防御功能，保护企业内网用户免受来自 Internet 的攻击。

【任务设备】

（1）华为 USG 系列防火墙一台。

（2）华为 S 系列交换机一台。

（3）华为 AR 系列路由器一台。

（4）服务器一台。

（5）计算机两台。

【配置思路】

（1）配置定时升级入侵防御特征库，最大限度降低误报和漏报概率。

（2）配置接口 IP 地址和安全区域，完成网络基本参数的配置。

（3）创建入侵防御配置文件，配置签名过滤器，保护内网用户。

（4）配置安全策略，将入侵防御配置文件应用到安全策略中。

【配置步骤】

本任务使用 Web 方式配置防火墙，仅介绍防火墙相关内容的配置，入侵防御数据规划如表 6-2 所示。

表 6-2　入侵防御数据规划

项目	内容
IPS 配置文件	名称：Profile_ips_pc 签名过滤器相关配置如下。 ■ 名称：filter1 ■ 对象：客户端 ■ 严重性：高 ■ 协议：HTTP ■ 动作：采用签名的默认动作
安全策略	名称：policy_sec_1 源安全区域：Trust 目的安全区域：Untrust 源地址/地区：10.3.0.0/24 服务：HTTP 动作：允许 内容安全相关配置如下。 ■ 入侵防御：Profile_ips_pc

步骤 1：配置定时升级入侵防御特征库

参考本章动手任务 6.2 后的“多学一招：配置定时升级以更新本地特征库”，配置定时升级入侵防御特征库，具体操作步骤在此省略。

步骤 2：配置防火墙的网络基本参数

（1）在工作界面中选择“网络”→“接口”选项。

（2）单击 GE0/0/1 接口对应的编辑按钮，按表 6-3 配置 Untrust 区域的参数。

表 6-3　Untrust 区域的参数

安全区域	Untrust
IP 地址	1.1.1.1/24

（3）单击“确定”按钮。

（4）参考上述步骤，按表 6-4 配置 GE0/0/3 接口的 Trust 区域的参数。

表 6-4　Trust 区域的参数

安全区域	Trust
IP 地址	10.3.0.1/24

步骤 3：创建入侵防御配置文件，配置签名过滤器

（1）在工作界面中选择“对象”→“安全配置文件”→“入侵防御”选项，如图 6-10 所示。

图 6-10　选择“入侵防御”选项

（2）在“入侵防御配置文件”界面下方单击“新建”按钮，弹出“新建入侵防御配置文件”对话框。

（3）在“签名过滤器”选项卡中单击“新建”按钮，按图 6-11 所示的参数新建一个签名过滤器。

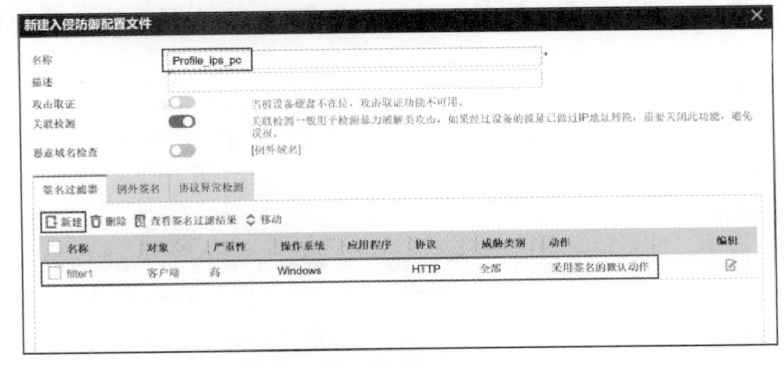

图 6-11　新建一个签名过滤器

（4）单击“确定”按钮，完成入侵防御配置文件的配置。入侵防御配置文件 Profile_ips_pc 将在 Trust 区域到 Untrust 区域的安全策略中被引用。

（5）单击工作界面右上角的“提交”按钮，在弹出的“提交”对话框中单击“确定”按钮，提交入侵防御配置文件，如图 6-12 所示。

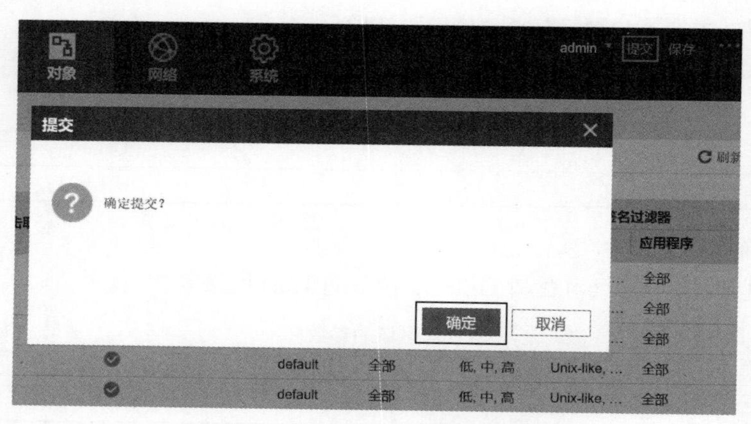

图 6-12　提交入侵防御配置文件

步骤 4：配置安全策略，引用入侵防御配置文件

（1）在工作界面中选择“策略”→“安全策略”→“安全策略”选项，如图 6-13 所示。

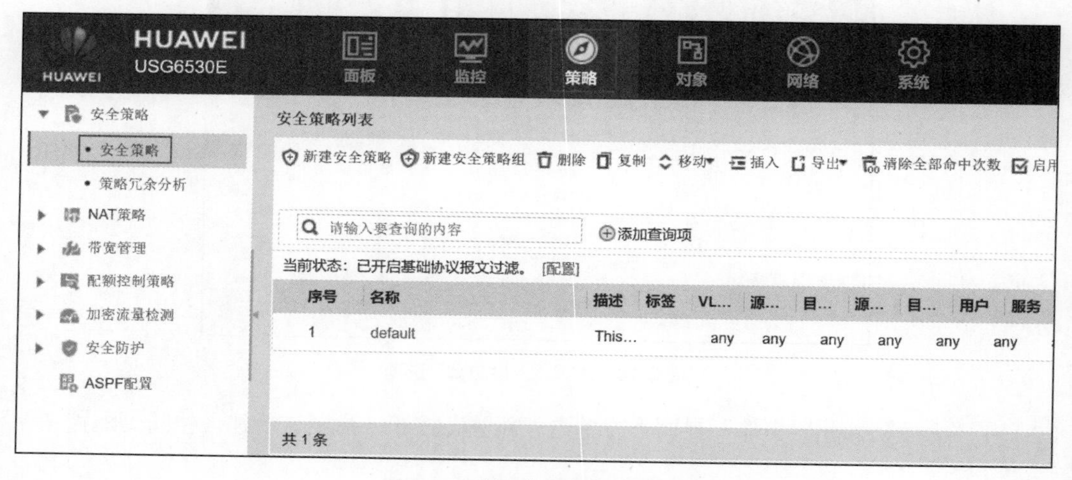

图 6-13　选择“安全策略”选项

（2）单击“新建安全策略”按钮，按图 6-14 所示的参数配置从 Trust 区域到 Untrust 区域的域间策略。

步骤 5：保存配置

单击工作界面右上角的“保存”按钮，在弹出的“保存”对话框中单击“确定”按钮，保存防火墙配置，如图 6-15 所示。

步骤 6：验证和调试

入侵防御功能配置完成之后，需要对当前网络比较熟悉的管理员在网络运行过程中进行定期排查，及时调整配置，从而在不影响业务的基础上对入侵行为进行检测和阻断。内网服务器受到攻击时会产生对应的威胁日志，其中不免存在大量误报，网络管理员应根据威胁来源的行为确定是否为攻击，并基于威胁日志来调整配置。

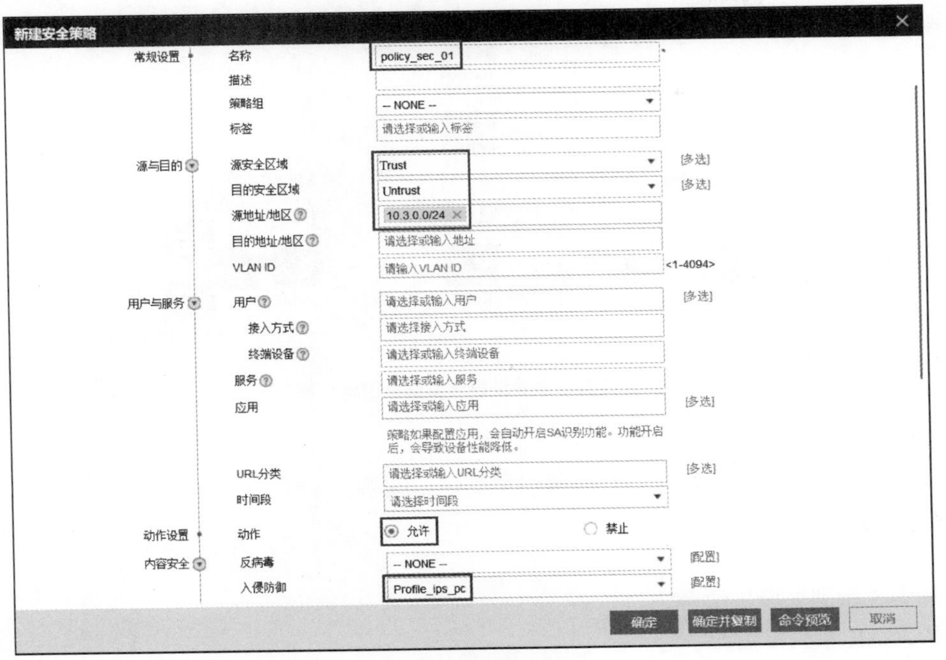

新建安全策略
常规设置
名称
policy_sec_01
描述
策略组
-- NONE --
标签
请选择或输入标签
源与目的
源安全区域
Trust
[多选]
目的安全区域
Untrust
[多选]
源地址/地区
10.3.0.0/24
目的地址/地区
请选择或输入地址
VLAN ID
请输入 VLAN ID
<1-4094>
用户与服务
用户
请选择或输入用户
[多选]
接入方式
请选择接入方式
终端设备
请选择或输入终端设备
服务
请选择或输入服务
应用
请选择或输入应用
[多选]
策略如果配置应用，会自动开启SA识别功能。功能开启后，会导致设备性能降低。
URL分类
请选择或输入URL分类
[多选]
时间段
请选择时间段
动作设置
动作
允许
禁止
内容安全
反病毒
-- NONE --
[配置]
入侵防御
Profile_ips_pc
[配置]
确定
确定并复制
命令预览
取消

图 6-14　配置域间策略

对象
网络
系统
admin
提交
保存
保存
选择保存范围
全部配置（包括所有虚拟系统）
根系统配置
选择保存方式
覆盖下次启动配置文件
另存为
文件名
hda1:/vrpcfg.zip
确定
取消
时间段
动作
any
禁止
656...

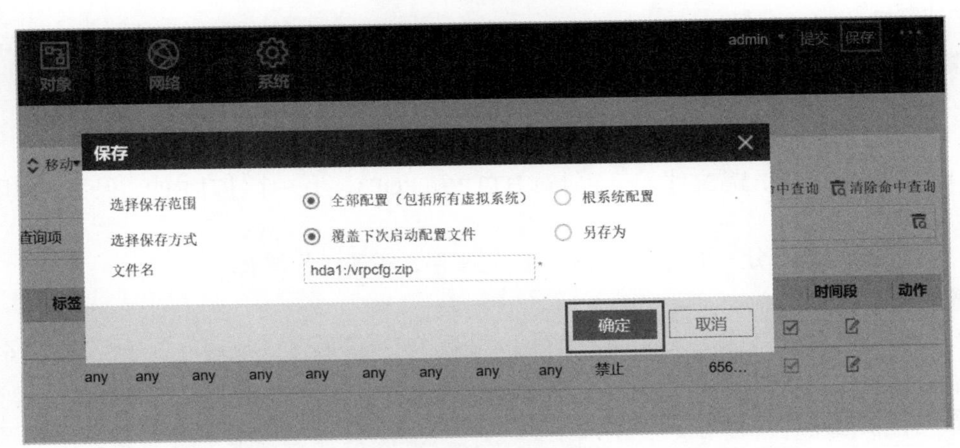

图 6-15　保存防火墙配置

动手任务 6.2　配置反病毒功能，保护内网用户和服务器的安全

某企业配置反病毒组网示意如图 6-16 所示，该企业在网络边界处部署了防火墙作为安全网关。内网用户需要通过 Web 服务器和 POP3 服务器下载文件和电子邮件，内网 FTP 服务器需要接收 Internet 中的文件。企业利用防火墙提供的反病毒功能阻止病毒文件进入受保护的网络，保护内网用户和服务器的安全。

由于企业使用 Ctdisk 网盘作为工作邮箱，为了保证工作时电子邮件的正常收发，需要放行 Ctdisk 网盘的所有电子邮件。另外，内网用户在通过 Web 服务器下载某重要软件时失败，排查后发现该软件因被防火墙判定为病毒而被阻断（其病毒 ID 为 16424404），考虑到该软件的重要性和对该软件来源的信任，网络管理员决定临时放行该类病毒文件，以使用户可以成功下载该软件。

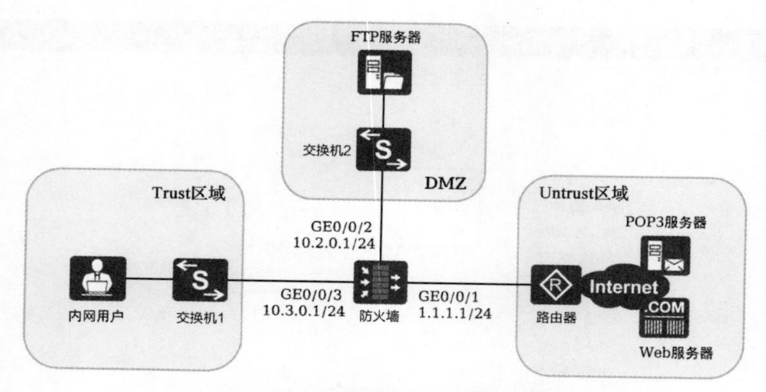

图 6-16　某企业配置反病毒组网示意

【任务内容】

配置反病毒功能，保护内网用户和服务器免受病毒威胁。

【任务设备】

（1）华为 USG 系列防火墙一台。

（2）华为 S 系列交换机两台。

（3）华为 AR 系列路由器一台。

（4）服务器 3 台。

（5）计算机一台。

【配置思路】

（1）配置定时升级反病毒特征库，最大限度降低误报和漏报概率。

（2）配置接口 IP 地址和安全区域，完成网络基本参数的配置。

（3）配置两个反病毒配置文件，一个针对 HTTP 和 POP3，另一个针对 FTP，保护内网用户和服务器的安全。

（4）配置安全策略，分别引用两个反病毒配置文件，实现任务需求。

【配置步骤】

本任务使用 Web 方式配置防火墙，仅介绍防火墙相关内容的配置，反病毒数据规划如表 6-5 所示。

表 6–5　反病毒数据规划

项目	内容
反病毒配置文件	针对 HTTP 和 POP3 的反病毒配置文件信息如下。 名称：av_http_pop3 描述：http-pop3 协议：HTTP，方向为下载，动作为阻断 协议：POP3，方向为下载，动作为删除附件 应用例外相关配置如下。 ■ 名称：Ctdisk 网盘 动作：允许 病毒例外相关配置如下。 ■ ID: 16424404
	针对 FTP 的反病毒配置文件信息如下。 名称：av_ftp 描述：ftp 协议：FTP，方向为上传，动作为阻断 协议：SMB，方向为下载，动作为阻断

续表

项目	内容
安全策略	名称：policy_av_1 描述：Intranet-User 源安全区域：Trust 目的安全区域：Untrust 源地址/地区：10.3.0.0/24 动作：允许 内容安全相关配置如下。 　　反病毒：av_http_pop3
	名称：policy_av_2 描述：Intranet-Server 源安全区域：Untrust 目的安全区域：DMZ 目的地址/地区：10.2.0.0/24 动作：允许 内容安全相关配置如下。 　　反病毒：av_ftp

步骤 1：配置定时升级入侵防御特征库

参考本动手任务后的“多学一招：配置定时升级以更新本地特征库”配置定时升级反病毒特征库，具体操作步骤省略。

步骤 2：配置防火墙的网络基本参数

（1）在工作界面中选择“网络”→“接口”选项。

（2）单击 GE0/0/1 接口对应的编辑按钮，按表 6-6 配置 Untrust 区域的参数。

表 6-6　　Untrust 区域的参数

安全区域	Untrust
IP 地址	1.1.1.1/24

（3）单击“确定”按钮。

（4）参考上述步骤，按表 6-7 配置 GE0/0/2 接口的 DMZ 的参数。

表 6-7　　DMZ 的参数

安全区域	DMZ
IP 地址	10.2.0.1/24

（5）参考上述步骤，按表 6-8 配置 GE0/0/3 接口的 Trust 区域的参数。

表 6-8　　Trust 区域的参数

安全区域	Trust
IP 地址	10.3.0.1/24

步骤 3：配置反病毒配置文件

（1）在工作界面中选择“对象”→“安全配置文件”→“反病毒”选项，如图 6-17 所示。

（2）单击“新建”按钮，新建针对 HTTP 和 POP3 的反病毒安全配置文件，按图 6-18 进行配置。匹配条件分别为 HTTP 和 POP3，方向为“下载”，响应动作分别为“阻断”和“删除附件”，并在该配置文件中配置 Ctdisk 网盘的应用例外和病毒 ID 为 16424404 的病毒例外。

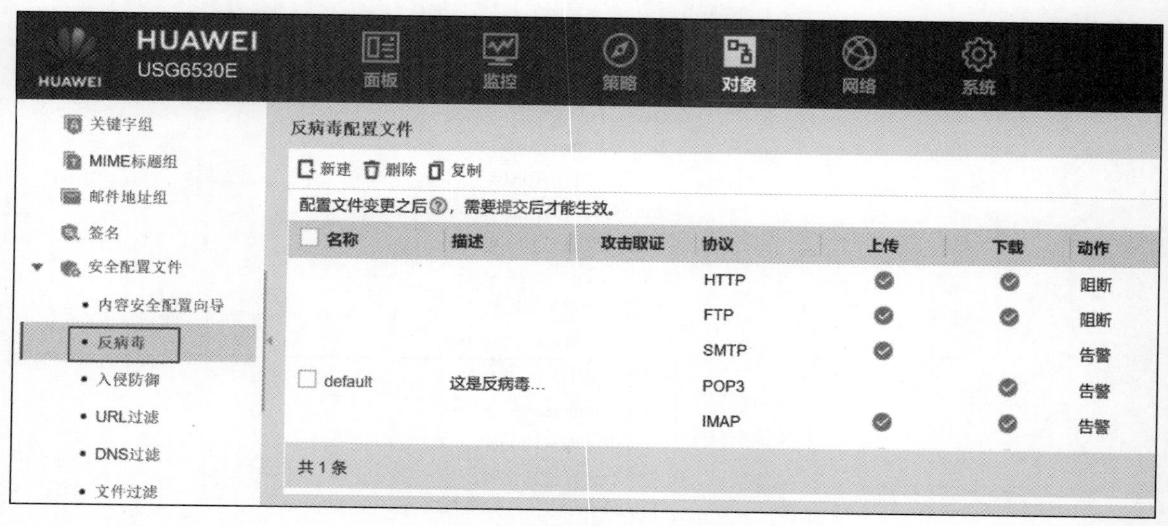

图 6-17　选择“反病毒”选项

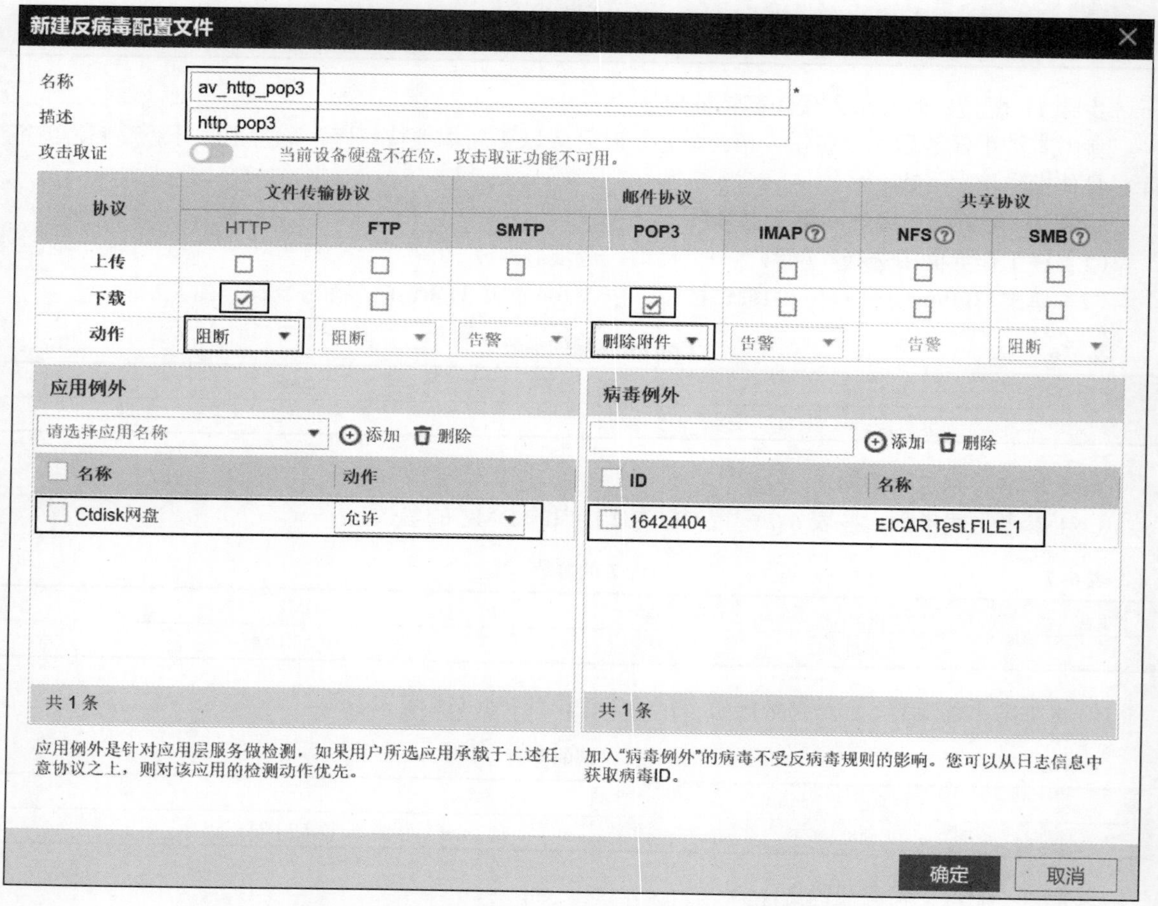

新建反病毒配置文件

名称 av_http_pop3 *

描述 http_pop3

攻击取证 当前设备硬盘不在位，攻击取证功能不可用。

协议	文件传输协议		邮件协议			共享协议	
	HTTP	FTP	SMTP	POP3	IMAP?	NFS?	SMB?
上传	☐	☐	☐		☐	☐	☐
下载	☑	☐		☑	☐	☐	☐
动作	阻断	阻断	告警	删除附件	告警	告警	阻断

应用例外

请选择应用名称　添加　删除

名称	动作
Ctdisk网盘	允许

共 1 条

应用例外是针对应用层服务做检测，如果用户所选应用承载于上述任意协议之上，则对该应用的检测动作优先。

病毒例外

添加　删除

ID	名称
16424404	EICAR.Test.FILE.1

共 1 条

加入“病毒例外”的病毒不受反病毒规则的影响。您可以从日志信息中获取病毒ID。

确定　取消

图 6-18　新建针对 HTTP 和 POP3 的反病毒安全配置文件

（3）单击“确定”按钮。

（4）参考上述步骤，按图 6-19 所示的参数配置针对 FTP 的反病毒安全配置文件。

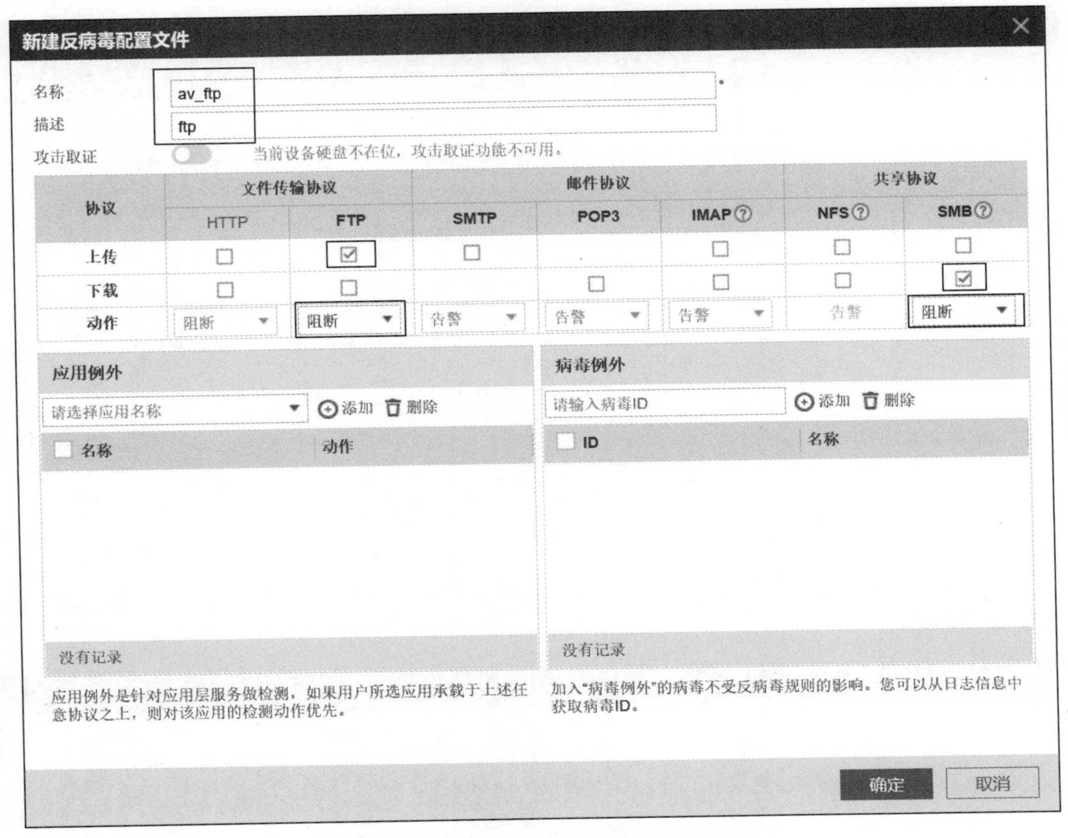

图 6-19　针对 FTP 的反病毒安全配置文件

（5）单击工作界面右上角的“提交”按钮，在弹出的“提交”对话框中单击“确定”按钮，提交反病毒安全配置文件，如图 6-20 所示。

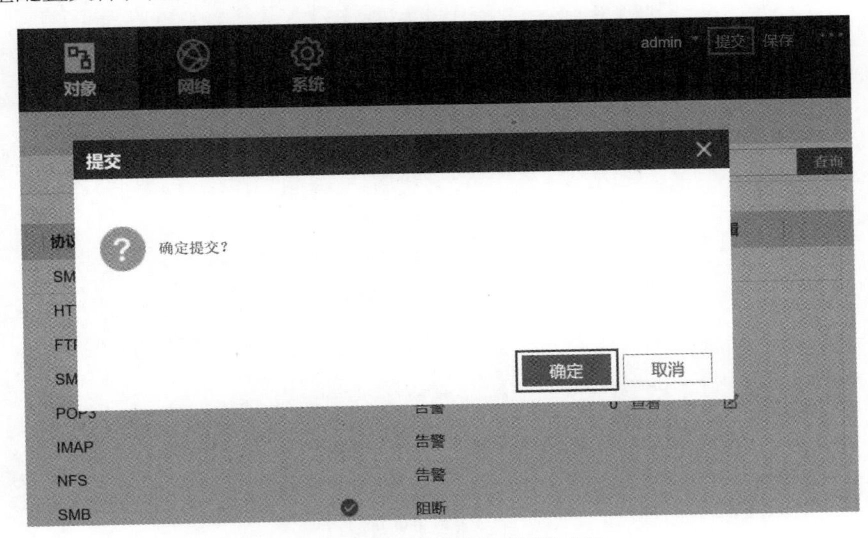

图 6-20　提交反病毒安全配置文件

步骤 4：配置安全策略，调用反病毒配置文件

（1）在工作界面中选择“策略”→“安全策略”→“安全策略”选项，如图 6-21 所示。

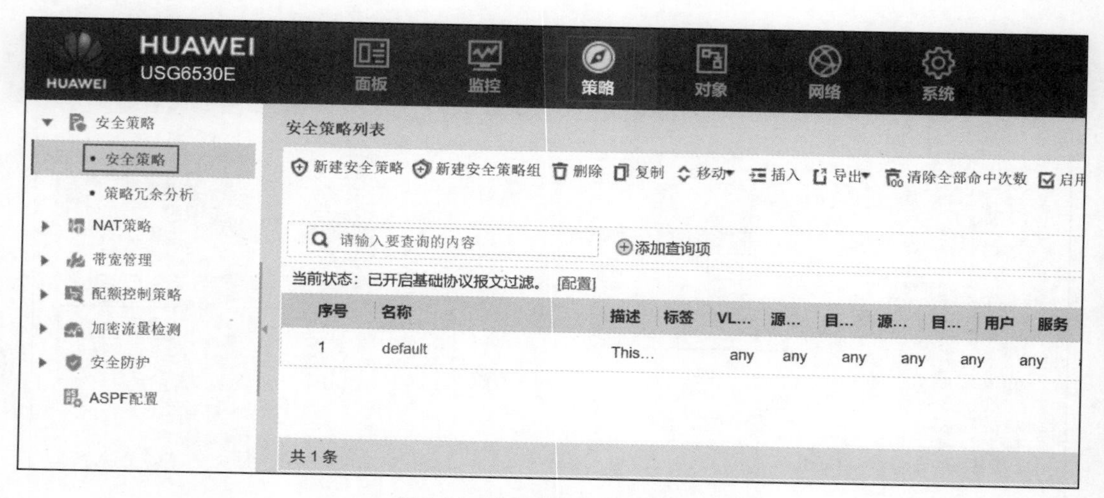

图 6-21　选择“安全策略”选项

（2）单击“新建安全策略”按钮。

（3）按图 6-22 所示的参数配置内网用户到外网服务器方向的安全策略，并应用“av_http_pop3”反病毒配置文件。

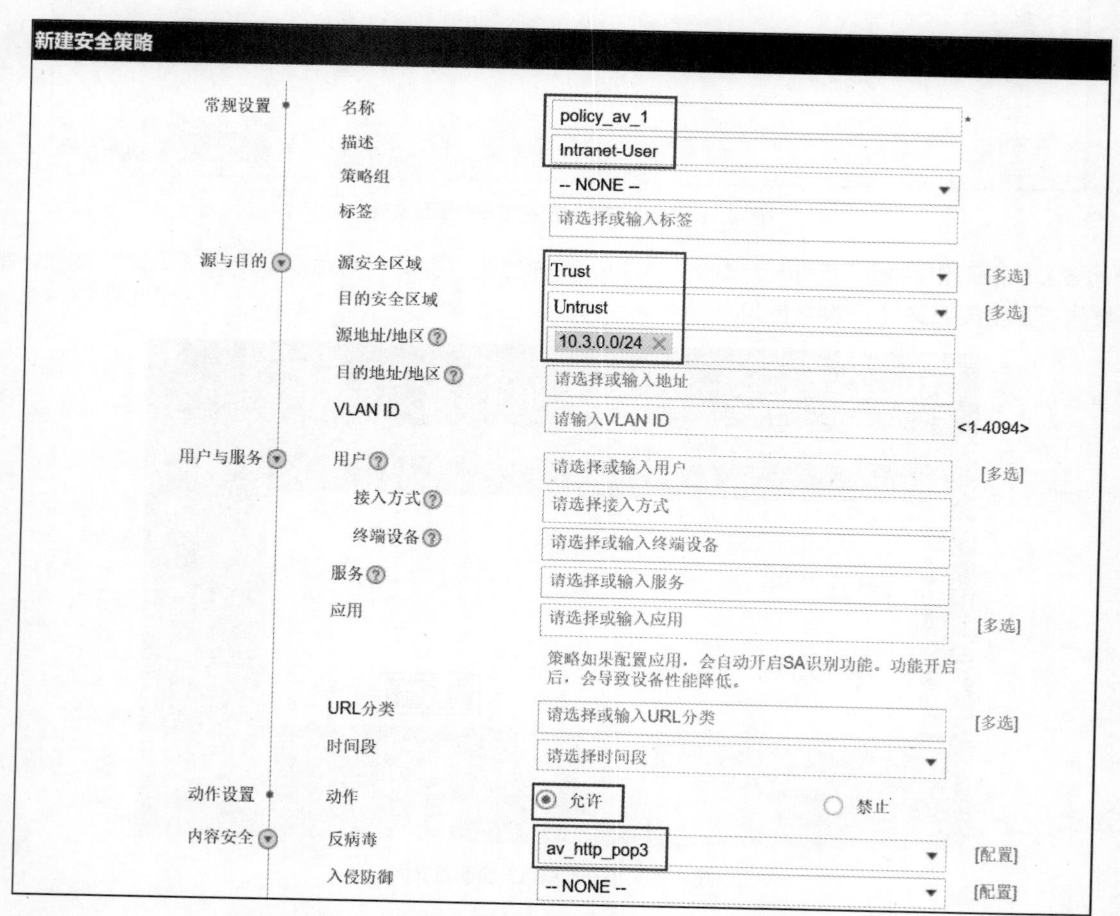

图 6-22　配置内网用户到外网服务器方向的安全策略

（4）单击“确定”按钮。

（5）参照内网用户到外网服务器方向的安全策略的配置方法，按图 6-23 所示的参数配置外网用户到内网服务器方向的安全策略。

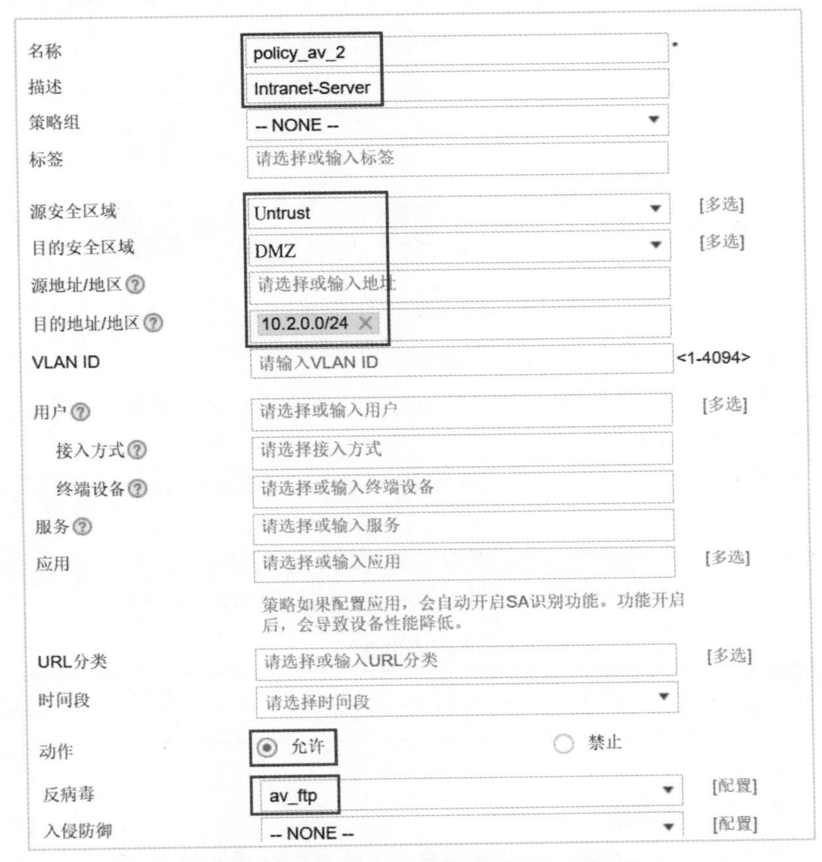

图 6-23　配置外网用户到内网服务器方向的安全策略

步骤 5：保存配置

单击工作界面右上角的“保存”按钮，在弹出的“保存”对话框中单击“确定”按钮，保存防火墙配置，如图 6-24 所示。

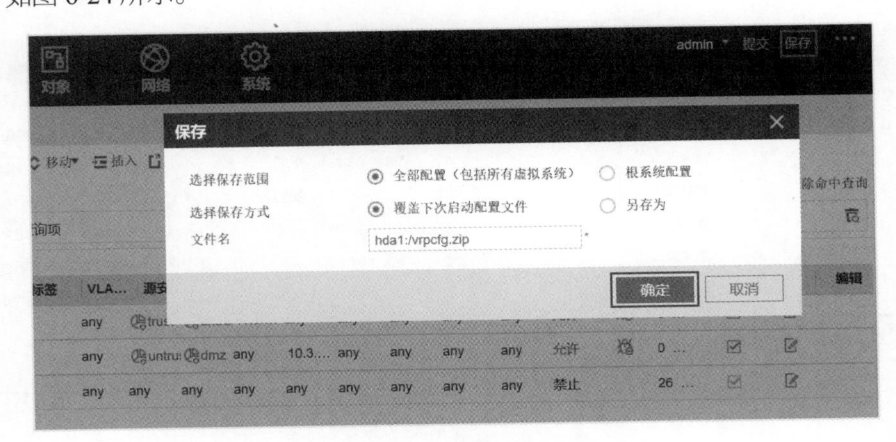

图 6-24　保存防火墙配置

📖多学一招：配置定时升级以更新本地特征库

图 6-25 所示为某企业的定时升级组网示意，该企业在内网边界处部署了防火墙作为安全网关，防火墙可以直接通过外网与升级中心 sec.huawei.com 进行通信，可以配置定时升级。通过定时升级，可实现特征库的自动下载，并更新本地的特征库，具体步骤如下。

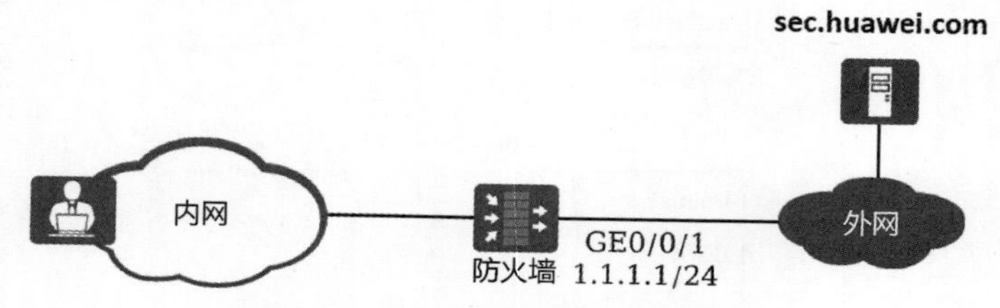

图 6-25　某企业的定时升级组网示意

步骤 1：购买特征库升级服务的许可证并激活

反病毒特征库、入侵防御特征库和恶意域名特征库需要许可证的支持，否则无法成功升级。

步骤 2：配置网络的基本参数

根据实际组网情况，在防火墙上配置接口 IP 地址、安全区域，保证防火墙和互联网正常通信。

（1）在工作界面中选择“网络”→“接口”选项。

（2）单击 GE0/0/1 接口对应的编辑按钮，按表 6-9 配置 Untrust 区域的参数。

表 6-9　**Untrust 区域的参数**

安全区域	Untrust
IP 地址	1.1.1.1/24

（3）单击“确定”按钮。

步骤 3：配置升级中心地址

（1）在工作界面中选择“系统”→“升级中心”选项，如图 6-26 所示。

HUAWEI USG6530E　面板　监控　策略　对象　网络　系统

• HiSec Insight联动
• 系统重启
• 推送信息配置
• 硬件快转
• 高级配置
用户体验计划
管理员
虚拟系统
高可靠性
日志配置
License管理
升级中心
系统更新

特征库升级

升级中心地址：sec.huawei.com　[测试升级中心连接]

特征库	上一...	上一版本...	当前...	当前版本...	升级服...	定时升级	定时升级时间	状态
入侵防...	2022...	2022-04-20	2019...	2019-07-27	2022-...	☑	每日 02:14(...	加载成功。
反病毒...			2018...	2018-03-13	2022-...	☑	每日 02:14(...	加载成功。
业务感...			2020...	2020-03-19	永不...	☑	每日 02:14(...	加载成功。
恶意域...					2022-...	☑	每日 02:14(...	没有版本可启动...
文件信...			2017...	2017-12-01	云沙...	☑	每日 02:14(...	加载成功。
地区识...			2020...	2020-07-09	永不...	☑	每周日 22:5...	加载成功。
资产识...					永不...			没有版本可启动...

共 7 条

图 6-26　选择“升级中心”选项

（2）单击“升级中心地址”按钮，在弹出的“升级服务器配置”对话框中配置升级中心地址，如图 6-27 所示。

图 6-27　配置升级中心地址

步骤 4：配置 DNS 服务器，确保防火墙可以正确解析 sec.huawei.com

（1）在工作界面中选择“网络”→“DNS”→“DNS”选项，新建 DNS 服务器，如图 6-28 所示。

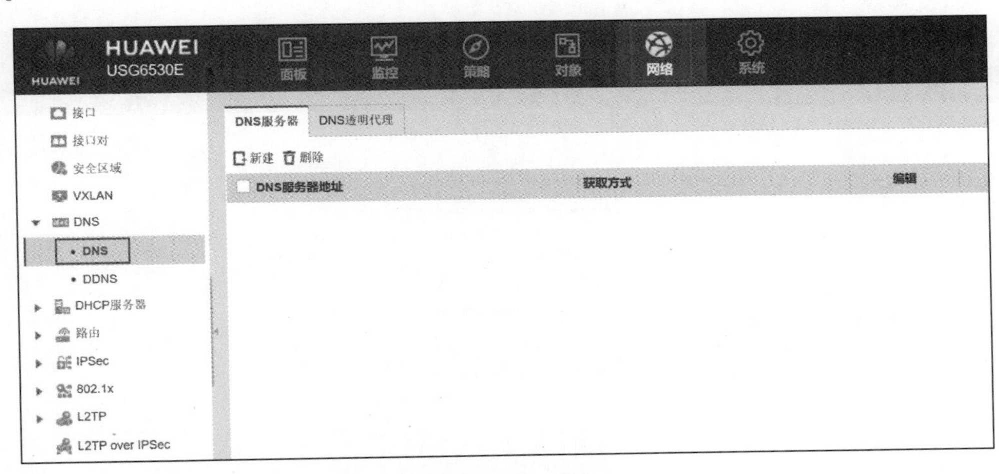

图 6-28　新建 DNS 服务器

（2）在“DNS 服务器”选项卡中单击“新建”按钮。

（3）根据实际网络参数配置 DNS 服务器地址，如图 6-29 所示，确保防火墙可以正确解析 sec.huawei.com。

图 6-29　配置 DNS 服务器地址

（4）单击“确定”按钮。

步骤 5：配置安全策略

（1）在工作界面中选择“策略”→“安全策略”→“安全策略”选项，如图 6-30 所示。

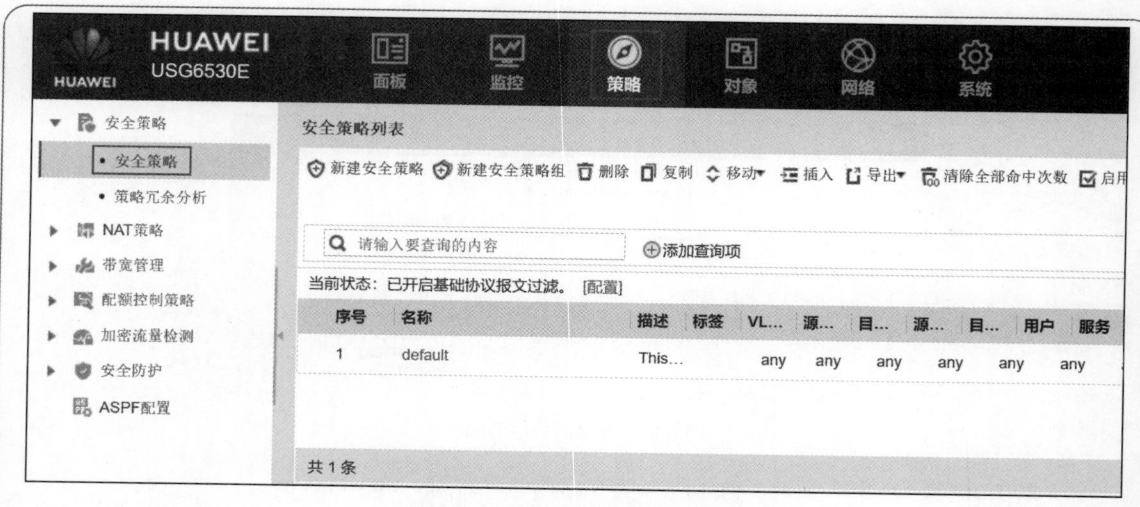

图 6-30 选择“安全策略”选项

（2）单击“新建安全策略”按钮，弹出“新建安全策略”对话框。

（3）新建安全策略，允许防火墙访问升级中心 sec.huawei.com，如图 6-31 所示。

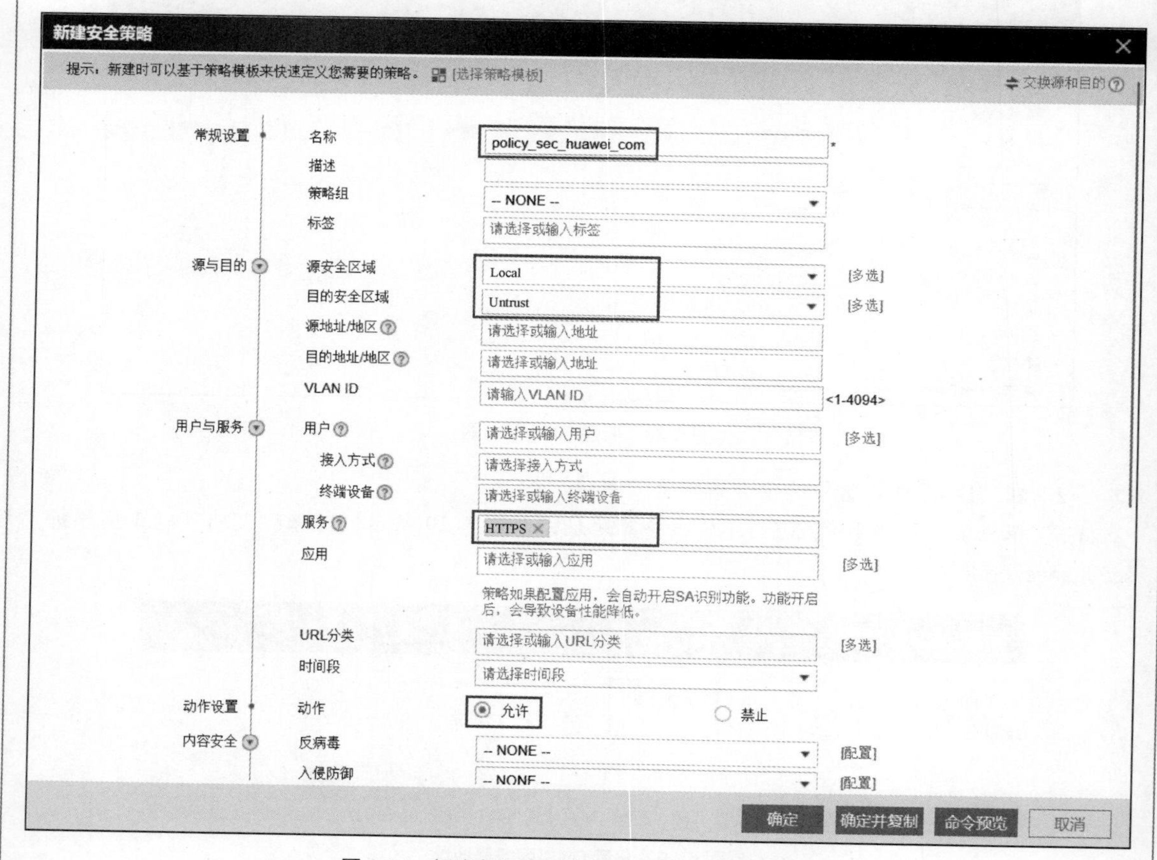

图 6-31 新建允许防火墙访问升级中心的安全策略

（4）新建安全策略，允许防火墙访问 DNS 服务器，如图 6-32 所示。

图 6-32　新建允许防火墙访问 DNS 服务器的安全策略

步骤 6：配置定时升级

（1）在待升级特征库所在行勾选“定时升级”复选框，如图 6-33 所示，启用定时升级功能。默认情况下，启用特征库定时在线升级功能。

特征库升级

升级中心地址：sec.huawei.com　[测试升级中心连接]　刷新

特征库	上一版本	上一版本发…	当前版本	当前版本发…	升级服务…	定时升级	定时升级时间	状态
入侵防御特征库	202204…	2022-04-20	201907…	2019-07-27	2022-07…	☑	每日 02:14(下载并安装)	加载成功。
反病毒特征库			201803…	2018-03-13	2022-07…	☑	每日 02:14(下载并安装)	加载成功。
业务感知特征库			202003…	2020-03-19	永不过期	☑	每日 02:14(下载并安装)	加载成功。
恶意域名特征库					2022-07…	☑	每日 02:14(下载并安装)	没有版本可启动加
文件信誉特征库			201712…	2017-12-01	云沙箱…	☑	每日 02:14(下载并安装)	加载成功。
地区识别特征库			202007…	2020-07-09	永不过期	☑	每周日 22:58(下载并安装)	加载成功。
资产识别特征库					永不过期			没有版本可启动加

共 7 条

图 6-33　勾选“定时升级”复选框

（2）在待升级特征库所在行单击“定时升级时间”列，在弹出的“配置定时升级”对话框中设置定时升级的时间，如图 6-34 所示。

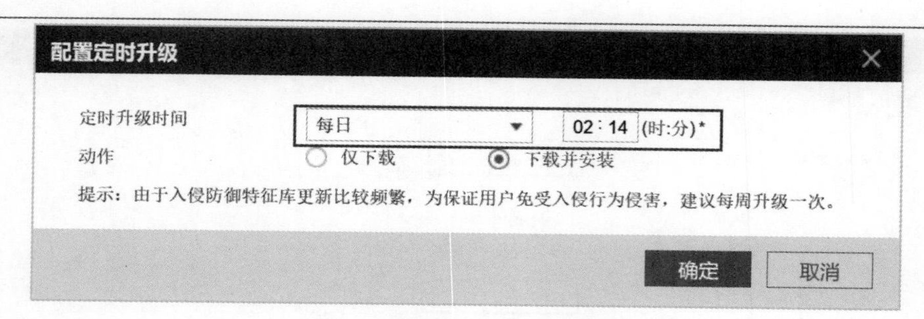

图 6-34　设置定时升级的时间

步骤 7：查看升级状态

（1）当在“配置定时升级”对话框中选中“下载并安装”单选按钮时，升级成功后可以看到“状态”为“在线升级成功”。同时“当前版本”显示最新版本号，“上一版本”显示升级前的版本号。

（2）当在“配置定时升级”对话框中选中“仅下载”单选按钮时，“状态”显示为“下载成功”，此时需单击“立即安装”按钮，“状态”显示为“加载成功”时表示升级成功，如图 6-35 所示。

（3）当“状态”显示为“正在升级重试，请稍候”时，表示特征库文件已下载到本地，但由于内存不足而没有安装成功，系统将定时尝试重新安装。

（4）当“状态”显示升级失败时，可以通过“测试升级中心连接”来查找失败的原因。系统会打开一个窗口，用于显示具体的检测过程，并在连接失败时给出具体的原因和处理建议。

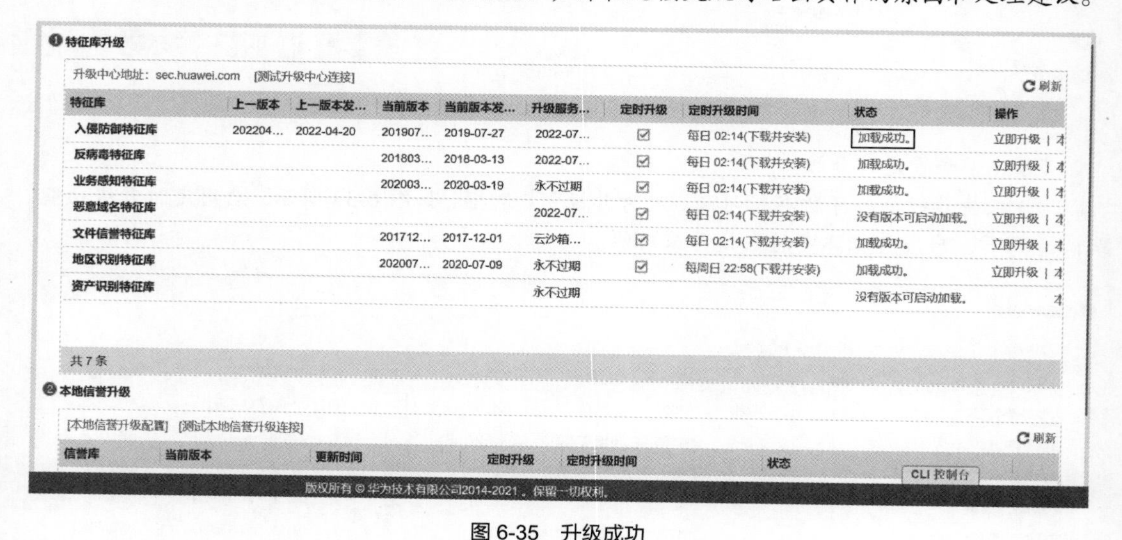
❶ 特征库升级

升级中心地址：sec.huawei.com　[测试升级中心连接]　刷新

特征库	上一版本	上一版本发...	当前版本	当前版本发...	升级服务...	定时升级	定时升级时间	状态	操作
入侵防御特征库	202204...	2022-04-20	201907...	2019-07-27	2022-07...	☑	每日 02:14(下载并安装)	加载成功。	立即升级 | 本
反病毒特征库			201803...	2018-03-13	2022-07...	☑	每日 02:14(下载并安装)	加载成功。	立即升级 | 本
业务感知特征库			202003...	2020-03-19	永不过期	☑	每日 02:14(下载并安装)	加载成功。	立即升级 | 本
恶意域名特征库					2022-07...	☑	每日 02:14(下载并安装)	没有版本可启动加载。	立即升级 | 本
文件信誉特征库			201712...	2017-12-01	云沙箱...	☑	每日 02:14(下载并安装)	加载成功。	立即升级 | 本
地区识别特征库			202007...	2020-07-09	永不过期	☑	每周日 22:58(下载并安装)	加载成功。	立即升级 | 本
资产识别特征库					永不过期			没有版本可启动加载。	本

共 7 条

❷ 本地信誉升级

[本地信誉升级配置]　[测试本地信誉升级连接]　刷新

信誉库	当前版本	更新时间	定时升级	定时升级时间	状态

CLI 控制台

版权所有 © 华为技术有限公司2014-2021，保留一切权利。

图 6-35　升级成功

【本章总结】

本章 6.1 节简要介绍了入侵的概念、常见的入侵手段；6.2 节详细介绍了入侵防御的原理；6.3 节详细介绍了反病毒的原理；动手任务中以企业真实的场景为基础，介绍了华为防火墙入侵防御和反病毒功能的详细配置过程。

通过对本章的学习，读者能够对入侵防御和反病毒有一定的了解，熟悉其技术原理和工作流程，能够独立完成华为防火墙入侵防御和反病毒功能的配置，掌握防火墙在入侵防御场景中的部署方法。

【重点知识树】

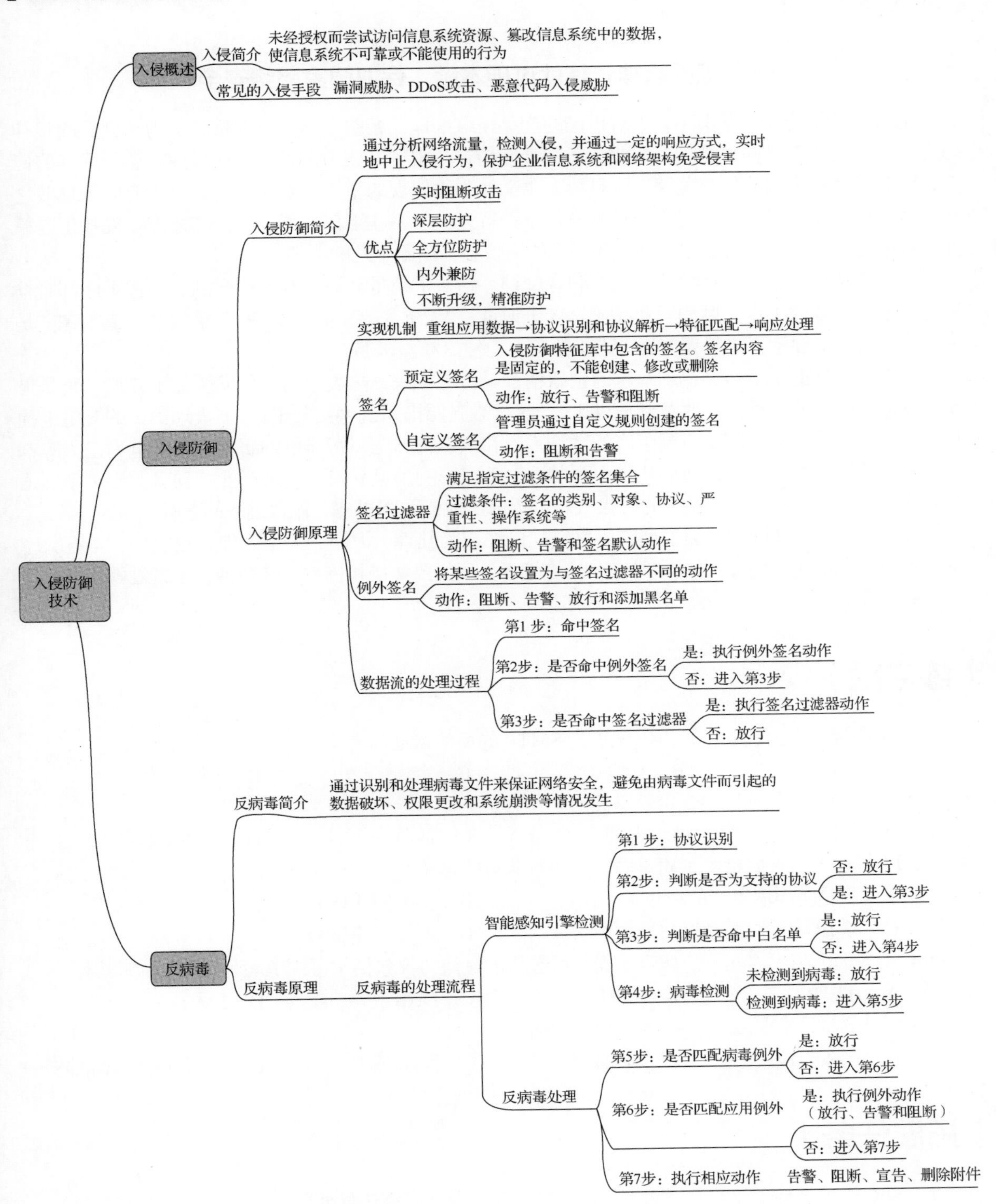
入侵防御技术
入侵概述
入侵简介
未经授权而尝试访问信息系统资源、篡改信息系统中的数据，使信息系统不可靠或不能使用的行为
常见的入侵手段
漏洞威胁、DDoS攻击、恶意代码入侵威胁
入侵防御
入侵防御简介
通过分析网络流量，检测入侵，并通过一定的响应方式，实时地中止入侵行为，保护企业信息系统和网络架构免受侵害
优点
实时阻断攻击
深层防护
全方位防护
内外兼防
不断升级，精准防护
入侵防御原理
实现机制
重组应用数据→协议识别和协议解析→特征匹配→响应处理
签名
预定义签名
入侵防御特征库中包含的签名。签名内容是固定的，不能创建、修改或删除
动作：放行、告警和阻断
自定义签名
管理员通过自定义规则创建的签名
动作：阻断和告警
签名过滤器
满足指定过滤条件的签名集合
过滤条件：签名的类别、对象、协议、严重性、操作系统等
动作：阻断、告警和签名默认动作
例外签名
将某些签名设置为与签名过滤器不同的动作
动作：阻断、告警、放行和添加黑名单
数据流的处理过程
第1 步：命中签名
第2步：是否命中例外签名
是：执行例外签名动作
否：进入第3步
第3步：是否命中签名过滤器
是：执行签名过滤器动作
否：放行
反病毒
反病毒简介
通过识别和处理病毒文件来保证网络安全，避免由病毒文件而引起的数据破坏、权限更改和系统崩溃等情况发生
反病毒原理
反病毒的处理流程
智能感知引擎检测
第1 步：协议识别
第2步：判断是否为支持的协议
否：放行
是：进入第3步
第3步：判断是否命中白名单
是：放行
否：进入第4步
第4步：病毒检测
未检测到病毒：放行
检测到病毒：进入第5步
反病毒处理
第5步：是否匹配病毒例外
是：放行
否：进入第6步
第6步：是否匹配应用例外
是：执行例外动作（放行、告警和阻断）
否：进入第7步
第7步：执行相应动作
告警、阻断、宣告、删除附件

【学思启示】

传承工匠精神，练就过硬本领，保卫国家网络安全

所谓“工匠精神”是指手艺人对自己的产品精雕细琢、精益求精、追求极致、力求完美的精神理念。广义上的工匠精神是指对职业劳动的奉献精神。中华民族历来就有敬业乐业、忠于职守的传统，敬业是中华民族的传统美德，也是社会主义核心价值观的基本要求之一。劳动没有高低贵贱之分，每一份职业都很光荣，而工匠精神就是干一行爱一行，在工作中增长技艺与才能。发扬工匠精神，就要提高我们的爱岗敬业精神，在平凡的岗位上干出不平凡的成绩。

工匠精神是一丝不苟、精益求精的职业精神。精益求精是从业者对每件产品、每道工序都凝神聚力、追求极致的工作态度和职业品质。老子说过：“天下大事，必作于细。”重细节、追求完美是工匠精神的关键要素。成就大事者，无不执着、专注、精益求精。

工匠精神是追求革新、追求卓越的创新精神。古往今来，热衷于创新和发明的工匠们一直是世界科技进步的重要推动力。改革开放以来，“汉字激光照排系统之父”王选，“全球第二的充电电池制造商”王传福，从事高铁研制生产的铁路工人和从事特高压、智能电网研究运行的电力工人等都是工匠精神的优秀传承者，他们让“中国制造”重新影响了世界。一大批产业劳动者勇于创新、追求卓越的干劲，彰显了工匠精神的时代气息，折射出他们顽强拼搏、锐意进取的精神。

如今，随着互联网的快速发展，网络空间已经成为陆地、海洋、天空、外太空之外“第五大空间”。作为一名高校学生，也是网络安全的守护者，我们要弘扬和传承工匠精神，练就过硬本领，保卫国家网络安全，实现网络强国梦想。

【练习题】

（1）（多选）下列选项中，可以配置为 SMTP 的反病毒动作有（　　）。

A. 阻断　　B. 告警　　C. 宣告　　D. 删除附件

（2）（多选）下列选项中，例外签名的动作有（　　）。

A. 阻断　　B. 告警　　C. 放行　　D. 添加黑名单

（3）（多选）防火墙检测到病毒后，会放行病毒的是（　　）。

A. 不是防火墙支持的协议　　B. 匹配应用例外

C. 源 IP 地址匹配白名单　　D. 匹配病毒例外

（4）（多选）防火墙配置防病毒功能，可选择的过滤协议包括（　　）。

A. HTTP　　B. SMTP　　C. DNS　　D. SMB

（5）（多选）入侵防御系统技术的特点包括（　　）。

A. 在线模拟　　B. 实时阻断攻击　　C. 深层防护　　D. 不断升级，精准防护

【拓展任务】

图 6-36 所示为某企业的入侵防御组网示意，该企业在网络边界处部署了防火墙作为安全网关，内网用户可以访问内网的 FTP 服务器、Web 服务器和电子邮件服务器，外网用户可以访问内网的 Web 服务器。该企业需要在防火墙上配置入侵防御功能，用于防范外网用户或内网用户对企业内网的 FTP

服务器、电子邮件服务器和 Web 服务器发起的蠕虫、木马和“僵尸”网络的攻击。

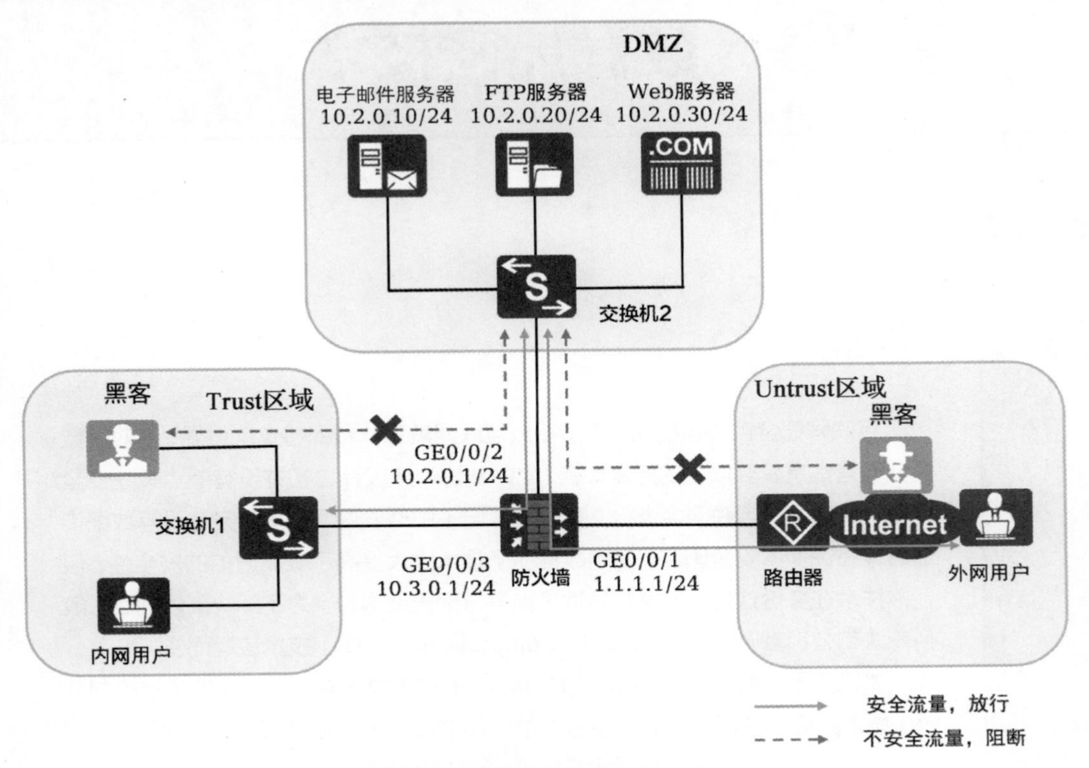

图 6-36　某企业的入侵防御组网示意

【任务内容】

配置入侵防御功能，用于防范外网用户或内网用户对企业内网的 FTP 服务器、电子邮件服务器和 Web 服务器发起的蠕虫、木马和“僵尸”网络的攻击。

【任务设备】

（1）华为 USG 系列防火墙一台。

（2）华为 S 系列交换机两台。

（3）华为 AR 系列路由器一台。

（4）服务器 3 台。

（5）计算机 4 台。

07

第7章　数据加密技术

引言

互联网把全世界连接在一起，接入互联网就意味着即将走向世界，这对无数企业而言都是梦寐以求的好事。但 TCP/IP 协议簇设计之初并没有重点关注安全问题，这使得在互联网中进行文件传输、电子邮件发送、电子商务交易等数据传递时存在许多不安全因素。使用数据加密技术大大提高了数据通信的安全性，但是该技术在身份认证、信息完整性校验等方面无能为力。为了解决上述问题，散列算法和公钥基础设施（Public Key Infrastructure，PKI）技术应运而生。

本章主要从数据加密技术、散列算法、PKI 的体系架构、PKI 的工作机制及 PKI 技术的应用分析等方面介绍数据加密和 PKI 技术的基础理论与相关知识。

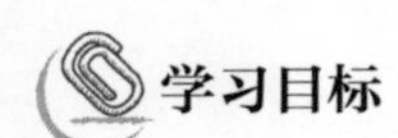

学习目标

【知识目标】

- 了解加密与解密的概念。
- 了解数据加密技术的发展历程。
- 理解对称加密和非对称加密的原理。
- 熟悉常见的加密算法。
- 熟悉常见的散列算法。
- 熟悉 PKI 的应用场景。

【技能目标】

- 能够描述数据安全通信过程。
- 能够描述 PKI 证书的整个生命周期。
- 能够描述 PKI 的工作机制。

【素养目标】

- 培养刨根问底、追根求源的科学精神。
- 培养爱岗敬业、勇于创新的职业素养。
- 培养敢于拼搏、辛勤劳动的精神风貌。
- 培养热爱国家、报效祖国的家国情怀。

7.1　数据加密

计算机网络技术促使人与人之间的联系更加密切，使得信息处理效率更高，但是在使用过程中存在一定的安全隐患，无法保证计算机网络通信过程中的安全性。数据加密的应用可以全面提升网络通信的安全，使其更好地为人们服务。

7.1.1　数据加密简介

1. 定义

图 7-1 所示为数据加密和解密示意。数据加密是对明文的文件或数据使用某种算法进行处理，使其成为不可读的一段代码（通常将其称为密文），通过这样的途径来达到保护数据不被非法人员窃取或阅读的目的。数据解密就是对密文使用相应的算法和密钥进行解密处理，将密文解析成明文的过程。

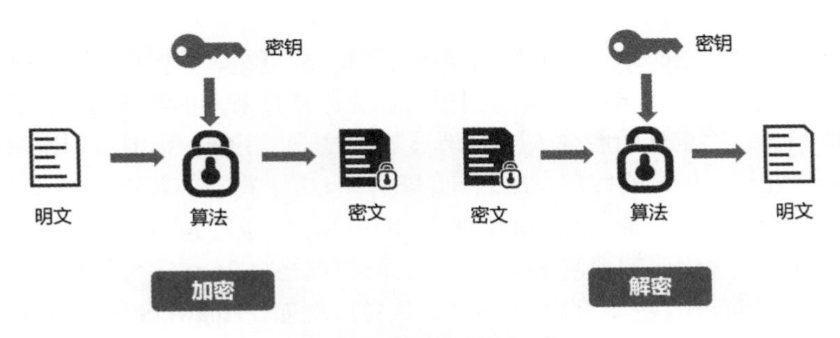

图 7-1　数据加密和解密示意

2. 目的

加密是一个过程，它使信息只对正确的接收者可读，其他用户看到的是杂乱无序的信息，使信息只能在使用相应的密钥解密之后才能显示出本来的内容。加密的作用就是防止私密信息在网络中被拦截和窃取。计算机的密码极为重要，许多安全防护体系是基于密码的，密码的泄露在某种意义上来讲意味着安全体系全面崩溃。

因此，加密服务是信息安全的基础。加密服务具有机密性、完整性、鉴别性和不可否认性 4 个重要性质，如图 7-2 所示。

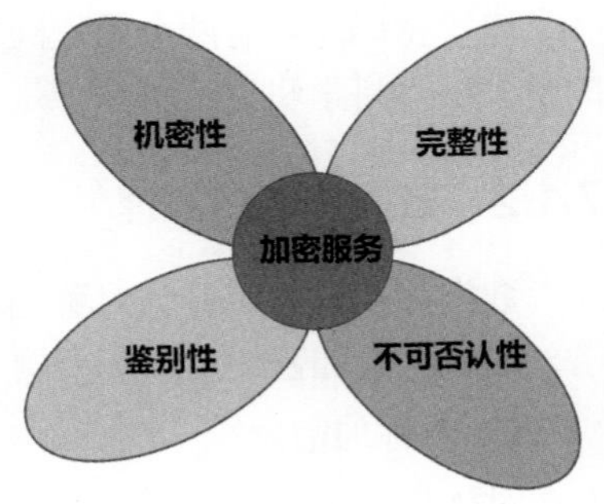

图 7-2　加密服务的重要性质

- 机密性：通过数据加密来实现，只允许特定用户访问和阅读信息，任何非授权用户对信息都无法理解。
- 完整性：通过数据加密、散列算法或数字签名来实现，确保数据在存储和传输过程中不被未授权的用户修改（篡改、删除、插入和重放等）。
- 鉴别性：通过数据加密、数据散列或数字签名来实现，提供与数据和身份识别有关的服务，即认证数据发送和接收者的身份识别。
- 不可否认性：通过对称加密、非对称加密、数字签名，以及可信的注册机构或证书机构来实现，阻止用户否认先前的言论或行为。

3. 发展历程

加密作为保障信息安全的一种方式并不是现代才有的，其历史相当久远，可以追溯到公元前 5

世纪。根据加密的方式，加密大致可以分为手动加密阶段、机械与机电密码阶段和电子密码阶段，如图 7-3 所示。

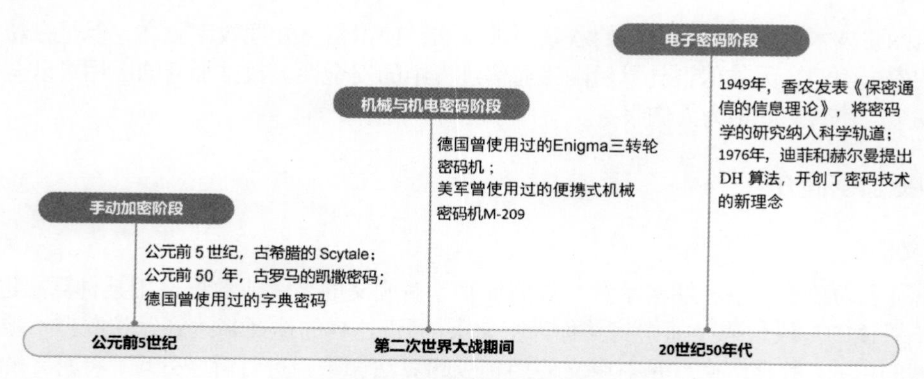

图 7-3　数据加密发展历程

（1）手动加密阶段

历史上最早的有记录的密码术应用大约出现在公元前 5 世纪。那时候古希腊人使用了一根叫作 Scytale 的棍子，送信人先将一张羊皮条绕这根棍子螺旋形卷起来，把要传递的信息按某种顺序写在上面，再打开羊皮条卷，将信送给收信人。如果不知道棍子的粗细，则很难解密书信中的内容，但是收信人可以根据事先和写信人的约定，用同样的 Scytale 棍子将书信解密。

历史上首个广泛运用到军事通信领域的加密技术可能是凯撒密码。凯撒密码是古罗马的统治者凯撒发明的一种战争时用于传递加密信息的方法，它的原理是将 26 个字母按自然顺序排列，且首尾相连，明文中的每个字母都用其后面的第 3 个字母代替。例如，HuaweiSymantec 使用凯撒密码加密之后就变成 KxdzhlVbpdqwhf。

德国人曾依靠字典编写密码，如 10-4-2 指的是某字典第 10 页第 4 段的第 2 个单词。

（2）机械与机电密码阶段

德国的 Enigma（恩尼格玛）三转轮密码机是一种较为知名的编码机器，德国人曾利用该密码机加密信息。同一时期，美国使用的是便携式机械密码机 M-209。

（3）电子密码阶段

电子密码阶段有两个里程碑事件：一个是 1949 年香农发表《保密通信的信息理论》，将密码学的研究纳入科学轨道；另一个是 1976 年迪菲和赫尔曼提出 DH 算法，开创了密码技术的新理念。

7.1.2　数据加密的原理

数据加密方式可分为对称加密和非对称加密，对称加密只使用一个密钥来对数据进行加密与解密，而非对称加密使用两个密钥（公钥和私钥）来进行加密。

1. 对称加密

对称加密又称共享密钥加密，它使用同一个密钥对数据进行加密和解密，即发送和接收数据的双方必须使用相同的密钥。

使用对称密钥加密和解密的过程如图 7-4 所示，客户端与服务器进行数据交互，采用对称加密算法。客户端与服务器事先协商好对称密钥 *A*，具体的加密和解密过程如下。

（1）客户端使用对称密钥（密钥 *A*）对明文进行加密，并将密文发送给服务器。

（2）服务器接收到密文后，使用对称密钥（密钥 *A*）对密文进行解密，得到最初的明文。

（3）服务器向客户端发送数据时使用相同的流程。

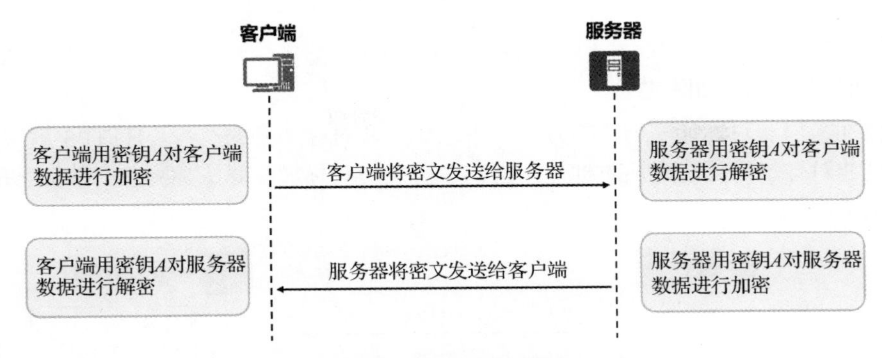

图 7-4　使用对称密钥加密和解密的过程

使用对称密钥加密的优点是效率高、算法简单、系统开销小，因此适用于加密大量数据；缺点是实现困难、扩展性差。实现困难的原因在于进行安全通信前需要以安全方式进行密钥交换；扩展性差表现在每对通信用户之间都需要协商密钥，n 个用户的团体就需要协商 $n \cdot (n-1)/2$ 个不同的密钥。

目前比较常用的对称加密算法主要包括数据加密标准（Data Encryption Standard，DES）、3DES、高级加密标准（Advanced Encryption Standard，AES）、SM1、SM4 等。

2. **非对称加密**

非对称加密又称公钥加密，它使用了两个不同的密钥：一个可对外界公开，称为公钥；一个只有所有者知道，称为私钥。

非对称加密解决了对称密钥的发布和管理问题，一个密钥用于加密信息，另一个密钥用于解密信息，通信双方无须事先交换密钥就可进行保密通信。通常以公钥作为加密密钥，以私钥作为解密密钥。因为其他人没有对应的私钥，发送的加密信息仅该用户可以解读，所以实现了通信的加密传输。

使用公钥加密和解密的过程如图 7-5 所示，客户端与服务器进行数据交互，采用非对称加密算法，具体的加密和解密过程如下。

（1）客户端使用服务器的公钥 A 对明文进行加密，并将密文发送给服务器。

（2）服务器收到密文后，使用自己的私钥 B 对密文进行解密，得到最初的明文。

非对称加密的优点是无法通过一个密钥推导出另一个密钥，使用公钥加密的信息只能用私钥进行解密；其缺点是非常复杂，导致加密大量数据所用的时间较长，且加密后的报文较长，不利于网络传输。

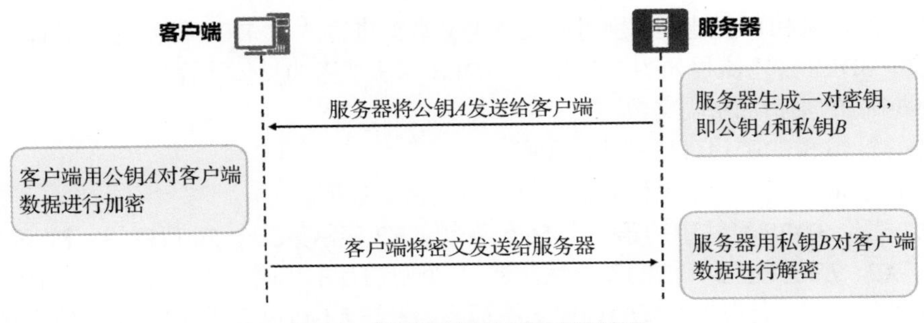

图 7-5　使用公钥加密和解密的过程

基于非对称加密的优缺点，非对称加密适合对密钥或身份信息等敏感数据加密，从而在安全性上满足用户的需求。

目前比较常用的非对称加密算法包括 DH、RSA、数字签名算法（Digital Signature Algorithm，

DSA）和 SM2 算法。

3. 对称加密与非对称加密结合

采用对称加密与非对称加密结合的方式，可以减少非对称加密的次数。HTTPS 就采用了这种方案，其先通过非对称加密算法交换对称加密密钥，再使用对称加密算法加密业务数据。HTTPS 通信交互流程如图 7-6 所示。

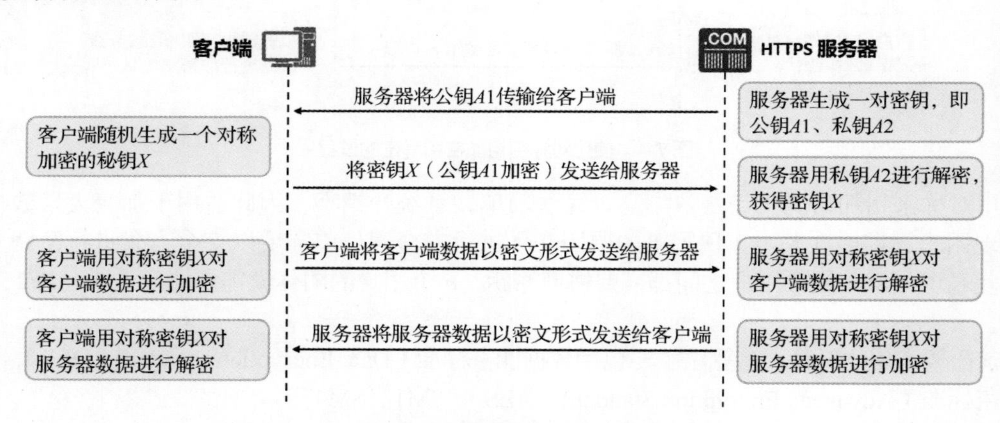

图 7-6 HTTPS 通信交互流程

7.1.3 常见的加密算法

1. 常见的对称加密算法

（1）DES 算法

DES 算法是由美国国家安全局开发的对称加密算法，它是第一个得到广泛应用的密码算法。

DES 算法是一种分组加密算法，分组长度为 64 位，算法的入口有 Key、Data 和 Mode 3 个参数。其中，Key 为 7 字节，共 56 位，是 DES 算法的工作密钥；Data 为 8 字节，共 64 位，是要被加密或被解密的数据；Mode 为 DES 算法的工作方式，即加密或解密。

（2）3DES 算法

DES 算法的密钥的有效长度只有 56 位，随着计算机运算能力的增强，DES 算法的密钥长度变得容易被破解。为了弥补其在安全性上的弱点，3DES 算法被提出。3DES 算法对 DES 算法进行了改进，增加了 DES 算法的密钥长度。

3DES 算法的加密和解密过程分别对明文及密文数据进行 3 次 DES 算法加密和解密，得到相应的密文和明文。3DES 加密流程如图 7-7 所示，3DES 算法加密的具体流程如下。

① 使用 56 位的密钥加密明文数据。

② 用另一个 56 位的密钥对加密数据译码。

③ 用原始的 56 位密钥加密译码后的数据，得到密文数据。

其中，*K*1 表示 3DES 算法中的第一个 56 位密钥，*K*2 表示第二个 56 位密钥，*K*3 表示第三个 56 位密钥，*K*1、*K*2、*K*3 决定了算法的安全性。若 3 个密钥互不相同，则本质上相当于用一个长度为 168 位的密钥进行加密。若数据对安全性要求不那么高，则 *K*1 可以等于 *K*3。在这种情况下，密钥的有效长度为 112 位。当 3 个密钥均相同时，前两步相互抵消，相当于仅实现了一次 DES 算法加密，可实现对普通 DES 算法的兼容。3DES 算法解密过程与加密过程相反，即逆序使用密钥。

3DES 算法最大的优点就是可以使用已存在的软件和硬件，在 DES 算法的基础上可以轻松地实现 3DES 算法。

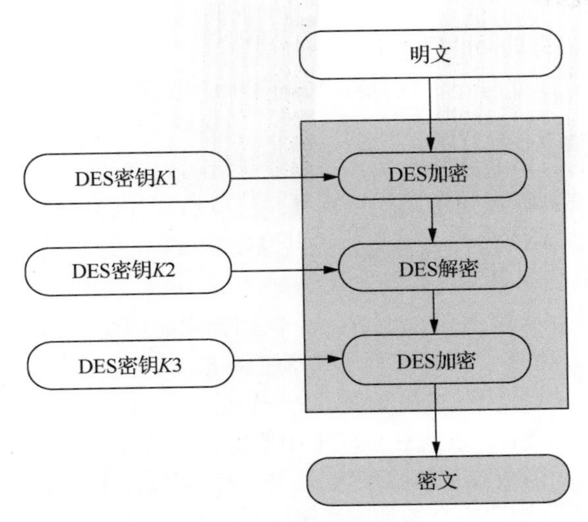

图 7-7　3DES 加密流程

（3）AES 算法

AES 算法采用了 128 位的分组长度，支持可变的加密密钥长度，加密密钥长度可以为 128 位、192 位、256 位和 384 位，并支持不同的平台。AES 算法作为新一代的数据加密标准，具有安全性强、性能和效率高、易用、灵活等优点。

（4）SM1 算法与 SM4 算法

为了保障商用密码的安全性，国家密码管理局制定了一系列密码标准，包括 SM1（SCB2）、SM2、SM3、SM4、SM7、SM9、祖冲之密码（ZUC）算法等。其算法的分组长度和密钥长度都为 128 位。其中，SM1、SM4、SM7、祖冲之密码是对称算法；SM2、SM9 是非对称算法；SM3 是散列算法。

SM1 算法的加密强度与 AES 算法相当，算法不公开，调用该算法时，需要通过加密芯片的接口进行调用。SM4 算法用于无线局域网产品。

2. 常见的非对称加密算法

（1）DH 算法

DH 算法也叫作迪菲-赫尔曼（Diffie-Hellman）密钥交换协议，它是一种创建密钥的方法，而不是加密方法。

DH 算法的主要用途是进行密钥交换，即通信双方使用 DH 算法协商出一个对称加密的密钥。因此，DH 算法协商的密钥必须和一种对称加密算法结合使用。这种密钥交换技术的目的在于使通信双方安全地交换一个对称密钥，该对称密钥用于后面的报文加密。图 7-8 所示为 DH 算法示意。

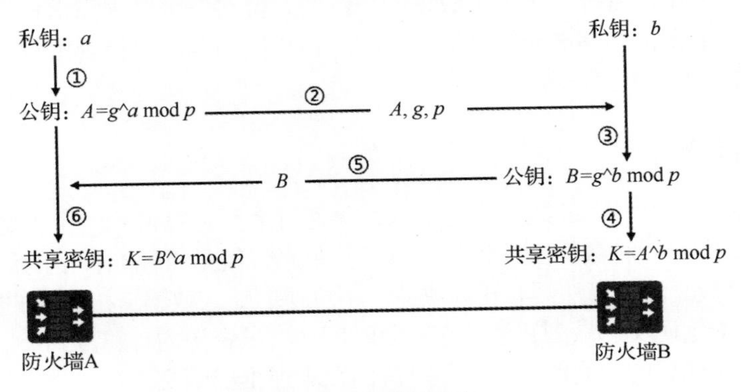

图 7-8　DH 算法示意

使用DH算法创建密钥的具体过程如下。

① 防火墙A和防火墙B都有一个只有自己知道的私钥，在特定规则（g，a，p）下防火墙A生成自己的公钥A。

② 防火墙A将自己的公钥A连同g与p一起发送给防火墙B。

③ 防火墙B在收到防火墙A发送来的公钥A、g、p后，先使用相同的规则（g，b，p）生成自己的公钥B，再使用防火墙A的公钥A计算生成共享密钥K。

④ 防火墙B将自己的公钥B发送给防火墙A。

⑤ 防火墙A在接收到防火墙B的公钥B后，使用相同的规则计算出共享密钥K。

至此，防火墙A和防火墙B便同时拥有了共享密钥K。虽然防火墙A和防火墙B使用了不同的公钥及私钥计算共享密钥，但是获得的共享密钥是一致的。

由于DH算法中各自的私钥a、b未在互联网中传输，所以即使存在窥探者，也仅能获取公开的参数A、B、g、p，在短时间内很难破解出参数a、b、K。因此，DH算法可以在不安全的网络中安全地协商出共享密钥，基于此构建安全的加密通道。

DH算法在IPSec中尤其重要，用于解决密钥交换问题。因为不可能长期使用同一个密钥，为了保证安全，需要动态地在两端协商密钥。

（2）RSA算法

RSA非对称加密算法是1977年由罗纳德·李维斯特（Ron Rivest）、阿迪·萨莫尔（Adi Shamir）和伦纳德·阿德曼（Leonard Adleman）在美国麻省理工学院工作时提出的，RSA的取名来自他们三人的姓氏。RSA算法是目前最有影响力的非对称加密算法之一，它能够抵抗到目前为止已知的所有的密码攻击，已被ISO推荐为非对称加密标准，是第一个能同时用于加密和数字签名的算法。

（3）DSA算法

DSA算法又称数字签名标准（Digital Signature Standard，DSS），它只是一种算法，不能用作加密和解密，只用作数字签名。在DSA数字签名和认证中，发送者使用自己的私钥对文件或消息进行签名，接收者收到消息后使用发送者的公钥来验证签名的真实性。

（4）SM2算法

SM2算法是国家密码管理局于2010年12月17日发布的非对称加密算法。相比于RSA算法，SM2算法是一种更先进、更安全的算法，密码复杂度高、处理速度快、机器性能消耗更小，在我国商用密码体系中被用来替换RSA算法。

7.2 散列算法

在通信过程中，使用加密技术实现了数据的机密性，但对安全级别需求较高的用户来说，仅对数据加密是不够的，数据仍能够被非法破解并修改。使用散列算法可检查出数据在通信过程中是否被篡改，从而实现数据的完整性校验。

7.2.1 散列算法简介

散列算法就是先把任意长度的数据作为输入，再通过散列运算得到一个固定长度的输出值，该输出值就是散列值，它是一种数据压缩映射关系。简单来说就是将任意长度的消息转换为某一固定长度的消息摘要的函数。散列算法具有正向快速、不可逆、输入敏感、抗碰撞的特点。

- 正向快速：给定明文和散列算法，在有限时间和有限资源内计算散列值。
- 不可逆：给定任意的散列值，在有限时间内很难逆推出明文。
- 输入敏感：如果输入的数据信息被轻微修改，则输出的散列值将会有很明显的变化。

■ 抗碰撞：任意输入不同的数据，其输出的散列值不可能相同；对于一个给定的数据块，找到和其散列值相同的数据块极为困难。

7.2.2 散列算法的应用

在数据通信过程中，发送方对报文进行散列运算，并将报文和散列值发送给接收方。接收方采用相同的算法对报文进行散列运算，通过对比两个散列值来判断通信过程中报文是否被篡改，从而实现完整性校验。

客户端与服务器采用散列算法进行交互的流程如图 7-9 所示。

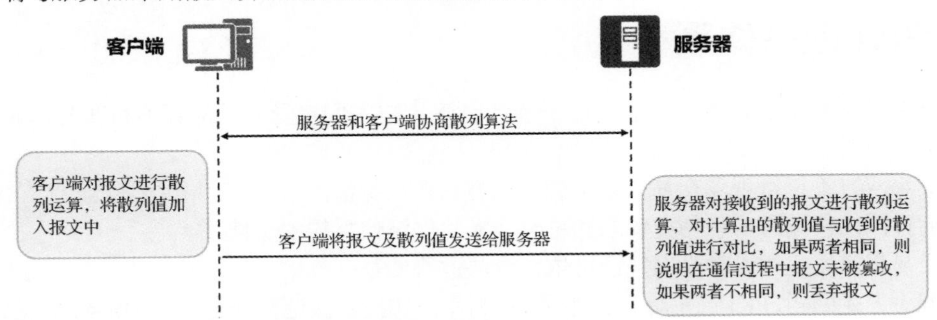

图 7-9　客户端与服务器采用散列算法进行交互的流程

7.2.3 常见的散列算法

目前，常见的散列算法有消息摘要算法第 5 版（Message Digest Algorithm 5，MD5）、安全散列算法（Secure Hash Algorithm，SHA）、SM3、散列运算消息认证码（Hash-based Message Authentication Code，HMAC）等。

1. MD5 算法

MD5 算法是由 MD2、MD3 和 MD4 算法发展而来的一种单向函数算法，是计算机安全领域广泛使用的一种散列算法。它可以产生一个 128 位（16 字节）的散列值，用于确保信息传输完整、一致，提供消息的完整性保护。目前，MD5 算法已被证实存在弱点，可以被破解，因此对于需要高度安全性的资料，一般建议改用其他算法，如 SHA-2 算法。同时，MD5 算法被证实无法防止碰撞攻击，因此不适用于安全性认证（如数字签名）。

2. SHA 算法

SHA 算法是由 NIST 开发的散列算法，是一个密码散列函数家族。

■ SHA-0 算法：NIST 最早载明的算法，在发布后很快被撤回，取而代之的是 SHA-1 算法。

■ SHA-1 算法：数据块通过 SHA-1 算法能够产生 160 位的消息摘要；SHA-1 算法的计算速度比 MD5 算法更慢，但更安全，因为它的签名比较长，具有更强大的抗碰撞能力，并可以更有效地发现共享的密钥。

■ SHA-2 算法：SHA-2 算法是 SHA-1 算法的加强版本，相对于 SHA-1 算法，SHA-2 算法的加密数据长度有所上升，安全性更强；SHA-2 算法包括 SHA2-256 算法、SHA2-384 算法和 SHA2-512 算法，密钥长度分别为 256 位、384 位和 512 位。

3. SM3 算法

SM3 算法是国家密码管理局认定的国产密码算法标准，其安全性及效率与 SHA-256 算法相当。在商用密码体系中，SM3 算法主要用于数字签名及验证、消息认证码生成及验证、随机数生成等，其算法公开。

4. HMAC 算法

HMAC 算法是一种基于散列函数和密钥进行消息认证的算法，在 IPSec 和其他网络协议（如 SSL）中得到广泛应用。

以上几种算法各有特点，MD5 算法的计算速度比 SHA-1 算法快，而 SHA-1 算法的安全性比 MD5 算法高，SHA-2 算法、SM3 算法相对于 SHA-1 算法来说加密数据长度有所增加，增强了破解的难度，故其安全性能要远远高于 SHA-1 算法。

7.3 PKI 证书体系

随着网络技术和信息技术的发展，电子商务已逐步被人们接受，并得到不断普及。通过网络进行电子商务交易时，存在如下问题。

（1）交易双方不进行现场交易，无法确认双方的合法身份。

（2）通过网络传输时信息易被窃取和篡改，无法保证信息的安全性。

（3）交易双方发生纠纷时没有凭证可依，无法进行仲裁。

为了解决上述问题，PKI 证书体系诞生了，其利用公钥技术保证在交易过程中能够实现身份认证、保密、数据完整性和不可否认性。因此，在网络通信和网络交易中，特别是在电子政务和电子商务业务中，PKI 证书体系得到了广泛应用。

7.3.1 数据安全通信技术

1. 数据安全通信技术的演进

PKI 证书体系围绕证书的整个生命周期展开，在整个生命周期中会用到对称加密、非对称加密、数字信封和数字签名等技术。

数据安全通信演进示意如图 7-10 所示，可以看到，甲和乙通过 Internet 进行通信，丙为攻击者，专门破坏甲和乙之间的通信。

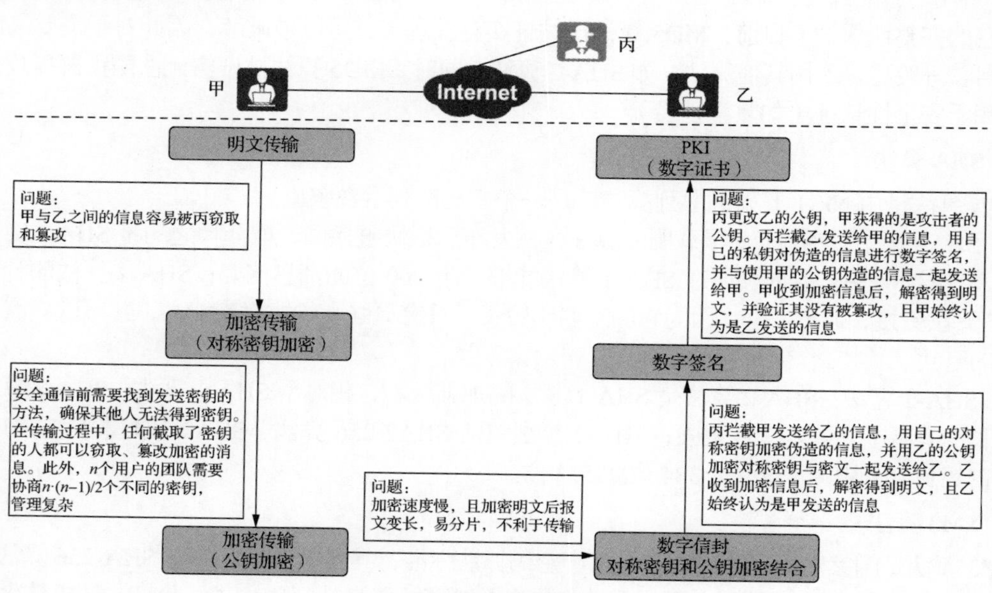

图 7-10 数据安全通信演进示意

2. 数字信封

在现实生活中，我们可以把信件装入信封中，这样信件的内容就不会被他人窥探，在数据通信中，可以把通信的数据装入数字信封中。

数字信封是指发送方采用接收方的公钥来加密对称密钥后所得的数据。采用数字信封时，接收方需要使用自己的私钥才能打开数字信封得到对称密钥。

数字信封的加密与解密过程示意如图 7-11 所示，具体加密与解密过程介绍如下。

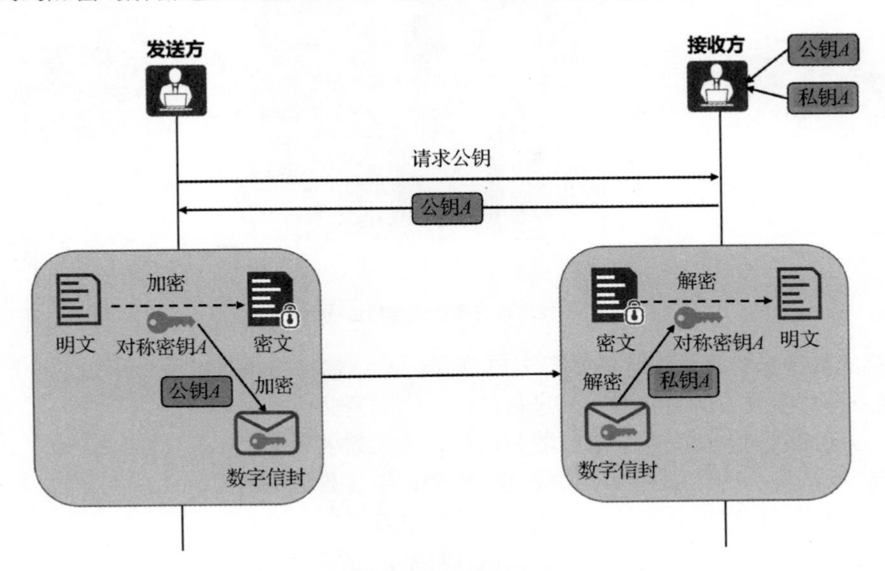

图 7-11　数字信封的加密与解密过程示意

① 发送方使用对称密钥对明文进行加密，生成密文信息。

② 发送方使用接收方的公钥加密对称密钥，生成数字信封。

③ 发送方将数字信封和密文信息一起发送给接收方。

④ 接收方接收到发送方的加密信息后，使用自己的私钥打开数字信封，得到对称密钥。

⑤ 接收方使用对称密钥 *A* 对密文信息进行解密，得到最初的明文。

从数字信封的加密与解密过程可以看出，数字信封技术结合了对称加密和非对称加密的优点，解决了对称密钥的发布和非对称密钥加密速度慢等问题，提高了安全性、扩展性和效率。

但数字信封技术还存在一个问题，如果攻击者拦截信息，用自己的对称密钥加密伪造信息，并用接收方的公钥加密自己的对称密钥，并发送给接收方，接收方收到加密信息后，解密得到明文，且接收方始终认为是发送方发送的信息。这一攻击者伪造信息过程示意如图 7-12 所示。此时，需要使用一种方法确保接收方收到的信息就是由指定的发送方发送的，且未被篡改或伪造，因此出现了数字签名技术。

3. 数字签名

数字签名是指发送方用自己的私钥对数字指纹进行加密后所得的数据。采用数字签名时，接收方需要使用发送方的公钥才能解开数字签名得到数字指纹。

数字指纹又称信息摘要，它是指发送方通过散列算法对明文信息进行计算后得出的数据。采用数字签名时，发送方会将数字指纹和明文一起发送给接收方，接收方用同样的散列算法对明文进行计算以生成数据指纹，并将其与收到的数字指纹进行匹配，如果一致，则可确定明文信息没有被篡改。

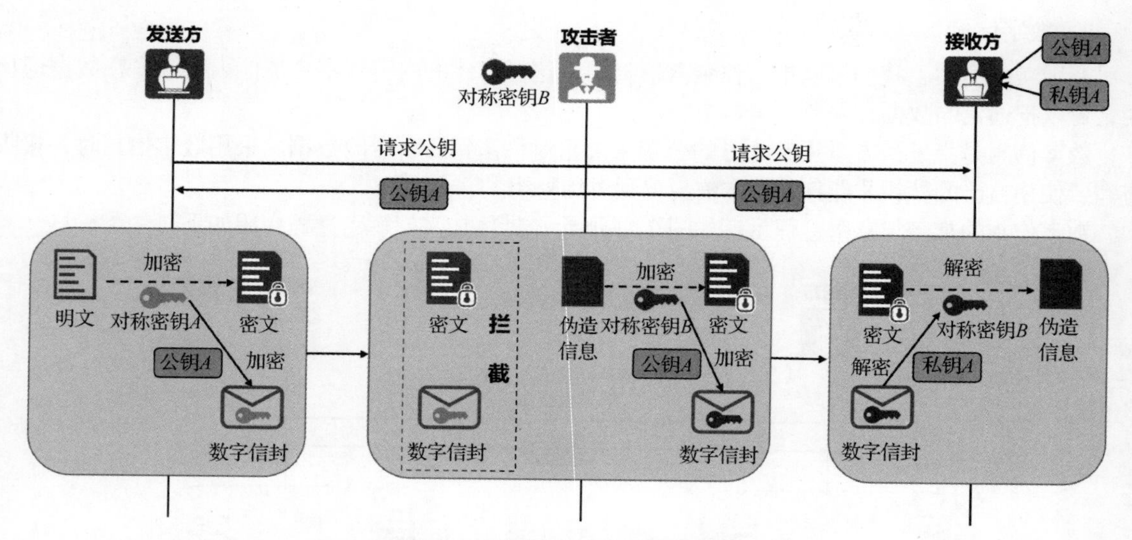

图 7-12　攻击者伪造信息过程示意

数字签名的加密与解密过程示意如图 7-13 所示，具体加密与解密过程介绍如下。

① 发送方使用接收方的公钥对明文进行加密，生成密文信息。

② 发送方使用散列算法对明文进行散列运算，生成数字指纹。

③ 发送方使用自己的私钥对数字指纹进行加密，生成数字签名。

④ 发送方将密文信息和数字签名一起发送给接收方。

⑤ 接收方使用发送方的公钥对数字签名进行解密，得到数字指纹。

⑥ 接收方接收到发送方的密文信息后，使用自己的私钥对密文信息进行解密，得到最初的明文。

⑦ 接收方使用散列算法对明文进行散列运算，生成数字指纹。

⑧ 接收方将生成的数字指纹与得到的数字指纹进行比较。如果一致，则接收方接收明文；如果不一致，则接收方丢弃明文。

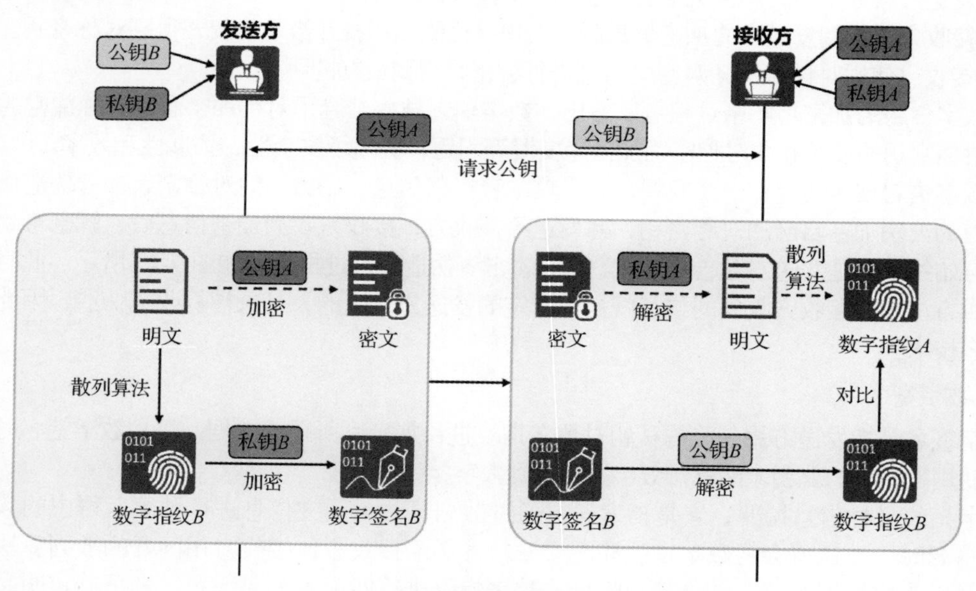

图 7-13　数字签名的加密与解密过程示意

从数字签名的加密与解密过程可以看出，数字签名技术不仅证明了信息未被篡改，还证明了发送方的身份。数字签名技术和数字信封技术可以组合使用。

但是数字签名技术也存在问题，如果攻击者更改了接收方的公钥，发送方获得的是攻击者的公钥，攻击者拦截发送方发送给接收方的信息，用自己的私钥对伪造的信息进行数字签名，并与使用接收方的公钥加密的伪造信息一起发送给接收方，则接收方收到加密信息后，解密得到明文，并验证明文没有被篡改，接收方会认为这就是发送方发送的信息。这一非对称密钥被劫持伪造过程示意如图 7-14 所示。此时，需要使用一种方法确保一个特定的公钥属于一个特定的拥有者，使用数字证书技术可以解决此类问题。

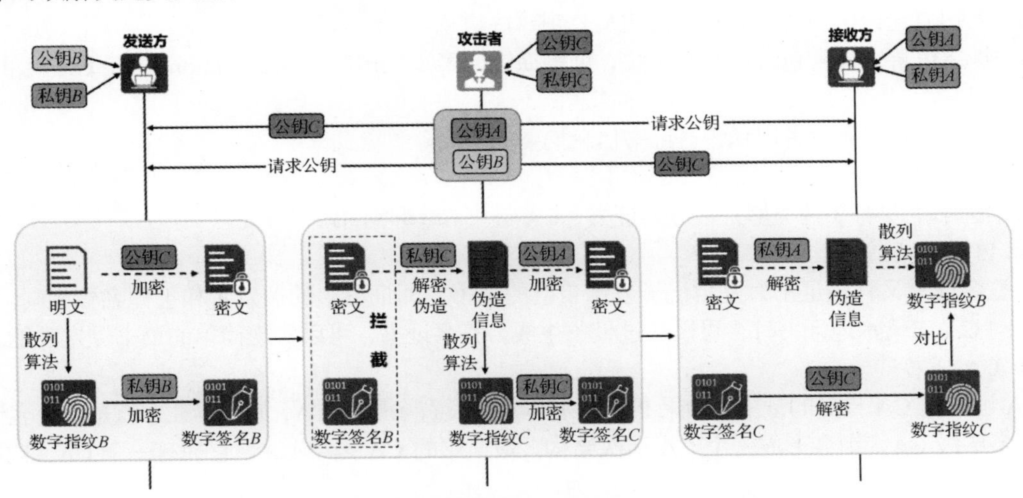

图 7-14 非对称密钥被劫持伪造过程示意

4. 数字证书

数字证书简称证书，它是一个经证书授权中心数字签名的文件，包含拥有者的公钥及相关身份信息。数字证书技术解决了数字签名技术中无法确定公钥是指定拥有者的问题。

数字证书可以说是 Internet 中的“安全护照”或“身份证”。当人们到其他国家旅行时，用护照可以证实其身份，并被获准进入这个国家，而数字证书提供的是人们在网络中的身份证明。

（1）证书结构

最简单的证书包含公钥信息、主体名称及证书授权中心的数字签名。一般情况下，证书中还包括密钥的有效期、颁发者[即证书授权中心（Certificate Authority，CA）的名称]、该证书的序列号等信息，证书的结构遵循 X.509 v3 的规范。图 7-15 所示为数字证书结构示意。

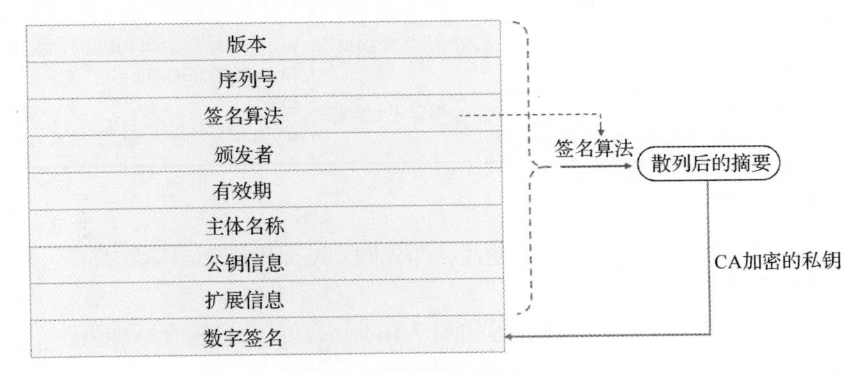

图 7-15 数字证书结构示意

图 7-15 中证书各字段的含义如下。

■ 版本：使用的 X.509 版本，目前普遍使用的是 v3（0x2）。

■ 序列号：颁发者分配给证书的一个正整数，同一颁发者颁发的证书序列号各不相同，可与颁发者一起作为证书的唯一标识。

■ 签名算法：数字证书中生成签名的散列算法。

■ 颁发者：颁发该证书的设备名称，必须与证书中的主体名称一致，通常为 CA 服务器的名称。

■ 有效期：包含有效的起止日期，不在有效期范围内的证书为无效证书。

■ 主体名称：证书拥有者的名称，如果与颁发者相同，则说明该证书是一个自签名证书。

■ 公钥信息：用户对外公开的公钥及公钥算法信息。

■ 扩展信息：通常包含证书的用法、证书撤销列表（Certificate Revocation List，CRL）的发布地址等。

■ 数字签名：颁发者用私钥对证书信息摘要的签名。

（2）证书类型

数字证书主要有 3 种类型：自签名证书、CA 证书和本地证书。

① 自签名证书

自签名证书又称根证书，是自己颁发给自己的证书，即证书中的颁发者和主体名称相同。申请者无法向 CA 申请本地证书时，可以通过设备生成自签名证书，可以实现简单的证书颁发功能。

② CA 证书

CA 证书是 CA 自身的证书。如果 PKI 证书体系中没有多层级 CA，则 CA 证书就是自签名证书。如果有多层级 CA，则会形成一个 CA 层次结构，最上层的 CA 是根 CA，它拥有一个 CA 自签名的证书。

申请者通过验证 CA 的数字签名从而信任 CA，任何申请者都可以得到 CA 的证书（含公钥），用以验证它所颁发的本地证书。

③ 本地证书

本地证书是 CA 颁发给申请者的证书，就是通常意义上的数字证书，是由用户向 CA 发起申请，CA 审核通过后颁发给用户使用的证书。

（3）证书格式

证书格式信息如表 7-1 所示。设备支持使用表 7-1 所示的 3 种文件格式保存证书。

表 7-1　证书格式信息

格式	描述	说明
PKCS#12	以二进制格式保存证书，可以包含私钥，也可以不包含私钥。常用的后缀有 P12 和 PFX	对于后缀为 CER 或 CRT 的证书，可以用记事本打开该证书，通过查看证书内容来区分证书格式。 ■ 如果有类似“-----BEGIN CERTIFICATE-----”和“-----END CERTIFICATE-----”的头尾标记，则证书格式为 PEM。 ■ 如果是乱码，则证书格式为 DER
DER	以二进制格式保存证书，不包含私钥。常用的后缀有 DER、CER 和 CRT	
PEM	以 ASCII 格式保存证书，可以包含私钥，也可以不包含私钥。常用的后缀有 PEM、CER 和 CRT	

5. 数据通信全过程

数字证书提供了一种发布公钥的便捷途径，即先向 CA 提出证书申请发布自己的公钥，再向 CA 验证以确认自己获得了别人的公钥。

数字证书的申请、发布及使用具体流程如图 7-16 所示，具体过程介绍如下。

① 发送方先向 CA 发起证书（数字证书）申请。

② CA 对发送方进行身份认证，认证通过后生成证书（数字证书）。

③ CA 将生成的证书（数字证书）发放给发送方。

④ 接收方下载发送方的证书（数字证书）。

⑤ 接收方收到证书（数字证书）后，先使用 CA 公钥对数字签名解密后生成消息摘要，再对证书内容运用散列算法生成摘要，最后比对两份摘要即可得出证书内容的完整性与真实性。

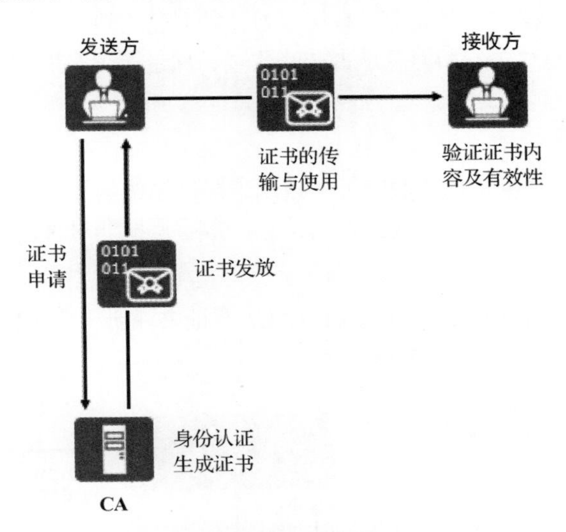

图 7-16　数字证书的申请、发布及使用流程

通信双方互相获得公钥完成身份认证后的通信过程如图 7-17 所示。

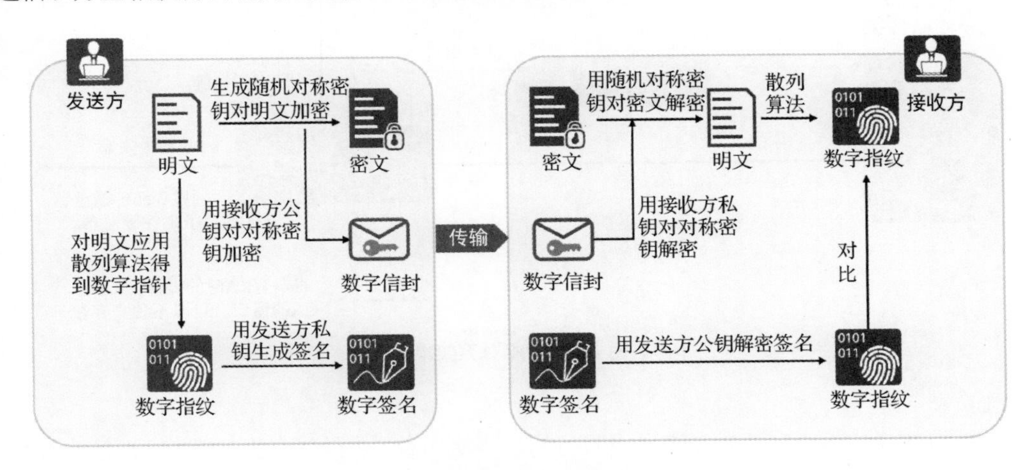

图 7-17　通信过程示意

在上述通信过程中，发送方的处理流程如下。

① 发送方对要传输消息的明文应用散列算法，生成数字指纹，再用发送方的私钥生成数字签名。

② 发送方生成随机对称秘钥对明文加密，生成密文。

③ 发送方用接收方公钥加密对称秘钥，生成数字信封。

④ 将加密后的对称秘钥、数字签名与密文一同发送给接收方。

在上述通信过程中，接收方的处理流程如下。

① 接收方收到消息后，用自己的私钥解密对称秘钥。

② 用随机对称秘钥解密密文，得到明文。

③ 先对明文应用散列算法后得到数字指纹，再用发送方的公钥解密签名得到数字指纹，最后对比两份数字指纹，如果相同，则接收消息，如果不同，则丢弃。

非对称加密安全性高，但计算量大且效率低，因此使用对称秘钥对通信的主要内容进行加密。对称秘钥每次均随机生成，用完即丢弃，降低通信时消息泄密的风险。

用接收方公钥加密对称秘钥，保证了只有接收方才能对密文进行解密。用发送方私钥进行签名，使得接收方可以验证消息的发送方和消息是否被修改过，保证了信息的完整性和抗否认性。

7.3.2 PKI 的体系架构

PKI 是通过使用非对称加密技术和数字证书技术来提供系统信息安全服务，并负责验证数字证书持有者身份的一种体系。PKI 是信息安全技术的核心，本质是把非对称密钥管理标准化。

1. PKI 体系架构

一个 PKI 体系由终端实体（End Entity，EE）、CA、证书注册机构（Registration Authority，RA）和证书/CRL 存储库 4 部分组成，如图 7-18 所示。

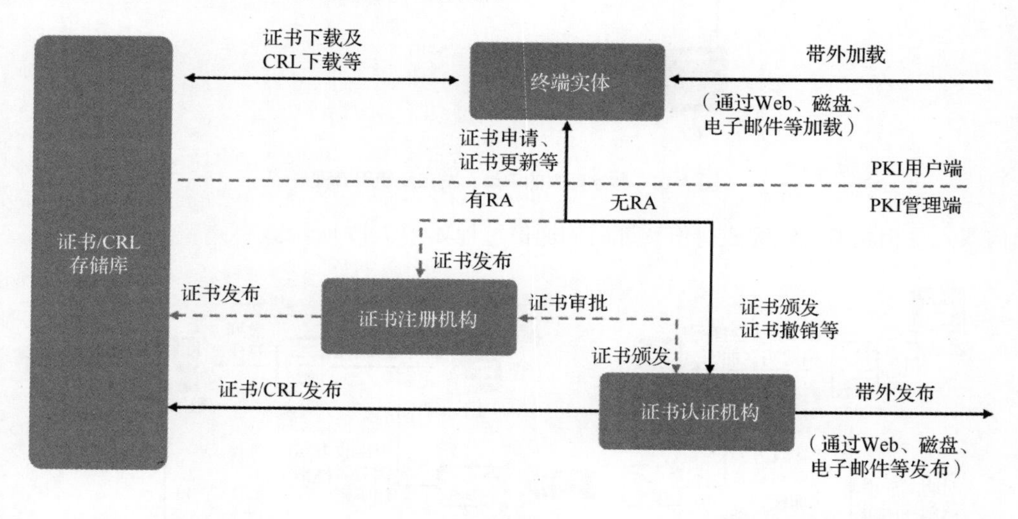

图 7-18　PKI 体系架构

（1）EE

EE 也称为 PKI 实体，它是 PKI 产品或服务的最终使用者，可以是个人、组织、设备（如路由器、防火墙）或计算机中运行的进程。

（2）CA

CA 是 PKI 的信任基础，是一个用于颁发并管理数字证书的可信实体。它是一种具有权威性、可信任性和公正性的第三方机构，通常由服务器充当。

CA 的核心功能是发放和管理数字证书，包括证书的颁发、证书的更新、证书的撤销、证书的查询、证书的归档、CRL 的发布等。

CA 层次结构示意如图 7-19 所示，CA 通常采用多层次的分级结构，根据证书颁发机构的层次可以划分为根 CA 和从属 CA。

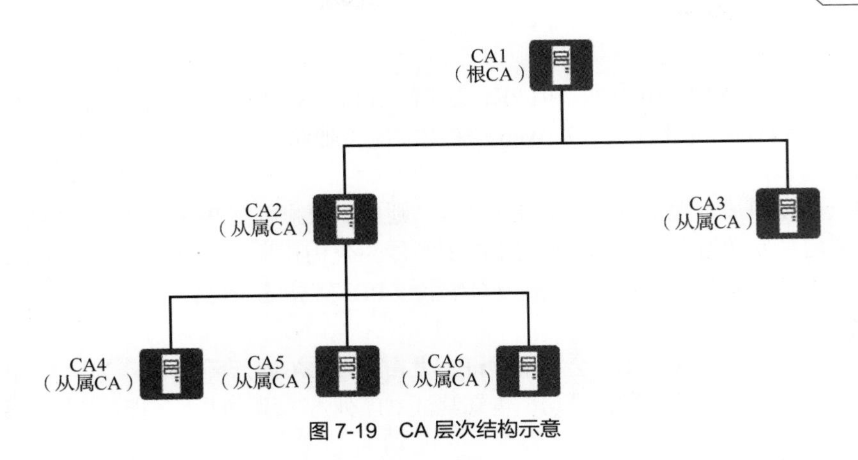

图 7-19　CA 层次结构示意

根 CA 是 PKI 体系中的第一个证书颁发机构，它是信任的起源。根 CA 可以为其他 CA 颁发证书，也可以为其他计算机、用户或服务颁发证书。对大多数基于证书的应用程序来说，使用证书的认证可以通过证书链追溯到根 CA。根 CA 通常持有一个自签名证书。

从属 CA 必须从上级 CA 处获取证书。上级 CA 可以是根 CA 或者是一个已由根 CA 授权可颁发从属 CA 证书的从属 CA。上级 CA 负责签发和管理下级 CA 的证书，最下一级的 CA 直接面向用户。例如，图 7-17 中的 CA2 和 CA3 是从属 CA，持有 CA1 发行的 CA 证书；CA4、CA5 和 CA6 是从属 CA，持有 CA2 发行的 CA 证书。

（3）RA

RA 是数字证书注册审批机构，RA 是 CA 面对用户的窗口，是 CA 的证书发放、管理功能的延伸，它负责接收用户的证书注册和撤销申请，对用户的身份信息进行审查，并决定是否向 CA 提交签发或撤销数字证书的申请。

在实际应用中，作为 CA 的一部分，RA 并不一定独立存在，而经常和 CA 合并在一起。RA 也可以独立出来，分担 CA 的一部分功能，减轻 CA 的压力，增强 CA 系统的安全性。

（4）证书/CRL 存储库

由于用户名称的改变、私钥泄露或业务中止等原因，需要存在一种方法将现行的证书吊销，即撤销公钥及相关的 PKI 实体身份信息的绑定关系。PKI 中使用的这种方法为 CRL。

任何一个证书被撤销以后，CA 都会布 CRL 来声明该证书是无效的，并列出所有被废除的证书的序列号。因此，CRL 提供了一种检验证书有效性的方式。

证书/CRL 存储库用于对证书和 CRL 等信息进行存储及管理，并提供查询功能。构建证书/CRL 存储库可以采用 LDAP 服务器、FTP 服务器、HTTP 服务器或者数据库等。

2. PKI 证书的生命周期

PKI 的核心技术是围绕着本地证书的申请、颁发、存储、下载、安装、验证、更新和撤销的整个生命周期展开的。

（1）申请

证书申请即证书注册，即一个 PKI 实体向 CA 自我介绍并获取证书的过程。通常情况下，PKI 实体会生成一对公/私钥，公钥和自己的身份信息（包含在证书注册请求消息中）被发送给 CA，用来生成本地证书，私钥由 PKI 实体自己保存用来数字签名和解密对端实体发送过来的密文。

PKI 实体向 CA 申请本地证书主要有在线申请和离线申请两种方式。

- 在线申请：PKI 实体支持通过简单证书注册协议（Simple Certificate Enrollment Protocol，SCEP）或第二版证书管理协议（Certificate Management Protocol version 2，CMPv2）向 CA 发送证书

注册请求消息来申请本地证书。

- 离线申请：即 PKCS#10 方式，指 PKI 实体使用 PKCS#10 格式输出本地的证书注册请求消息并保存到文件中，再通过带外方式（如 Web、磁盘、电子邮件等）将文件发送给 CA 进行证书申请。

（2）颁发

PKI 实体向 CA 申请本地证书时，如果有 RA，则先由 RA 审核 PKI 实体的身份信息，审核通过后，RA 将申请信息发送给 CA，CA 再根据 PKI 实体的公钥和身份信息生成本地证书，并将本地证书信息发送给 RA。如果没有 RA，则直接由 CA 审核 PKI 实体的身份信息。

（3）存储

CA 生成本地证书后，CA 或 RA 会将本地证书发布到证书/CRL 存储库中，为用户提供下载服务和目录浏览服务，并通知用户证书发行成功，告知其证书序列号，用户即可到指定的网址去下载证书。

（4）下载

PKI 实体通过 SCEP 或 CMPv2 向 CA 服务器下载已颁发的证书，也可以通过 LDAP、HTTP 或带外方式下载已颁发的证书。

（5）安装

PKI 实体下载证书后需对其进行安装，即将证书导入设备的内存中，否则证书不生效。

通过 SCEP 申请证书时，PKI 实体先获取 CA 证书并将 CA 证书自动导入设备内存中，再获取本地证书并将本地证书自动导入设备内存中。

（6）验证

PKI 实体获取对端实体的证书后，当需要使用对端实体的证书时（如与对端建立安全隧道或安全连接时），通常需要验证对端实体的本地证书和 CA 的合法性（证书是否有效或者是否为同一个 CA 颁发的等）。如果证书无效，则由该 CA 颁发的所有证书都不再有效。在 CA 证书过期前，设备会自动更新 CA 证书，异常情况下才会出现 CA 证书过期现象。

PKI 实体通常可以使用 CRL 方式、在线证书状态协议（Online Certificate Status Protocol，OCSP）方式和 None 方式检查证书的状态。

使用 CRL 方式时，PKI 实体先查找本地内存中的 CRL，如果本地内存中没有 CRL，则需下载 CRL 并将其安装到本地内存中，如果证书在 CRL 中，则表示此证书已被撤销。使用 OCSP 方式时，PKI 实体向 OCSP 服务器发送一个验证证书状态信息的请求，OCSP 服务器会回复“有效”（证书没有被撤销）、“过期”（证书已被撤销）或“未知”（OCSP 服务器不能判断请求的证书状态）的响应。如果 PKI 实体没有可用的 CRL 和 OCSP 服务器，或者不需要检查 PKI 实体的本地证书状态，则可以采用 None 方式，即不检查证书是否被撤销。

（7）更新

当证书过期、密钥泄露时，PKI 实体必须更换证书，可以通过重新申请来达到更新的目的，也可以使用 SCEP 或 CMPv2 自动进行更新。

（8）撤销

由于用户身份的改变、用户信息的改变、用户公钥的改变、用户业务中止等原因，用户需要将自己的数字证书撤销，即撤销公钥与用户身份信息的绑定关系。在 PKI 中，CA 主要采用 CRL 或 OCSP 撤销证书，而 PKI 实体撤销自己的证书是通过带外方式申请的。证书撤销流程如图 7-20 所示。

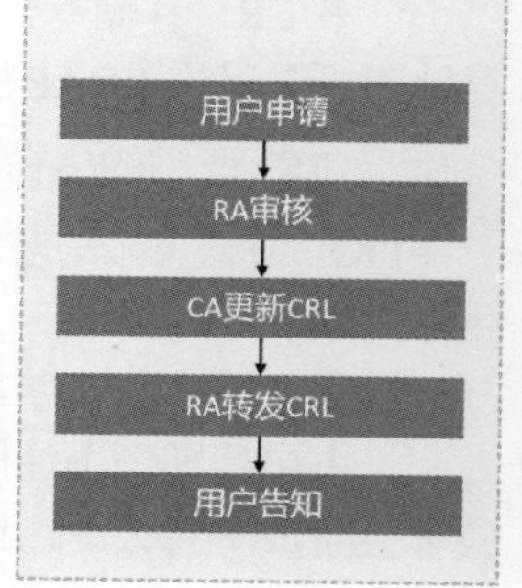

图 7-20　证书撤销流程

① 用户申请：用户向 RA 发送一封签名加密电子邮件，申请撤销证书。

② RA 审核：注册机构同意证书撤销，并对申请进行 RA 签名。

③ CA 更新 CRL：CA 验证证书撤销请求的 RA 签名，如果正确，则同意申请，更新 CRL 并输出相关信息。

④ RA 转发 CRL：注册中心收到 CRL，以多种方式（包括 LDAP 服务器）将 CRL 公布。

⑤ 用户告知：用户访问 LDAP 服务器，下载或浏览 CRL。

7.3.3 PKI 的工作机制

针对一个使用 PKI 的网络，配置 PKI 的目的就是为指定的 PKI 实体向 CA 申请一个本地证书，并由设备对证书的有效性进行验证。PKI 工作过程示意如图 7-21 所示。

PKI 具体工作过程如下。

（1）PKI 实体向 CA 请求 CA 证书，即请求 CA 服务器证书。

（2）CA 收到 PKI 实体的 CA 证书请求时，将自己的 CA 证书回复给 PKI 实体。

（3）PKI 实体收到 CA 证书后，安装 CA 证书。当 PKI 实体通过 SCEP 申请本地证书时，PKI 实体会用配置的散列算法对 CA 证书进行运算，从而得到数字指纹，并与提前配置的 CA 服务器的数字指纹进行比较，如果一致，则 PKI 实体接收 CA 证书，否则 PKI 实体丢弃 CA 证书。

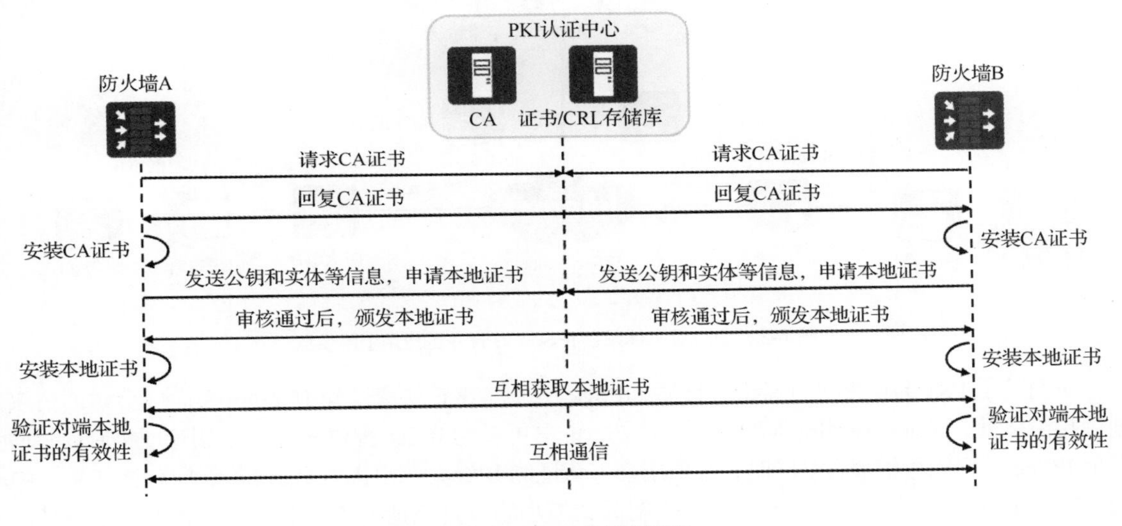

图 7-21　PKI 工作过程示意

（4）PKI 实体向 CA 发送证书注册请求消息（包括配置的密钥对中的公钥和 PKI 实体信息）。根据使用协议（SCEP 或 CMPv2）的不同，PKI 实体可以选择使用 CA 证书、额外证书（其他 CA 颁发的本地证书）或者消息认证码方式对注册请求消息进行身份认证。

（5）CA 收到 PKI 实体的证书注册请求消息，验证审核通过后，同意 PKI 实体的申请，颁发本地证书，并将证书发送给 PKI 实体，也会将其发送到证书/CRL 存储库中。

（6）PKI 实体收到 CA 发送的证书信息，验证通过后，PKI 实体接收证书信息，并安装本地证书。

（7）PKI 实体间互相通信时，需各自获取并安装对端实体的本地证书。PKI 实体可以通过 HTTP 或 LDAP 等方式下载对端的本地证书。在一些特殊的场景（如 IPSec）下，PKI 实体会把各自的本地证书发送给对端。

（8）PKI 实体安装对端实体的本地证书后，通过 CRL 或 OCSP 方式验证对端实体的本地证书的有效性。

（9）对端实体的本地证书有效时，PKI 实体间才可以使用对端证书的公钥进行加密通信。

如果 PKI 认证中心有 RA，则 PKI 实体也会下载 RA 证书，由 RA 审核 PKI 实体的本地证书申请，审核通过后将申请信息发送给 CA 来颁发本地证书。

7.3.4 PKI 的应用场景

PKI 证书体系在互联网中的应用非常广泛，HTTPS、IPSec VPN、SSL VPN 中都使用了该技术。下面简要介绍其在 IPSec VPN 和 SSL VPN 中的应用，其在 HTTPS 中的应用将在动手任务中详细介绍。

1. PKI 证书体系在 IPSec VPN 中的应用

PKI 证书体系在 IPSec VPN 中的应用组网示意如图 7-22 所示，设备作为网络 A 和网络 B 的出口网关，网络 A 和网络 B 的内网用户通过公网进行通信。因为公网是不安全的网络，为了保护数据的安全性，设备采用了 IPSec 技术，与对端设备建立 IPSec 隧道。通常情况下，IPSec 采用预共享密钥方式协商 IPSec。但在大型网络中，IPSec 采用预共享密钥方式时，存在密钥交换不安全和配置工作量大的问题。为了解决上述问题，设备之间可以采用基于 PKI 的证书进行身份认证来完成 IPSec 隧道的建立。

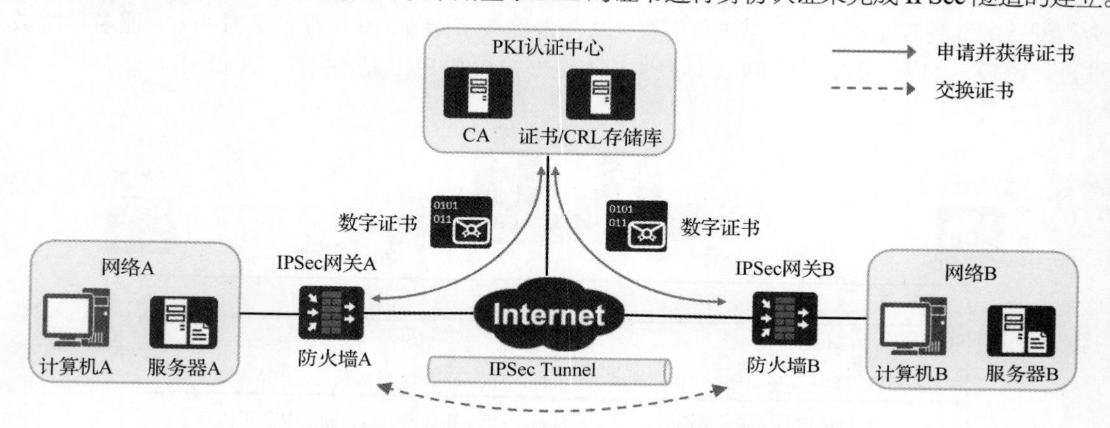

图 7-22 PKI 证书体系在 IPSec VPN 中的应用组网示意

采用基于 PKI 的证书进行身份认证后，IPSec 在进行 IKE 协商过程中交换密钥时，会对通信双方进行身份认证，保证了密钥交换的安全。此外，证书可以为 IPSec 提供集中的密钥管理机制，并增强整个 IPSec 网络的可扩展性。同时，在采用证书认证的 IPSec 网络中，每台设备都拥有 PKI 认证中心颁发的本地证书。有新设备加入时，只需要为新增加的设备申请一个证书，新设备就可以与其他设备进行安全通信，而不需要对其他设备的配置进行修改，这大大减少了配置的工作量。

2. PKI 证书体系在 SSL VPN 中的应用

PKI 证书体系在 SSL VPN 中的应用组网示意如图 7-23 所示，SSL VPN 可以为出差员工提供方便的接入功能，使其在出差期间也可以正常访问企业内网。通常情况下，出差员工使用用户名和密码的方式接入企业内网。但是这种方式存在保密性差的问题，一旦用户名和密码泄露，就可能导致非法用户接入企业内网，从而造成信息泄露。为了提高出差员工访问企业内网的安全性，设备可以采用 PKI 证书方式来对用户进行认证。

SSL VPN 使用证书进行认证的流程如下。

（1）客户端和服务器分别向 PKI 认证中心申请本地证书。

（2）PKI 认证中心分别为客户端和服务器颁发本地证书。

（3）客户端向 SSL VPN 网关请求建立 SSL 连接。

（4）客户端对 SSL VPN 网关的本地证书进行认证。客户端需要存在其信任机构的 CA 证书，否则认证会弹出不安全的告警。认证通过后，客户端与网关成功建立 SSL 连接。

（5）SSL VPN 网关对客户端进行用户身份认证。

（6）用户成功登录后，可以在客户端上访问企业内网。

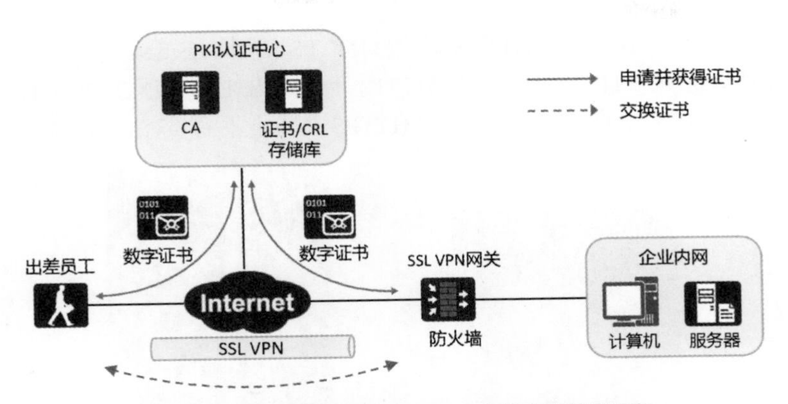

图 7-23　PKI 证书体系在 SSL VPN 中的应用组网示意

在 SSL VPN 应用中，SSL VPN 客户端可以通过证书验证 SSL VPN 网关的身份，SSL VPN 网关也可以通过证书来验证客户端的身份。

动手任务　结合 PKI 证书体系，分析 HTTPS 通信过程

HTTP 是一种字符串明文协议，数据用明文传输且消息缺乏完整性校验，因此通信容易被监听或劫持，使用起来非常不安全，于是诞生了 HTTPS。目前，HTTPS 的使用极为广泛，请结合本章所学内容分析 HTTPS 的安全通信过程。通过 HTTPS 登录 Web 页面的应用组网示意如图 7-24 所示。

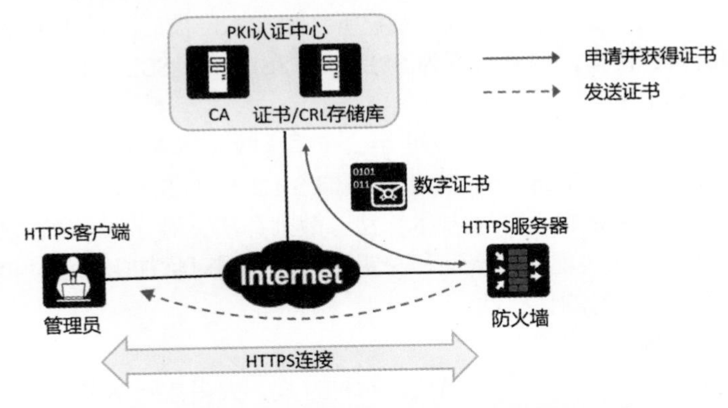

图 7-24　通过 HTTPS 登录 Web 页面的应用组网示意

【任务内容】

结合 PKI 证书体系的相关知识分析 HTTPS 的安全通信过程。

【任务设备】

上网终端。

【配置思路】

（1）学习 HTTPS 的基础知识。

（2）分析 HTTPS 的通信过程。

【配置步骤】

步骤 1：基础知识准备

（1）HTTPS 基础

HTTPS 是以安全为目标的 HTTP 通道，在 HTTP 的基础上通过传输加密和身份认证保证了传输过

程的安全性。图 7-25 所示为 HTTP 和 HTTPS 对比，HTTPS 使用 TLS/SSL 进行信息交换，简单来说，它是 HTTP 的安全版，是使用 TLS/SSL 加密的 HTTP。而 TLS/SSL 是介于 TCP 和 HTTP 之间的一层安全协议，不影响原有的 TCP 和 HTTP，所以使用 HTTPS 基本上不需要对 HTTP 页面进行太多的改造。

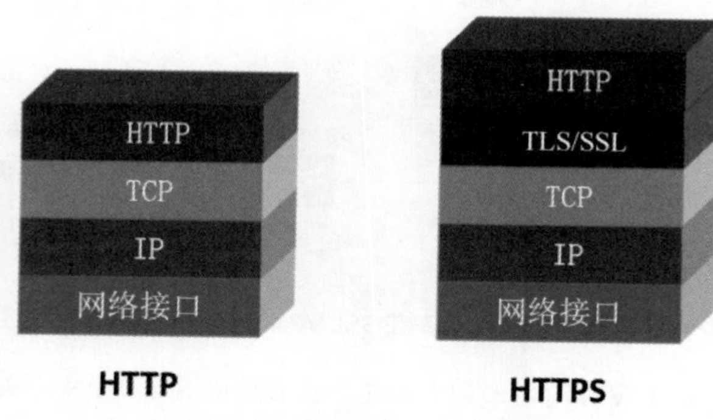

图 7-25 HTTP 和 HTTPS 对比

HTTP 采用明文传输信息，存在信息窃听、信息篡改和信息劫持的风险，而 HTTPS 中的 TLS/SSL 具有身份认证、信息加密和完整性校验的功能，可以避免此类问题发生。

（2）TLS/SSL 基础

SSL 及其继任者 TLS 是为网络通信提供安全及数据完整性的一种安全协议。TLS 与 SSL 在传输层与应用层之间对网络连接进行加密。

SSL 是网景（Netscape）公司研发的，用以保证 Internet 中数据传输的安全性。利用数据加密技术可确保数据在网络上的传输过程中不被截取及窃听。该技术已被广泛地用于 Web 浏览器与服务器之间的身份认证和加密数据传输，现有版本为 SSL 1.0、SSL 2.0、SSL 3.0。SSL 1.0 和 SSL 2.0 已经淘汰，目前基本上使用 SSL 3.0。

IETF 将 SSL 标准化以后命名为 TLS，1999 年公布第一版 TLS 标准文件（TLS 1.0），相当于 SSL 3.0，目前已经发展出 4 个版本：TLS 1.0、TLS 1.1、TLS 1.2 和 TLS 1.3。

TLS/SSL 的功能实现主要依赖于 3 类基本算法：散列算法、对称加密算法和非对称加密算法。TLS/SSL 使用非对称加密算法实现身份认证和密钥协商，使用对称加密算法协商出的密钥对数据进行加密，基于散列算法验证信息的完整性。

步骤 2：HTTPS 工作流程分析

HTTPS 在通信过程中有单向认证和双向认证两种方式，大多数网站采用单向认证，只有少数网站需要双向认证，如一些银行或者金融类对安全系数要求比较高的网站。本任务仅分析单向认证的工作流程。

（1）证书申请

HTTPS 服务器向 PKI 认证中心申请本地证书，PKI 认证中心向 HTTPS 服务器颁发本地证书。

（2）协商加密方式

当客户端向 HTTPS 服务器发起通信请求时，发送客户端的 TLS/SSL 版本等信息，HTTPS 服务器回应 TLS/SSL 版本等信息，协商接下来双方通信使用的 TLS/SSL 版本、加密算法等。

（3）发送证书

协商完成后，HTTPS 服务器将自身的本地证书（携带有自己的公钥信息）发送给客户端，客户端收到证书后，开始验证证书是否为信任的 CA 证书颁发机构颁发的。若是，则使用信任 CA 的公钥，验证其服务器的证书信息的完整性，即验证 HTTPS 服务器就是其所声称的自己，否则进行安全提示。客户端验证服务器证书过程示意如图 7-26 所示。

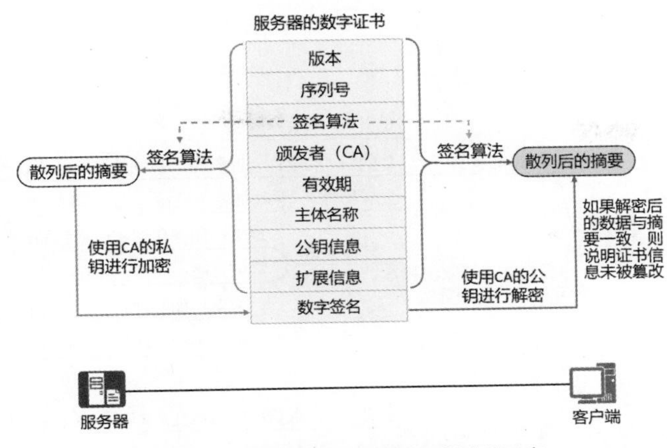

图 7-26　客户端验证服务器证书过程示意

客户端如何获取 CA 的证书呢？实际上，在安装操作系统时，系统已经默认安装了许多 CA 机构颁发的 CA 证书，如图 7-27 所示。如果需要的 CA 证书未安装，则可以向颁发机构请求 CA 证书并将其安装到本地。

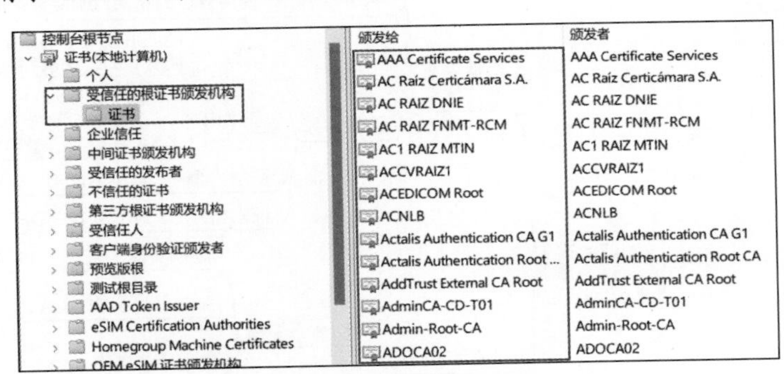

图 7-27　客户端中默认安装的 CA 证书

（4）发送加密的会话密钥

客户端使用 HTTPS 服务器的公钥加密随机生成一个会话密码（对称加密），并发送给服务器，用于双方通信时数据的加密。

（5）加密通信

服务器收到加密的会话密钥后，使用自己的私钥解密得到会话密钥，接下来服务器就可以使用该会话密码加密数据，与客户端建立对称加密通信了。

【本章总结】

本章 7.1 节从数据加密的定义、目的、发展历程、数据加密原理、常见的加密算法等方面介绍了数据加密技术；7.2 节介绍了散列算法的概念及常见的散列算法；7.3 节介绍了数字信封、数字签名、数字证书等数据安全通信技术，简要介绍了 PKI 证书体系常见的应用场景，并详细介绍了 PKI 证书体系架构及其工作机制；动手任务详细分析了 PKI 证书体系在 HTTPS 通信中的应用。

通过对本章的学习，读者能够对加密技术、散列算法的知识有一定的了解，并深入理解 PKI 证书体系架构及其工作机制，提升对数字证书的灵活应用能力。

【重点知识树】

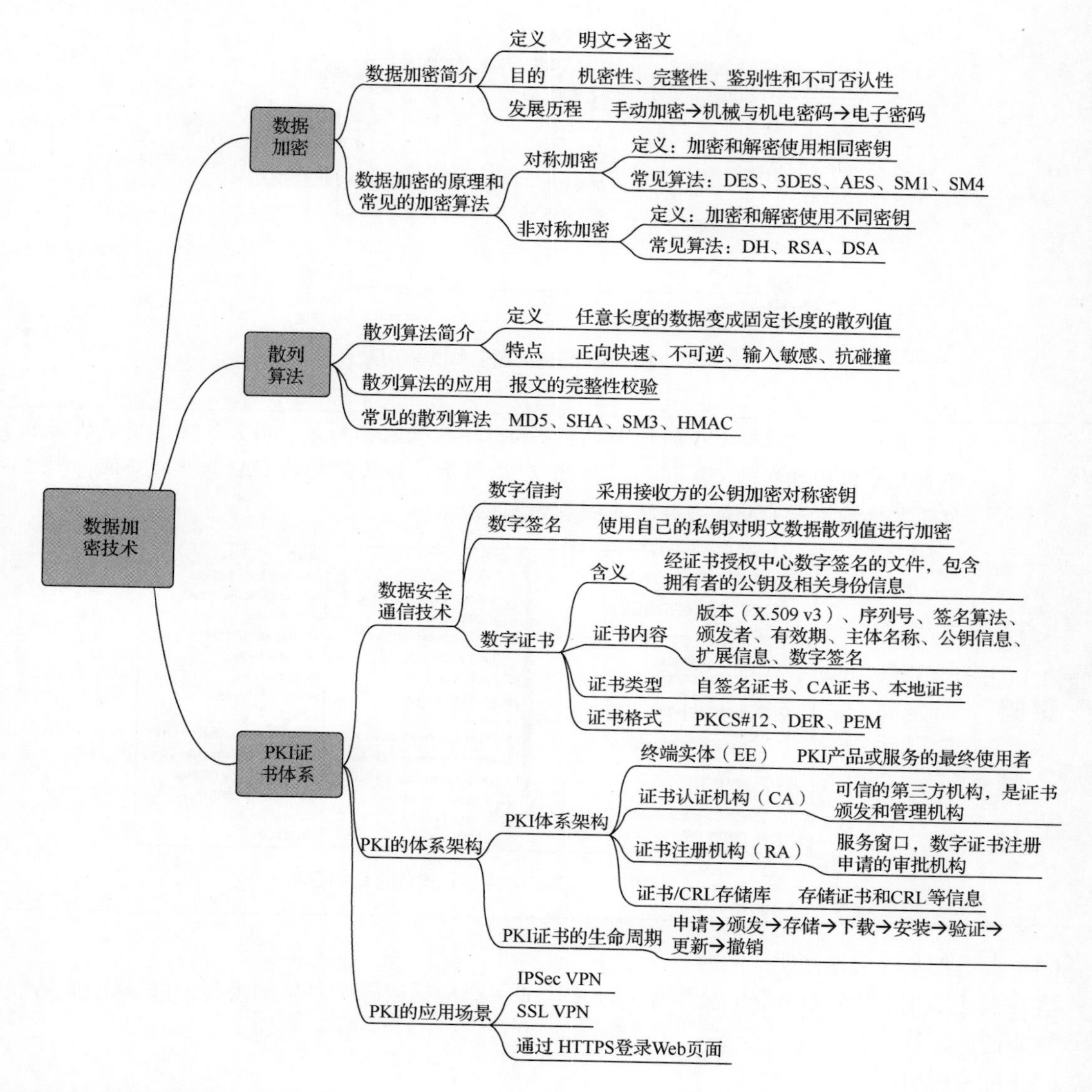

【学思启示】

密码学巾帼英雄王小云——欣逢盛世，当不负祖国

2004 年 8 月 17 日，在美国加利福尼亚州圣塔芭芭拉的国际密码学会议上，一位来自中国的女科学家王小云宣布自己和研究团队已经发现 MD5、HAVAL-128、MD4 和 RACE 原始完整性校验消息摘要（RACE Integrity Primitives Evaluation Message Digest，RIPEMD）4 个著名散列算法存在漏洞。她的发言引发了轩然大波。

MD5 算法由美国密码学家罗纳德 · 李维斯特（Ronald Rivest）设计，于 1992 年公开，用以取代 MD4 算法。MD5 算法被称为“世界上最难破解也最安全”的密码，甚至被誉为“白宫密码”。有科学家曾称，即使使用世界上运行最快的计算机，也需要两百年的时间才能破译 MD5 算法。而我国的这位女科学家仅用十年就完成了破解。更令人震惊的是，在这次会议的两个月后，王小云宣布她和她的团队又成功破译了 SHA-1 算法，这个消息再一次震惊整个密码界。

破译了曾经被认为最安全的两大国际密码算法，王小云的名字由此震动了全球密码学界，也改变了我国在密码界的地位。很多国家向王小云抛出了橄榄枝，不仅如此，国际密码研究协会也曾经向她发出过散列函数新标准的设计邀请，并希望她能担任主设计师。王小云毫不犹豫地拒绝了这个难得的机会，她选择“沉潜自己”，选择为我国设计自己的散列密码算法，因为她比任何人都明白，网络密码安全的背后是一个国家的安全。

随后，王小云带领国内专家为我国设计了第一个散列函数算法标准——SM3，该算法在设计完成后广泛应用于金融、电力、社保、教育、交通等多个重要领域。这套算法系统不仅为国家安全保驾护航，还保护了银行卡、社保卡等的安全，为我国重要领域和重要信息的安全保障工作做出了巨大的贡献。

2019 年，王小云在获得了“数学与计算机科学奖”之后，她回到了母校山东诸城一中，为全校师生献上了一场精彩的专题报告。演讲中，王小云回忆了自己的成长道路，讲述了自己对母校的回忆，并十分感谢母校老师对自己的栽培。她告诉同学们要拥有梦想，坚定信心，在工作中要有饱满的热情和踏实的态度，以实际行动回报祖国。一个优秀的人不能只有才华，更重要的是要对国家、对人民有深深的热爱。

【练习题】

（1）（多选）数据加密技术可以分为（　　）。

A. 对称加密　　B. 非对称加密　　C. 指纹加密　　D. 数据加密

（2）下列算法中，属于非对称加密算法的是（　　）。

A. MD5　　B. RSA　　C. DES　　D. AES

（3）关于根 CA 证书，以下描述中错误的是（　　）。

A. 颁发者是 CA　　B. 证书主体名是 CA

C. 公钥信息是 CA 的公钥　　D. 签名是 CA 公钥加密产生的

（4）（多选）PKI 在通信过程中的主要作用有（　　）。

A. 实现了通信中各实体的身份认证　　B. 保证了通信中各实体的数据保密性

C. 保证了通信中各实体的数据完整性　　D. 保证了通信中各实体的不可否认性

（5）（多选）PKI 证书体系架构的组成部分有（　　）。

A. 终端实体　　B. 证书认证机构　　C. 证书注册机构　　D. 证书/CRL 存储库

【拓展任务】

HTTPS 是安全的 HTTP，目前在互联网中的应用非常广泛，其认证方式包括单向认证和双向认证。对于银行等金融网站，安全系统要求很高，通常采用双向认证方式。请结合本章所学内容，分析 HTTPS 双向认证的安全通信过程。

【任务内容】

结合 PKI 证书体系知识，分析 HTTPS 的通信过程。

【任务设备】

上网终端。

08 第8章　虚拟专用网络技术

引言

在互联网发展的初期，大多数企业的总部和其分支机构之间都是使用 Internet 进行通信的，但是 Internet 中存在多种不安全因素。例如，企业总部和分支机构位于不同的国家或城市，当分支机构的员工向总部服务器发送访问请求时，数据通过 Internet 传输很容易被黑客窃取或篡改，最终造成数据泄密、重要数据被破坏。

那么，如何保证数据传输的安全性呢？一种方法是在总部和分支机构之间部署专线，只传输自己的业务，但是专线的费用昂贵且维护麻烦，普通企业根本负担不起。那么，有没有既安全又低成本的方案呢？答案是有，解决方案就是虚拟专用网络（Virtual Private Network，VPN）技术。

本章主要从 VPN 的定义、封装原理、分类、关键技术，以及 VPN 应用的实例等方面出发，介绍多种 VPN 技术的基础理论、相关知识和配置方法。

学习目标

【知识目标】

- 了解 VPN 的定义、封装原理、分类和关键技术。
- 熟悉 GRE VPN 的工作原理。
- 理解 L2TP VPN 的工作原理。
- 熟悉 IPSec VPN 的体系结构。
- 理解 IKE 协议。
- 熟悉 SSL VPN 的工作原理。
- 理解 SSL VPN 的业务流程。

【技能目标】

- 熟练掌握 GRE VPN 的配置方法。
- 熟练掌握 L2TP VPN 的配置方法。
- 熟练掌握 IPSec VPN 的配置方法。
- 熟练掌握 SSL VPN 的配置方法。
- 掌握双向 GRE over IPSec VPN 的配置方法。

【素养目标】

- 培养执着专注、追求卓越的精神风貌。
- 培养吃苦耐劳、艰苦奋斗的优良品质。
- 培养善于表达、顺畅沟通的职业素质。
- 培养崇德向善、见贤思齐的精神品质。

8.1　VPN 概述

随着企业内部和不同企业之间跨区域信息交换的日益频繁，如何利用 Internet 进行有效的信息管理是企业发展中不可避免的关键问题。而 VPN 技术就是解决这一问题的一个不错的选择，利用 VPN 技术可以组建安全的外联网，既可以为客户、合作伙伴提供有效的信息服务，又可以保证内网的安全。

8.1.1　VPN 的定义

VPN 用于在公网中构建私人专用虚拟网络，并在此虚拟网络中传输私网流量。其实质是把现有的物理网络分解成逻辑上隔离的网络，在不改变网络现状的情况下实现安全、可靠的连接。

VPN 具有以下两个基本特征。

- 专用：VPN 是专门供 VPN 用户使用的网络，对于 VPN 用户，使用 VPN 与使用传统专网没有区别，VPN 与底层承载网络（一般为 IP 网络）之间资源独立，即 VPN 资源不会被网络中非该 VPN 的用户所使用。
- 虚拟：VPN 用户内部的通信是通过公网进行的，而这个公网同时可以被其他非 VPN 用户使用，VPN 用户获得的实际上只是一个逻辑意义上的专网，承载 VPN 的公网被称为 VPN 骨干网。

8.1.2　VPN 的封装原理

VPN 的基本原理是利用隧道技术对传输报文进行封装，利用 VPN 骨干网建立专用数据传输通道，实现报文的安全传输。

隧道技术是使用一种协议封装另外一种协议报文（通常是 IP 报文），而封装后的报文可以再次被其他封装协议封装。对用户来说，隧道是其所在网络的逻辑延伸，在使用效果上与实际物理链路相同。

图 8-1 所示为经过 VPN 封装后的报文传输示意，在这个网络中，当分支机构访问总部服务器时，使用 VPN 隧道传输数据，数据传输中报文的封装过程如下。

（1）报文发送到 VPN 网关 1 时，VPN 网关 1 识别出该用户为 VPN 用户后，发起与总部网关（即 VPN 网关 2）的隧道连接，从而在 VPN 网关 1 和 VPN 网关 2 之间建立 VPN 隧道。

（2）VPN 网关 1 将数据封装在 VPN 隧道中，并发送给 VPN 网关 2。

（3）VPN 网关 2 收到报文后进行解封装，并将原始数据发送给最终接收者（即服务器）。

可以看出，VPN 网关在封装时可以对报文进行加密处理，使 Internet 中的非法用户无法读取报文内容，因而通信是安全、可靠的。

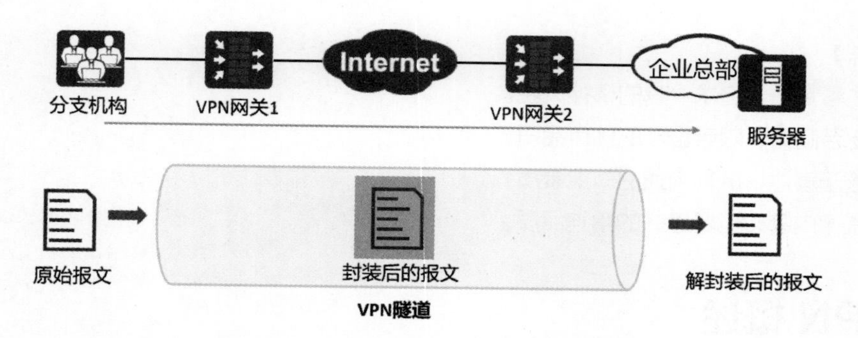

图 8-1　经过 VPN 封装后的报文传输示意

8.1.3　VPN 的分类

目前，VPN 广泛应用于企业分支机构和出差员工连接总部网络的场景，以下是 VPN 常见的几种分类方式。

1. 根据应用场景分类

根据应用场景的不同，VPN 可以分为 Client-to-Site VPN 和 Site-to-Site VPN。

（1）Client-to-Site VPN

Client-to-Site VPN 即客户端与企业内网之间通过 VPN 隧道建立连接，其组网示意如图 8-2 所示，客户端可以是一台防火墙、路由器，也可以是一台计算机。此场景可以使用 SSL VPN、IPSec VPN、L2TP VPN 和 L2TP over IPSec VPN 等技术来实现。

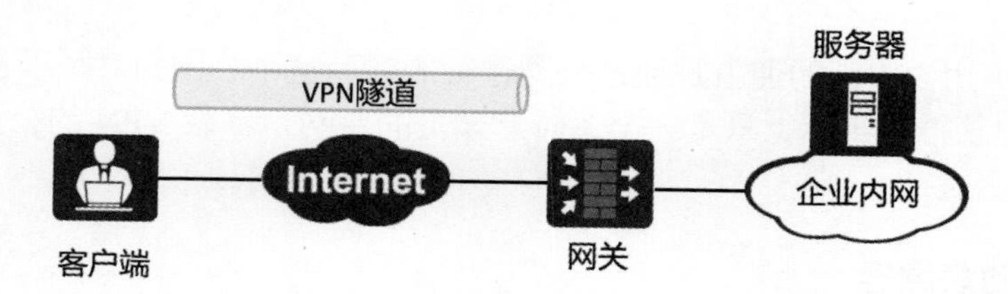

图 8-2　Client-to-Site VPN 组网示意

这种 VPN 的特点是客户端的 IP 地址不固定，且访问是单向的，即只有客户端向内网服务器发起访问。它适用于企业出差员工或临时办事处员工通过手机、计算机等在任何能接入 Internet 的地方，通过远程拨号接入企业内网，从而访问内网资源的场景。

（2）Site-to-Site VPN

Site-to-Site VPN 即两个局域网之间通过 VPN 隧道建立连接，其组网示意如图 8-3 所示，部署的设备通常为路由器或者防火墙。此场景可以使用 IPSec VPN、L2TP VPN、L2TP over IPSec VPN、通用路由封装（Generic Routing Encapsulation，GRE）over IPSec VPN 等技术来实现。

图 8-3　Site-to-Site VPN 组网示意

这种 VPN 的特点是两端网络均通过固定的网关连接到 Internet，组网相对固定，且访问是双向的，即分支机构和总部企业都有可能向对端发起访问，它适用于连锁超市、政府机关、银行等异地机构之间的业务通信。

2. 根据应用对象分类

根据应用对象的不同，VPN 可以分为 Extranet VPN、Intranet VPN 和 Access VPN，其组网示意如图 8-4 所示。

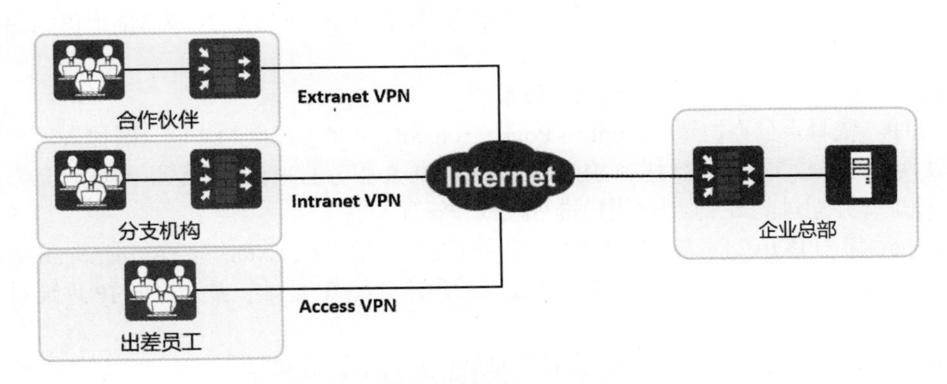

图 8-4 根据应用对象分类的 VPN 组网示意

（1）Extranet VPN：利用 VPN 将企业总部网络延伸至合作伙伴处，使不同企业可以通过 Internet 来构筑 VPN。

（2）Intranet VPN：通过公网进行企业总部与分支机构网络的互联。

（3）Access VPN：面向出差员工，允许出差员工通过公网远程接入企业内网。

3. 根据实现层次分类

根据实现层次的不同，VPN 可以分为二层 VPN、三层 VPN，以及 SSL VPN。

（1）二层 VPN

二层 VPN 是指 VPN 工作在数据链路层，此场景可以使用的协议有点到点隧道协议（Point-to-Point Tunneling Protocol，PPTP）、二层转发（Layer 2 Forwarding，L2F）协议及 L2TP。

（2）三层 VPN

三层 VPN 是指 VPN 工作在网络互联层。以 IPSec VPN 技术为例，IPSec 报头与 IP 报头工作在同一层次。

除 IPSec VPN 技术外，主要的三层 VPN 技术还有 GRE VPN。

（3）SSL VPN

SSL VPN 工作在应用层，SSL VPN 是目前应用非常广泛的 VPN 技术。

8.1.4 VPN 的关键技术

VPN 主要通过隧道技术来实现业务交付，但是由于公用网络中的业务复杂，安全性较差，VPN 还需采取其他技术保证数据的安全性，如隧道技术、身份认证技术、加密技术和数据验证技术等。

1. 隧道技术

隧道技术是 VPN 技术中最关键的技术，它是指在隧道的两端通过封装及解封装技术在公用网络中建立一条数据通道，使用这条通道对数据报文进行传输。

隧道是由隧道协议形成的，分为第二、三层隧道协议。二层隧道协议使用二层网络协议进行传输，它主要应用于构建远程访问虚拟专网，主要协议有 L2F、PPTP、L2TP 等。三层隧道协议用于传输三层网络协议，主要应用于构建企业内部虚拟专用网络和扩展的企业内部虚拟专用网络，主要协议有 GRE、IPSec 等。

2. 身份认证技术

身份认证技术主要用于移动办公用户远程接入的情况，企业总部的 VPN 网关对用户的身份进行认证，确保接入企业内网的用户是合法用户，而非恶意用户。不同的 VPN 技术能提供的用户身份认证方法不同。

（1）GRE：不支持针对用户的身份认证技术。

（2）L2TP：依赖点到点协议（Point-to-Point Protocol，PPP）提供的认证，对接入用户进行认证时，可以使用本地认证方式，也可以使用第三方 RADIUS 服务器来认证，认证通过后会为用户分配内部的 IP 地址，并通过此 IP 地址对用户进行授权和管理。

（3）IPSec：使用 IKEv2 时，支持对用户进行可扩展认证协议（Extensible Authentication Protocol，EAP）认证，认证方式同 L2TP 一样，认证通过后为用户分配 IP 地址，并通过此 IP 地址对用户进行授权和管理。

（4）SSL：对接入用户进行认证时，支持本地认证、证书认证和服务器认证；另外，接入用户可以对 SSL VPN 服务器进行身份认证，确认 SSL VPN 服务器的合法性。

3. 加密技术

加密技术就是把明文加密成密文的技术，加密对象有数据报文和协议报文，能够实现协议报文和数据报文都加密的协议的安全系数更高。

（1）GRE 和 L2TP：协议本身不提供加密技术，所以通常结合 IPSec 一起使用，依赖 IPSec 的加密技术。

（2）IPSec：支持对数据报文和协议报文进行加密。

（3）SSL VPN：支持对数据报文和协议报文进行加密。

4. 数据验证技术

数据验证技术就是对报文的真伪进行检查，丢弃伪造的、被篡改的报文。验证主要通过散列算法来实现，即采用散列函数将一段长的报文映射为一段短的报文摘要（散列值），并在收发两端都对报文进行验证，只有摘要一致的报文才被接收。

8.2 GRE VPN

随着企业规模的扩大，许多企业需要跨区域建设自己的分支机构。例如，某公司有深圳总公司和杭州分公司，由于业务需要，总公司和分公司之间需要进行业务通信。考虑到未来发展的需要，其在深圳总公司和杭州分公司之间建设了 IPv6 网络。但 ISP 在公用网络中提供的是 IPv4 网络，那么如何将数据从 IPv4 网络传输到 IPv6 网络呢？使用 GRE VPN 可以很好地解决这类异种网络数据传输问题。

8.2.1 GRE VPN 简介

GRE 可以对使用某些网络层协议（如 IP、Apple Talk 等）的报文进行封装，使封装后的报文能够在另一种网络（如 IPv4 网络）中传输，从而解决跨越异种网络的报文传输问题。异种报文传输的通道被称为隧道。通常通过在 IPv4 网络中建立 GRE 隧道的方法来解决两个 IPv6 网络的通信问题，如图 8-5 所示。

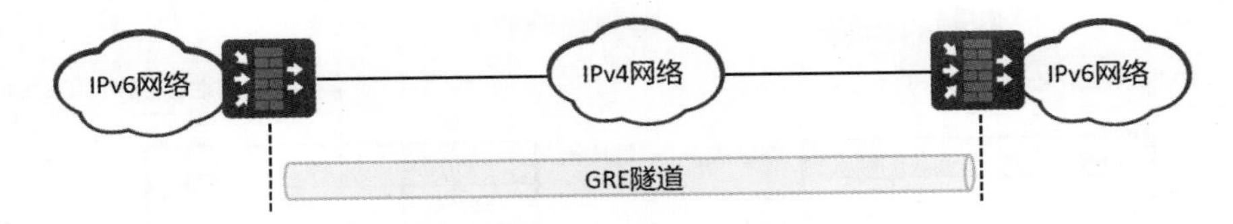

图 8-5　在 IPv4 网络中建立 GRE 隧道来解决两个 IPv6 网络的通信问题

8.2.2　GRE VPN 的工作原理

下面从 GRE 封装、GRE 报文转发流程和 GRE 安全策略这 3 个方面介绍 GRE VPN 的工作原理。

1. GRE 封装

所有 VPN 封装技术基本的构成要素都可以分为乘客协议、封装协议和运输协议 3 个部分，GRE VPN 也不例外。

- 乘客协议：传输数据时所使用的原始网络协议。
- 封装协议：用来“包装”乘客协议对应的报文，使原始报文能够在新的网络中传输。
- 运输协议：被封装以后的报文在新网络中传输时所使用的网络协议。

使用 GRE 协议封装报文时，通过 GRE 为原始 IP 报文添加 GRE 报头，封装前的报文称为净荷，封装前的报文协议称为乘客协议，GRE 称为封装协议，也称运载协议。最后通过传输协议对封装后的报文进行转发。在防火墙中，GRE 能够承载的乘客协议有 IPv4、IPv6 和多协议标签交换（Multiple Protocol Label Switching，MPLS）协议，GRE 所使用的运输协议是 IPv4。GRE 协议栈示意如图 8-6 所示。

在封装 GRE 报文时，是按照协议栈对报文进行逐层封装的，如图 8-7 所示，封装过程可以分成以下两步。

① 为原始报文添加 GRE 报头。

② 在 GRE 报头前面加上新的 IP 报头。

加上新的 IP 报头以后，原始报文就可以在新网络中传输了。GRE 的封装操作是通过逻辑接口（Tunnel 接口）完成的，Tunnel 接口是一种通用的隧道接口，在使用这个接口的时候需要将接口的封装协议设置为 GRE 协议。

图 8-6　GRE 协议栈示意

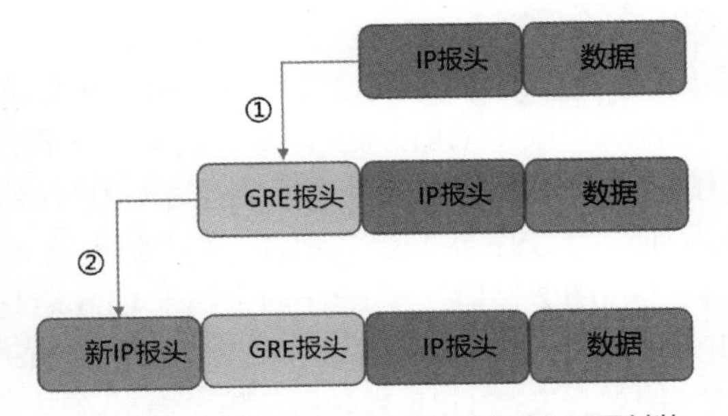

图 8-7　按照协议栈对 GRE 报文进行逐层封装

2. GRE 报文转发流程

GRE 报文转发流程如图 8-8 所示，其中防火墙作为 VPN 网关。下面结合防火墙的流量处理过程介绍 GRE 报文转发流程。

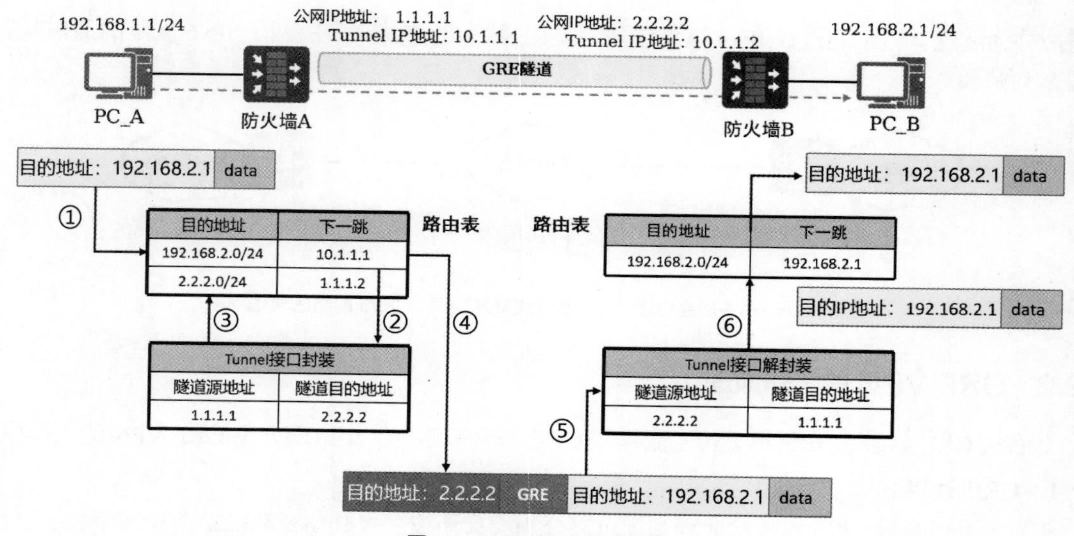

图 8-8　GRE 报文转发流程

PC_A 通过 GRE 隧道访问 PC_B 时，防火墙 A 和防火墙 B 上的报文转发过程如下。

① PC_A 访问 PC_B 的原始报文进入防火墙 A 后，先匹配路由表。

② 根据路由查找结果，路由的下一跳为 Tunnel 接口。防火墙 A 将报文送到 Tunnel 接口进行 GRE 封装，添加 GRE 报头，外层添加新的 IP 报头。新的 IP 报头使用隧道的源端（1.1.1.1）和目的端（2.2.2.2）的公网 IP 地址封装。

③ 防火墙 A 根据 GRE 报文的新 IP 报头的目的地址（2.2.2.2）再次查找路由表。

④ 防火墙 A 根据路由查找结果将报文发送至防火墙 B，假设防火墙 A 查找到的去往防火墙 B 的下一跳 IP 地址是 1.1.1.2。

⑤ 防火墙 B 收到 GRE 报文后，先判断这个报文是不是 GRE 报文。封装后的 GRE 报文会有一个新的 IP 报头，这个新的 IP 报头中有 Protocol 字段，该字段标识了内层协议类型。如果 Protocol 字段值是 47，则表示这个报文是 GRE 报文。如果是 GRE 报文，则防火墙 B 会将该报文送到 Tunnel 接口进行解封装，去掉新的 IP 报头和 GRE 报头，将其恢复为原始报文；如果不是 GRE 报文，则按照普通报文进行处理。

⑥ 防火墙 B 根据原始报文的目的地址再次查找路由表，并根据路由匹配结果将报文发送至 PC_B。

3. GRE 安全策略

从原始报文进入 GRE 隧道开始，到 GRE 报文被防火墙转出，报文在这个过程中跨越了两个域间关系。因此，可以将 GRE 报文所经过的安全域看作两个部分，一部分是原始报文进入 GRE 隧道前所经过的安全区域，另一部分是报文经过 GRE 封装后经过的安全区域。

图 8-9 所示为 GRE 报文走向示意。假设防火墙 A 和防火墙 B 上的 GE0/0/1 接口连接私网，属于 Trust 区域；GE0/0/2 接口连接 Internet，属于 Untrust 区域；Tunnel 接口属于 DMZ。

在防火墙 A 上，PC_A 发出的原始报文进入 Tunnel 接口的过程中，报文经过的安全区域是 Trust 区域→DMZ。原始报文被 GRE 封装后，防火墙 A 在转发该报文时，报文经过的安全区域是 Local 区域→Untrust 区域。

当防火墙 A 发出的 GRE 报文到达防火墙 B 时，防火墙 B 会进行解封装。在此过程中，报文经过的安全区域是 Untrust 区域→Local 区域。GRE 报文被解封装后，防火墙 B 在转发原始报文时，报文经过的安全区域是 DMZ→Trust 区域。

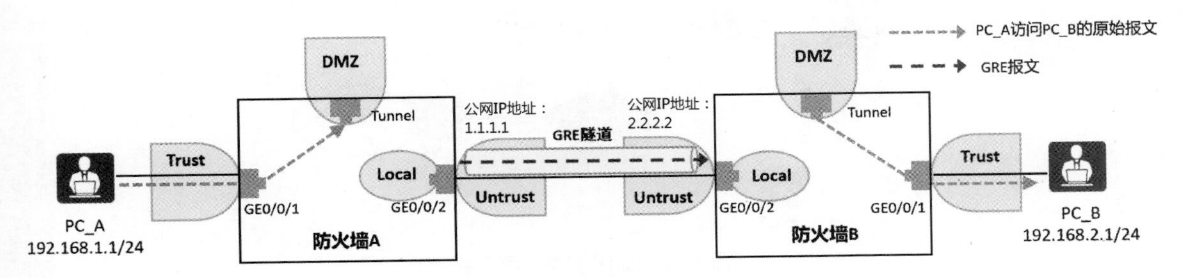

图 8-9　GRE 报文走向示意

综上所述，防火墙上应配置的安全策略匹配条件如表 8-1 所示。

表 8-1　　防火墙上应配置的安全策略匹配条件

业务方向	设备	源安全区域	目的安全区域	源地址	目的地址	应用
PC_A 访问 PC_B	防火墙 A	Trust	DMZ	192.168.1.0/24	192.168.2.0/24	—
		Local	Untrust	1.1.1.1/32	2.2.2.2/32	GRE
	防火墙 B	Untrust	Local	1.1.1.1/32	2.2.2.2/32	GRE
		DMZ	Trust	192.168.1.0/24	192.168.2.0/24	—

8.3　L2TP VPN

出差员工通过 Internet 远程访问企业内网资源时需要使用 PPP，该协议向企业总部申请内网 IP 地址，并供总部对出差员工进行身份认证。但 PPP 报文受其协议自身的限制无法在 Internet 中直接传输。于是，PPP 报文的传输问题成为制约出差员工远程办公的技术瓶颈。L2TP 技术出现以后，使用 L2TP 隧道“承载”PPP 报文在 Internet 中传输成为解决上述问题的一种途径。无论出差员工是通过传统拨号方式接入 Internet，还是通过以太网方式接入 Internet，L2TP 都可以向其提供远程接入服务。

8.3.1　L2TP VPN 简介

1. 定义

L2TP 是虚拟私有拨号网（Virtual Private Dial-up Network，VPDN）隧道协议的一种，它扩展了 PPP 的应用范围，是一种在远程办公场景下为出差员工或企业分支机构远程访问企业内网资源提供接入服务的 VPN 技术。

2. L2TP 的网络组件

L2TP 的网络组件包括用户、L2TP 访问集中器（L2TP Access Concentrator，LAC）和 L2TP 网络服务器（L2TP Network Server，LNS）3 个部分，L2TP 典型组网示意如图 8-10 所示。

（1）用户

用户也可称为接入用户、客户端、拨号用户，是需要登录私网的设备的统称，通常是一台拨号用户的主机或一台私有网络的路由设备。

用户是发起 PPP 协商的终端，既是 PPP 二层链路端，又是 PPP 会话端。用户可以通过私网与 LAC 连接，或者接入 Internet 直接与总部服务器建立连接。

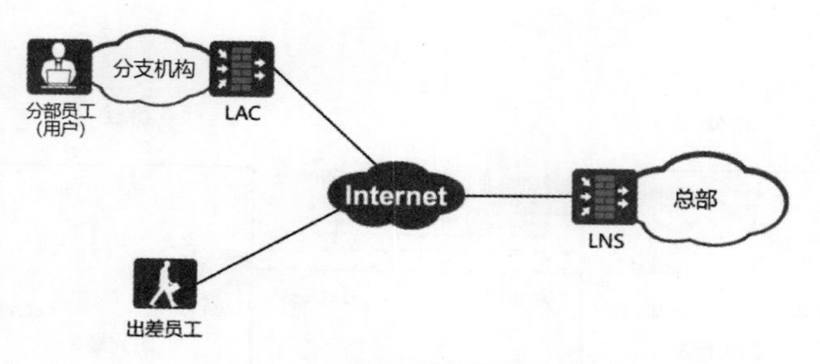

图 8-10 L2TP 典型组网示意

（2）LAC

LAC 是附属在交换网络中的具有 PPP 端系统和 L2TP 处理能力的设备，主要用于为 PPP 类型的用户提供接入服务。

LAC 位于 LNS 和用户之间，用于在 LNS 和用户之间传递信息包。它把从用户处收到的信息包按照 L2TP 要求进行封装并送往 LNS，同时对从 LNS 处收到的信息包进行解封装并送往用户。

LAC 与用户之间采用本地连接或 PPP 链路，VPDN 应用中通常为 PPP 链路。

（3）LNS

LNS 既是 PPP 端系统，又是 L2TP 的服务器端，通常作为企业内网的边缘设备。

LNS 作为 L2TP 隧道的另一侧端点，是 LAC 的对端设备，是 LAC 进行隧道传输的 PPP 会话的逻辑终止端点。通过在公网中建立 L2TP VPN 隧道，将用户的 PPP 链路的另一端由原来的 LAC 在逻辑上延伸到了企业内网中的 LNS 上。

3. L2TP VPN 的使用场景

L2TP VPN 主要有以下 3 种使用场景：NAS-Initiated、Call-LNS 和 Client-Initialized。

- NAS-Initiated：由远程拨号用户发起，远程系统通过公共交换电话网（Public Switched Telephone Network，PSTN）或综合业务数字网（Integrated Service Digital Network，ISDN）拨入 LAC；由 LAC 通过 Internet 向 LNS 发起建立隧道连接请求，拨号用户地址由 LNS 分配；对远程拨号用户的验证与计费既可由 LAC 侧的代理完成，又可在 LNS 上完成。
- Call-LNS：LAC 设备（分支机构）会主动向 LNS 设备（总部）发起 L2TP VPN 隧道建立请求，隧道建立完成后，分支机构用户访问总部的流量直接通过 L2TP VPN 隧道传输到接收端。该场景下，L2TP VPN 隧道建立在 LAC 与 LNS 之间，隧道对于用户是透明的，因此用户感知不到隧道的存在。
- Client-Initialized：LAC 客户（指可在本地支持 L2TP 的用户）可直接向 LNS 发起隧道连接请求，无须再经过一个单独的 LAC 设备；在 LNS 设备上收到了 LAC 客户的请求之后，根据用户名和密码进行验证，并为 LAC 客户分配私有 IP 地址。

8.3.2 Client-Initiated 场景下 L2TP VPN 的工作原理

移动办公用户通过以太网方式接入 Internet，LNS 是企业总部的出口网关。移动办公用户可以通过移动终端上的 VPN 客户端与 LNS 设备直接建立 L2TP VPN 隧道，而无须再经过单独的 LAC 设备，移动办公用户访问企业内网示意如图 8-11 所示。

图 8-11 移动办公用户访问企业内网示意

该场景下，用户远程访问企业内网资源可以不受地域限制，使得远程办公更加灵活、方便。下面从隧道协商、报文封装、安全策略这 3 个方面分析 Client-Initiated 场景下 L2TP VPN 的工作原理。

1. 隧道协商

移动办公用户在访问企业内网服务器之前，需要先通过 L2TP VPN 客户端与 LNS 建立 L2TP VPN 隧道。图 8-12 所示为移动办公用户与 LNS 协商建立 L2TP VPN 隧道并访问企业内网资源的过程示意，具体步骤如下。

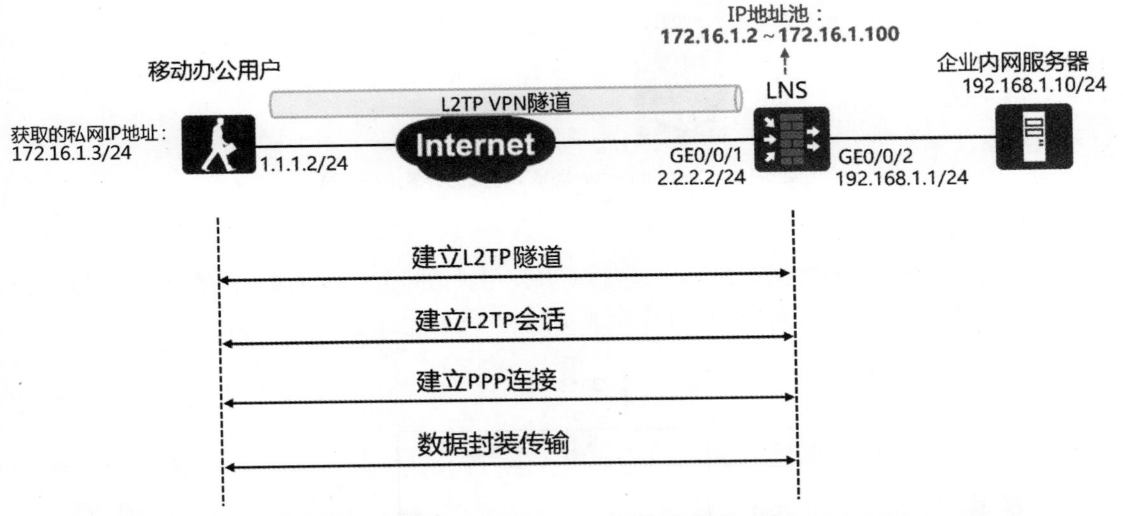

图 8-12　移动办公用户与 LNS 协商建立 L2TP VPN 隧道并访问企业内网资源的过程示意

（1）移动办公用户与 LNS 建立 L2TP 隧道。

（2）移动办公用户与 LNS 建立 L2TP 会话。

移动办公用户在步骤（3）中会与 LNS 建立 PPP 连接，L2TP 会话用来记录和管理它们之间的 PPP 连接状态。因此，在建立 PPP 连接以前，双方需要为 PPP 连接预先协商出一个 L2TP 会话。

（3）移动办公用户与 LNS 建立 PPP 连接。

移动办公用户通过与 LNS 建立 PPP 连接来获取 LNS 分配的企业内网 IP 地址。

（4）移动办公用户发送业务报文以访问企业内网服务器。

移动办公用户使用企业分配的内网地址（172.16.1.3/24）访问企业内网服务器，报文经过封装/解封装后到达对端。

2. 报文封装

L2TP 使用了 UDP 的端口 1701，整个 L2TP 数据报文都封装在 UDP 报文内。图 8-13 所示为 Client-Initiated 场景下报文的封装过程示意，L2TP Client 发往企业内网服务器的报文的转发步骤如下。

（1）L2TP Client 将原始报文用 PPP 报头、L2TP 报头、UDP 报头、公网 IP 报头层层封装成为 L2TP 报文。

（2）L2TP 报文穿过 Internet 到达 LNS。

（3）LNS 收到报文后，在 L2TP 模块中完成身份认证和报文的解封装，去掉 PPP 报头、L2TP 报头、UDP 报头、公网 IP 报头后，将其还原成原始报文。

（4）原始报文只携带了内层私网 IP 报头，内层私网 IP 报头中的源地址是 L2TP Client 获取到的私网 IP 地址，目的地址是企业内网服务器的私网 IP 地址。LNS 根据目的地址查找路由表，并根据路由匹配结果转发报文。

（5）企业内网服务器收到 L2TP Client 的报文后返回响应报文。

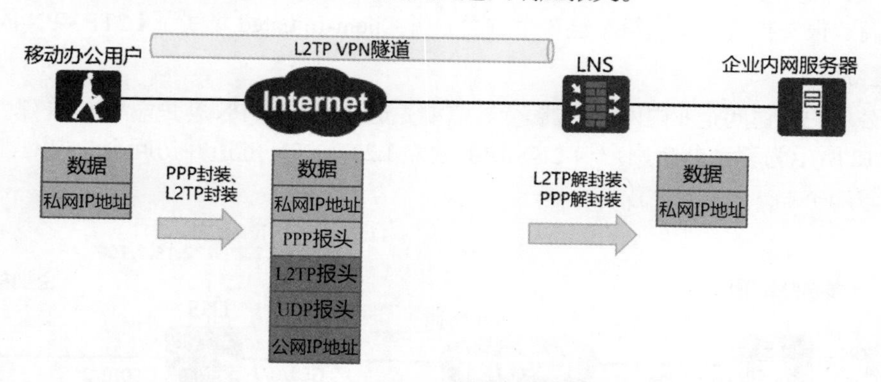

图 8-13 Client-Initiated 场景下报文的封装过程示意

3. 安全策略

LNS 上的安全区域示意如图 8-14 所示。在移动办公用户访问企业内网服务器的过程中，经过 LNS 的流量分为两类，对应流量的安全策略处理原则如下。

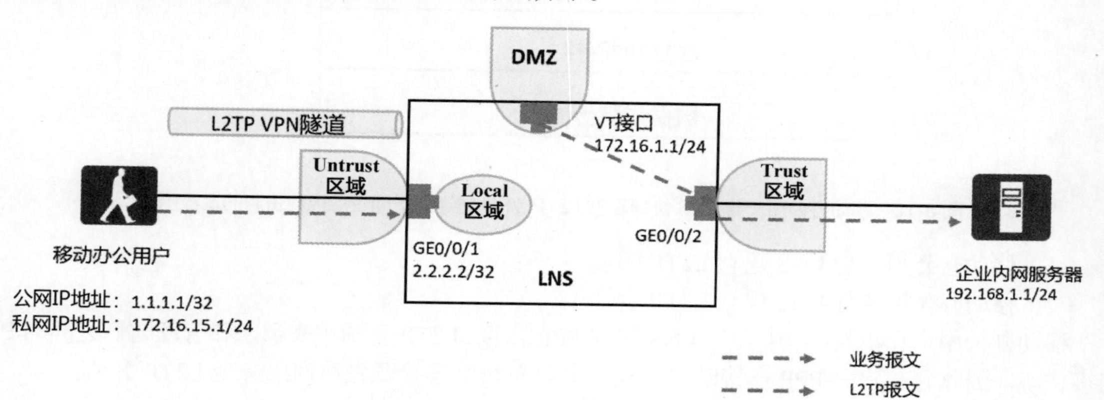

图 8-14 LNS 上的安全区域示意

（1）移动办公用户与 LNS 间的 L2TP 报文

此处的 L2TP 报文既包含移动办公用户与 LNS 建立隧道时的 L2TP 协商报文，又包含移动办公用户访问企业内网服务器被解封装前的业务报文，这些 L2TP 报文会经过 Untrust 区域→Local 区域。

（2）移动办公用户访问企业内网服务器的业务报文

LNS 通过 VT 接口将移动办公用户访问企业内网服务器的业务报文解封装以后，这些报文经过的安全区域为 DMZ→Trust 区域。DMZ 为 LNS 上 VT 接口所在的安全区域。

综上所述，LNS 上应配置的安全策略匹配条件如表 8-2 所示。

表 8-2 LNS 上应配置的安全策略匹配条件

业务方向	设备	源安全区域	目的安全区域	源地址	目的地址	应用
移动办公用户访问企业内网服务器	LNS	Untrust	Local	any	2.2.2.2/32	L2TP
		DMZ	Trust	172.16.1.2/24～172.16.1.100/24（IP 地址池）	192.168.1.0/24	—
企业内网服务器访问移动办公用户	LNS	Trust	DMZ	192.168.1.0/24	172.16.1.2～172.16.1.100/24（IP 地址池）	—

8.4　IPSec VPN

随着 Internet 的发展，越来越多企业直接利用 Internet 进行互联，但因为 IP 的安全性较低，且 Internet 中有大量的不可靠用户和网络设备，用户业务数据穿越这些未知网络时无法保证数据的安全性，数据易被伪造、篡改或窃取，所以迫切需要一种兼容 IP 的通用的网络安全方案。

为了解决上述问题，IPSec 应运而生。IPSec 是对 IP 的安全性的补充，其工作在网络层，为 IP 网络通信提供透明的安全服务。

8.4.1　IPSec VPN 简介

IPSec 是 IETF 制定的一组开放的网络安全协议，它并不是一个单独的协议，而是一系列为 IP 网络提供安全性的协议和服务的集合，包括认证头（Authentication Header，AH）和封装安全负载（Encapsulating Security Payload，ESP）两种安全协议、密钥交换和用于验证及加密的一些算法等。通过这些协议和算法，在两台设备之间建立一条 IPSec 隧道，数据通过 IPSec 隧道进行转发，以保护数据的安全性。

IPSec 通过加密与验证等方式，从以下几个方面保障了用户业务数据在 Internet 中的安全传输。

- 数据来源验证：接收方验证发送方的身份是否合法。
- 数据加密：发送方对数据进行加密，以密文的形式在 Internet 中传输，接收方对接收的加密数据进行解密后做相应处理或直接转发。
- 数据完整性：接收方对接收的数据进行验证，以判定报文是否被篡改。
- 抗重放：接收方拒绝旧的或重复的数据包，防止恶意用户通过重复发送捕获到的数据包进行攻击。

8.4.2　IPSec VPN 的体系架构

IPSec VPN 的体系架构主要由 AH、ESP 和 IKE 协议套件组成，如图 8-15 所示。IPSec VPN 通过 ESP 来保障 IP 数据传输过程的机密性，使用 AH 或 ESP 协议提供数据完整性、数据源验证和抗报文重放功能。

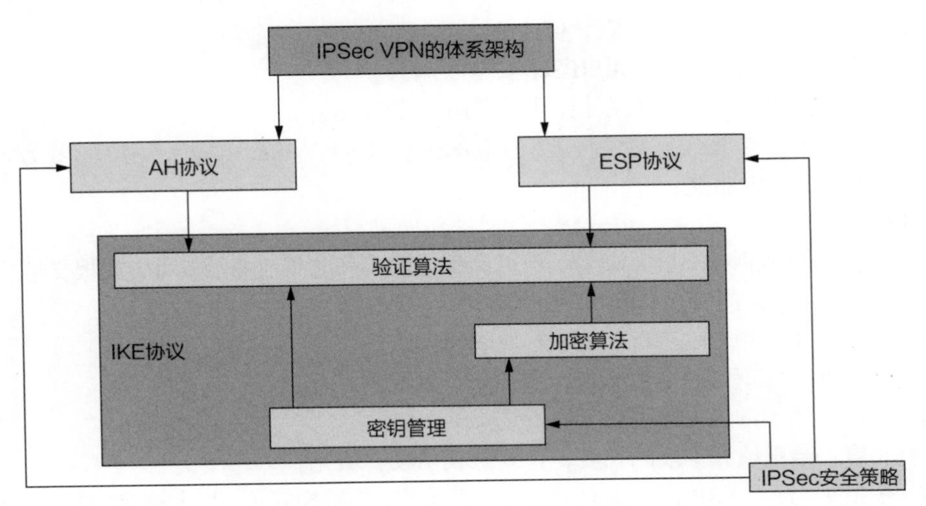

图 8-15　IPSec VPN 的体系架构

ESP 协议和 AH 协议虽然定义了负载头的格式及所提供的服务，但没有定义实现以上功能所需的具体转码方式（如加密算法、验证算法、密钥长度等）。具体的转码方式可以手动进行配置，但为简化 IPSec 的使用和管理，通常使用 IKE 协议进行自动协商交换密钥、建立和维护安全联盟的服务。

1. 安全协议

IPSec 使用 AH 协议和 ESP 协议来提供认证或加密等安全服务。

（1）AH 协议

AH 协议主要提供数据源验证、数据完整性验证和防报文重放功能，不提供加密功能，其报文格式如图 8-16 所示。

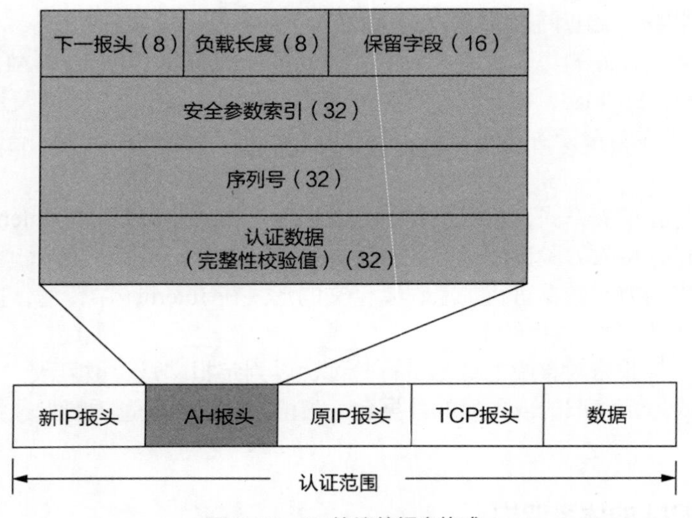

图 8-16 AH 协议的报文格式

■ 下一报头：标识 AH 报头后面的负载类型。传输模式下，其为被保护的上层协议（TCP 或 UDP）或 ESP 协议的编号；隧道模式下，其为 IP 或 ESP 协议的编号。

■ 负载长度：表示以 32 位为单位的 AH 报头长度减 2，默认值为 4。

■ 保留字段：保留将来使用，默认值为 0。

■ 安全参数索引：用于唯一标识 IPSec 安全联盟。

■ 序列号：唯一标识每一个数据包，用于防止重放攻击。

■ 认证数据：包含数据的完整性校验值（Integrity Check Value，ICV），用于接收方进行完整性校验，验证范围为整个 IP 报文。

（2）ESP 协议

ESP 协议主要提供加密、数据源验证、数据完整性验证和防报文重放功能，其报文格式如图 8-17 所示。

■ 安全参数索引：用于唯一标识 IPSec 安全联盟。

■ 序列号：唯一标识每一个数据包，用于防止重放攻击。

■ 填充字段：用于增加 ESP 报文头的位数。

■ 填充长度：给出填充字段的长度，置 0 时表示没有填充。

■ 下一个报头：标识 ESP 报文头的下一个负载类型。传输模式下，其为被保护的上层协议（TCP 或 UDP）的编号；隧道模式下，其为 IP 的编号。

■　认证数据：该字段包含 ICV，用于接收方进行完整性校验，验证范围为 ESP 报头到 ESP 报尾；ESP 的验证功能是可选的，如果启用了数据包验证功能，则会在加密数据的尾部添加一个 ICV。

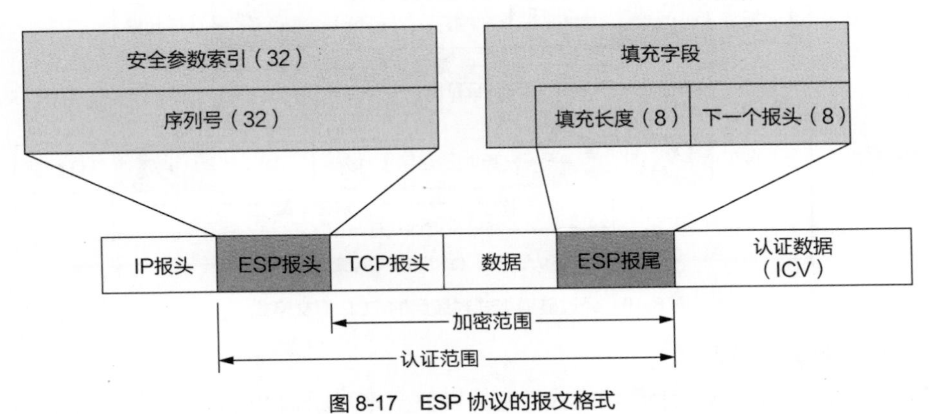

图 8-17　ESP 协议的报文格式

2. 封装模式

封装模式是指将 AH 或 ESP 协议相关的字段插入原始 IP 报文中，以实现对报文的认证和加密，封装模式有传输模式和隧道模式两种。

（1）传输模式

在传输模式下，AH 报头或 ESP 报头被插入 IP 报头与传输层协议头之间，保护 TCP/UDP/ICMP 负载。因为传输模式未添加额外的 IP 报头，所以原始报文中的 IP 地址在加密后的报文的 IP 报头中可见。以 TCP 报文为例，原始报文经过传输模式封装后，报文格式如图 8-18 所示。

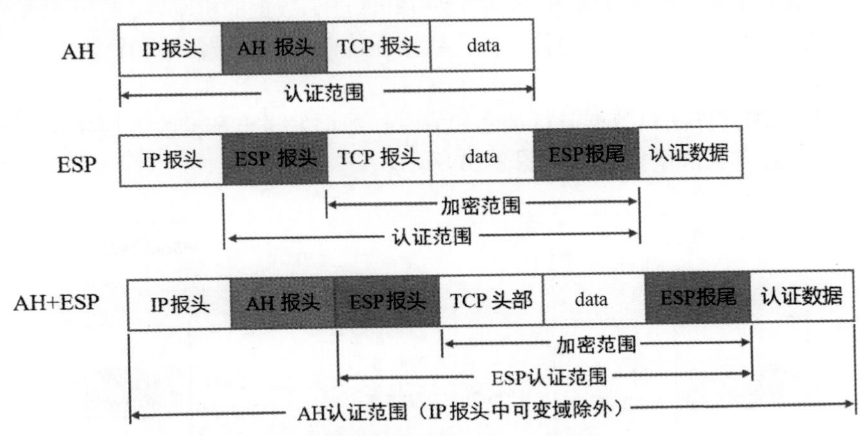

图 8-18　经过传输模式封装后的 TCP 报文格式

传输模式下，与 AH 协议相比，ESP 协议的完整性验证范围不包括 IP 报头，无法保证 IP 报头的安全。

（2）隧道模式

在隧道模式下，AH 报头或 ESP 报头被插到原始 IP 报头之前，生成一个新的报头放到 AH 报头或 ESP 报头之前，保护原 IP 报头和负载。以 TCP 报文为例，原始报文经过隧道模式封装后，报文格式如图 8-19 所示。

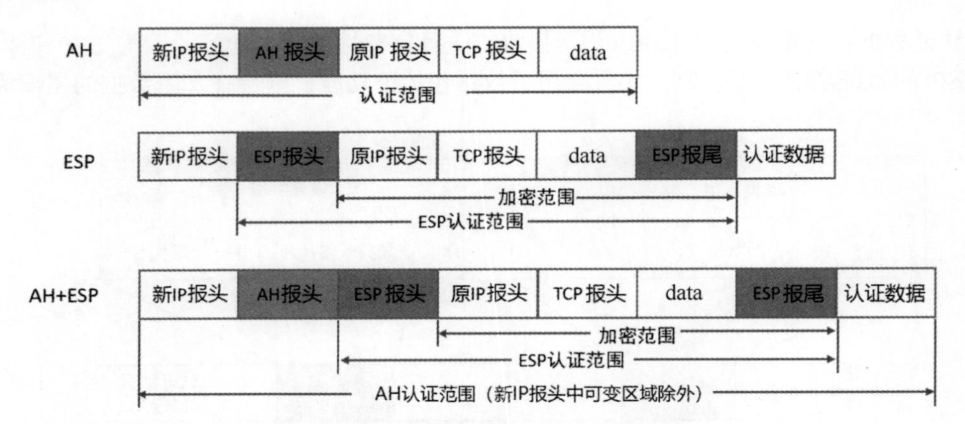

图 8-19　经过隧道模式封装后的 TCP 报文格式

（3）传输模式和隧道模式对比

从安全性来讲，隧道模式优于传输模式。它可以完全地对原始 IP 数据包进行验证和加密。隧道模式下可以隐藏内部 IP 地址、协议类型和端口。

从性能来讲，因为隧道模式有一个额外的 IP 报头，所以它相对于传输模式占用更多带宽。

从场景来讲，传输模式不改变报头，故隧道的源地址和目的地址必须与 IP 报头中的源地址和目的地址一致，因此这种模式只适用于两台主机或一台主机和一台 VPN 网关之间的通信。隧道模式主要应用于两台 VPN 网关或一台主机与一台 VPN 网关之间的通信。

当安全协议同时采用 AH 协议和 ESP 协议时，AH 协议和 ESP 协议必须采用相同的封装模式。

3. 加密和验证

IPSec 提供了加密和验证两种安全机制。加密机制保证了数据的机密性，防止数据在传输过程中被窃听。验证机制能保证数据真实、可靠，防止数据在传输过程中被仿冒和篡改。

（1）加密

IPSec 采用对称加密算法对数据进行加密和解密。数据发送方和接收方使用相同的密钥进行加密、解密。IPSec 数据加密和解密示意如图 8-20 所示。

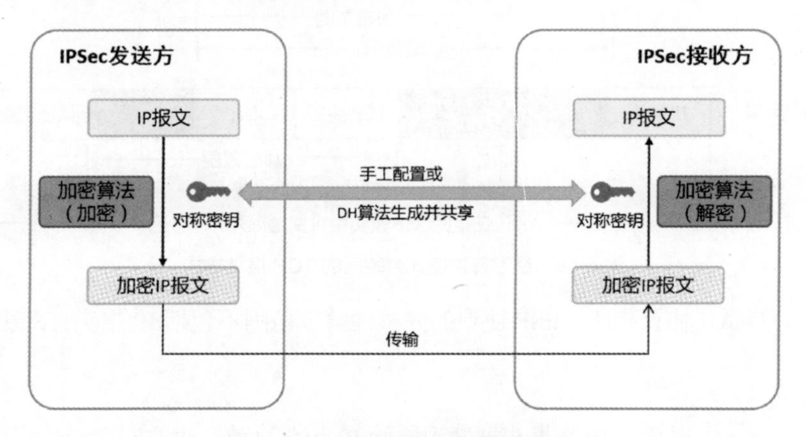

图 8-20　IPSec 数据加密和解密示意

用于加密和解密的对称密钥可以手动配置，也可以通过 IKE 协议自动协商生成。常用的对称加密算法包括 DES、3DES、AES、SM4。其中，DES 和 3DES 算法的安全性较低，存在安全风险，因此不推荐使用。

（2）验证

IPSec 的加密功能无法验证解密后的信息是否为原始发送的信息。IPSec 采用 HMAC 比较 ICV，对数据包完整性和真实性进行验证。

通常情况下，加密和验证配合使用。图 8-21 所示为 IPSec 数据验证过程示意，IPSec 发送方将加密后的报文通过验证算法和对称密钥生成 ICV，并将 IP 报文和 ICV 同时发送给 IPSec 接收方。IPSec 接收方使用相同的验证算法和对称密钥对加密报文进行处理，同样得到 ICV，并对 ICV 进行对比，以验证数据完整性和真实性，验证不通过的报文直接丢弃，验证通过的报文进行解密操作。

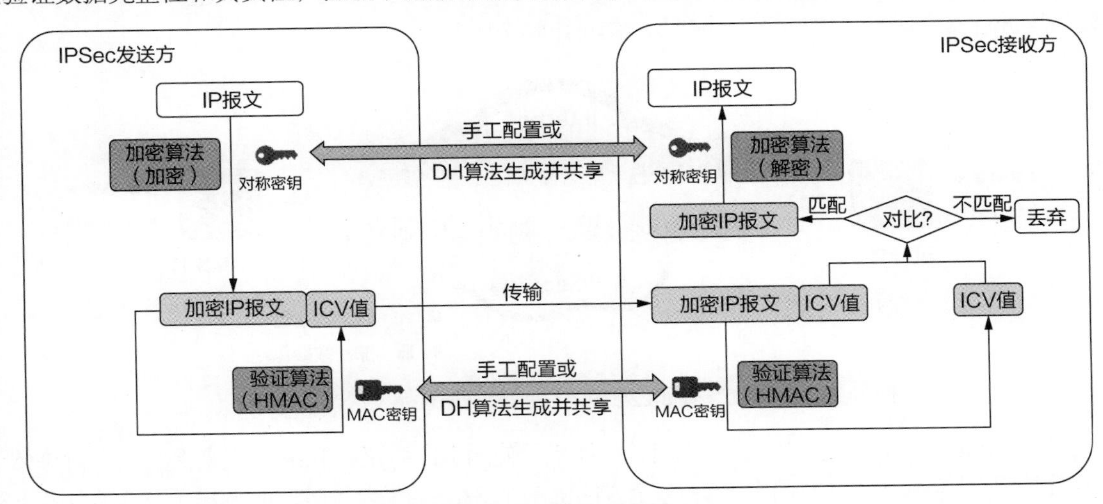

图 8-21　IPSec 数据验证过程示意

同加密一样，用于验证的对称密钥也可以手动配置，或者通过 IKE 协议自动协商生成。常用的验证算法包括 MD5、SHA1、SHA2、SM3。其中，MD5、SHA1 算法的安全性较低，存在安全风险，因此不推荐使用。

4. 密钥交换

使用对称密钥进行加密、验证时，如何安全地共享密钥是一个很重要的问题，通常使用带外共享密钥和密钥分发协议两种方式来解决密钥分发问题。

（1）带外共享密钥

这种方式是指在发送、接收设备上手动配置静态的加密、验证密钥。双方通过带外共享的方式（如通过电话或电子邮件等方式）保证密钥的一致性。

这种方式的缺点是安全性较低，可扩展性差，在点到多点组网中密钥的配置工作量成倍增加；为提升网络安全性，需要周期性修改密钥，这很难实施。

（2）密钥分发协议

这种方式是通过 IKE 协议自动协商密钥的。IKE 协议采用 DH 算法在不安全的网络中安全地分发密钥。

这种方式配置简单，可扩展性好，在大型、动态的网络环境下的优点更加突出。同时，通信双方通过交换密钥与交换材料来计算共享的密钥，即使第三方截获了双方用于计算密钥的所有交换数据，也无法计算出真正的密钥，这样极大地提高了安全性。

5. 安全联盟

安全联盟（Security Association，SA）是通信对等体间对某些要素的协定，它描述了对等体间如何利用安全服务（如加密）进行安全的通信。这些要素包括对等体间使用何种安全协议，需要保护的数据流特征，对等体间传输的数据的封装模式，协议采用的加密和验证算法，用于数据安全转换与传输的密钥，以及 SA 的生存周期等。

IPSec 安全传输数据的前提是在 IPSec 对等体（即运行 IPSec 协议的两个节点）之间成功建立安全联盟。IPSec 安全联盟简称 IPSec SA，它由一个三元组来唯一标识，这个三元组包括安全参数索引（Security Parameter Index，SPI）、目的地址和使用的安全协议（AH 或 ESP）。

IPSec SA 是单向的逻辑连接，通常成对建立（Inbound 和 Outbound）。因此，两个 IPSec 对等体之间的双向通信，最少需要建立一对 IPSec SA 以形成一个安全互通的 IPSec 隧道，分别对两个方向的数据流进行安全保护。IPSec 安全联盟示意如图 8-22 所示。

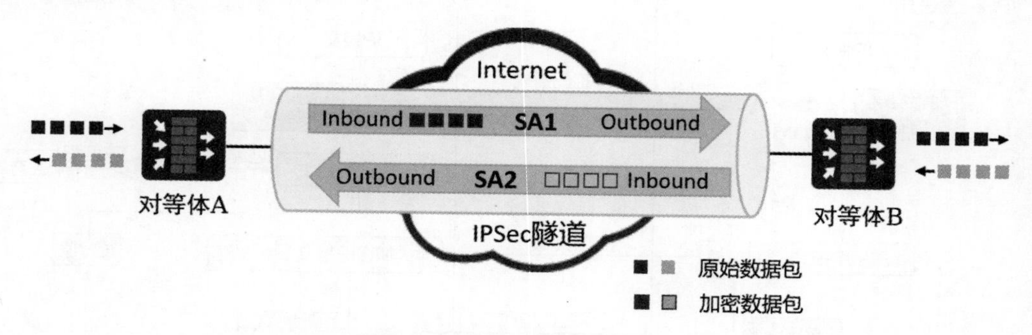

图 8-22 IPSec 安全联盟示意

另外，IPSec SA 的个数与安全协议相关。如果只使用 AH 协议或 ESP 协议来保护两个对等体之间的流量，则对等体之间就有两个 SA，每个方向上一个 SA。如果对等体同时使用了 AH 协议和 ESP 协议，那么对等体之间就需要 4 个 SA，每个方向上两个 SA，分别对应 AH 协议和 ESP 协议。

建立 IPSec SA 有两种方式：手动方式和 IKE 方式。使用 IKE 方式创建 IPSec SA 时，需先创建 IKE SA。IKE SA 的主要作用是协商出为保护 IPSec SA 而建立的密钥等信息。

手动方式和 IKE 方式创建 IPSec SA 的差异如表 8-3 所示。

表 8–3 手动方式和 IKE 方式创建 IPSec SA 的差异

对比项 \ 方式	手动方式创建 IPSec SA	IKE 方式创建 IPSec SA
加密或验证密钥的配置和刷新方式	手动配置、手动刷新，易出错，密钥管理成本很高	密钥通过 DH 算法生成、动态刷新，密钥管理成本低
SPI 取值	手动配置	随机生成
生存周期	无生存周期限制，SA 永久存在	由双方的生存周期参数控制，SA 动态刷新
安全性	低	高
适用场景	小型网络	小型网络、中大型网络

8.4.3 IKE 协议

1. IKE 协议简介

IKE 属于混合型协议，由 Internet 安全联盟和密钥管理协议（Internet Security Association and Key Management Protocol，ISAKMP）及两种密钥交换协议 Oakley 与 SKEME 组成。IKE 是基于 UDP 的应用层协议，它建立在 ISAKMP 定义的框架上，并沿用了 Oakley 协议的密钥交换模式以及 SKEME 协议的共享和密钥更新技术，有 IKEv1 和 IKEv2 两个版本。

多学一招：IKE 的 3 个协议

IKE 由 ISAKMP、Oakley 和 SKEME 3 个协议组成。

ISAKMP 定义了通信双方沟通的方式、信息的格式，以及定义了保障通信安全的状态变换过程。但 ISAKMP 本身没有定义具体的密钥交换技术，密钥交换的定义留给其他协议处理。

Oakley 是一种密钥交换协议，允许经过身份认证的各方使用 DH 密钥交换算法跨不安全的连接交换密钥材料。

SKEME 协议定义了如何验证密钥交换。其中，通信各方利用对称加密算法实现相互间的验证，同时“共享”交换的组件。每一方都要用对方的公钥来加密一个随机数字，两个随机数字（解密后）都会对最终的密钥产生影响。IKE 在公钥加密验证中直接借用了 SKEME 协议的这种技术。

2. IKE 交换阶段

（1）IKEv1 协商过程

IKEv1 通过两个阶段为 IPSec 进行密钥协商并建立安全联盟。第一阶段的目的是建立 IKE SA。IKE SA 建立后对等体间的所有 ISAKMP 信息都将通过加密和验证，这条安全通道可以保证 IKEv1 第二阶段的协商能够安全进行。第二阶段的目的是建立用来安全传输数据的 IPSec SA，并为数据传输衍生出密钥。

① 第一阶段

IKEv1 协商的第一阶段支持两种协商模式：主模式和野蛮模式。其协商过程如图 8-23 所示。其中，主模式包含 3 次双向交换，用到了 6 条 ISAKMP 信息，其协商过程如下。

- 信息①和信息②用于安全提议交换。发起方发送一个或多个 IKE 安全提议（IKE 协商过程中用到的加密算法、认证算法、DH 组及认证方法等），响应方查找最先匹配的 IKE 安全提议，并将这个 IKE 安全提议回应给发起方。匹配的原则为协商双方具有相同的加密算法、认证算法、认证方法和 DH 组标识。
- 信息③和信息④用于密钥信息交换。双方交换 DH 算法的公共值和 Nonce 值（随机数，用于保证 IKE SA 存活和抗重放攻击），用于 IKE SA 的认证和加密密钥在这个阶段产生。
- 信息⑤和信息⑥用于身份和认证信息交换（双方使用生成的密钥发送信息），双方进行身份认证和对整个主模式交换内容的认证。

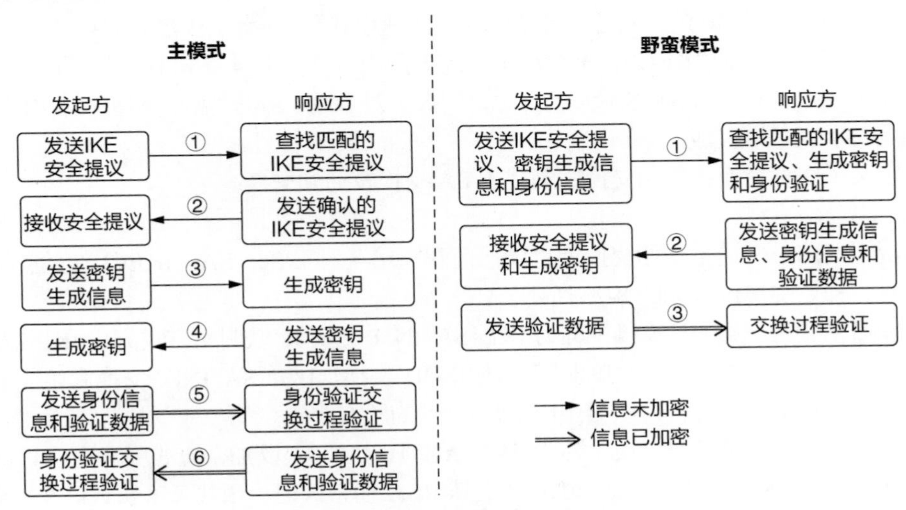

图 8-23　IKEv1 协商第一阶段的协商过程

野蛮模式只用到 3 条信息，信息①和信息②用于协商 IKE 安全提议，交换 DH 算法的公共值、必需的辅助信息及身份信息，且信息②中包括响应方发送的身份信息供发起方认证，信息③用于响应方认证发起方。

与主模式相比，野蛮模式减少了交换信息的次数，提高了协商的速度，但是没有对身份信息进行加密保护。

② 第二阶段

IKEv1 协商的第二阶段采用了快速模式。该模式使用 IKEv1 协商第一阶段中生成的密钥对 ISAKMP 信息的完整性和身份进行验证，并对 ISAKMP 信息进行加密，故保证了交换的安全性。IKEv1 协商第二阶段的协商过程如图 8-24 所示。

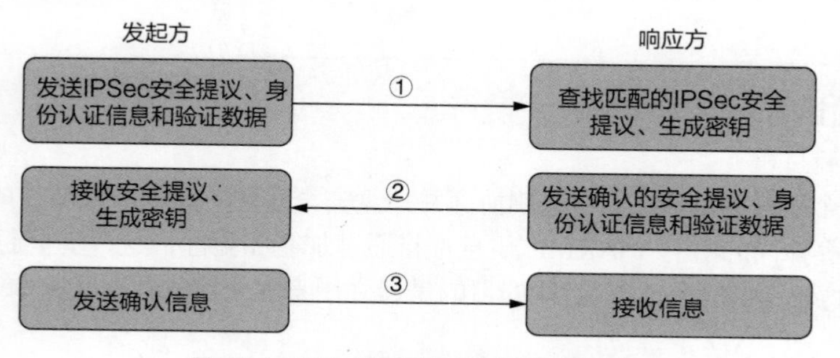

图 8-24　IKEv1 协商第二阶段的协商过程

- 信息①用于发起方发送本端的安全参数和身份认证信息。其中，安全提议包括被保护的数据流和 IPSec 安全提议等需要协商的参数。身份认证信息包括第一阶段计算出的密钥和第二阶段产生的密钥材料等，可以再次认证对等体。
- 信息②用于响应方发送确认的安全参数和身份认证信息并生成新的密钥。IPSec SA 数据传输需要的加密、验证密钥由第一阶段产生的密钥、SPI、协议等参数衍生得出，以保证每个 IPSec SA 都有自己独一无二的密钥。如果启用完全前向保密（Perfect Forward Secrecy，PFS），则需要再次应用 DH 算法计算出一个共享密钥，并参与上述计算，因此在参数协商时要为 PFS 协商 DH 密钥组。
- 信息③用于发送方发送确认信息，确认与响应方可以通信，协商结束。

（2）IKEv2 协商过程

IKEv2 的协商过程比 IKEv1 的协商过程简单得多。当要建立一对 IPSec SA 时，IKEv1 需要经历两个阶段，“主模式 + 快速模式”或者“野蛮模式 + 快速模式”，前者至少需要交换 9 条信息，后者至少需要交换 6 条信息。而 IKEv2 正常情况下只需要两次交换（共 4 条信息）就可以协商建立一对 IPSec SA，如果要求建立的 IPSec SA 大于一对，则每一对 IPSec SA 只需额外增加一次创建子 SA 交换（即两条信息）就可以完成。

IKEv2 定义了 3 种交换：初始交换、创建子 SA 交换及通知交换。

① 初始交换

正常情况下，IKEv2 通过初始交换就可以协商建立第一对 IPSec SA。IKEv2 初始交换包含两次交换 4 条信息，初始交换过程如图 8-25 所示。

信息①和信息②属于第一次交换（称为 IKE_SA_INIT 交换），以明文方式完成 IKE SA 的参数协商，包括协商加密和验证算法、交换临时随机数和 DH 交换。IKE_SA_INIT 交换后生成一个共享密钥材料，通过这个共享密钥材料可以衍生出 IPSec SA 的所有密钥。

信息③和信息④属于第二次交换（称为 IKE_AUTH 交换），以加密方式完成身份认证、对前两条信息的认证和 IPSec SA 的参数协商。IKEv2 支持 RSA 签名认证、预共享密钥认证及 EAP 认证。

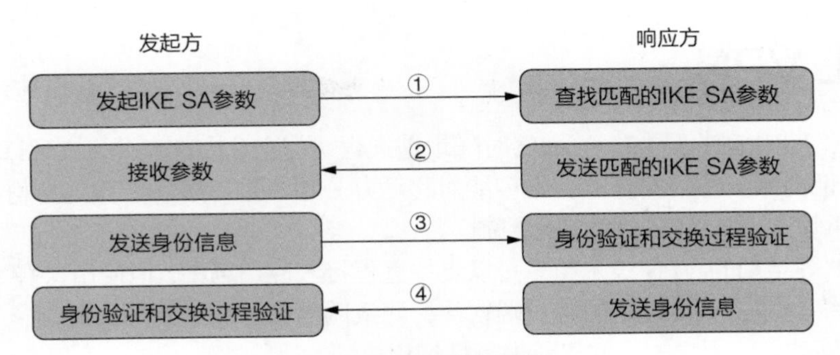

图 8-25　初始交换过程

② 创建子 SA 交换

当一个 IKE SA 需要创建多对 IPSec SA 时，需要使用创建子 SA 交换来协商多于一对的 IPSec SA。另外，创建子 SA 交换可以用于 IKE SA 的重协商。

③ 通知交换

IKE 协商的两端有时会传递一些控制信息，如错误信息或者通告信息，这些信息在 IKEv2 中是通过通知交换完成的。通知交换过程如图 8-26 所示。

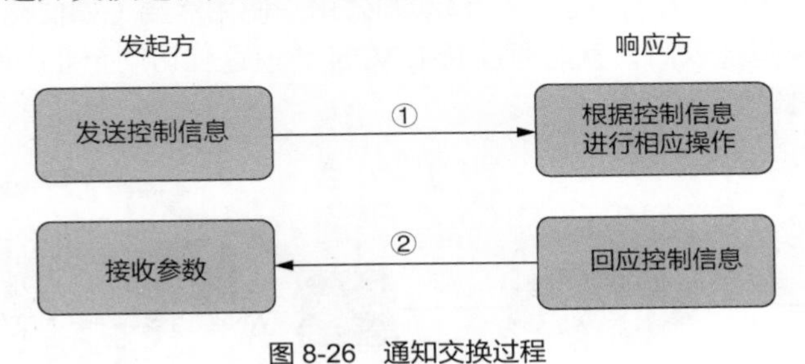

图 8-26　通知交换过程

8.4.4 IPSec VPN 扩展

1. GRE over IPSec

GRE 封装可以将私有 IP 报文封装在公网 IP 报文中，以实现不同站点之间的私网的互联，但是 GRE 本身使用了明文方式，所以需要 IPSec 来加密保护。

同时，GRE 可以封装组播数据并在 GRE 隧道中传输，而 IPSec 目前只能对单播数据进行加密保护。因此，对于动态路由协议、语音、视频等组播数据需要在 IPSec 隧道中传输的情况，可以通过先建立 GRE 隧道，对组播数据进行 GRE 封装，再对封装后的报文进行 IPSec 加密处理，以实现组播数据在 IPSec 隧道中的加密传输。

GRE over IPSec 结合了 GRE 和 IPSec 两种技术的优点，使网络既可以支持多种上层协议和组播报文，又可以支持报文加密、身份认证机制和数据完整性校验。

当网关之间采用 GRE over IPSec 连接时，先进行 GRE 封装，再进行 IPSec 加密。

2. L2TP over IPSec

L2TP over IPSec 也是 IPSec 应用中一种常见的扩展方式，它综合了两种 VPN 的优势，通过 L2TP 实现用户验证和地址分配，并利用 IPSec 保障安全性。

当采用 L2TP over IPSec 连接时，先用 L2TP 封装报文，再进行 IPSec 加密。

8.5 SSL VPN

企业出差员工期望能够通过 Internet 随时随地地远程访问企业内部资源，实现远程移动办公。同时，企业为了保证内网资源的安全性，希望能对移动办公用户进行多种形式的身份认证，并对移动办公用户访问内网资源的权限进行精细化控制。

IPSec、L2TP 等早期的 VPN 技术虽然可以支持远程接入应用场景，但使用这些 VPN 技术时，一方面，移动办公终端需要安装指定的客户端软件，导致网络部署和维护比较麻烦，另一方面，组网不灵活，无法对移动办公用户的访问权限进行精细化控制。

SSL VPN 作为新型的轻量级远程接入方案，可以有效地解决上述问题。

8.5.1 SSL VPN 简介

SSL VPN 是通过 SSL 协议实现远程安全接入的 VPN 技术，保证移动办公用户能够在企业外部安全、高效地访问企业内网资源。

图 8-27 所示为 SSL VPN 应用场景，防火墙作为企业出口网关连接至 Internet，并向移动办公用户（即出差员工）提供 SSL VPN 接入服务。移动办公用户使用终端（如便携机、iPad 或智能手机）与防火墙建立 SSL VPN 隧道以后，就能通过 SSL VPN 隧道远程访问企业内网的 Web 服务器、文件服务器、电子邮件服务器等。

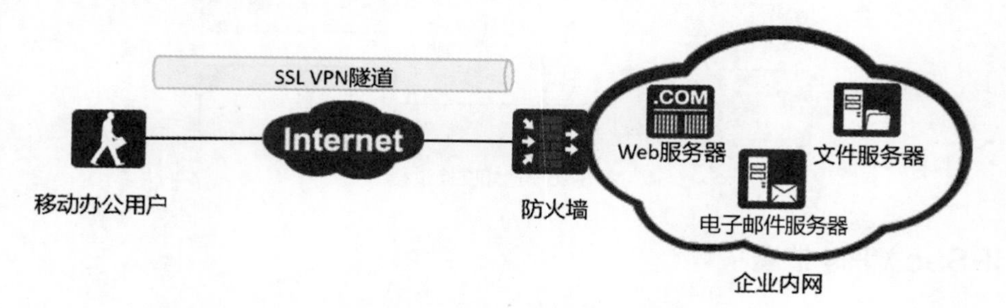

图 8-27 SSL VPN 应用场景

为了更精细地控制移动办公用户的资源访问权限，SSL VPN 将内网资源划分为 Web 资源、文件资源、端口资源和 IP 资源 4 种类型，每一种资源都有与之对应的访问方式。例如，移动办公用户想访问企业内网的 Web 服务器，就需要使用 SSL VPN 提供的 Web 代理业务；想访问企业内网的文件服务器，就需要使用文件共享业务。

8.5.2 SSL VPN 的工作原理

下面从虚拟网关、身份认证和角色授权这 3 个方面来描述 SSL VPN 的工作原理。

1. 虚拟网关

防火墙通过虚拟网关向移动办公用户提供 SSL VPN 接入服务，虚拟网关是移动办公用户访问企业内网资源的统一入口。一台防火墙可以创建多个虚拟网关，虚拟网关之间相互独立，互不影响。

图 8-28 所示为移动办公用户登录 SSL VPN 虚拟网关访问企业内网资源的流程。系统管理员在防火墙上创建 SSL VPN 虚拟网关，并通过虚拟网关对移动办公用户提供 SSL VPN 接入服务。

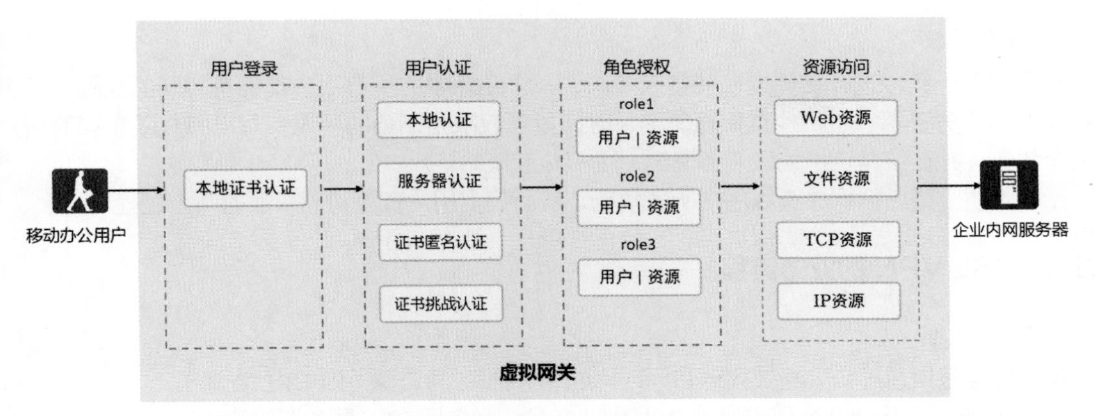

图 8-28　移动办公用户登录 SSL VPN 虚拟网关访问企业内网资源的流程

移动办公用户登录 SSL VPN 虚拟网关并访问企业内网资源的具体过程如下。

（1）用户登录

移动办公用户在浏览器地址栏中输入 SSL VPN 虚拟网关的 IP 地址或域名，请求建立 SSL 连接。虚拟网关向远程用户发送自己的证书，远程用户对虚拟网关的证书进行身份认证。本地证书认证通过后，远程用户与虚拟网关成功建立 SSL 连接，进入 SSL VPN 虚拟网关的登录页面。

（2）用户认证

用户在 SSL VPN 虚拟网关的登录页面中输入用户名、密码后，虚拟网关对该用户进行身份认证。虚拟网关验证用户身份的方式有很多种，包括本地认证、服务器认证、证书匿名认证、证书挑战认证等。

（3）角色授权

用户认证通过后，虚拟网关会查询该用户所属的角色信息（如 role1），再将该角色所拥有的资源链接推送给用户。角色代表了一类用户的资源访问权限，如企业中总经理这个角色的资源访问权限和普通员工这个角色的资源访问权限是不一样的。

（4）资源访问

用户单击虚拟网关资源列表中的链接就可以访问对应的资源，包括 Web 资源、文件资源、TCP 资源、IP 资源等。

2. 身份认证

防火墙针对移动办公用户提供了本地认证、服务器认证和证书认证 3 种身份认证方式。

（1）本地认证

本地认证是指移动办公用户的用户名、密码等身份信息保存在防火墙上，由防火墙完成用户身份认证。

（2）服务器认证

服务器认证是指移动办公用户的用户名、密码等身份信息保存在认证服务器上，由认证服务器完成用户身份认证。认证服务器包括 RADIUS 服务器、HWTACACS 服务器、AD 服务器和 LDAP 服务器。

（3）证书认证

证书认证是指用户以数字证书作为登录虚拟网关的身份凭证。虚拟网关针对证书提供了两种认证方式：一种是证书匿名认证，另一种是证书挑战认证。

- 证书匿名认证：虚拟网关只检查用户所持证书的有效性（如证书是否逾期，证书是否由合法 CA 颁发等），不检查用户的登录密码等身份信息。
- 证书挑战认证：虚拟网关不仅要检查用户所持证书是否为可信证书以及证书是否在有效期内，还要检查用户的登录密码。检查用户登录密码的方式可以选择本地认证或服务器认证。

3. 角色授权

防火墙基于角色进行访问授权和接入控制，一个角色中的所有用户都拥有相同的权限。角色是连接用户与业务资源、主机检查策略、登录时间段等权限控制项的桥梁，可以将权限相同的用户加入某个角色，并在该角色中关联业务资源、主机检查策略等。

授权本质上是虚拟网关查找用户所属角色，从而确定用户资源访问权限的一个过程。

8.5.3 SSL VPN 的业务流程

1. Web 代理

Web 代理是指通过防火墙做代理访问内网的 Web 服务器资源（即 URL 资源）。

图 8-29 所示为移动办公用户通过 Web 代理方式访问内网 Web 服务器的流程。

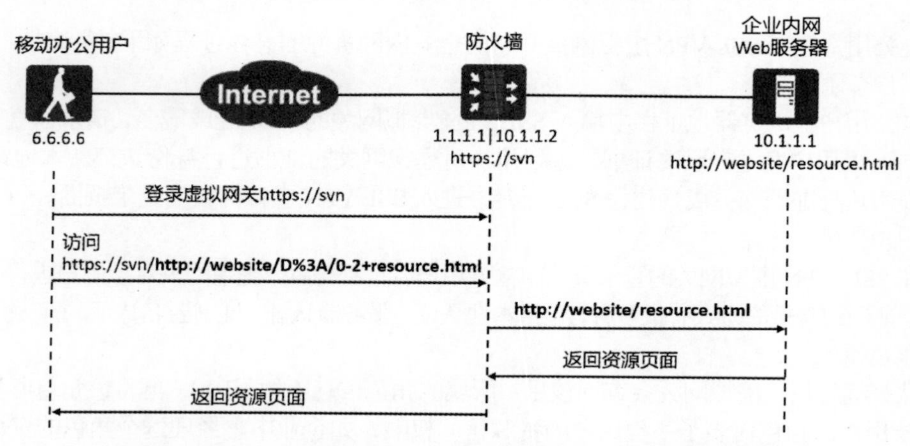

图 8-29　移动办公用户通过 Web 代理方式访问内网 Web 服务器的流程

（1）移动办公用户通过域名（https://svn）访问虚拟网关。

（2）登录虚拟网关成功后，移动办公用户会在虚拟网关中看到自己有权访问的 Web 资源列表，并单击要访问的资源链接。防火墙在将内网资源（http://website/resource.html）呈现给移动办公用户时，会改写该资源的 URL。移动办公用户单击资源链接后，发送给防火墙的 HTTPS 链接请求就是虚拟网关改写以后的 URL，改写后的 URL 实质上是由 https://svn 和 http://website/resource.html 这两个 URL 拼接而成的。

（3）防火墙收到上述 URL 后，会向 Web 服务器重新发起一个 HTTP 请求，这个 HTTP 请求就是 Web 资源实际的 URL（http://website/resource.html）。

（4）Web 服务器以 HTTP 方式返回资源页面。

（5）虚拟网关将 Web 服务器返回的资源页面经过 HTTPS 方式转发给移动办公用户。

Web 代理按照实现方式的不同分为 Web 改写和 Web Link 两种。

■ Web 改写："改写"包含两层含义，第一层含义是加密，即远程用户在单击虚拟网关资源列表中的链接时，虚拟网关会对用户要访问的真实 URL 进行加密；第二层含义是适配，为了解决不同终端（如智能手机、平板电脑等）类型的差异对业务的影响，需要防火墙不仅能将内网中的 Web 资源转发给移动办公用户，还要对 Web 资源进行"改写"，使之能够适配这些不同的终端。

■ Web Link：不进行加密和适配，只单纯"转发"移动办公用户的 Web 资源请求。由于 Web Link 少了加密和适配的环节，其业务处理效率比 Web 改写要高；而 Web 改写由于做了加密和适配，在安全性方面要比 Web Link 好。

2. 文件共享

文件共享业务通过将文件共享协议（SMB、NFS）转换成基于 SSL 的超文本传输协议，实现对内网文件服务器的 Web 访问。

移动办公用户通过文件共享业务可以在文件服务器的共享目录中上传或下载文件、删除文件或目录、重命名文件或目录，以及新建目录等，就像对本机文件系统进行操作一样方便、安全。

在文件共享业务中，防火墙起到了协议转换器的作用。以访问企业内网文件服务器为例，其文件共享业务交互流程如图 8-30 所示。

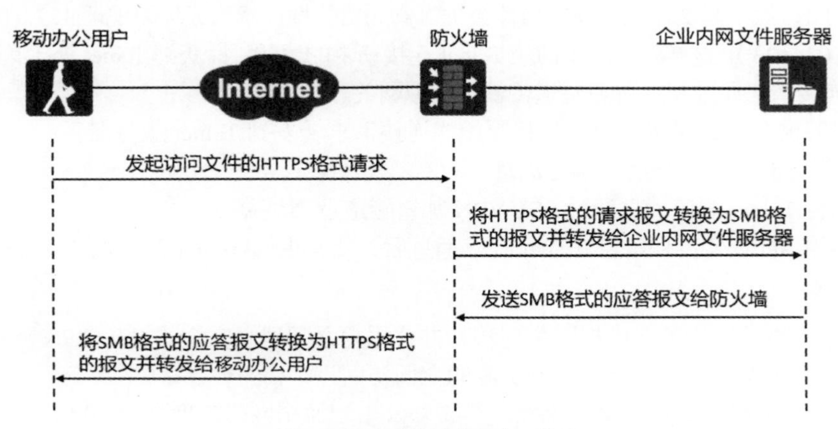

图 8-30　文件共享业务交互流程

3. 端口转发

移动办公用户访问企业内网 TCP 资源时使用端口转发业务，它适用于 TCP 的应用服务包括 Telnet、远程桌面、FTP、E-mail 等。端口转发提供了一种端口级的安全访问企业内网资源的方式。

要使用端口转发业务，需要在客户端上运行一个 ActiveX 控件作为端口转发器，用于侦听指定端口上的连接。图 8-31 所示为端口转发业务交互流程，下面以移动办公用户通过 Telnet 客户端访问企业内网文件服务器为例，介绍端口转发业务的交互流程。

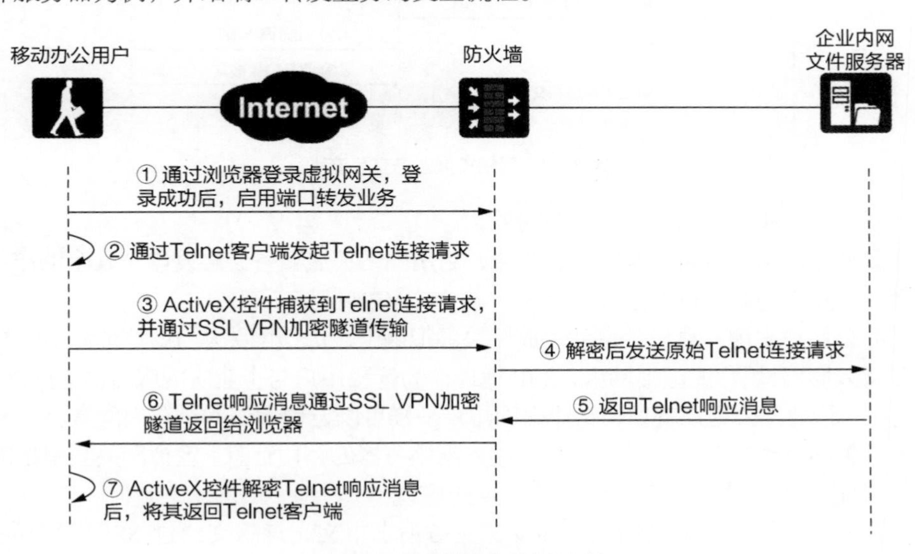

图 8-31　端口转发业务交互流程

① 移动办公用户通过浏览器登录 SSL VPN 的虚拟网关。登录成功后，移动办公用户在虚拟网关

页面启用端口转发业务。随后，虚拟网关向移动办公用户的浏览器下发监控 Telnet 服务的指令，浏览器的 ActiveX 控件开始实时监控本地的 Telnet 访问请求。

② Telnet 客户端发出访问 Telnet 服务器的连接请求。

③ Telnet 连接请求通过 SSL VPN 加密隧道发送到虚拟网关。为了能让 Telnet 连接请求通过端口转发业务发送到虚拟网关，浏览器的 ActiveX 控件需要先捕获到 Telnet 连接请求。ActiveX 控件会一直监控 Telnet 服务，一旦发现 Telnet 客户端发起 Telnet 连接请求，就会修改这个 Telnet 连接请求的目的地址和端口，将真实的目的地址修改为自身的环回地址。例如，Telnet 客户端要访问的真实 Telnet 服务器 IP 地址是 10.1.1.1，端口是 23，ActiveX 控件会把真实的目的地址修改成环回地址 127.0.0.1，目的端口修改为 1047（1024+23），这样就达到了捕获 Telnet 连接请求的目的。捕获到 Telnet 连接请求以后，再将真实的 Telnet 连接请求经过 SSL 加密隧道传输到虚拟网关。

④ 防火墙解密 Telnet 连接请求，并将原始的连接请求转发到 Telnet 服务器。

⑤ Telnet 服务器向防火墙返回响应消息。

⑥ 防火墙将 Telnet 响应消息通过 SSL VPN 加密隧道返回浏览器。

⑦ 浏览器的 ActiveX 控件解密 Telnet 响应消息后，将其返回 Telnet 客户端。

4. 网络扩展

防火墙通过网络扩展业务在虚拟网关与移动办公用户之间建立安全的 SSL VPN 隧道，将移动办公用户连接到企业内网，实现对企业内网资源的全面访问。

图 8-32 所示为网络扩展业务交互流程，移动办公用户使用网络扩展功能访问企业内网资源时，其内部交互过程如下。

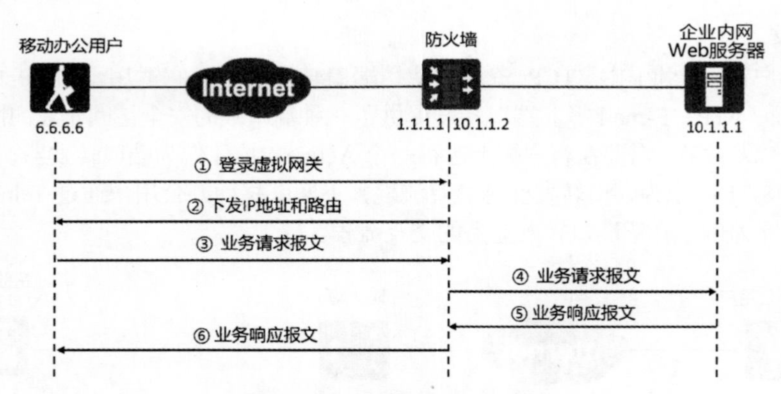

图 8-32　网络扩展业务交互流程

① 移动办公用户通过浏览器登录虚拟网关。

② 成功登录虚拟网关后启用网络扩展业务，启用网络扩展业务会触发以下几个动作。

- 移动办公用户与虚拟网关之间会建立一条 SSL VPN 隧道。
- 移动办公用户本地计算机会自动生成一块虚拟网卡。虚拟网关从 IP 地址池中随机选择一个 IP 地址分配给移动办公用户的虚拟网卡，该 IP 地址作为远程用户与企业内网服务器之间的通信地址。有了该 IP 地址，移动办公用户就如同企业内网用户一样可以方便地访问企业内网资源。
- 虚拟网关向移动办公用户下发到达企业内网服务器的路由信息。虚拟网关会根据网络扩展业务中的配置，向移动办公用户下发不同的路由信息。

③ 移动办公用户向企业内网的服务器发送业务请求报文，该报文通过 SSL VPN 隧道到达虚拟网关。

④ 虚拟网关收到报文后进行解封装，并将解封装后的业务请求报文发送给企业内网服务器。

⑤ 企业内网服务器响应移动办公用户的业务请求。

⑥ 业务响应报文到达虚拟网关后通过 SSL VPN 隧道返回移动办公用户。

动手任务 8.1 配置 GRE VPN，实现私网之间的隧道互访

图 8-33 所示为 GRE 隧道应用组网示意，防火墙 A 和防火墙 B 通过 Internet 相连，两者通过公网路由可达，路由器 R1 模拟 ISP 的路由器。网络 A 和网络 B 是两个私有的网络，通过在两台防火墙之间建立 GRE 隧道实现两个私有网络的互联。

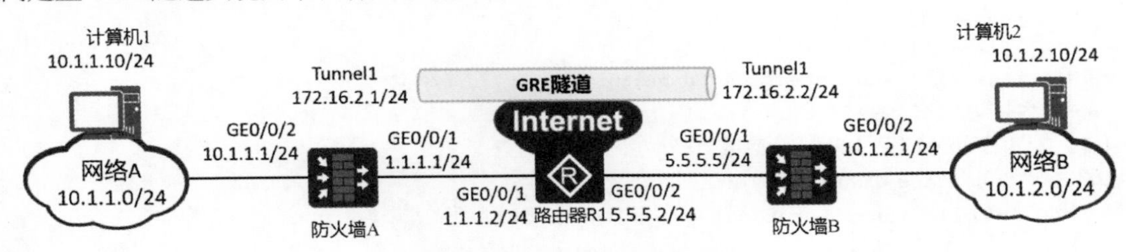

图 8-33 GRE 隧道应用组网示意

【任务内容】

配置 GRE 隧道，实现两个私有网络的互访。

【任务设备】

（1）华为 USG 系列防火墙两台。

（2）华为 AR 系列路由器一台。

（3）计算机两台。

【配置思路】

防火墙 A 和防火墙 B 的配置思路相同。

（1）配置接口 IP 地址、安全区域、路由，完成网络基本参数的配置。

（2）创建 Tunnel 接口，配置接口 IP 地址，将接口加入安全区域。

（3）配置 Tunnel 接口的相关参数，包括封装协议、隧道的源地址与目的地址等。

（4）配置静态路由，将需要经过 GRE 隧道传输的流量引入 GRE 隧道中。

（5）配置安全策略，允许 GRE 隧道的建立和流量的转发。

（6）验证和调试，检查能否满足任务需求。

【配置步骤】

步骤 1：配置防火墙 A

（1）配置接口 IP 地址

```
<FW_A> system-view
[FW_A] interface GigabitEthernet 0/0/1
[FW_A-GigabitEthernet0/0/1] ip address 1.1.1.1 24
[FW_A-GigabitEthernet0/0/1] quit
[FW_A] interface GigabitEthernet 0/0/2
[FW_A-GigabitEthernet0/0/2] ip address 10.1.1.1 24
[FW_A-GigabitEthernet0/0/2] quit
```

（2）创建 Tunnel 接口

```
[FW_A] interface Tunnel 1    //创建 Tunnel 接口，将其作为隧道接口
[FW_A-Tunnel1] ip address 172.16.2.1 24
[FW_A-Tunnel1] quit
```

Tunnel 接口的 IP 地址可以任意配置，但不能与其他 IP 地址冲突。当使用动态路由协议生成经过 Tunnel 接口转发的路由时，GRE 隧道两端的 Tunnel 接口的 IP 地址必须配置为同一网段。

（3）将接口加入安全区域

```
[FW_A] firewall zone untrust
[FW_A-zone-untrust] add interface GigabitEthernet 0/0/1
[FW_A-zone-untrust] quit
[FW_A] firewall zone trust
[FW_A-zone-trust] add interface GigabitEthernet 0/0/2
[FW_A-zone-trust] quit
[FW_A] firewall zone dmz
[FW_A-zone-dmz] add interface tunnel 1
[FW_A-zone-dmz] quit
```

（4）配置 Tunnel 接口的相关参数

```
[FW_A] interface Tunnel 1
[FW_A-Tunnel1] tunnel-protocol gre        //配置隧道的封装协议为 GRE
[FW_A-Tunnel1] source 1.1.1.1             //配置隧道的源地址
[FW_A-Tunnel1] destination 5.5.5.5        //配置隧道的目的地址
[FW_A-Tunnel1] gre key cipher 123456      //设置 GRE 隧道的识别关键字，两端的关键字要配置一致
[FW_A-Tunnel1] quit
```

（5）配置路由

```
[FW_A] ip route-static 0.0.0.0 0 1.1.1.2     //指向公网的路由
[FW_A] ip route-static 10.1.2.0 24 Tunnel1
//使用静态路由将需要经过 GRE 隧道传输的流量引入 GRE 隧道中
```

（6）配置安全策略

配置 Trust 区域和 DMZ 互访的安全策略，允许封装前和解封装后的报文通过。

```
[FW_A] security-policy
[FW_A-policy-security] rule name policy1
//Trust 区域和 DMZ 互访的安全策略也可拆分为两条规则，此处简化为一条规则
[FW_A-policy-security-rule-policy1] source-zone trust dmz
[FW_A-policy-security-rule-policy1] destination-zone dmz trust
[FW_A-policy-security-rule-policy1] action permit
[FW_A-policy-security-rule-policy1] quit
```

配置 Local 区域和 Untrust 区域互访的安全策略，允许封装后的 GRE 报文通过。

```
[FW_A-policy-security] rule name policy2
//Local 区域和 Untrust 区域互访的安全策略，此处简化为一条规则
[FW_A-policy-security-rule-policy2] source-zone local untrust
[FW_A-policy-security-rule-policy2] destination-zone untrust local
[FW_A-policy-security-rule-policy2] service gre    //匹配的服务为 GRE 协议报文
[FW_A-policy-security-rule-policy2] action permit
[FW_A-policy-security-rule-policy2] quit
```

步骤 2：配置防火墙 B

防火墙 B 的配置思路和防火墙 A 的完全相同。

（1）配置接口 IP 地址

```
<FW_B> system-view
[FW_B] interface GigabitEthernet 0/0/1
[FW_B-GigabitEthernet0/0/1] ip address 5.5.5.5 24
[FW_B-GigabitEthernet0/0/1] quit
```

```
[FW_B] interface GigabitEthernet 0/0/2
[FW_B-GigabitEthernet0/0/2] ip address 10.1.2.1 24
[FW_B-GigabitEthernet0/0/2] quit
```

（2）创建 Tunnel 接口

```
[FW_B] interface Tunnel 1
[FW_B-Tunnel1] ip address 172.16.2.2 24
[FW_B-Tunnel1] quit
```

（3）将接口加入安全区域

```
[FW_B] firewall zone untrust
[FW_B-zone-untrust] add interface GigabitEthernet 0/0/1
[FW_B-zone-untrust] quit
[FW_B] firewall zone trust
[FW_B-zone-trust] add interface GigabitEthernet 0/0/2
[FW_B-zone-trust] quit
[FW_B] firewall zone dmz
[FW_B-zone-dmz] add interface tunnel 1
[FW_B-zone-dmz] quit
```

（4）配置 Tunnel 接口的相关参数

```
[FW_B] interface Tunnel 1
[FW_B-Tunnel1] tunnel-protocol gre
[FW_B-Tunnel1] source 5.5.5.5
[FW_B-Tunnel1] destination 1.1.1.1
[FW_B-Tunnel1] gre key cipher 123456   //与防火墙 A 的关键字保持一致
[FW_B-Tunnel1] quit
```

（5）配置路由

```
[FW_B] ip route-static 0.0.0.0 0 5.5.5.2
[FW_B] ip route-static 10.1.1.0 24 Tunnel1
```

（6）配置安全策略

```
[FW_B] security-policy
[FW_B-policy-security] rule name policy1
[FW_B-policy-security-rule-policy1] source-zone trust dmz
[FW_B-policy-security-rule-policy1] destination-zone dmz trust
[FW_B-policy-security-rule-policy1] action permit
[FW_B-policy-security-rule-policy1] quit

[FW_B-policy-security] rule name policy2
[FW_B-policy-security-rule-policy2] source-zone local untrust
[FW_B-policy-security-rule-policy2] destination-zone untrust local
[FW_B-policy-security-rule-policy2] service gre
[FW_B-policy-security-rule-policy2] action permit
[FW_B-policy-security-rule-policy2] quit
```

步骤 3：配置其他网络设备

（1）配置路由器 R1

```
<R1> system-view
[R1] interface GigabitEthernet 0/0/1
[R1-GigabitEthernet0/0/1] ip address 1.1.1.2 24
[R1-GigabitEthernet0/0/1] quit
[R1] interface GigabitEthernet 0/0/2
[R1-GigabitEthernet0/0/2] ip address 5.5.5.2 24
[R1-GigabitEthernet0/0/2] quit
```

（2）配置计算机 1 和计算机 2

配置计算机 1 和计算机 2 的 IP 地址及网关，网关设置为防火墙内网口的 IP 地址，具体配置方法省略。

步骤 4：验证和调试

（1）互联测试

网络 A 中的计算机 1 与网络 B 中的计算机 2 能够相互 ping 通。

（2）查看路由表

在防火墙 A 和防火墙 B 上查看路由表，这里仅列出防火墙 A 的输出信息。

```
<FW_A>display ip routing-table
Route Flags: R - relay, D - download to fib
------------------------------------------------------------------------------
Routing Tables: Public
        Destinations : 10       Routes : 10

Destination/Mask    Proto   Pre  Cost      Flags NextHop         Interface

      0.0.0.0/0   Static  60   0          RD   1.1.1.2          GigabitEthernet
0/0/1
      1.1.1.0/24  Direct  0    0           D   1.1.1.1          GigabitEthernet
0/0/1
      1.1.1.1/32  Direct  0    0           D   127.0.0.1        GigabitEthernet
0/0/1
     10.1.1.0/24  Direct  0    0           D   10.1.1.1         GigabitEthernet
0/0/2
     10.1.1.1/32  Direct  0    0           D   127.0.0.1        GigabitEthernet
0/0/2
     10.1.2.0/24  Static  60   0           D   172.16.2.1       Tunnel1
    127.0.0.0/8   Direct  0    0           D   127.0.0.1        InLoopBack0
    127.0.0.1/32  Direct  0    0           D   127.0.0.1        InLoopBack0
   172.16.2.0/24  Direct  0    0           D   172.16.2.1       Tunnel1
   172.16.2.1/32  Direct  0    0           D   127.0.0.1        Tunnel1
```

以上输出信息显示，目的地址为网络 B（10.1.2.0/24）的路由出接口为 Tunnel1，即流量被引导入隧道中。

动手任务 8.2　配置 Client-Initiated 场景下的 L2TP VPN，实现移动办公用户访问企业内网资源

图 8-34 所示为移动办公用户通过 L2TP VPN 隧道访问企业内网组网示意，该企业希望移动办公用户能够通过 L2TP 隧道访问企业内网的各种资源。其中，路由器 R1 模拟 ISP 的路由器。

图 8-34　移动办公用户通过 L2TP VPN 隧道访问企业内网组网示意

【任务内容】

配置 Client-Initiated 场景下的 L2TP VPN，实现移动办公用户访问企业内网的目的。

【任务设备】

（1）华为 USG 系列防火墙一台。

（2）华为 AR 系列路由器一台。

（3）服务器一台。

（4）计算机一台。

【配置思路】

（1）配置 LNS 的接口 IP 地址、路由和安全区域，完成基本网络参数的配置。

（2）在 LNS 上配置 IP 地址池，为接入用户分配私网 IP 地址。

（3）在 LNS 上配置业务方案，方案中引用 IP 地址池。

（4）在 LNS 上配置认证域，认证域服务类型为 L2TP。

（5）在 LNS 上配置用户和用户组，供远程办公用户拨号使用。

（6）在 LNS 上配置 VT 接口及参数，并将 VT 接口加入安全区域。

（7）在 LNS 上启用 L2TP 功能，并配置 L2TP 组。

（8）在远程办公终端上安装 VPN 软件，拨号接入 LNS。

（9）验证和调试，检查能否满足任务需求。

【配置步骤】

步骤 1：配置网络基本参数

根据组网需要在 LNS 上配置接口 IP 地址、路由及安全区域，完成网络基本参数的配置。

（1）配置接口 IP 地址

```
<LNS> system-view
[LNS] interface GigabitEthernet 0/0/1
[LNS-GigabitEthernet0/0/1] ip address 1.1.1.1 24
[LNS-GigabitEthernet0/0/1] quit
[LNS] interface GigabitEthernet 0/0/2
[LNS-GigabitEthernet0/0/2] ip address 10.1.1.1 24
[LNS-GigabitEthernet0/0/2] quit
```

（2）将接口加入安全区域

```
[LNS] firewall zone untrust
[LNS-zone-untrust] add interface GigabitEthernet 0/0/1
[LNS-zone-untrust] quit
[LNS] firewall zone trust
[LNS-zone-trust] add interface GigabitEthernet 0/0/2
[LNS-zone-trust] quit
```

（3）配置默认路由

```
[LNS] ip route-static 0.0.0.0 0.0.0.0 1.1.1.2
```

步骤 2：配置 L2TP

（1）配置 IP 地址池

```
[LNS] ip pool pool
//该 IP 地址池用于为接入用户分配私网地址
[LNS-ip-pool-pool] section 1 172.16.1.2 172.16.1.100
[LNS-ip-pool-pool] quit
```

如果真实环境下 IP 地址池地址和企业内网地址配置在了同一网段，则必须在 LNS 连接企业内网的接口上启用 ARP 代理功能，保证 LNS 可以对企业内网服务器发出的 ARP 请求进行应答。

（2）配置业务方案

```
[LNS] aaa
[LNS-aaa] service-scheme l2tp          //创建一个业务方案，并进入业务方案视图
[LNS-aaa-service-l2tp] ip-pool pool    //设置业务方案下的 IP 地址池
[LNS-aaa-service-l2tp] quit
```

（3）配置认证域及用户

```
[LNS-aaa] domain default                                   //进入默认区域
[LNS-aaa-domain-default] service-type l2tp                 //配置认证域的接入控制类型
[LNS-aaa-domain-default] quit
[LNS] user-manage group /default/marketing                 //创建用户组，并进入用户组视图
[LNS-usergroup-/default/marketing] quit
[LNS] user-manage user user0001                            //创建用户，并进入用户视图
[LNS-localuser-user0001] parent-group /default/marketing       //将用户加入组
[LNS-localuser-user0001] password Admin@123                    //设置用户的密码
[LNS-localuser-user0001] quit
```

（4）配置 VT 接口

```
[LNS] interface Virtual-Template 1     //创建 VT 接口并进入接口视图
[LNS-Virtual-Template1] ip address 172.16.1.1 24
[LNS-Virtual-Template1] ppp authentication-mode chap
//设置本端 PPP 对远端设备的验证方式
[LNS-Virtual-Template1] remote service-scheme l2tp
//指定为对端分配 IP 地址时使用哪个业务方案下的 IP 地址池
[LNS-Virtual-Template1] quit
[LNS] firewall zone dmz
[LNS-zone-dmz] add interface Virtual-Template 1 //将 VT 接口加入安全区域
[LNS-zone-dmz] quit
```

（5）配置 L2TP 组

```
[LNS] l2tp enable    //启用 L2TP 功能
[LNS] l2tp-group 1   //创建并进入 L2TP 组
[LNS-l2tp-1] allow l2tp virtual-template 1 remote client
/*指定接受呼叫时所使用的 VT 接口及隧道对端的名称（client），客户端 VPN 软件上填写的“隧道名称”要与该名称保持一致*/
[LNS-l2tp-1] tunnel authentication                       //启用 L2TP 的隧道验证功能
[LNS-l2tp-1] tunnel password cipher Hello123             //指定隧道验证时的密码
[LNS-l2tp-1] quit
```

步骤 3：配置安全策略

（1）配置 Trust 区域和 DMZ 互访的安全策略

配置 Trust 区域和 DMZ 互访的安全策略，允许移动办公用户访问企业内网以及企业内网访问移动办公用户的双向业务流量通过。

```
[LNS] security-policy
[LNS-policy-security] rule name policy1
[LNS-policy-security-rule-policy1] source-zone trust dmz
[LNS-policy-security-rule-policy1] destination-zone dmz trust
[LNS-policy-security-rule-policy1] source-address 172.16.1.0 24
[LNS-policy-security-rule-policy1] source-address 10.1.1.0 24
[LNS-policy-security-rule-policy1] destination-address 172.16.1.0 24
[LNS-policy-security-rule-policy1] destination-address 10.1.1.0 24
```

```
[LNS-policy-security-rule-policy1] action permit
[LNS-policy-security-rule-policy1] quit
```

（2）配置 Untrust 区域和 Local 区域互访的安全策略

配置 Untrust 区域和 Local 区域互访的安全策略，允许 L2TP 报文通过。

```
[LNS-policy-security] rule name policy2
[LNS-policy-security-rule-policy2] source-zone untrust
[LNS-policy-security-rule-policy2] destination-zone local
[LNS-policy-security-rule-policy2] destination-address 1.1.1.0 24
[LNS-policy-security-rule-policy2] action permit
[LNS-policy-security-rule-policy2] quit
```

步骤 4：配置其他网络设备

（1）配置路由器 R1

```
<R1> system-view
[R1] interface GigabitEthernet 0/0/1
[R1-GigabitEthernet0/0/1] ip address 1.1.1.2 24
[R1-GigabitEthernet0/0/1] quit
[R1] interface GigabitEthernet 0/0/2
[R1-GigabitEthernet0/0/2] ip address 2.2.2.1 24
[R1-GigabitEthernet0/0/2] quit
```

（2）配置服务器

配置内网服务器的 IP 地址和网关，网关设置为防火墙内网口的 IP 地址，具体配置方法省略。

步骤 5：配置移动办公用户

Uni VPN Client 是一款用于 VPN 远程接入的终端软件，主要为移动办公用户远程访问企业内网资源提供安全、便捷的接入服务。下面使用 Uni VPN Client 接入 L2TP VPN。

（1）下载并安装 Uni VPN Client

下载（网址为 https://www.leagsoft.com/doc/article/103107.html）Uni VPN Client 并安装，具体安装过程省略。

（2）打开 Uni VPN Client 并发起连接

打开 Uni VPN Client，进入其主界面，单击“新建连接”按钮，如图 8-35 所示。

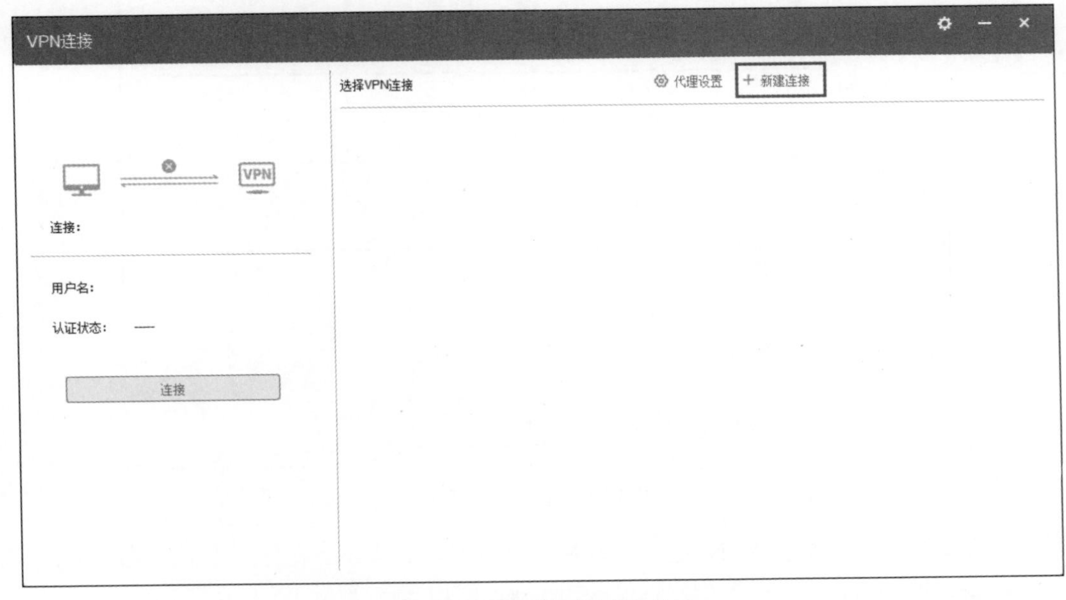

图 8-35　单击“新建连接”按钮

弹出“新建连接”对话框，在其左侧导航栏中选择“L2TP/IPSec”选项，并设置 L2TP 连接参数，如图 8-36 所示。

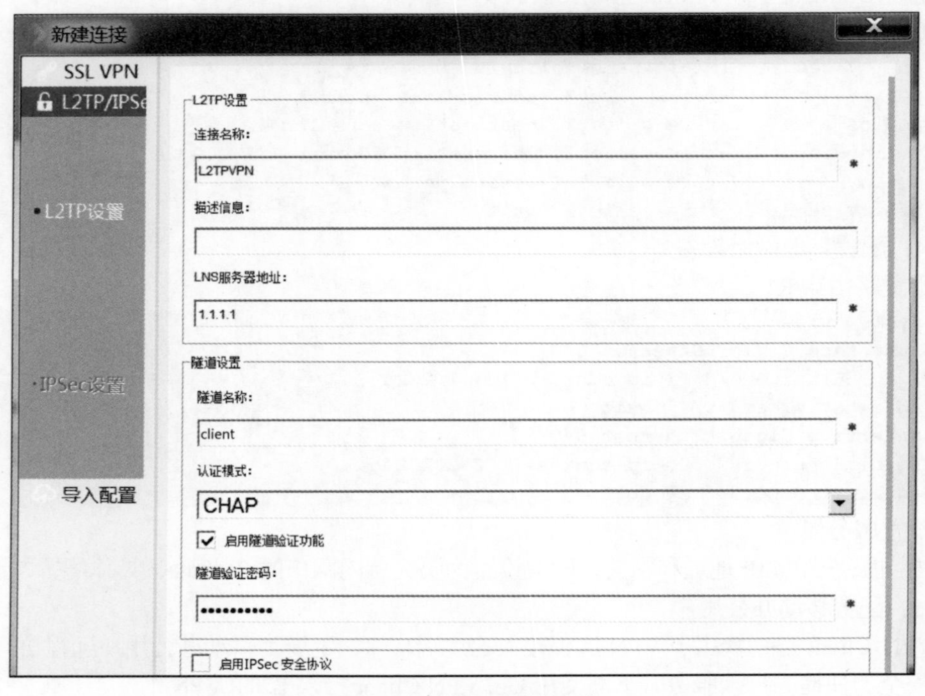

图 8-36　设置 L2TP 连接参数

单击“连接”按钮，弹出“登录”对话框，输入用户名、密码，如图 8-37 所示。

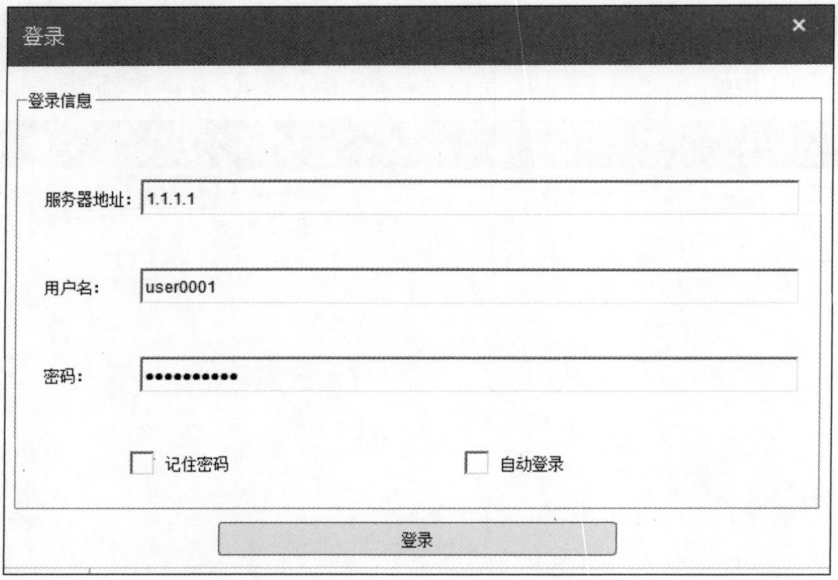

登录
登录信息
服务器地址：1.1.1.1
用户名：user0001
密码：
记住密码　自动登录
登录

图 8-37　“登录”对话框

单击“登录”按钮，发起 VPN 连接。VPN 接入成功时，系统会在界面右下角进行提示，如图 8-38 所示。连接成功后，移动办公用户就可以和企业内网用户一样访问内网资源了。

图 8-38　VPN 接入成功提示

步骤 6：验证和调试

（1）网络连通性测试

可以在移动办公终端上 ping 内网服务器（IP 地址 10.1.1.10），结果应为能 ping 通，具体操作步骤省略。

（2）L2TP 隧道查看

在 LNS 上执行“**display l2tp tunnel**”命令，查看 L2TP 隧道信息，以下输出信息说明 L2TP 隧道建立成功。

```
<LNS>display l2tp tunnel
L2TP::Total Tunnel: 1

 LocalTID RemoteTID RemoteAddress    Port   Sessions RemoteName  VpnInstance
 ------------------------------------------------------------------------------
 1        16        2.2.2.2          1703   1        client
 ------------------------------------------------------------------------------
  Total 1, 1 printed
```

（3）L2TP 会话查看

在 LNS 上执行“**display l2tp session**”命令，查看 L2TP 会话信息，以下输出信息说明 L2TP 会话建立成功。

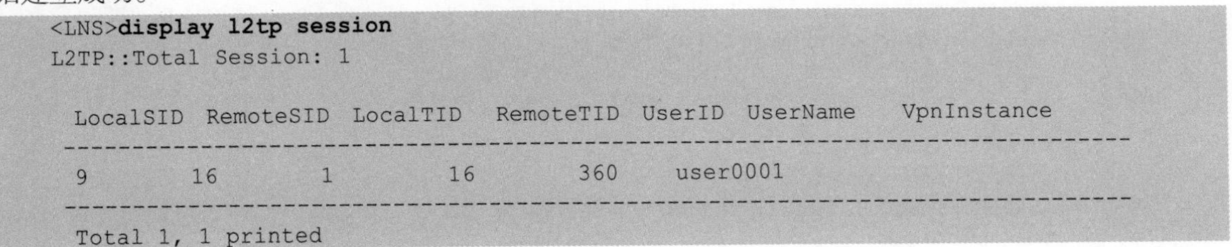

```
<LNS>display l2tp session
L2TP::Total Session: 1

 LocalSID  RemoteSID  LocalTID   RemoteTID  UserID  UserName    VpnInstance
 ------------------------------------------------------------------------------
 9         16         1          16         360     user0001
 ------------------------------------------------------------------------------
 Total 1, 1 printed
```

动手任务 8.3　配置 IPSec VPN，实现私网之间的隧道互访

IKE 方式协商的点到点 IPSec 隧道组网示意如图 8-39 所示，网络 A 和网络 B 分别通过防火墙 A 和防火墙 B 连接到 Internet。其中，路由器 R1 模拟 ISP 的路由器。对网络进行配置，在防火墙 A 和防火墙 B 之间建立 IKE 方式的 IPSec 隧道，使网络 A 和网络 B 的用户可通过 IPSec 隧道互相访问。

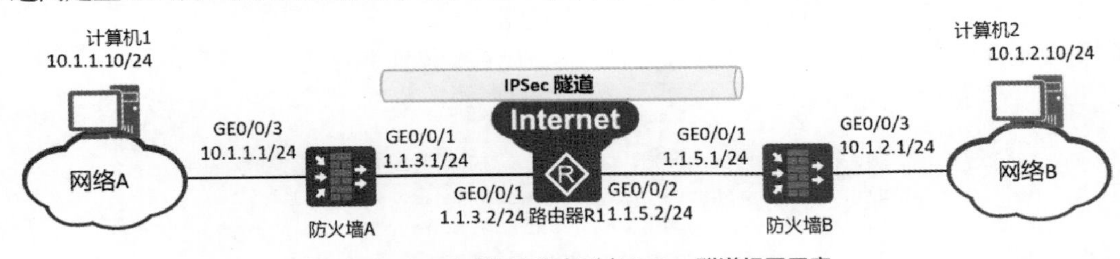

图 8-39　IKE 方式协商的点到点 IPSec 隧道组网示意

【任务内容】

配置 IKE 方式的 IPSec VPN，实现私网之间的隧道互访。

【任务设备】

（1）华为 USG 系列防火墙两台。

（2）华为 AR 系列路由器一台。

（3）计算机两台。

【配置思路】

防火墙 A 和防火墙 B 的配置思路相同。

（1）配置接口 IP 地址、安全区域及路由，完成网络基本参数的配置。

（2）配置安全策略，允许 IPSec 协商报文交互，以及允许私网指定网段进行报文交互。

（3）定义被 IPSec 保护的数据流。

（4）配置 IKE 安全提议的协商参数。

（5）配置 IKE 对等体。

（6）配置 IPSec 安全提议的协商参数。

（7）配置 IPSec 安全策略。

（8）在接口上引用 IPSec 安全策略。

（9）验证和调试，检查能否满足任务需求。

【配置步骤】

步骤 1：配置防火墙 A 的网络基本参数

（1）配置接口 IP 地址

```
<FW_A> system-view
[FW_A] interface GigabitEthernet 0/0/1
[FW_A-GigabitEthernet0/0/1] ip address 1.1.3.1 24
[FW_A-GigabitEthernet0/0/1] quit
[FW_A] interface GigabitEthernet 0/0/3
[FW_A-GigabitEthernet0/0/3] ip address 10.1.1.1 24
[FW_A-GigabitEthernet0/0/3] quit
```

（2）将接口加入安全区域

```
[FW_A] firewall zone trust
[FW_A-zone-trust] add interface GigabitEthernet 0/0/3
[FW_A-zone-trust] quit
[FW_A] firewall zone untrust
[FW_A-zone-untrust] add interface GigabitEthernet 0/0/1
[FW_A-zone-untrust] quit
```

（3）配置到达网络 B 和隧道对端的路由

```
[FW_A] ip route-static 10.1.2.0 255.255.255.0 1.1.3.2
[FW_A] ip route-static 1.1.5.0 255.255.255.0 1.1.3.2
```

步骤 2：配置防火墙 A 的安全策略

（1）配置 Trust 区域和 Untrust 区域互访的安全策略

配置 Trust 区域和 Untrust 区域互访的安全策略，允许私网业务互访。

```
[FW_A] security-policy
[FW_A-policy-security] rule name policy1
//Trust 区域和 Untrust 区域互访的安全策略，也可拆分为两条规则，此处简化为一条规则
[FW_A-policy-security-rule-policy1] source-zone trust untrust
[FW_A-policy-security-rule-policy1] destination-zone untrust trust
[FW_A-policy-security-rule-policy1] source-address 10.1.1.0 24
```

```
[FW_A-policy-security-rule-policy1] source-address 10.1.2.0 24
[FW_A-policy-security-rule-policy1] destination-address 10.1.2.0 24
[FW_A-policy-security-rule-policy1] destination-address 10.1.1.0 24
[FW_A-policy-security-rule-policy1] action permit
[FW_A-policy-security-rule-policy1] quit
```

（2）配置 Local 区域和 Untrust 区域互访的安全策略

配置 Local 区域和 Untrust 区域互访的安全策略，允许 IPSec 隧道两端设备通信，使其能够进行隧道协商。

```
[FW_A-policy-security] rule name policy2
//Local 区域和 Untrust 区域之间互访的安全策略，此处简化为一条规则
[FW_A-policy-security-rule-policy2] source-zone local untrust
[FW_A-policy-security-rule-policy2] destination-zone untrust local
[FW_A-policy-security-rule-policy2] source-address 1.1.3.1 32
[FW_A-policy-security-rule-policy2] source-address 1.1.5.1 32
[FW_A-policy-security-rule-policy2] destination-address 1.1.5.1 32
[FW_A-policy-security-rule-policy2] destination-address 1.1.3.1 32
[FW_A-policy-security-rule-policy2] action permit
[FW_A-policy-security-rule-policy2] quit
```

Local 区域和 Untrust 区域互访的安全策略用于控制 IKE 协商报文通过防火墙，该安全策略可以使用源地址和目的地址作为匹配条件，也可以在此基础上使用协议、端口作为匹配条件。本任务中以源地址和目的地址为例，如果需要使用协议、端口作为匹配条件，则需要开放 ESP 服务和 UDP 500 端口（NAT 穿越场景下还需要开放 4500 端口）。

步骤 3：在防火墙 A 上配置 IPSec

（1）定义被保护的数据流

```
[FW_A] acl 3000
//使用 ACL 匹配受保护的数据流，匹配的流量将进入 VPN 隧道进行转发
[FW_A-acl-adv-3000] rule 5 permit ip source 10.1.1.0 0.0.0.255 destination 10.1.2.0 0.0.0.255
[FW_A-acl-adv-3000] quit
```

转发流程中，IPSec 模块位于 NAT 模块（NAT Server、目的 NAT、源 NAT）之后，故应确保 NAT 不影响 IPSec 对保护的数据流的处理，具体要求如下。

- 执行“**display firewall server-map**”命令查看 Server-map 表中的源地址和目的地址，确保 IPSec 保护的数据流不能匹配 NAT Server 建立的 Server-map 表和反向 Server-map 表，否则报文目的地址将被转换。
- 执行“**display acl acl-number**”命令查看目的 NAT 策略的 ACL 信息，确保 IPSec 保护的数据流不能匹配目的 NAT 策略，否则报文目的地址将被转换。
- 执行“**display current-configuration configuration policy-nat**”命令查看源 NAT 策略信息，确保 IPSec 保护的数据流不能匹配源 NAT 策略。如果 IPSec 保护的数据流需要进行 NAT，则 ACL 保护的地址为 NAT 后的地址。

（2）配置 IKE 安全提议（防火墙 A 与防火墙 B 的配置必须相同）

```
[FW_A] ike proposal 10                    //创建 IKE 安全提议，并进入 IKE 安全提议视图
[FW_A-ike-proposal-10] authentication-method pre-share
//配置 IKE 安全联盟协商时使用的认证方法。其中，pre-share 表示预共享密钥认证
```

```
[FW_A-ike-proposal-10] prf hmac-sha2-256
//用来配置 IKE 协商时所使用的伪随机数产生函数的算法
[FW_A-ike-proposal-10] encryption-algorithm aes-256      //配置 IKE 协商时所使用的加密算法
[FW_A-ike-proposal-10] dh group14                         //配置 IKE 协商时所使用的 DH 组
[FW_A-ike-proposal-10] integrity-algorithm hmac-sha2-256 //配置 IKE 协商时所使用的完整性算法
[FW_A-ike-proposal-10] quit
```

（3）配置 IKE 对等体

```
[FW_A] ike peer b                          //创建 IKE 对等体，并进入 IKE 对等体视图
[FW_A-ike-peer-b] ike-proposal 10          //配置 IKE 对等体使用的 IKE 安全提议
[FW_A-ike-peer-b] remote-address 1.1.5.1
//配置 IKE 协商时对端的 IP 地址，IPSec 安全策略模板可不配置对端 IP 地址
[FW_A-ike-peer-b] pre-shared-key Test!1234
//配置对等体 IKE 协商采用预共享密钥认证时 IKE 用户所使用的预共享密钥
[FW_A-ike-peer-b] quit
```

（4）配置 IPSec 安全提议（防火墙 A 与防火墙 B 的配置必须相同）

```
[FW_A] ipsec proposal tran1
//创建 IPSec 安全提议，并进入 IPSec 安全提议视图
[FW_A-ipsec-proposal-tran1] esp authentication-algorithm sha2-256
//配置 ESP 协议使用的认证算法
[FW_A-ipsec-proposal-tran1] esp encryption-algorithm aes-256
//配置 ESP 协议使用的加密算法
[FW_A-ipsec-proposal-tran1] quit
```

（5）配置 ISAKMP 方式的 IPSec 安全策略

```
[FW_A] ipsec policy map1 10 isakmp
//创建 IPSec 安全策略，并进入 IPSec 安全策略视图
[FW_A-ipsec-policy-isakmp-map1-10] security acl 3000
                                           //配置 IPSec 安全策略引用的 ACL
[FW_A-ipsec-policy-isakmp-map1-10] proposal tran1    //引用 IPSec 安全提议
[FW_A-ipsec-policy-isakmp-map1-10] ike-peer b        //引用 IKE 对等体
[FW_A-ipsec-policy-isakmp-map1-10] quit
```

（6）在接口上应用 IPSec 安全策略

```
[FW_A] interface GigabitEthernet 0/0/1
[FW_A-GigabitEthernet0/0/1] ipsec policy map1
//在当前接口上应用 IPSec 安全策略组
[FW_A-GigabitEthernet0/0/1] quit
```

步骤 4：配置防火墙 B

（1）配置接口 IP 地址

```
<[FW_B]> system-view
[FW_B] interface GigabitEthernet 0/0/1
[FW_B-GigabitEthernet0/0/1] ip address 1.1.5.1 24
[FW_B-GigabitEthernet0/0/1] quit
[FW_B] interface GigabitEthernet 0/0/3
[FW_B-GigabitEthernet0/0/3] ip address 10.1.2.1 24
[FW_B-GigabitEthernet0/0/3] quit
```

（2）将接口加入安全区域

```
[FW_B] firewall zone trust
[FW_B-zone-trust] add interface GigabitEthernet 0/0/3
[FW_B-zone-trust] quit
```

```
[FW_B] firewall zone untrust
[FW_B-zone-untrust] add interface GigabitEthernet 0/0/1
[FW_B-zone-untrust] quit
```

（3）配置到达网络 A 和隧道对端的路由

```
[FW_B] ip route-static 10.1.1.0 255.255.255.0 1.1.3.2
[FW_B] ip route-static 1.1.3.0 255.255.255.0 1.1.3.2
```

（4）配置安全策略

```
[FW_B] security-policy
[FW_B-policy-security] rule name policy1
[FW_B-policy-security-rule-policy1] source-zone trust untrust
[FW_B-policy-security-rule-policy1] destination-zone untrust trust
[FW_B-policy-security-rule-policy1] source-address 10.1.1.0 24
[FW_B-policy-security-rule-policy1] source-address 10.1.2.0 24
[FW_B-policy-security-rule-policy1] destination-address 10.1.2.0 24
[FW_B-policy-security-rule-policy1] destination-address 10.1.1.0 24
[FW_B-policy-security-rule-policy1] action permit
[FW_B-policy-security-rule-policy1] quit

[FW_B-policy-security] rule name policy2
[FW_B-policy-security-rule-policy2] source-zone local untrust
[FW_B-policy-security-rule-policy2] destination-zone untrust local
[FW_B-policy-security-rule-policy2] source-address 1.1.3.1 32
[FW_B-policy-security-rule-policy2] source-address 1.1.5.1 32
[FW_B-policy-security-rule-policy2] destination-address 1.1.5.1 32
[FW_B-policy-security-rule-policy2] destination-address 1.1.3.1 32
[FW_B]-policy-security-rule-policy2] action permit
[FW_B-policy-security-rule-policy2] quit
```

（5）配置 IPSec 相关信息

```
[FW_B] acl 3000
[FW_B-acl-adv-3000] rule 5 permit ip source 10.1.2.0 0.0.0.255 destination 10.1.1.0 0.0.0.255
[FW_B-acl-adv-3000] quit

[FW_B] ike proposal 10
[FW_B-ike-proposal-10] authentication-method pre-share
[FW_B-ike-proposal-10] prf hmac-sha2-256
[FW_B-ike-proposal-10] encryption-algorithm aes-256
[FW_B-ike-proposal-10] dh group14
[FW_B]ike-proposal-10] integrity-algorithm hmac-sha2-256
[FW_B-ike-proposal-10] quit

[FW_B] ike peer a
[FW_B-ike-peer-a] ike-proposal 10
[FW_B-ike-peer-a] remote-address 1.1.3.1
[FW_B-ike-peer-a] pre-shared-key Test!1234
[FW_B-ike-peer-a] quit

[FW_B] ipsec proposal tran1
[FW_B-ipsec-proposal-tran1] esp authentication-algorithm sha2-256
[FW_B-ipsec-proposal-tran1] esp encryption-algorithm aes-256
[FW_B-ipsec-proposal-tran1] quit

[FW_B] ipsec policy map1 10 isakmp
[FW_B-ipsec-policy-isakmp-map1-10] security acl 3000
[FW_B-ipsec-policy-isakmp-map1-10] proposal tran1
[FW_B-ipsec-policy-isakmp-map1-10] ike-peer a
```

```
[FW_B-ipsec-policy-isakmp-map1-10] quit

[FW_B] interface GigabitEthernet 0/0/1
[FW_B-GigabitEthernet0/0/1] ipsec policy map1
[FW_B-GigabitEthernet0/0/1] quit
```

步骤 5：配置其他网络设备

（1）配置路由器 R1

```
<R1> system-view
[R1] interface GigabitEthernet 0/0/1
[R1-GigabitEthernet0/0/1] ip address 1.1.3.2 24
[R1-GigabitEthernet0/0/1] quit
[R1] interface GigabitEthernet 0/0/2
[R1-GigabitEthernet0/0/2] ip address 1.1.5.2 24
[R1-GigabitEthernet0/0/2] quit
```

（2）配置计算机 1 和计算机 2

配置计算机 1 和计算机 2 的 IP 地址及网关，网关设置为防火墙内网口的 IP 地址，具体配置方法省略。

步骤 6：验证和调试

（1）触发 IKE 协商

配置完成后，在计算机 1 上执行“ping”命令，触发 IKE 协商。若 IKE 协商成功，则隧道建立后可以 ping 通计算机 2。反之，IKE 协商失败，隧道没有建立，计算机 1 不能 ping 通计算机 2。

（2）查看 IKE SA

分别在防火墙 A 和防火墙 B 上查看 IKE 安全联盟的建立情况，这里仅列出防火墙 B 上的输出信息。

```
<FW_B> display ike sa
IKE SA information :
   Conn-ID     Peer           VPN   Flag(s)  Phase  RemoteType  RemoteID
 ------------------------------------------------------------------------------
   16777239   1.1.3.1:500           RD|ST|A  v2:2   IP          1.1.3.1
   16777232   1.1.3.1:500           RD|ST|A  v2:1   IP          1.1.3.1

 Number of IKE SA : 2
 ------------------------------------------------------------------------------
/*Conn-ID：安全联盟的连接索引。Peer：对端的 IP 地址和 UDP 端口号。VPN：应用 IPSec 安全策略的接口所绑定的 VPN 实例。Flag(s)：安全联盟的状态（RD 表示此 SA 已建立成功，ST 表示此端是通道协商发起方，A 表示 IPSec 策略组状态为不备份状态）。Phase：SA 所属阶段（v2:1 中的 v2 表示 IKE 的版本，1 表示建立安全通道进行通信的阶段，此阶段建立 IKE SA；v2:2 中的 v2 表示 IKE 的版本，2 表示 IKE 协商的阶段，此阶段建立 IPSec SA ）。RemoteType：对端 ID 类型。RemoteID：对端 ID */

 Flag Description:
 RD--READY   ST--STAYALIVE   RL--REPLACED   FD--FADING   TO--TIMEOUT
 HRT--HEARTBEAT   LKG--LAST KNOWN GOOD SEQ NO.   BCK--BACKED UP
 M--ACTIVE   S--STANDBY   A--ALONE   NEG--NEGOTIATING
```

以上输出信息显示，使用 IKE 协议的版本为 v2，IKE 安全联盟已建立成功。

（3）查看 IPSec SA

分别在防火墙 A 和防火墙 B 上查看 IPSec 安全联盟的建立情况，这里仅列出防火墙 B 上的输出信息。

```
<FW_B> display ipsec sa
ipsec sa information:
```

```
  ===============================
  Interface: GigabitEthernet0/0/1       //IPSec 安全策略所应用到的接口

  ===============================

    -----------------------------
    IPSec policy name: "map1"          //IPSec 安全策略的名称
    Sequence number  : 10              //IPSec 安全策略的顺序号
    Acl group        : 3000            //IPSec 安全策略引用的 ACL 组
    Acl rule         : 5               //所匹配的 ACL 的规则号
    Mode             : ISAKMP          //IPSec 安全策略创建方式，ISAKMP 表示以 ISAKMP 方式创建
IPSec 安全策略
    -----------------------------
      Connection ID     : 83903371     //安全联盟的连接索引
      Encapsulation mode: Tunnel       //IPSec 安全提议中配置的封装模式，默认为 Tunnel
      Tunnel local      : 1.1.5.1      //隧道的本端 IP 地址
      Tunnel remote     : 1.1.3.1      //隧道的对端 IP 地址
      Flow source       : 10.1.2.2/255.255.255.255 0/0
      //本端发出的数据流的源 IP 地址网段及 ACL 的协议号和端口号
      Flow destination  : 10.1.1.2/255.255.255.255 0/0
      //本端发出的数据流的目的 IP 地址网段及 ACL 的协议号和端口号
      [Outbound ESP SAs]    //出方向采用 ESP 协议的 IPSec SA 的信息
        SPI: 763065754 (0x2d7b759a)                        //安全参数索引值
        Proposal: ESP-ENCRYPT-AES-256 SHA2-256-128         //安全提议的参数
        SA remaining key duration (kilobytes/sec): 0/3079
        Max sent sequence-number: 1
        UDP encapsulation used for NAT traversal: N
        SA encrypted packets (number/kilobytes): 4/0

      [Inbound ESP SAs]    //入方向采用 ESP 协议的 IPSec SA 的信息
        SPI: 163241969 (0x9badff1)
        Proposal: ESP-ENCRYPT-AES-256 SHA2-256-128
        SA remaining key duration (kilobytes/sec): 0/3079
        Max received sequence-number: 3203668
        UDP encapsulation used for NAT traversal: N
        SA decrypted packets (number/kilobytes): 4/0
        Anti-replay : Enable
        Anti-replay window size: 1024
```

以上输出信息显示，IPSec 安全联盟已成功建立。

动手任务 8.4 配置 GRE over IPSec VPN，实现私网之间通过隧道安全互访

GRE over IPSec 组网示意如图 8-40 所示，防火墙 A 和防火墙 B 通过 Internet 相连，两者通过公网路由可达，路由器 R1 模拟 ISP 的路由器。网络 A 和网络 B 是两个私有的 IP 网络，通过 GRE 隧道通信。由于 GRE 隧道没有安全保护，现需要在 GRE 隧道之外再封装 IPSec 隧道，对两个私网的通信进行加密保护。

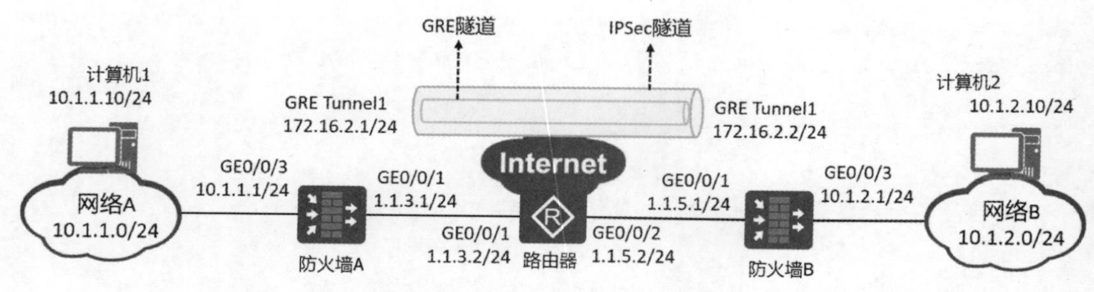

图 8-40　GRE over IPSec 组网示意

【任务内容】

配置 GRE over IPSec VPN，实现私网之间通过隧道安全互访。

【任务设备】

（1）华为 USG 系列防火墙两台。

（2）华为 AR 系列路由器一台。

（3）计算机两台。

【配置思路】

防火墙 A 和防火墙 B 的配置思路相同。

（1）配置接口 IP 地址、安全区域及路由，完成网络基本参数的配置。

（2）配置 GRE，实现两个私网之间 GRE 隧道的创建。

（3）配置 IPSec，加密保护 GRE 隧道转发的流量。

（4）验证和调试，检查能否满足任务需求。

【配置步骤】

步骤 1：配置防火墙 A 的网络基本参数

（1）配置接口 IP 地址

```
<FW_A> system-view
[FW_A] interface GigabitEthernet 0/0/1
[FW_A-GigabitEthernet0/0/1] ip address 1.1.3.1 24
[FW_A-GigabitEthernet0/0/1] quit
[FW_A] interface GigabitEthernet 0/0/3
[FW_A-GigabitEthernet0/0/3] ip address 10.1.1.1 24
[FW_A-GigabitEthernet0/0/3] quit
```

（2）将接口加入安全区域

```
[FW_A] firewall zone trust
[FW_A-zone-trust] add interface GigabitEthernet 0/0/3
[FW_A-zone-trust] quit
[FW_A] firewall zone untrust
[FW_A-zone-untrust] add interface GigabitEthernet 0/0/1
[FW_A-zone-untrust] quit
```

（3）配置安全策略

```
[FW_A] security-policy
[FW_A-policy-security] rule name policy1    //两个私网间互访的安全策略
[FW_A-policy-security-rule-policy1] source-zone trust untrust
[FW_A-policy-security-rule-policy1] destination-zone untrust trust
[FW_A-policy-security-rule-policy1] source-address 10.1.1.0 24
[FW_A-policy-security-rule-policy1] source-address 10.1.2.0 24
[FW_A-policy-security-rule-policy1] destination-address 10.1.1.0 24
[FW_A-policy-security-rule-policy1] destination-address 10.1.2.0 24
```

```
[FW_A-policy-security-rule-policy1] action permit
[FW_A-policy-security-rule-policy1] quit
[FW_A-policy-security] rule name policy2
//GRE 封装后及 IPSec 隧道协商的安全策略
[FW_A-policy-security-rule-policy2] source-zone local untrust
[FW_A-policy-security-rule-policy2] destination-zone untrust local
[FW_A-policy-security-rule-policy2] source-address 1.1.3.1 32
[FW_A-policy-security-rule-policy2] source-address 1.1.5.1 32
[FW_A-policy-security-rule-policy2] destination-address 1.1.5.1 32
[FW_A-policy-security-rule-policy2] destination-address 1.1.3.1 32
[FW_A-policy-security-rule-policy2] action permit
[FW_A-policy-security-rule-policy2] quit
[FW_A-policy-security] quit
```

步骤 2：在防火墙 A 上配置 GRE

（1）配置 Tunnel 接口的相关参数

```
[FW_A] interface tunnel 1
[FW_A-Tunnel1] tunnel-protocol gre
[FW_A-Tunnel1] ip address 172.16.2.1 24
[FW_A-Tunnel1] source 1.1.3.1
[FW_A-Tunnel1] destination 1.1.5.1
[FW_A-Tunnel1] quit
```

（2）将接口加入安全区域

```
[FW_A] firewall zone untrust
[FW_A-zone-untrust] add interface tunnel 1
[FW_A-zone-untrust] quit
```

步骤 3：在防火墙 A 上配置路由

```
[FW_A] ip route-static 10.1.2.0 255.255.255.0 tunnel 1
[FW_A] ip route-static 1.1.5.0 255.255.255.0 GigabitEthernet 0/0/1 1.1.3.2
```

步骤 4：在防火墙 A 上配置 IPSec

（1）创建 ACL，匹配 GRE 隧道的流量

```
[FW_A] acl 3000
[FW_A-acl-adv-3000] rule 5 permit ip source 1.1.3.1 0 destination 1.1.5.1 0
//源 IP 地址和目的 IP 地址分别为 Tunnel1 接口的源 IP 地址和目的 IP 地址
[FW_A-acl-adv-3000] quit
```

（2）配置 IKE 安全提议

```
[FW_A] ike proposal 10
[FW_A-ike-proposal-10] authentication-method pre-share
[FW_A-ike-proposal-10] prf hmac-sha2-256
[FW_A-ike-proposal-10] encryption-algorithm aes-256
[FW_A-ike-proposal-10] dh group14
[FW_A-ike-proposal-10] integrity-algorithm hmac-sha2-256
[FW_A-ike-proposal-10] quit
```

（3）配置 IKE Peer

```
[FW_A] ike peer b
[FW_A-ike-peer-b] ike-proposal 10
[FW_A-ike-peer-b] remote-address 1.1.5.1
[FW_A-ike-peer-b] pre-shared-key Test!123
[FW_A-ike-peer-b] quit
```

（4）配置 IPSec 安全提议

```
[FW_A] ipsec proposal tran1
[FW_A-ipsec-proposal-tran1] esp authentication-algorithm sha2-256
[FW_A-ipsec-proposal-tran1] esp encryption-algorithm aes-256
```

```
[FW_A-ipsec-proposal-tran1] quit
```

（5）配置ISAKMP方式的IPSec安全策略

```
[FW_A] ipsec policy map1 10 isakmp
[FW_A-ipsec-policy-isakmp-map1-10] security acl 3000
[FW_A-ipsec-policy-isakmp-map1-10] proposal tran1
[FW_A-ipsec-policy-isakmp-map1-10] ike-peer b
[FW_A-ipsec-policy-isakmp-map1-10] quit
```

（6）在接口上应用IPSec策略组

```
[FW_A] interface GigabitEthernet 0/0/1
[FW_A-GigabitEthernet0/0/1] ipsec policy map1
[FW_A-GigabitEthernet0/0/1] quit
```

步骤5：配置防火墙B

防火墙B的配置思路和防火墙A的完全相同，可参考防火墙A进行配置，具体配置过程省略。

步骤6：其他网络设备的配置

参考动手任务8.1进行其他网络设备配置。

步骤7：验证和调试

（1）触发IKE协商

配置完成后，在计算机1上执行“ping”命令，触发IKE协商。若IKE协商成功，则IPSec隧道建立后可以ping通计算机2。反之，IKE协商失败，隧道没有建立，计算机1不能ping通计算机2。

（2）查看路由表

分别在防火墙A和防火墙B上查看路由表，这里仅列出防火墙A的输出信息。

```
<FW_A>display ip routing-table
    ......
    10.1.2.0/24  Static  60   0          D   172.16.1.1      Tunnel1
    ......
```

以上输出信息显示，目的地址网络B（10.1.2.0/24）路由的出接口为Tunnel1接口的路由，即流量被引导入隧道中。

（3）查看IKE SA

分别在防火墙A和防火墙B上查看IKE安全联盟的建立情况，这里仅列出防火墙A的输出信息。

```
<FW_A> display ike sa
IKE SA information :
   Conn-ID     Peer            VPN   Flag(s)  Phase  RemoteType  RemoteID
 -------------------------------------------------------------------------------
   16777239    1.1.5.1:500           RD|ST|A  v2:2   IP          1.1.5.1
   16777232    1.1.5.1:500           RD|ST|A  v2:1   IP          1.1.5.1

 Number of IKE SA : 2
 --------------------------------------------------------------------------------
 Flag Description:
 RD--READY   ST--STAYALIVE   RL--REPLACED   FD--FADING   TO--TIMEOUT
 HRT--HEARTBEAT   LKG--LAST KNOWN GOOD SEQ NO.   BCK--BACKED UP
 M--ACTIVE   S--STANDBY   A--ALONE  NEG--NEGOTIATING
```

以上输出信息显示，IKE安全联盟已建立成功。

（4）查看IPSec SA

分别在防火墙A和防火墙B上查看IPSec安全联盟的建立情况，这里仅列出防火墙A的输出信息。

```
<FW_A>display ipsec sa brief
Current ipsec sa num:2
Number of SAs:2
 Src address  Dst address   SPI    VPN    Protocol     Algorithm
```

```
--------------------------------------------------------------------------------------
1.1.3.1    1.1.5.1    2373684659          ESP     E:AES-256 A:SHA2_256_128
1.1.5.1    1.1.3.1    3066459664          ESP     E:AES-256 A:SHA2_256_128
```

以上输出信息显示，IPSec 安全联盟已建立成功。

动手任务 8.5　配置 SSL VPN，实现移动办公用户通过 Web 代理访问企业 Web 服务器

SSL VPN 组网示意如图 8-41 所示，企业希望移动办公用户通过 Web 代理访问企业内网 Web 服务器，企业使用防火墙的本地认证对各部门的员工进行用户认证，通过认证的用户能够获得接入企业内网的权限。

图 8-41　SSL VPN 组网示意

【任务内容】

配置 SSL VPN，使移动办公用户能够通过 Web 代理访问企业内网的 Web 服务器。

【任务设备】

（1）华为 USG 系列防火墙一台。

（2）华为 AR 系列路由器一台。

（3）服务器一台。

（4）计算机一台。

【配置思路】

（1）配置接口 IP 地址、安全区域，完成网络基本参数的配置。

（2）配置认证域，创建用户组和用户。

（3）配置 SSL VPN 虚拟网关，配置 Web Link、角色授权。

（4）配置安全策略，允许移动办公用户登录 SSL VPN 网关，允许出差员工访问 Web 代理资源。

（5）验证和调试，检查能否实现任务需求。

【配置步骤】

本任务使用 Web 方式配置防火墙，下面仅介绍与防火墙相关的配置。

步骤 1：配置防火墙的网络基本参数

（1）在工作界面中选择“网络”→“接口”选项。

（2）单击 GE0/0/1 接口对应的编辑按钮，按表 8-4 所示的参数进行 Untrust 区域配置。

表 8-4　**Untrust 区域的参数**

安全区域	Untrust
IP 地址	1.1.1.1/24

（3）单击“确定”按钮。

（4）参考上述步骤，按表 8-5 所示的参数配置 GE0/0/2 接口的 Trust 区域。

表 8-5　Trust 区域的参数

安全区域	Trust
IP 地址	10.2.0.1/24

步骤 2：配置用户和认证

在工作界面中选择“对象”→“用户”→“default”选项，按图 8-42 新建用户组和用户。

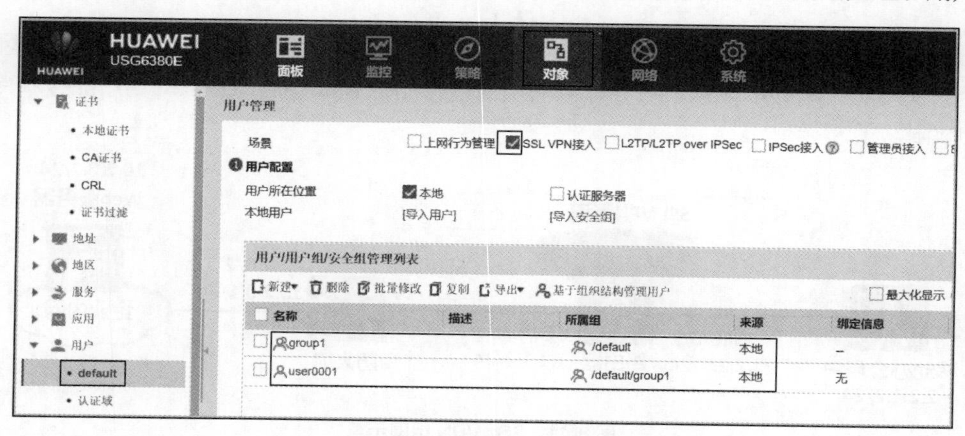

图 8-42　新建用户组和用户

步骤 3：配置 SSL VPN 网关

（1）在工作界面中选择“网络”→“SSL VPN”→“SSL VPN”选项，单击“新建”按钮，按图 8-43 配置 SSL 网关，单击“下一步”按钮。

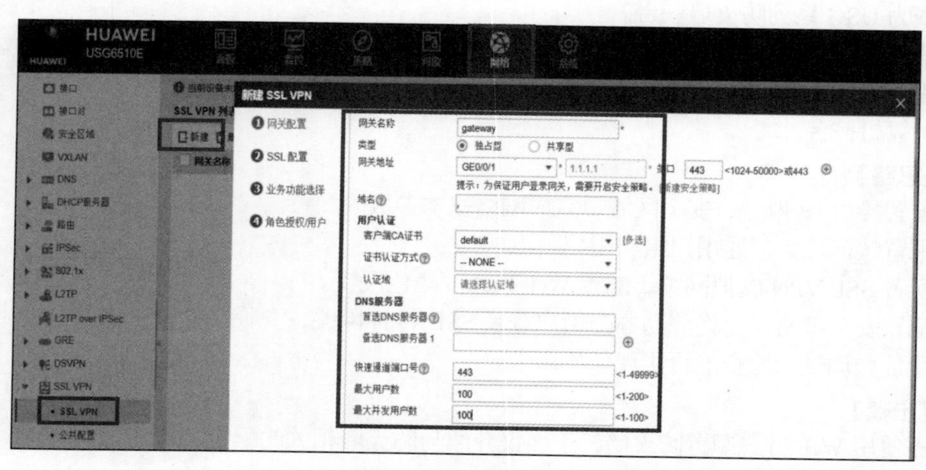

图 8-43　配置 SSL 网关

（2）配置 SSL 协议的版本、加密套件、会话超时时间和生命周期，也可直接使用默认值，单击“下一步”按钮。

（3）选择业务，这里应勾选“Web 代理”复选框，单击“下一步”按钮，如图 8-44 所示。

（4）配置 Web 代理。在“Web 代理资源列表”下方单击“新建”按钮，弹出“新建资源”对话框，按图 8-45 配置新建的 Web 代理资源，并单击“确定”按钮，并单击“下一步”按钮。

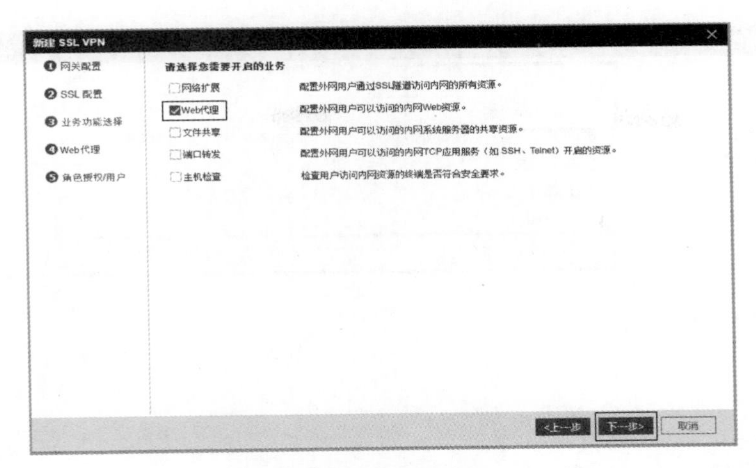

图 8-44　选择业务

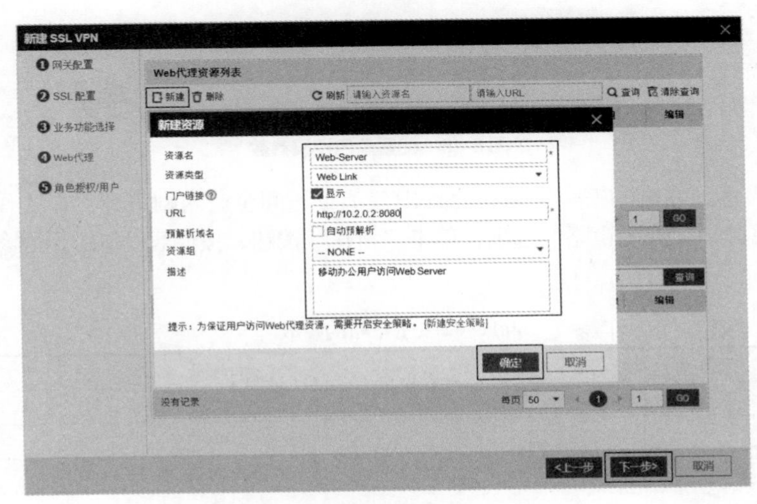

图 8-45　配置新建的 Web 代理资源

（5）配置 SSL VPN 的角色授权/用户。在“角色授权列表”中单击“新建”按钮，弹出“新建角色授权”对话框，按图 8-46 配置角色授权参数，配置完成后单击“确定”按钮，返回“角色授权/用户”配置界面，单击“完成”按钮。

步骤 4：配置安全策略

（1）配置从 Internet 到防火墙的安全策略，允许出差员工登录 SSL VPN 网关。在工作界面中选择“策略”→“安全策略”→“安全策略”选项，单击“新建”按钮，按照表 8-6 所示的参数配置安全策略 policy01。

表 8-6　　policy01 安全策略的参数

名称	policy01
源安全区域	Untrust
目的安全区域	Local
目的地址/地区	1.1.1.1/24
服务	HTTPS 注意，如果修改了 HTTPS 端口号，则此处建议按照修改后的端口号开放安全策略
动作	允许

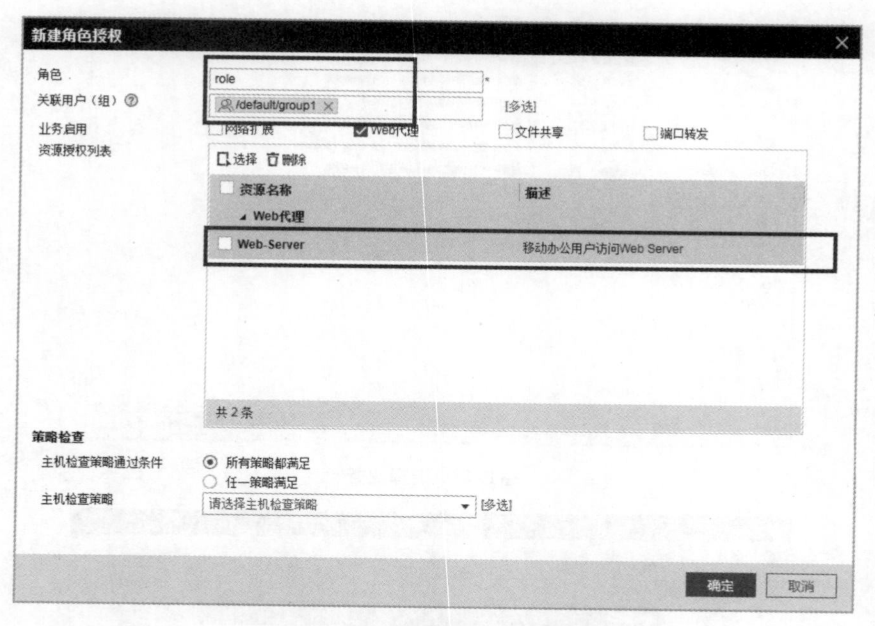

图 8-46　配置角色授权参数

（2）配置防火墙到内网的安全策略，允许出差员工访问企业内网资源。在工作界面中选择"策略"→"安全策略"→"安全策略"选项，单击"新建"按钮，按照表 8-7 所示的参数配置安全策略 policy02。

表 8-7　policy02 安全策略的参数

名称	policy02
源安全区域	Local
目的安全区域	Trust
目的地址/地区	10.2.0.0/24
动作	允许

步骤 5：验证和调试

（1）在浏览器地址栏中输入"https://1.1.1.1:443"，访问 SSL VPN 登录界面。首次访问该界面时，需要根据浏览器的提示信息安装控件。

（2）在登录界面中输入用户名和密码，单击"登录"按钮。登录成功后，虚拟网关界面中会显示图 8-47 所示的 Web 资源链接，单击该链接即可访问相关资源。

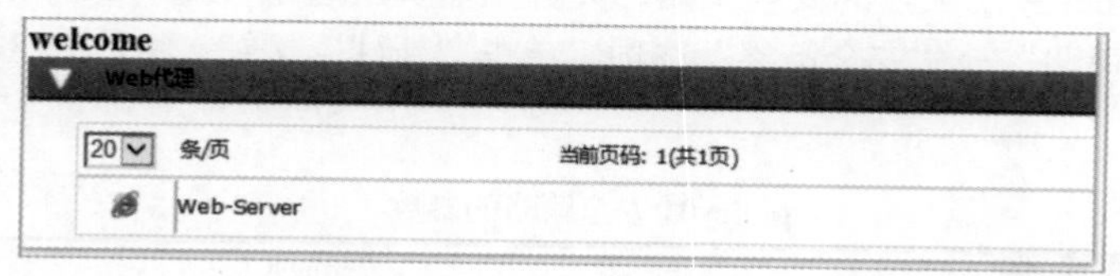

图 8-47　Web 资源超链接

【本章总结】

本章 8.1 节从 VPN 的定义、封装原理、分类和关键技术 4 个方面介绍了 VPN 技术；8.2 节简要介绍了 GRE VPN 的概念，详细介绍了 GRE VPN 的工作原理；8.3 节简要介绍了 L2TP VPN 的概念，详细介绍了 Client-Initiated 场景下 L2TP VPN 的工作原理；8.4 节简要介绍了 IPSec VPN 的概念，详细介绍了 IPSec 的体系架构和 IKE 协议；8.5 节简要介绍了 SSL VPN 的概念，详细介绍了 SSL VPN 的工作原理和业务流程；动手任务中以企业真实场景为基础，介绍了 GRE VPN、L2TP VPN、IPSec VPN、GRE over IPSec VPN 和 SSL VPN 等不同 VPN 技术的配置及调试方法。

通过对本章的学习，搭配基于实际环境的练习，读者将能够了解多种 VPN 技术的工作原理，掌握多种场景下 VPN 技术的配置方法。

【重点知识树】

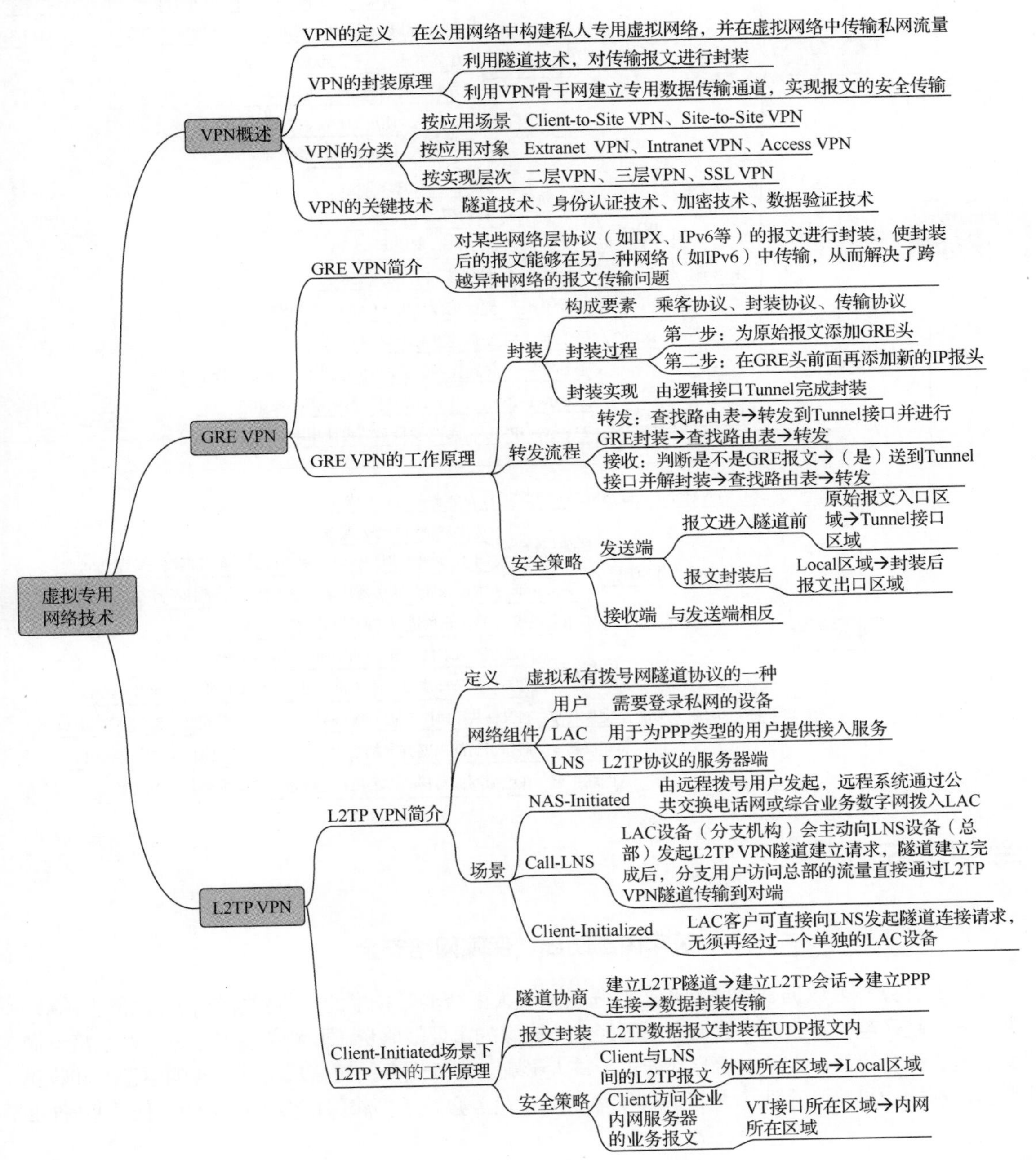

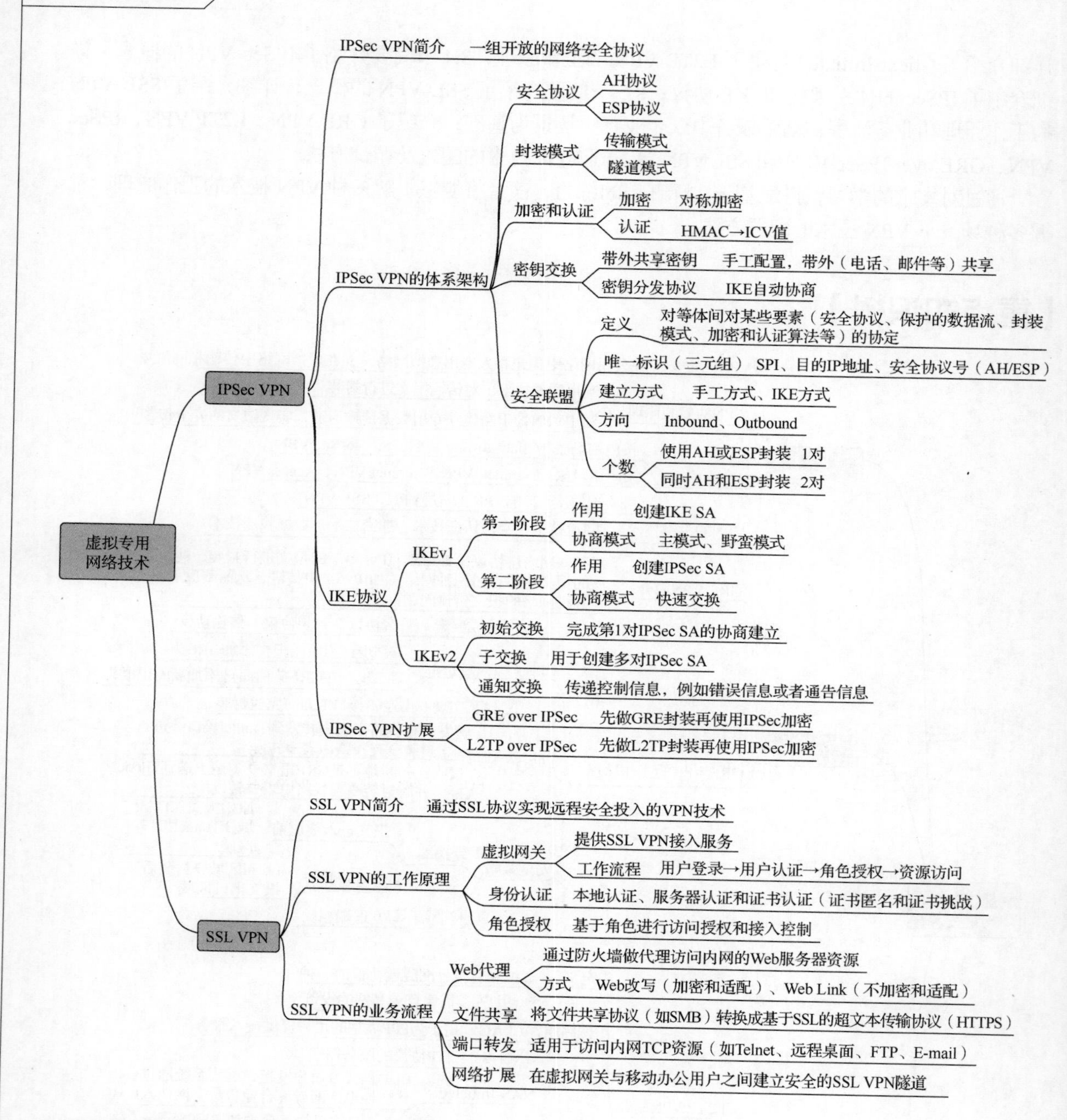

【学思启示】

筑牢内部防线，保障网络安全

随着云计算、大数据、物联网、工业互联网、人工智能等技术的大规模发展，互联网上承载的数据和信息越来越丰富。这些数据资源已经成为国家的重要战略资源和新的生产要素，对经济发展、国家治理、社会管理、人民生活等都产生了重大影响。作为众多关键信息基础设施的运营方和收集、处理、再利用的机构，企业（尤其是科技互联网企业）必须承担起保证数据安全的责任，坚守网络安全底线，承担应有的责任。

目前，很多企业已经有了清晰的信息安全防护的意识，并部署了一系列的安全防护设备。出差员工及分支机构之间都通过 VPN 连接，以保护企业内网和数据安全。然而，最坚固的堡垒往往是从内部被攻破的，针对企业内部的信息安全，外部防护固然重要，内部隐患带来的威胁更是巨大，对于一些"内贼"同样不得不防。相对于外部的攻击者来说，内部人员往往拥有着更高的操作权限和更多的接触机密信息的机会，一旦内部人员被人利用，无疑是打开了坚固堡垒的后门。近年来，这种由于企业内部机密信息泄露而导致企业网络被攻击或信息泄露的事件层出不穷。那么，为保障企业的信息安全，该如何做好内部安全防护呢？

除了从技术上部署安全设备、安装杀毒软件、更新补丁外，还应该制定网络安全管理规范制度。网络运维管理人员要有强烈的责任感、职业道德和敬业精神。不同的网络运维管理人员分配不同的管理权限，制定不同的角色要求，管理权限不要由同一人掌管，以免造成安全隐患。还应该加强员工的网络安全教育，定期开展计算机网络知识、计算机应用及网络安全的宣传教育活动。定时普及相关知识，提高企业人员的计算机应用水平和网络安全保密意识。

网络无边，安全有界。只有技术和管理双管齐下，提高网络使用者的安全意识，自觉遵守规章制度，合理使用网络，才能筑牢企业内部的安全保护防线，保障企业内网的安全。

【练习题】

（1）下列 IPSec 安全协议中，能提供加密功能的是（　　）。

A. AH　　B. ESP　　C. SA　　D. IKE

（2）下列关于 Client-Initiated 场景下的 L2TP VPN 的描述中，错误的是（　　）。

A. 远程用户接入 Internet 后，可通过客户端软件向 LNS 发起 L2TP 的隧道连接请求

B. LNS 设备收到用户的 L2TP 请求后，可以根据用户名、密码对用户进行认证

C. LNS 为远端用户分配私网 IP 地址

D. 远端用户不需要安装 VPN 客户端软件

（3）下列关于 SSL VPN 的描述中，正确的是（　　）。

A. 可以在无客户端的情况下使用　　B. 可以对网络层进行加密

C. 基于网络层的 VPN　　D. 无须身份认证

（4）（多选）下列选项中属于防火墙 SSL VPN 的主要功能有（　　）。

A. 端口转发　　B. 网络扩展　　C. 文件共享　　D. Web 代理

（5）在配置 GRE Tunnel 接口时，Destination 地址一般指的是（　　）。

A. 本端 Tunnel 接口的 IP 地址　　B. 本端外网出口的 IP 地址

C. 对端 Tunnel 接口的 IP 地址　　D. 对端外网出口的 IP 地址

【拓展任务】

某企业移动办公用户通过 L2TP VPN 隧道访问企业内网组网示意如图 8-48 所示，路由器 R1 模拟 ISP 的路由器。该企业希望企业外网的移动办公用户能够通过 L2TP 隧道访问企业内网的各种资源，由于 L2TP 隧道没有安全保护，还需要在 L2TP 隧道之外再封装 IPSec 隧道，对访问企业内网的流量进行加密保护。

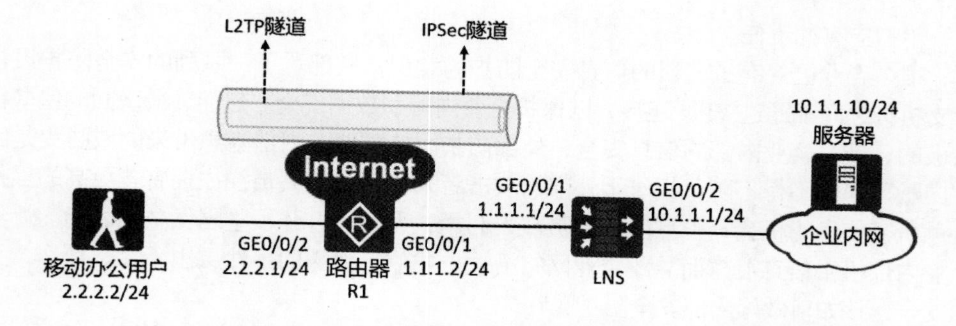

图 8-48　移动办公用户通过 L2TP VPN 隧道访问企业内网组网示意

【任务内容】

配置 Client-Initiated 场景下的 L2TP over IPSec VPN，实现企业外网移动办公用户通过隧道安全访问企业内网资源。

【任务设备】

（1）华为 USG 系列防火墙一台。

（2）华为 AR 系列路由器一台。

（3）服务器一台。

（4）计算机一台。